国家出版基金项目
NATIONAL PUBLICATION FOUNDATION

"十二五"国家重点出版规划项目
雷达与探测前沿技术丛书

U0358855

空管监视技术

Air Traffic Suiveillance Technology

张召悦　编著

国防工业出版社

·北京·

内 容 简 介

本书围绕空管监视中的飞机通信寻址报告系统、空管监视雷达、自动相关监视系统、多点定位系统、高级机场场面监视、机场视频识别、空管多源协同监视、低空空域监视等核心技术问题，结合民航相关应用，深入地阐述了新体制下空中交通管制监视技术的概念、原理、理论模型及技术方法，并对民航大国空管监视技术发展进行实例分析。

本书可供空中交通信息工程及控制、空中交通管制、民航通信电子等相关专业的学生及科研与工程技术人员使用。

图书在版编目(CIP)数据

空管监视技术 / 张召悦编著. —北京：国防工业出版社，2017.12

(雷达与探测前沿技术丛书)

ISBN 978 - 7 - 118 - 11507 - 9

Ⅰ. ①空… Ⅱ. ①张… Ⅲ. ①空中交通管制 – 研究 Ⅳ. ①V355.1

中国版本图书馆 CIP 数据核字(2018)第 007833 号

※

国防工业出版社出版发行

(北京市海淀区紫竹院南路23号 邮政编码100048)

天津嘉恒印务有限公司印刷

新华书店经售

*

开本710×1000 1/16 印张32 字数599千字

2017年12月第1版第1次印刷 印数1—3000册 定价159.00元

(本书如有印装错误,我社负责调换)

国防书店:(010)88540777 发行邮购:(010)88540776

发行传真:(010)88540755 发行业务:(010)88540717

总　序

　　雷达在第二次世界大战中初露头角。战后,美国麻省理工学院辐射实验室集合各方面的专家,总结战争期间的经验,于1950年前后出版了一套雷达丛书,共28个分册,对雷达技术做了全面总结,几乎成为当时雷达设计者的必备读物。我国的雷达研制也从那时开始,经过几十年的发展,到21世纪初,我国雷达技术在很多方面已进入国际先进行列。为总结这一时期的经验,中国电子科技集团公司曾经组织老一代专家撰著了"雷达技术丛书",全面总结他们的工作经验,给雷达领域的工程技术人员留下了宝贵的知识财富。

　　电子技术的迅猛发展,促使雷达在内涵、技术和形态上快速更新,应用不断扩展。为了探索雷达领域前沿技术,我们又组织编写了本套"雷达与探测前沿技术丛书"。与以往雷达相关丛书显著不同的是,本套丛书并不完全是作者成熟的经验总结,大部分是专家根据国内外技术发展,对雷达前沿技术的探索性研究。内容主要依托雷达与探测一线专业技术人员的最新研究成果、发明专利、学术论文等,对现代雷达与探测技术的国内外进展、相关理论、工程应用等进行了广泛深入研究和总结,展示近十年来我国在雷达前沿技术方面的研制成果。本套丛书的出版力求能促进从事雷达与探测相关领域研究的科研人员及相关产品的使用人员更好地进行学术探索和创新实践。

　　本套丛书保持了每一个分册的相对独立性和完整性,重点是对前沿技术的介绍,读者可选择感兴趣的分册阅读。丛书共41个分册,内容包括频率扩展、协同探测、新技术体制、合成孔径雷达、新雷达应用、目标与环境、数字技术、微电子技术八个方面。

　　(一)雷达频率迅速扩展是近年来表现出的明显趋势,新频段的开发、带宽的剧增使雷达的应用更加广泛。本套丛书遴选的频率扩展内容的著作共4个分册:

　　(1)《毫米波辐射无源探测技术》分册中没有讨论传统的毫米波雷达技术,而是着重介绍毫米波热辐射效应的无源成像技术。该书特别采用了平方千米阵的技术概念,这一概念在用干涉式阵列基线的测量结果来获得等效大口径阵列效果的孔径综合技术方面具有重要的意义。

(2)《太赫兹雷达》分册是一本较全面介绍太赫兹雷达的著作,主要包括太赫兹雷达系统的基本组成和技术特点、太赫兹雷达目标检测以及微动目标检测技术,同时也讨论了太赫兹雷达成像处理。

(3)《机载远程红外预警雷达系统》分册考虑到红外成像和告警是红外探测的传统应用,但是能否作为全空域远距离的搜索监视雷达,尚有诸多争议。该书主要讨论用监视雷达的概念如何解决红外极窄波束、全空域、远距离和数据率的矛盾,并介绍组成红外监视雷达的工程问题。

(4)《多脉冲激光雷达》分册从实际工程应用角度出发,较详细地阐述了多脉冲激光测距及单光子测距两种体制下的系统组成、工作原理、测距方程、激光目标信号模型、回波信号处理技术及目标探测算法等关键技术,通过对两种远程激光目标探测体制的探讨,力争让读者对基于脉冲测距的激光雷达探测有直观的认识和理解。

(二)传输带宽的急剧提高,赋予雷达协同探测新的使命。协同探测会导致雷达形态和应用发生巨大的变化,是当前雷达研究的热点。本套丛书遴选出协同探测内容的著作共10个分册:

(1)《雷达组网技术》分册从雷达组网使用的效能出发,重点讨论点迹融合、资源管控、预案设计、闭环控制、参数调整、建模仿真、试验评估等雷达组网新技术的工程化,是把多传感器统一为系统的开始。

(2)《多传感器分布式信号检测理论与方法》分册主要介绍检测级、位置级(点迹和航迹)、属性级、态势评估与威胁估计五个层次中的检测级融合技术,是雷达组网的基础。该书主要给出各类分布式信号检测的最优化理论和算法,介绍考虑到网络和通信质量时的联合分布式信号检测准则和方法,并研究多输入多输出雷达目标检测的若干优化问题。

(3)《分布孔径雷达》分册所描述的雷达实现了多个单元孔径的射频相参合成,获得等效于大孔径天线雷达的探测性能。该书在概述分布孔径雷达基本原理的基础上,分别从系统设计、波形设计与处理、合成参数估计与控制、稀疏孔径布阵与测角、时频相同步等方面做了较为系统和全面的论述。

(4)《MIMO雷达》分册所介绍的雷达相对于相控阵雷达,可以同时获得波形分集和空域分集,有更加灵活的信号形式,单元间距不受 $\lambda/2$ 的限制,间距拉开后,可组成各类分布式雷达。该书比较系统地描述多输入多输出(MIMO)雷达。详细分析了波形设计、积累补偿、目标检测、参数估计等关键技术。

（5）《MIMO雷达参数估计技术》分册更加侧重讨论各类MIMO雷达的算法。从MIMO雷达的基本知识出发，介绍均匀线阵，非圆信号，快速估计，相干目标，分布式目标，基于高阶累计量的、基于张量的、基于阵列误差的、特殊阵列结构的MIMO雷达目标参数估计的算法。

（6）《机载分布式相参射频探测系统》分册介绍的是MIMO技术的一种工程应用。该书针对分布式孔径采用正交信号接收相参的体制，分析和描述系统处理架构及性能、运动目标回波信号建模技术，并更加深入地分析和描述实现分布式相参雷达杂波抑制、能量积累、布阵等关键技术的解决方法。

（7）《机会阵雷达》分册介绍的是分布式雷达体制在移动平台上的典型应用。机会阵雷达强调根据平台的外形，天线单元共形随遇而布。该书详尽地描述系统设计、天线波束形成方法和算法、传输同步与单元定位等关键技术，分析了美国海军提出的用于弹道导弹防御和反隐身的机会阵雷达的工程应用问题。

（8）《无源探测定位技术》分册探讨的技术是基于现代雷达对抗的需求应运而生，并在实战应用需求越来越大的背景下快速拓展。随着知识层面上认知能力的提升以及技术层面上带宽和传输能力的增加，无源侦察已从单一的测向技术逐步转向多维定位。该书通过充分利用时间、空间、频移、相移等多维度信息，寻求无源定位的解，对雷达向无源发展有着重要的参考价值。

（9）《多波束凝视雷达》分册介绍的是通过多波束技术提高雷达发射信号能量利用效率以及在空、时、频域中减小处理损失，提高雷达探测性能；同时，运用相位中心凝视方法改进杂波中目标检测概率。分册还涉及短基线雷达如何利用多阵面提高发射信号能量利用效率的方法；针对长基线，阐述了多站雷达发射信号可形成凝视探测网格，提高雷达发射信号能量的使用效率；而合成孔径雷达（SAR）系统应用多波束凝视可降低发射功率，缓解宽幅成像与高分辨之间的矛盾。

（10）《外辐射源雷达》分册重点讨论以电视和广播信号为辐射源的无源雷达。详细描述调频广播模拟电视和各种数字电视的信号，减弱直达波的对消和滤波的技术；同时介绍了利用GPS（全球定位系统）卫星信号和GSM/CDMA（两种手机制式）移动电话作为辐射源的探测方法。各种外辐射源雷达，要得到定位参数和形成所需的空域，必须多站协同。

（三）以新技术为牵引,产生出新的雷达系统概念,这对雷达的发展具有里程碑的意义。本套丛书遴选了涉及新技术体制雷达内容的6个分册:

(1)《宽带雷达》分册介绍的雷达打破了经典雷达5MHz带宽的极限,同时雷达分辨力的提高带来了高识别率和低杂波的优点。该书详尽地讨论宽带信号的设计、产生和检测方法。特别是对极窄脉冲检测进行有益的探索,为雷达的进一步发展提供了良好的开端。

(2)《数字阵列雷达》分册介绍的雷达是用数字处理的方法来控制空间波束,并能形成同时多波束,比用移相器灵活多变,已得到了广泛应用。该书全面系统地描述数字阵列雷达的系统和各分系统的组成。对总体设计、波束校准和补偿、收/发模块、信号处理等关键技术都进行了详细描述,是一本工程性较强的著作。

(3)《雷达数字波束形成技术》分册更加深入地描述数字阵列雷达中的波束形成技术,给出数字波束形成的理论基础、方法和实现技术。对灵巧干扰抑制、非均匀杂波抑制、波束保形等进行了深入的讨论,是一本理论性较强的专著。

(4)《电磁矢量传感器阵列信号处理》分册讨论在同一空间位置具有三个磁场和三个电场分量的电磁矢量传感器,比传统只用一个分量的标量阵列处理能获得更多的信息,六分量可完备地表征电磁波的极化特性。该书从几何代数、张量等数学基础到阵列分析、综合、参数估计、波束形成、布阵和校正等问题进行详细讨论,为进一步应用奠定了基础。

(5)《认知雷达导论》分册介绍的雷达可根据环境、目标和任务的感知,选择最优化的参数和处理方法。它使得雷达数据处理及反馈从粗犷到精细,彰显了新体制雷达的智能化。

(6)《量子雷达》分册的作者团队搜集了大量的国外资料,经探索和研究,介绍从基本理论到传输、散射、检测、发射、接收的完整内容。量子雷达探测具有极高的灵敏度,更高的信息维度,在反隐身和抗干扰方面优势明显。经典和非经典的量子雷达,很可能走在各种量子技术应用的前列。

（四）合成孔径雷达(SAR)技术发展较快,已有大量的著作。本套丛书遴选了有一定特点和前景的5个分册:

(1)《数字阵列合成孔径雷达》分册系统阐述数字阵列技术在SAR中的应用,由于数字阵列天线具有灵活性并能在空间产生同时多波束,雷达采集的同一组回波数据,可处理出不同模式的成像结果,比常规SAR具备更多的新能力。该书着重研究基于数字阵列SAR的高分辨力宽测绘带SAR成像、极化层析 SAR 三维成像和前视 SAR 成像技术三种新能力。

（2）《双基合成孔径雷达》分册介绍的雷达配置灵活，具有隐蔽性好、抗干扰能力强、能够实现前视成像等优点，是 SAR 技术的热点之一。该书较为系统地描述了双基 SAR 理论方法、回波模型、成像算法、运动补偿、同步技术、试验验证等诸多方面，形成了实现技术和试验验证的研究成果。

（3）《三维合成孔径雷达》分册描述曲线合成孔径雷达、层析合成孔径雷达和线阵合成孔径雷达等三维成像技术。重点讨论各种三维成像处理算法，包括距离多普勒、变尺度、后向投影成像、线阵成像、自聚焦成像等算法。最后介绍三维 MIMO-SAR 系统。

（4）《雷达图像解译技术》分册介绍的技术是指从大量的 SAR 图像中提取与挖掘有用的目标信息，实现图像的自动解译。该书描述高分辨 SAR 和极化 SAR 的成像机理及相应的相干斑抑制、噪声抑制、地物分割与分类等技术，并介绍舰船、飞机等目标的 SAR 图像检测方法。

（5）《极化合成孔径雷达图像解译技术》分册对极化合成孔径雷达图像统计建模和参数估计方法及其在目标检测中的应用进行了深入研究。该书研究内容为统计建模和参数估计及其国防科技应用三大部分。

（五）雷达的应用也在扩展和变化，不同的领域对雷达有不同的要求，本套丛书在雷达前沿应用方面遴选了 6 个分册：

（1）《天基预警雷达》分册介绍的雷达不同于星载 SAR，它主要观测陆海空天中的各种运动目标，获取这些目标的位置信息和运动趋势，是难度更大、更为复杂的天基雷达。该书介绍天基预警雷达的星星、星空、MIMO、卫星编队等双/多基地体制。重点描述了轨道覆盖、杂波与目标特性、系统设计、天线设计、接收处理、信号处理技术。

（2）《战略预警雷达信号处理新技术》分册系统地阐述相关信号处理技术的理论和算法，并有仿真和试验数据验证。主要包括反导和飞机目标的分类识别、低截获波形、高速高机动和低速慢机动小目标检测、检测识别一体化、机动目标成像、反投影成像、分布式和多波段雷达的联合检测等新技术。

（3）《空间目标监视和测量雷达技术》分册论述雷达探测空间轨道目标的特色技术。首先涉及空间编目批量目标监视探测技术，包括空间目标监视相控阵雷达技术及空间目标监视伪码连续波雷达信号处理技术。其次涉及空间目标精密测量、增程信号处理和成像技术，包括空间目标雷达精密测量技术、中高轨目标雷达探测技术、空间目标雷达成像技术等。

（4）《平流层预警探测飞艇》分册讲述在海拔约20km的平流层，由于相对风速低、风向稳定，从而适合大型飞艇的长期驻空，定点飞行，并进行空中预警探测，可对半径500km区域内的地面目标进行长时间凝视观察。该书主要介绍预警飞艇的空间环境、总体设计、空气动力、飞行载荷、载荷强度、动力推进、能源与配电以及飞艇雷达等技术，特别介绍了几种飞艇结构载荷一体化的形式。

（5）《现代气象雷达》分册分析了非均匀大气对电磁波的折射、散射、吸收和衰减等气象雷达的基础，重点介绍了常规天气雷达、多普勒天气雷达、双偏振全相参多普勒天气雷达、高空气象探测雷达、风廓线雷达等现代气象雷达，同时还介绍了气象雷达新技术、相控阵天气雷达、双/多基地天气雷达、声波雷达、中频探测雷达、毫米波测云雷达、激光测风雷达。

（6）《空管监视技术》分册阐述了一次雷达、二次雷达、应答机编码分配、S模式、多雷达监视的原理。重点讨论广播式自动相关监视（ADS-B）数据链技术、飞机通信寻址报告系统（ACARS）、多点定位技术（MLAT）、先进场面监视设备（A-SMGCS）、空管多源协同监视技术、低空空域监视技术、空管技术。介绍空管监视技术的发展趋势和民航大国的前瞻性规划。

（六）目标和环境特性，是雷达设计的基础。该方向的研究对雷达匹配目标和环境的智能设计有重要的参考价值。本套丛书对此专题遴选了4个分册：

（1）《雷达目标散射特性测量与处理新技术》分册全面介绍有关雷达散射截面积（RCS）测量的各个方面，包括RCS的基本概念、测试场地与雷达、低散射目标支架、目标RCS定标、背景提取与抵消、高分辨力RCS诊断成像与图像理解、极化测量与校准、RCS数据的处理等技术，对其他微波测量也具有参考价值。

（2）《雷达地海杂波测量与建模》分册首先介绍国内外地海面环境的分类和特征，给出地海杂波的基本理论，然后介绍测量、定标和建库的方法。该书用较大的篇幅，重点阐述地海杂波特性与建模。杂波是雷达的重要环境，随着地形、地貌、海况、风力等条件而不同。雷达的杂波抑制，正根据实时的变化，从粗犷走向精细的匹配，该书是现代雷达设计师的重要参考文献。

（3）《雷达目标识别理论》分册是一本理论性较强的专著。以特征、规律及知识的识别认知为指引，奠定该书的知识体系。首先介绍雷达目标识别的物理与数学基础，较为详细地阐述雷达目标特征提取与分类识别、知识辅助的雷达目标识别、基于压缩感知的目标识别等技术。

（4）《雷达目标识别原理与实验技术》分册是一本工程性较强的专著。该书主要针对目标特征提取与分类识别的模式，从工程上阐述了目标识别的方法。重点讨论特征提取技术、空中目标识别技术、地面目标识别技术、舰船目标识别及弹道导弹识别技术。

（七）数字技术的发展，使雷达的设计和评估更加方便，该技术涉及雷达系统设计和使用等。本套丛书遴选了3个分册：

（1）《雷达系统建模与仿真》分册所介绍的是现代雷达设计不可缺少的工具和方法。随着雷达的复杂度增加，用数字仿真的方法来检验设计的效果，可收到事半功倍的效果。该书首先介绍最基本的随机数的产生、统计实验、抽样技术等与雷达仿真有关的基本概念和方法，然后给出雷达目标与杂波模型、雷达系统仿真模型和仿真对系统的性能评价。

（2）《雷达标校技术》分册所介绍的内容是实现雷达精度指标的基础。该书重点介绍常规标校、微光电视角度标校、球载 BD/GPS（BD 为北斗导航简称）标校、射电星角度标校、基于民航机的雷达精度标校、卫星标校、三角交会标校、雷达自动化标校等技术。

（3）《雷达电子战系统建模与仿真》分册以工程实践为取材背景，介绍雷达电子战系统建模的主要方法、仿真模型设计、仿真系统设计和典型仿真应用实例。该书从雷达电子战系统数学建模和仿真系统设计的实用性出发，着重论述雷达电子战系统基于信号/数据流处理的细粒度建模仿真的核心思想和技术实现途径。

（八）微电子的发展使得现代雷达的接收、发射和处理都发生了巨大的变化。本套丛书遴选出涉及微电子技术与雷达关联最紧密的3个分册：

（1）《雷达信号处理芯片技术》分册主要讲述一款自主架构的数字信号处理（DSP）器件，详细介绍该款雷达信号处理器的架构、存储器、寄存器、指令系统、I/O 资源以及相应的开发工具、硬件设计，给雷达设计师使用该处理器提供有益的参考。

（2）《雷达收发组件芯片技术》分册以雷达收发组件用芯片套片的形式，系统介绍发射芯片、接收芯片、幅相控制芯片、波速控制驱动器芯片、电源管理芯片的设计和测试技术及与之相关的平台技术、实验技术和应用技术。

（3）《宽禁带半导体高频及微波功率器件与电路》分册的背景是，宽禁带材料可使微波毫米波功率器件的功率密度比 Si 和 GaAs 等同类产品高 10 倍，可产生开关频率更高、关断电压更高的新一代电力电子器件，将对雷达产生更新换代的影响。分册首先介绍第三代半导体的应用和基本知识，然后详细介绍两大类各种器件的原理、类别特征、进展和应用：SiC 器件有功率二极管、MOSFET、JFET、BJT、IBJT、GTO 等；GaN 器件有 HEMT、MMIC、E 模 HEMT、N 极化 HEMT、功率开关器件与微功率变换等。最后展望固态太赫兹、金刚石等新兴材料器件。

　　本套丛书是国内众多相关研究领域的大专院校、科研院所专家集体智慧的结晶。具体参与单位包括中国电子科技集团公司、中国航天科工集团公司、中国电子科学研究院、南京电子技术研究所、华东电子工程研究所、北京无线电测量研究所、电子科技大学、西安电子科技大学、国防科技大学、北京理工大学、北京航空航天大学、哈尔滨工业大学、西北工业大学等近 30 家。在此对参与编写及审校工作的各单位专家和领导的大力支持表示衷心感谢。

王小谟

2017 年 9 月

前　言

空中交通管理(简称空管)支撑着民航运输的安全、高效、经济、环保、舒适运行,在航空运输中起着重要的保障作用。监视是空中交通管理的起点,空管监视技术的主要任务是通过陆基、星基、星载等设备与系统对航空器及其他目标进行可靠的实时探测,提供探测目标的准确位置、状态和告警信息。空管监视技术是新一代航空运输系统中的核心技术,在高密度空域内实施空中交通管制时不可或缺。

自 1903 年飞机诞生以来,伴随着飞行流量的增长和现代电子通信技术的长足发展,空管监视技术经历了人工监视、一次雷达监视、二次雷达监视、自动相关监视、多源数据协同监视等阶段,逐步实现了空、天、地一体的监视技术。随着科学技术的进步,空管监视新技术将会不断涌现,监视精度和自动化水平会进一步提高。

本书主要研究空管监视技术的发展趋势、航空数据链、飞机通信寻址与报告系统、空管监视雷达、自动相关监视系统、多点定位系统、高级场面移动引导控制系统、机场场面视频识别技术、空管多源协同监视技术、低空空域监视等核心技术问题,使读者能够全面地掌握空管监视技术的概念、原理、理论模型及新体制下的技术方法。

全书共分为 9 章。其主要内容安排如下:

第 1 章概论,介绍空中交通管理的任务、内容及发展,给出空管监视的定义和范畴,从空中交通管制的角度阐述空管监视技术的发展趋势及当前世界主要民航大国的空管发展情况。

第 2 章航空数据链与飞机通信寻址与报告系统,主要阐述空地数据链通信系统原理、技术及飞机通信寻址与报告系统(ACARS)数据链监视技术的特点。详细介绍 ACARS 的组成原理,报文解析过程、监视信息的获取及在飞机监视中的应用。

第 3 章空管监视雷达原理,重点阐述一次雷达工作原理、二次雷达工作原理及应答机编解码、单脉冲二次监视雷达、S 模式二次监视雷达在空管中的应用、雷达综合航迹 CAT062 解码等,同时讲解雷达数据处理系统的原理及特点。

第 4 章自动相关监视,主要阐述 ADS－B、ADS－C 监视数据链技术,介绍自动相关监视的应用范围及国内外的发展现状;针对 ADS－B 三种不同的数据链进行比较分析,重点阐述 ICAO 推荐的 ADS – B 1090ES 数据链报文的解析及接收技术。同时介绍当前正在发展的星载 ADS – B 监视技术。

第 5 章多点定位系统,主要阐述多点定位技术的原理及算法。介绍多点定位系统在空管中的应用;重点介绍 MLAT 的 TDOA 的实现方法、原理。

第 6 章高级场面监视系统,主要阐述当前高级场面移动引导控制系统的发展、功能、运行原理及关键算法等。

第 7 章机场场面航空器视频监视技术,主要阐述视频监视在机场场面航空器监视中的应用技术,并结合实例介绍机场场面目标检测跟踪技术、航空器起飞、着陆状态识别及风险识别方法等。

第 8 章空管多源协同监视技术,主要阐述数据融合理论、空管多源协同监视技术。介绍监视航迹预处理的方法、雷达数据航迹融合方法、ADS – B 与雷达航迹融合方法、ADS – B 与 MLAT、ADS – B 与 ACARS 信息融合方法等。

第 9 章低空空域监视技术,主要阐述低空空域监视技术及未来发展。从近期空域改革角度入手,介绍现有的一些低空空域监视技术及未来低空空域监视技术的发展以及“通用航空飞行情报服务系统”的架构及监视技术等。

本书由张召悦编著,王超教授对本书进行了审阅并提出了宝贵的建议。参与本书编写和校对工作的还有焦阳、陈洋、王朋、王旋、崔子洋、郝星、张雷雷、胡大爽、王加辰、杨波、杨闯、蒋真、余祖航、王晨旭、禄美琦、王森、高春燕、王永升、魏孝强等。此外,本书编写过程中,中国民航大学的杨新湦教授、赵嶷飞教授、戴福青教授、曹显祥老师等领导和同事们给予了大力支持,民航海南空管分局、西北空管局等民航一线单位为本书提供了大量素材和建议。

本书的编写得到了王小谟院士、戴浩院士、孙聪院士、张安教授、丁松滨教授、杜玉杰教授、张循利教授的支持,在此表示深深的谢意。本书在编写过程中参考了大量国内外专家和学者的一些资料,在此一同予以诚挚的感谢。特别感谢国防工业出版社,本书的顺利出版与他们的辛勤指导是分不开的。

本书内容知识面广,加上作者学识有限,因此难免有不妥之处,请广大同行和读者及时给予指正。

编著者
2017 年 2 月于中国民航大学

目 录

第 **1** 章
概论

空中交通管理(ATM)系统不仅负责空中交通的安全运行,而且保证效率、舒适、经济、环保等多方面的要求。它由通信、导航、监视(CNS)、自动化系统和信息系统几大要素组成。其中,监视系统相当于空中交通管制员的"眼睛",是系统的主要信息来源,是实现空域管理、流量管理等功能的基础。空中交通管制(简称空管)监视属于空中交通管理实施的范畴,本章将对空中交通管理的内容、发展进行阐述,并对空管监视技术的发展进行介绍。

◥ 1.1 空中交通管理

1.1.1 空中交通管理概述

空中交通管理的基本任务是使航空公司或经营人的航空器能够按照预定的起飞时间和落地时间飞行,在实施过程中,能以最低程度的限制,不降低安全系数的有序运行。例如,在考虑整个航线网络的飞行之后,可以使飞机在起飞机场就得到流量控制,避免飞机起飞后在空中出现无谓的等待、盘旋,或使用不经济的飞行高度层而造成不必要的燃油消耗。

按照国际民航组织(ICAO)的相关说明,空中交通管理可以分为空中交通服务(ATS)、空域管理(ASM)和空中交通流量管理(ATFM)三部分(图1.1),其中空中交通服务是空中交通管理的重要组成部分[1]。

空中交通服务是指对飞行中的航空器实施有效监控和管理的业务,是空中交通管制(ATC)服务、飞行情报服务(FIS)和告警(AL)服务的总称,由空中交通管制员(简称管制员)向航空器提供空中交通服务。其目标:防止航空器相撞;防止在机动区内的航空器与该区内的障碍物相撞;加速并维持有秩序的空中交通流;提供有助于安全和有效地实施飞行的建议和情报;通知有关组织关于航空器需要搜寻与救援,并根据需要协助该组织。

空域管理是指为维护国家安全,兼顾民用、军用航空器的需要和公众利益,

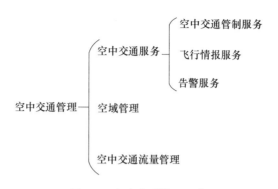

图 1.1　空中交通管理组成

统一规划,合理、充分、有效地利用空域资源的管理工作。空域管理包括空域规划、空域管理、空域评估三个方面。其中:空域规划包括空域分类、管制区域划分、终端区设计、航路划设、飞行程序设计等;空域管理包括提高时间利用率、提高空间利用率、改善管制空域的衔接状况;空域评估包括空域安全评估、容量评估、经济效益评估等。为了向航空器提供安全、及时、有效、正常的空中交通服务,促使空中交通有秩序的运行,必须对空域资源进行规划、设计和管理。此外,空域资源的国家属性和空域资源分时重复使用性也决定了空域管理的重要性、动态性和技术性。

　　空中交通流量管理的目的主要是在需要或预期需要超过空中交通管制系统的可用容量时,为空中交通安全、有序的运行和流量的加速提供服务,确保最大限度地利用空中交通管制容量,实现容量和流量的均衡,保证空中飞机最佳地飞向或通过这些区域,为航空器运营者提供及时、精确的信息以规划和实施一种经济的空中运输,以尽可能准确地预报飞行情报而减少延误[2]。

　　为实现上述目标功能,必须对空中交通运行过程进行实时、准确监视,并可以将监视数据与其他民航数据存档供大数据挖掘,为民航健康、可持续发展提供支撑。

1.1.2　空中交通管理的发展

　　空中交通管理是根据航空运输的需求而产生的,它的发展与通信、导航、监视技术的应用密不可分。20 世纪,随着航空器设计制造技术的两次飞跃和航空运输的快速发展以及通信、导航、监视设备和计算机技术与网络技术的发展,空管技术和手段也进行了多次革新[3]。空中交通管理手段由低级到高级经历了五个发展阶段:

　　第一阶段(20 世纪 30 年代以前):以地标领航和推测领航为主,实施目视飞行,空管指挥从原始的利用双面旗在跑道头指挥发展到灯光和信号弹时代。

第二阶段(1934—1945):开始采用无线电管制,目视飞行时代向仪表飞行时代过渡,随着飞行流量的增加,到 1935 年航线管制中心应运而生。

第三阶段(1945 年至 20 世纪 80 年代):从民航雷达的诞生到 1956 年远程航路雷达安装使用,1960 年机场监视雷达(ASR)投入运行。随着飞行流量的增大和计算机技术的应用,1996 年开始实行流量控制,1970 年计算机联网,成立流量控制中心和终端区。

第四阶段(20 世纪 80 年代后期至 20 世纪末期):1988 年美国和 IBM 公司开发管制自动化研究,并提出了空中交通管理的概念,以取代空中交通管制,国际民航组织在 1993 年也确定了 CNS/ATM 的空中交通管理的运行方式,如今 CNS/ATM 系统架构成为目前空中交通管理的主流。

第五阶段(2003 年以后):伴随着全球进入信息化、网络化时代,国际民航组织提出了《全球空中航行计划》,此计划的提出提高了航空运输系统的安全性,能够有效地减少环境污染,满足未来的航空运输需求,空管正由标准化向国际化并逐步向现代化(自动化)不断发展。

空中交通管制是空中交通管理的重要组成部分,也是空管监视技术的应用对象,其发展经历了目视管制、程序管制和雷达管制。

20 世纪 30 年代以前,航空器飞行距离短,最多只有几百千米,只能在白天天气好的情况下飞行,因此只需按照目视进行监视,按照目视的原则制定了目视飞行规则。飞行稍繁忙的机场由较少的人进行管理,以确保空中交通的安全有序运行。当时的管制员只是用红旗与绿旗控制飞机的起飞和降落。由于受天气和黑夜的影响,旗帜很快就被信号灯取代,处于最高位置的塔台模式也随后建立起来。

程序管制是一种根据一系列事先协议好并公布的规定和程序对航空器的飞行活动实施管制的方式。管制员通常依据飞行计划、飞行员的位置报告、管制员之间的协调以及飞行进程单及时确定和掌握航空器的交通态势,借助无线电设备使用陆空通话为航空器发布指令和信息,合理安排航空器的飞行秩序,调整航空器之间的飞行间隔,按规定进行管制移交以便为航空器提供持续的管制服务。程序管制包括塔台管制、进近管制和区域管制。

雷达管制是指直接使用雷达监视信息来提供空中交通管制的一种管制服务。根据雷达显示,管制员可以充分了解本管制空域雷达波覆盖范围内所有航空器的精确位置,有效减少航空器之间的运行间隔,从而增加空域容量,管制员能够主动指挥,必要时可以实施雷达引导。雷达管制的实施是空中交通管制的巨大进步。由于程序管制对飞机动态掌握不够及时、准确,管制员不能主动对飞机进行引导,通常是根据飞行人员的要求,在确保没有飞行冲突的情况下发布放行许可,这样会导致空域不能合理利用,资源不能合理分配。为了提高飞行安全,程序管制经常利用垂直间隔调配飞机,使飞机在不同的高度层飞行,整个飞行过程呈阶梯状上升、下降,这种飞行方式效率低,需要管制人员长时间计算、推测、记忆飞行情况,工作负担较重,不利于保证飞行安全。雷达管制则很好地解决了上述问题。雷达管制员不但可以通过管制自动化系统全面掌握本地区内飞行的情况,而且可以了解相邻甚至更远区域内的飞行活动,较准确地推测出一段时间内的空中交通状况,向飞行员提供信息,主动指挥引导飞机以最快捷便利的方式到达目的地。管制员利用雷达的监视作用,使用垂直及水平间隔调配飞机,充分利用空域资源,尽快满足飞行需要。同时,管制人员记忆、推算飞机位置的工作量大大减少,工作的注意力主要集中在调配冲突和提高飞行流量上。采用雷达管制后,过去单一、被动的发布放行指令将不复存在,取而代之的是积极主动为航空公司提供安全、优质、高效的管制服务。雷达管制不仅仅是简单地“雷达看到”,其关键是转变观念,积极主动地引导飞机飞行。随着雷达覆盖面积的不断扩大,目前雷达管制已经成为空管系统的重要管制手段[4]。

◤ 1.2　空管监视技术

空中交通管制员在指挥飞机安全、有序、经济、环保运行时,首要条件就是“听得见”和“看得到”航空器。空管监视系统的主要任务就是解决“看得到”的问题,其作用包括探测航空器、获得航空器的运行参数、确保航空器最小安全间隔等(如图 1.2 所示,雷达管制下航路运行侧向间隔 5n mile,垂直间隔 1000 英尺(1 英尺 = 0.3048m))。本节对空管监视技术的提出、发展和分类进行介绍。

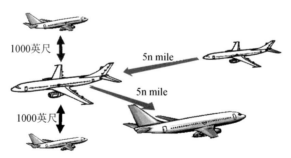

1000英尺

5n mile

5n mile

1000英尺

图 1.2　雷达管制下航路航空器间隔

1.2.1　空管监视的提出

目前,航空运输业面临着大流量、高密度、更安全、更高效、更环保等前所未有的运行压力,空中交通管理部门必须借助空管监视系统准确掌握飞行态势信息来支撑民用航空的持续、健康发展。国际民航组织将空管监视系统定义为"为空中交通管理单位与机载用户提供航空器位置与其他相关信息的系统"(ICAO Doc. 9924(Ref Doc. 25))[5]。

空管监视系统被誉为空中交通管制员的"眼睛",是民航实施空中交通管制、保障航空运输安全、高效、有序运行的核心系统。广义地讲,空管监视主要是指检测、识别和跟踪目标(包括空中和机场地面目标)以及报告影响飞行安全的天气现象。空管监视系统的目的是针对合作目标实现广域、连续的监视。广域是指包括低空在内的所有高度以及陆地、海洋和荒漠的所有领土范围。空管领域的监视传感器、监视手段种类繁多,雷达已不再是现代化空管系统实现空域监视的唯一手段。特别是近年来随着飞行密度的不断增加、卫星技术和数据链技术的飞速发展,已出现了多种空管监视新技术,空管的监视技术应用在不断发展。

国际民航组织发展的 CNS/ATM 中的监视系统主要是二次监视雷达(SSR,简称二次雷达)和自动相关监视(ADS)系统。其中:二次监视雷达主要用在高交通密度区域;自动相关监视主要用在海洋区域及边远陆地区域,并可作为高交通密度区域二次雷达的补充。在很长一段时间内,一次监视雷达(PSR,简称一次雷达)(即一次发射就可获取目标和距离方位的雷达)也会继续使用,并且随着监视新技术的发展,其他监视系统也会补充到民航监视系统中[6]。

空中交通管制监视技术在传统雷达监视技术应用的基础上,已逐步发展出多点定位技术(MLAT)或多点相关定位(MDS)、广播式自动相关监视(ADS - B)、飞机通信寻址与报告系统(ACARS)、高级场面引导与控制系统(A - SMGCS)、视频监视技术和空管多源协同监视技术等一系列监视新技术。这些空管监视系统的新装备、新理念和新手段已在空管领域逐步开始应用,新技术支撑着空管系统的持续健康发展。

目前,根据国际空中导航服务部门的要求,检测并量化空中导航监视设备的合理程度是很有必要的,合理化的空中管制活动是提高关键空域利用率的重要手段。国际空中导航服务部门通过对监视设施在关键空域的利用率和对监视目标的定位率进行分析后,提出了 10 个监视指标,有助于空中交通管理有针对性的改进[3]。空管监视的 10 个性能指标可以概括为监视容量、成本效益、监视效率、环境可持续性、设备适应性、协作性、可预测性、安全性、保密性以及人为工作效率。针对以上 10 个性能指标,国际空中导航服务部门提供了相应的参考数据,用于对空中交通管制监视的客观评价,以供空中交通管理部门对监视设备做进一步的改进与更新。

1.2.2 空管监视技术的发展

空管监视技术的发展是多学科交织进步的结果,其发展大致可分为四个阶段[7]:

(1)人工监视阶段(1928—1935):1928年,短波无线电话通信设备首次安装在飞机上,开创了无线电陆空通话的历史。无线电导航设备与话音电台构成了最早期的机载航电设备。飞行员通过观察地物,以人工的方式确定其位置,再依靠话音通信报告位置,实现简单的空管监视。这种空管监视技术依赖于人对地理位置的了解,容易受到天气、环境的影响,其应用范围主要在航路。相应的管制模式为程序管制,即管制员通过飞行员报告及推测领航等手段确定航空器瞬时位置,预测出与其相关航空器的位置关系,从而提供保证航空器安全飞行的足够间隔。

(2)被动、独立监视阶段(1935—1953):从20世纪30年代DC3型飞机投入民航商业运营到1945年间,新型民用客机不断出现,航空运输运量不断上升,跨洋飞行开始出现。仅依靠位置报告和话音难以满足空管监视的需求。

1935年,英国研制出首台一次雷达(PSR)。为了对战场空域实现有效监视,英国皇家空军于1936年在索夫克海岸建起了第一座雷达站,后来又增设了5座,它们在第二次世界大战中发挥了重要作用。随着民用飞机数量的急剧增长,对飞机的安全监视需求更加迫切,雷达监视技术逐渐向民用应用转移。一次雷达用于民航空管系统成为第二代空管监视技术的重要标志。

与基于人工位置报告的简单空管监视技术相比,雷达监视技术不依赖于人工处理,所获取位置的精确度显著提高。然而,一次雷达仍存在显示目标太小和亮度受目标与天线距离、大气相对传导性、目标的雷达截面积以及地面杂波等因素影响,并且无法识别目标身份等不足。

(3)被动、协作监视阶段(1953—1988):第二次世界大战以后,喷气式客机出现,飞行速度大大增加,飞机巡航高度提升到11000m左右的高度层,航路飞行密度不断提高。

1953年,二次雷达开始推广用于空管系统。地面二次监视雷达向飞机发出询问信号,机载应答机被动应答,两者相互协作完成监视。管制员在二次雷达的辅助下,可掌握飞机的连续位置、高度、地速和飞机标识等信息,空管运行方式进入到雷达管制阶段。由于雷达监视精度远高于飞行员位置报告和管制员人工推算精度,基于雷达监视可在保证所需安全水平下,大大缩小飞机之间的安全距离,从而有效提高空域利用率。

自1956年美国科罗拉多大峡谷上空的民航客机相撞事件发生之后,航空界开始防撞技术和系统的研究。到20世纪80年代后期,美国联邦航空管理局

(FAA)完成了对空中交通预警和防撞系统(TCAS)的首次鉴定。TCAS 通过机载询问器发出与二次雷达类似的询问信号,根据其他飞机机载应答机的应答信号计算二者距离,同时根据方向天线确定方位,为飞行员提供空中交通信息和告警。以二次雷达和 TCAS 为代表的监视技术构成了第三代空管监视技术的核心。

相对于一次雷达,二次雷达具有发射功率小、不存在目标闪烁现象和干扰杂波少等特点,并且提供的信息更加丰富。但是,二次雷达仍然是通过无线电测距来获取目标方位的,这种监视方式精度有限,并且机械旋转也限制了监视信息更新率的提高。因此,迫切需要新型的监视手段,以弥补雷达监视的缺陷,满足空中交通管理系统的发展要求。

(4) 主动、协同、多源监视阶段(1988 年至今):20 世纪 80 年代,民航飞机数量高速增长:到 1990 年年底,全球 550 多家航空公司共拥有客机超过 1.5 万架,比 1975 年增加了 1 倍。与此同时,空中交通密度不断增加,跨洋飞行和远距离飞行活动频繁,极地飞行开始出现。

1973 年,美国开始部署世界上第一个全球卫星导航系统(GNSS),即全球定位系统(GPS)。为满足飞行更安全、更密集、更灵活的需求,结合卫星导航、卫星通信和空地协同监视技术的发展,国际民航组织认识到空管必须从单纯的地面指挥向空地协同方式发展。1991 年,国际民航组织通过 CNS/ATM 方案,建议在卫星和数字信息技术支持下,综合利用先进的通信、导航、监视技术和空中交通管理系统,来解决飞行安全性不足、空域容量使用效率低等问题。2014 年 3 月 8日,MH370 航班的失联和坠毁事件,使得国内外民航科研院所将目光投向了星载监视技术,从而推动空管系统进入空、天、地一体的协同管制新纪元。

该阶段的空域监视技术的特点非常明显:①监视信息源为飞机利用卫星导航系统进行定位的结果;②监视信息的获取方式为管制员利用空、天、地数据链实现对飞行位置和状态的获取、传输与处理;③这种空域监视方式的核心是机载设备与地面设备相互协同,即空地协同。基于空地协同的空域监视技术实现对空中交通态势的实时、准确监视,已成为第四代空域监视技术的核心。

从空管监视技术的发展历程来看,早期的空域监视技术相对简单,仅实现对飞行器位置、速度、高度和航向角等飞行状态的监视。随着民用航空运输业的快速发展和运行范围的进一步扩大,空域环境越来越复杂,飞行量持续增加,给空管监视技术带来了新的挑战。为保障不同空域环境下的安全飞行,研究者和业界对空域监视技术高度关注,不断取得新的成果并推动了空管监视技术的持续进步。空管监视技术的发展主要表现在以下两个方面:

(1) 在监视模式方面,从独立、被动工作模式向主动、协同工作模式演化。传统的仅依靠地面设备实现的独立空域监视系统在精度和可靠性方面都存在不足,难以适应对大流量的空域进行监视的要求。为进一步提高空域监视性能,又出现了星载航电设备、机载航电设备和地面设备协同配合的空、天、地协同的空管监视系统,使得实现更加可信的空域监视成为可能。

(2) 在监视设备方面,从单一设备向多个设备联合发展。由于各种单一监视手段都具有自身的适用范围和局限性,无法满足日益复杂的空域监视要求,因而逐渐出现了多种监视手段相互协作的模式,以实现包括飞机状态、地形和气象等综合飞行态势信息的联合探测,进而构建一种支持多元态势感知和全信息监视服务的新型空域监视系统。

空管监视技术的发展是与卫星数据链技术、机载航电设备、空管运行模式等革新相辅相成的。在空管监视技术发展的同时,对空管监视设备和空管运行模式不断提出了新的要求,并引发了它们的多次变革。传统的独立、被动式空管监视技术对机载航电设备要求较低,仅需简单的话音电台;而新的主动、协同式空管监视技术需要复杂机载航电设备的支持,对其功能和性能都提出了更高的要求。反过来,机载航电技术的发展也推动了空管监视技术的提高。

为理顺空管监视发展思路,更好地应用空管监视技术,国际航空运输协会(IATA)已经提出了下述监视要求:

(1) 一次雷达在任何航线均可使用。

(2) 多点定位在终端区完全可以代替二次雷达。

(3) 必须建立优于 A/C 模式的 S 模式二次雷达。

(4) 使用基于 S 模式 1090ES 数据链的 ADS – B 作为补充并最终取代雷达,从而实现非雷达空域的空中交通监视服务。

同时,IATA 也提出了对下述区域中远期的要求:

(1) 中期(2010—2015):

北美:现有监视设施可持续使用至 2020 年;到 2020 年,使用广播式自动相关监视(ADS – B)作为主要的监视方法;缩减二次雷达监视网络(2020 年后);保持所有航路信标;保持洋区和高密度终端区的信标台设置;将终端区的一次监视雷达作为安全的备份系统。

欧洲:到 2020 年,至少有一套满足安全标准的协同独立运行监视系统;终端区必须安装一次雷达以搜寻在关键航段通信失效的飞机。

加勒比和南非:高密度地区应用 S 模式二次雷达监视;通过增加 ADS – B 地面基站加强对终端区和航路的监视覆盖,并增强 A/C 模式和 S 模式区域覆盖的监视能力;通过使用广域多点定位(WAM)缩短向 ADS – B 监视环境过渡的时间;在所有洋区和边远空域实施合约式自动相关监视(ADS – C)。

亚太:在航路和终端区推广 ADS – B,并利用 ADS – B 提供空中交通管制间隔服务;在区域管制中减少对一次雷达的依赖;航路上使用 ADS – B 和符合运行要求的二次雷达;充分利用 S 模式二次雷达;当技术力量或经费不足以建立 ADS - B、多点定位或二次雷达系统时,可采用 ADS - C 监视技术。

(2) 长期(2015—2025):完成对 A/C 模式二次雷达的升级工作;ADS - B 或多点定位系统完全取代二次雷达。

1.2.3 空管监视技术的分类

可用于空中交通监视的技术手段较多,由于这些技术手段源于不同的技术领域,形成过程中缺少统一的分类标准。按用途分类,如航路监视雷达(AR-SR)、终端区雷达、场面监视雷达(SMR)、高级场面移动监视系统等;按技术体制和实现方式分类,如一次雷达、二次雷达、单脉冲二次雷达和基于数据链的自动相关监视等;按工作频段分类,如 V/U 数据链、C 波段雷达、L 波段雷达、L 波段数据链、毫米波雷达和光学雷达等。这些技术分类上的不一致性,容易造成使用和推广上的混乱,也不便于人们的学习和理解[8]。

从空中交通管制的运行和控制关系入手,根据监视者和被监视者在监视过程中的参与程度,目前空中交通管制监视手段可以分为三种,即独立监视、相关监视和合作独立监视。独立监视也称为非协作监视,是指地面自行监控,不依靠用户或外部介质而进行的监视。比较典型的独立监视系统有一次雷达和欧洲的民航多基一次雷达。凡是依靠用户发送位置报告的监视均为"相关",有时称为"非独立"监视,主要为自动相关监视、多点定位等。而依靠用户应答或第三方介质的监视称为合作独立监视,二次监视雷达属于这种监视。空管监视技术具体分类如图 1.3 所示。

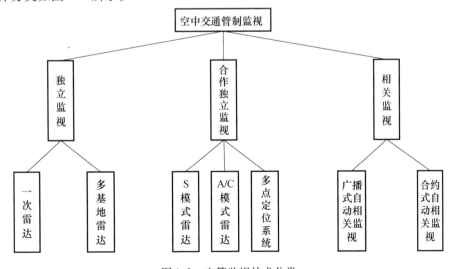

图 1.3 空管监视技术分类

1.2.3.1 独立监视

不需要被监视者配合,完全由监视者独立完成对被监视者测量定位的监视方式。主要依靠一次雷达和多基地雷达技术。

一次雷达可应用于航路、终端和机场场面监视。整个民航空中交通管理系统中使用的一次雷达,按使用区域一般可分为航路监视雷达、机场监视雷达、精密进近雷达(PAR)和场面监视雷达[9]。

一次雷达主要用于进近,有时用于航路监视,可探测飞机的位置。一次雷达与回音的工作原理相似。一次雷达配备了持续工作的旋转天线,可发出能量波。发射至飞机的能量波束被反射回雷达,与回声类似,通过测量波束反射的方向和时间,一次雷达确定了航空器的位置。这些位置在雷达屏幕上以物体光点的形式呈现给管制员。

一次雷达可在不配备机载设备的前提下探测航空器位置,一次雷达是目前空中交通管制员保持对所有飞机监视的唯一方法。一次雷达的产生使空域监视技术得到了大大提高,它摆脱了人为、气候以及地形变化等因素对飞行安全的影响,能更好地获取飞行器的位置信息,提高了位置信息的准确度。但其自身仍然存在着较多弊端,例如无法识别监视目标的身份及高度信息,易受到地面杂波的干扰,发射功率大,造价成本高等。

1.2.3.2 合作独立监视

被监视者与监视者协同工作才能完成监视者对被监视者测量定位的监视。合作独立监视主要有二次雷达监视和多点定位监视。

1) 二次雷达

二次雷达是与一次雷达相对应的一种雷达系统。一次雷达通过空中反射来识别目标,而二次雷达通过地面站或机载设备的询问机向空中目标发送询问,空中目标在接收到询问信号后发送应答信号,地面站或机载设备通过接收应答信号来识别空中目标。正是由于地面和空中的协同,空域监视步入协同监视阶段。协同监视阶段中最初使用的是单脉冲二次雷达,该技术存在同步串扰和异步干扰等方面的问题以及传输数据量有限等缺点。为了解决这些问题,人们提出了S模式二次雷达。其基本思想是给每架飞机一个指定的地址码,由地面系统的计算机进行"一对一"的选择呼叫。1987年,国际民航组织将S模式二次雷达列入了国际民航组织附件10,作为研究和生产的标准[10]。

相比于一次雷达,二次雷达要求航空器配备机载应答机。二次雷达通过能量持续的旋转天线向航空器发送能量波束,当能量波束传递至飞机时,雷达将接收到应答编码。这种应答方式可获取航空器的识别码、高度、机载应答机类型以及其他信息。然而,二次雷达不依靠应答机定位航空器,而是通过测量波束反射的方向和时间确定航空器的位置。航管二次雷达系统可以获得的信息主要有:飞机的距离与方位信息;飞机代码;飞机的气压高度;一些紧急告警信息,如飞机发生紧急故障、无线电通信失效或飞机被劫持等。二次雷达向空中交通管制系统传输的所有信息以标牌的形式在屏幕上显示。

一次雷达用来监视和跟踪在管制区域内的所有飞机,二次雷达用来识别出装有应答机的飞机。一次雷达和二次雷达接收到的信息在航管雷达的平面显示器上显示出来,为管制员提供飞行态势信息。

2)多点定位系统

多点定位系统是通过地面多点定位接收机接收飞机发出的 1090MHz 信号报头,可以精确地对机场场面与周围地区移动和静止的飞机及车辆等目标进行监视的系统。在同一时刻,目标至少同时被三个地面接收机检测到,这样才能随时跟踪其运动轨迹(二维平面定位)。每个地面接收机接收目标的信息并进行解码,然后将数据传送至目标处理器。目标处理器比较来自多个接收机的报告,根据每个接收机的信号接收时间计算出目标位置。该系统的一个重要特点是通过高刷新率来跟踪定位和识别安装 S 模式、非 S 模式应答机的飞机及安装车载应答机的车辆。对于两个信标台来说,采集到的到达时间差会确定一条双曲线,航空器的位置便是这些双曲线的交点。多点定位系统分为局域多点定位系统和广域多点定位系统,前者用于机场场面监视,后者用于航路监视[11]。

多点定位系统一般由多个远端接收站、一个中心处理站、移动目标信标机、询问机以及时间同步系统和数据通信系统等组成,多点定位系统能够完全兼容 SSR 和 ADS-B 下行数据传输链路,可以接收和解码飞机的 SSR 代码和 S 模式地址,因而具备目标识别能力和高精度定位能力。近年来,多点定位技术已经成功应用于机场监视活动。目前这一技术应用于航路、进近等较大地域监视中。

多点定位系统与一次雷达和二次雷达相比,具有精度高、低成本、易安装等优点,因此在世界很多地方广泛应用,如美国以及欧洲的很多国家,还有我国的首都国际机场均已经应用,已经逐步取代一次雷达和二次雷达等传统监视设备。近年来,多点定位技术的快速发展将会使其被下一代的空管监视系统广泛采用,该技术是国际民航组织提出的 A-SMGCS 的核心技术[12]。

1.2.3.3 相关监视

相关监视是由被监视者测定自身位置后,主动报告给监视者,使监视者掌握其当前位置和飞行意图的监视方式。主要依靠 ADS-B 和 ADS-C。

1)ADS-B

ADS-B 是未来航空监视的主要手段,它依靠接收卫星导航对每架飞机进行精确定位,通过广播自身的位置、速度等交通态势信息,接受其他飞机广播的信息进而达到飞机间的相互感知,实现对周边空域交通状况全面、详细的了解[13]。ADS－B 除了自身的监控功能外,还具有飞行信息服务广播(FIS－B)和交通信息广播(TIS－B)的功能。ADS－B 系统由机载设备、地面设备和地空数据链构成,其中常用的 ADS－B 地空数据链有 VHF 数据链模式(VDL4)、二次监视雷达 S 模式(1090ES)、扩展电文和通用访问收发机(UAT)。

ADS－B 采用全向广播方式,主要采用空对空报告、空对空自我监视,起到延伸驾驶员肉眼视程的作用,有利于实施"见到后避让"的原则,不论在运输航空或通用航空都行之有效。美国 FAA 认为 ADS－B 是实施自由飞行的奠基石,欧洲虽然并不提倡概念上较为模糊的"自由飞行",但提出了"自由航路"概念,而 ADS－B 也将是促进实施自由航路的手段之一。

2) ADS－C

ADS－C 是航空器与管制单位之间提前建立点到点的通信连接,建立联系之后,根据契约约定,航空器上的导航设备自动地将航空器上相关信息发送给地面空中交通管制部门,同时地面空中交通管制部门给航空器发送上行数据信息。ADS－C 与 ADS－B 最大的区别在于它并非是采用对外广播的形式传输信息,而是采用点对点的通信方式[12]。

飞机使用全球导航卫星系统或其他机载系统来确定其位置和其他信息,空中交通管制中心与飞机订立合同,要求其定期提供此信息。飞机将把这些信息发送到地面站,并将其发送到空中交通管制中心,在空中交通管制员屏幕上显示,同时,装备 ADS－C 的飞机将按照空中交通管制中心要求的间隔,对飞机位置进行调整。这意味着只有设立合同的空中交通管制中心才会收到信息。除了发送位置信息,飞机还会发送速度、气象数据等信息。ADS－C 可在其他监视手段不可行的区域(如海洋和沙漠地区)提供监视。

1998 年,为了促进我国西部地区航空业的快速发展,首次建立了以 ADS－C 技术为基础的 L888 航路,该航路除了具备自动相关监视能力同时兼有飞机通信寻址与报告系统,取得了良好效果。目前,中国民航已经完成多套 1090ES 模式数据链 ADS－B 地面站建设,其中包括成都－九寨航路 ADS－B 应用监视系统工程、成都－拉萨航线监视工程项目、西沙 ADS－B 试验系统建设工程、海南 ADS－B 应用示范等,并协调各单位组织研究制定了 ADS－B 地面站实施路线图和地面站技术规范。此外,还完成了部分空管自动化系统 ADS－B 数据处理的接口升级改造工作。

1.2.3.4 空管监视技术比较

根据不同的应用领域,空中交通管制部门选择不同的监视技术。表 1.1 列出了常用监视技术。

表 1.1　常用监视技术

		基于雷达的监视技术		基于卫星的监视技术		其他
		一次雷达	二次雷达	广播式自动相关监视技术	合约式自动相关监视技术	多点定位监视技术
是否为独立监视		是	是	否	否	是
是否为合作式监视		否	是	是	是	是
飞机是否有应答机		无	有	有	有	有
飞机的应答设备	A 模式	可探测	可探测并识别	—	—	可探测并识别
	C 模式	可探测	可探测并识别	—	—	可探测并识别
	S 模式	可探测	可探测并识别	—	—	可探测并识别
主要功能以及特性		一次雷达是一种非合作式的目标探测,可用于地面检测,具有很高的数据完整性与准确性	相比于一次雷达,二次雷达应答脉冲还包括飞机的应答机编码和高度,覆盖范围比一次雷达更广,可在 S 模式下进行地空数据链的搭建	管制员可应用此设备实现对飞机以及车辆的监视,且 ADS-B 具有较快的更新频率,延迟率更小,位置信息率更加精确	在没有雷达监视设备覆盖的地方使用 ADS-C 监视飞机,同时实现冲突检测、冲突解脱等功能,并可以搭建地空数据链传输系统	可以使用二次雷达技术,适用于地面检测,延迟率很小,更新频率快,位置精度高,可靠性好
主要劣势		无法识别目标的呼号以及目标的高度。需要很高的功率进行信号发射,覆盖范围小,延迟率高,更新频率慢	无法用于地面监视,且延迟率高,更新频率慢	信息的传送以及准确性取决于飞机的机载设备,容易出现时间错误,定位系统稳定性差	信息的传送以及准确性取决于飞机的机载设备,并不是所有的飞机都装有此设备,容易出现时间错误,定位系统稳定性差	对通信与监视基础设施的要求高

1.2.3.5　空管监视的范围

　　不同的监视设备具有不同的监视距离范围,常用的空管监视设备监视范围如下:

　　精密进近雷达是一种安装于跑道一侧的精密跟踪雷达,一般工作在 X 波段,主要用于监视和跟踪飞机的起降,作用距离为 20～50km。

　　机场监视雷达也称为机场终端区监视雷达,是一种中近程搜索雷达,一般工作在 S 波段,主要用于探测以机场为中心、半径 110 ~ 150km 的各种飞机的活动情况。

航路监视雷达是一种远程搜索雷达,一般工作在 L 波段,主要用于区域管制,监视连接各机场之间的航路上和航路外的飞机活动情况,作用距离为 300 ~ 500km。

场面监视雷达是一种监控机场地面上飞机和各种车辆的运动情况的高分辨雷达,一般工作在 X 波段至 Ka 波段,作用距离为 2 ~ 5km。

二次雷达最初是在空战中为了使雷达分辨出敌我双方的飞机而发展的敌我识别(IFF)系统,当把这个系统的基本原理和部件经过发展后用于民航的空中交通管制后,就成了二次雷达系统。它的发射频率为 1030MHz,接收频率为 1090MHz,每一对脉冲之间的时间间隔是固定的,这个间隔决定了二次雷达的模式。民航使用的是两种模式:一种间隔为 8μs,称为 A 模式;另一种间隔为 21μs,称为 C 模式,监视范围一般为 300km 以上[14]。

ADS – B 系统发射频率与二次雷达兼容,监视范围一般为 300km 以上,主要受周围环境、视距传播和大气衰减等因素的影响。

1.3 新航行系统进展

空管监视技术的发展与新一代航行系统的发展密切相关。1993 年,随着国际民航组织把 FANS 改名为 CNS/ATM,新一代航空运输系统便进入了逐步实施阶段。由于新航行系统各种技术的逐步实现和航空业发展的需求,以及对气象、安保、环境等多方面的要求,多个国家和地区组织提出了发展新一代航空运输系统的战略规划,比较著名的有国际民航组织的新航行系统、美国的下一代航空运输系统(NextGen)、欧洲单一天空 ATM 研究(SESAR)计划以及国际民航组织近期提出的航空系统组块升级(ASBU)。

1.3.1 新航行系统

随着飞行流量的日益增加,传统航行系统中的通信、导航和监视系统越来越不能适应空中交通管理系统发展的需求,它们在多个方面都制约着民航的发展。其存在如下主要缺点。

(1)精度低,可靠性差。易受到多种干扰因素的影响,导航系统的无方向信标系统的侧向精度低,话音通信报告飞机位置的方式确定的飞机位置精度低,从而导致可靠性差。

(2)全球难以采用统一方式运作。不同国家和地区采用的通信、导航、监视设施不同,导致使用不同的管制方式,其管制间隔和流量、运行方式都不同,导致管制衔接效率低下。

（3）通信采用话音而缺少空地数字数据链系统,导致出现下列问题:

① 传输速度慢。利用话音传送 200 个字符需 30～40s,占用信道时间比较长。在空中交通繁忙地区,VHF 频率资源已显得非常紧张,话音通信限制了 VHF 频率资源利用率的提高。

② 多信宿的限制。有些通信内容要先由话务员收下,然后人工转发给多个用户,进一步增加了出错的可能性,并且延长了通信时间。

③ 易出错。话音通信主要在机组人员和管制员及航务管理人员间进行,长时间的飞行和讲话都易使人疲劳,加上各国、各地口音不一致,可能导致听不懂、听不清或说错、抄错的情况,从而对飞行安全产生危害。

④ 业务种类的限制。某些计算机数据不便通过语言来表达,飞机上机载设备要利用地面数据库信息也不便由话音通信来实现[15]。

（4）传统航行系统难以适应飞机流量的增加。随着全球航空业的发展,飞行流量急速增加,效率低下的航行系统势必会对航空业造成重大的限制。

为解决传统航行系统的弊端,伴随着电子、计算机、卫星技术的飞速发展,机载设备和地面导航设施广泛使用,1983 年国际民航组织提出了在飞机、空间和地面设施三个环境中,应用由卫星和数字信息提供的先进的 CNS 技术[16],由于当时有些设备仍在研制中,尚不具备运行所需的条件,国际民航组织将该建议称为未来航行系统(FANS)方案。

随着各种可用 CNS 技术的日臻成熟,航空从业人员认识到为了在全球实现安全有效的航空运输,空中交通管理是通信、导航和监视互相关联、综合利用的关键,它的运行水平成为体现 CNS 系统技术的焦点。国际民航组织于 1993 年将 FANS 更名为 CNS/ATM 系统。

国际民航组织将 CNS/ATM 定义为运用数字技术、卫星技术以及不同的自动化技术构建的无缝化的、全球化的空中交通管理以及通信导航和监视系统。发展该系统的宗旨是为了使航空器营运人以最小限制的、安全的飞行剖面准时起降和运行。在全球流量日益增长的飞行形势下,为了发展无缝的、全球一体化的空中导航系统,国际民航组织在实施 CNS/ATM 计划时,从以下五个方面入手:

（1）提升现有安全水平。

（2）提升现有航班正点率。

（3）提升空域和机场效率,从而增加容量。

（4）增进满足航空器运营商计划要求的能力。

（5）最大限度减少不同空域飞行对机载设备要求的差异性[17]。

新航行系统与传统航行系统对比如表 1.2 所列。

表 1.2　新航行系统与传统航行系统对比

项目	传统航行系统	新航行系统
通信	VHF 话音、HF 话音	VHF 话音/数据、AMSS 话音/数据、SSR S 模式数据链、HF 话音/数据、ATN、RCP、CPDLC 等
导航	NDB、VOR/DMB、ILS、INS/IRS、气压高度	RNP/RNAV、GNSS、DGNSS、INS/IRS、MLS、气压高度等
监视	PRS、SSR A/C 模式、话音位置报告	ADS-C、ADS-B、SSR A/C 模式、SSR S 模式、RMP 等
空中交通管理	ATC、FIS、AWS	ASM、ATS、ATFM、A/C、ATMP 等

CNS/ATM 有四大要素,即硬件系统 CNS 中的通信(C)、导航(N)、监视(S)和软件系统即空中交通管理。CNS 使地面系统与空中用户紧密而准确地彼此进行联系,并以此为基础,采用一套具有全新规定、办法与程序的空中交通管理,使得空域运用灵活、有效,且飞行安全及效率得以提高。下面对通信、导航、监视进行简要介绍。

1.3.1.1　通信

现代通信是实现新航行系统的一个极其重要的条件,已发展并得以广泛应用的卫星通信、数据通信以及航空电信网等使地面与空、天、地有机地融为一体。下面列举当前民航主要用到的通信数据链:

(1)航空移动卫星服务(AMSS)航空移动卫星通信,包括话音和数据通信两种方式,它使空中飞机在任何地方都能与地面进行实时有效的通信,且在空管中心的实时监视之中。它与机载卫星导航接收机相结合,可提供对飞机的自动相关监视。

(2)VHF 话音/数据通信,甚高频通信等待时延较低,而数据通信速率比 AMSS 还高,音质好,费用低,因此在终端交通密集区可加入到新系统继续使用。

(3)二次雷达 S 模式数据链通信,在对空中交通进行相关监视的同时提供空地数据链路,比 VHF 速率高,用于终端区与其他高交通密集区。

(4)HF 话音/数据通信,高频通信不仅可用于北极与南极区域的 ADS 中,而且在部分国家及国内干线飞机上也有广泛应用[18]。

(5)差分数据链,VHF、HF、AMSS 和二次雷达 S 模式都可作为差分校正数据与 GNSS 完善性数据广播链路,其中 VHF 和二次雷达 S 模式用于局域网,HF 与 AMSS 用于广域网。

(6)ATM 航空电信网是 CNS/ATM 的一个重要组成部分,融地面与空地数据通信为一体,使 ADS、GNSS 与各种通信系统有机地结合起来,实现各空中交通管理分系统之间、数据处理系统以及各种航空用户之间的数据交换[19]。

空地通信采用 AMSS、VHF、HF 与二次雷达 S 模式数据链,在飞行过程中根据需要进行自动选择。地地通信主要依靠现有国际标准化组织(ISO)的开放式系统互联(OSI)基本标准互联局域网(LAN)和广域网(WAN)来完成,使机场、航空公司及空管部门之间实现通信连接。新航行系统在通信方面更强调所需通信性能(RCP)、数据通信和信息共享。数据通信的优点有抗噪声、错码率低、可加密、便于处理运算变换、便于实现空中交通管理的自动化。

1.3.1.2 导航

新航行系统的核心是 GNSS,为了确保飞行安全,飞机还装备有自主导航设备(如惯性导航系统和大气数据系统)以及传统的无线电导航设备(如仪表着陆系统、微波着陆系统等)。飞机将综合利用这些导航信息,达到安全准确的起飞、航行和进场着陆的全飞行过程。GNSS 主要包括美国的全球定位系统、俄罗斯的格罗纳斯(GLONASS)、国际海事卫星通信系统(INMARSAT)、欧洲伽利略(Galileo)卫星导航系统、中国的"北斗"(BeiDou)卫星导航系统等。下面简要介绍其发展及特点:

1)全球定位系统

全球定位系统是美国在 20 世纪 70 年代开始建设的世界上第一个用于导航定位的全球系统,经过几十年的发展和更新,目前 GPS 已经成为全球星座组网完善、定位精度较高、用户数量较多的卫星导航系统。

GPS 空间段的组网结构设计:系统基本星座由 24 颗卫星构成,均匀分布在 6 个中地球轨道(MEO)上,每个轨道上有 4 颗卫星,其中 1 颗为备用星,轨道高度约为 20200km,轨道周期为 11h58min,6 个轨道均为圆轨道,轨道与赤道之间的倾角为 55°。这样的组网结构设计使得地面上任意位置的观测者均可在一天内的任意时刻接收到至少 4 颗卫星播发的无线电信号,从而实现定位与导航的目的。GPS 于 1995 年开始投入正式运行,随后,美国在 1996 年启动了"GPS 现代化"工程,对 GPS 进行全面升级,更换工作失效的卫星。目前 GPS 空间段的卫星数量已经超过 24 颗,包括处于工作状态的卫星和即将退役或用于备份的闲置卫星,多出的这些卫星并不参与 GPS 基本星座的组网,但它们共同工作时将会提高 GPS 的定位、导航和授时精度及可靠性。截至 2012 年 5 月,共有 31 颗 GPS 卫星在轨运行,包括 10 颗 GPS ⅡA 卫星、12 颗 GPS ⅡR 卫星、7 颗 GPS ⅡR - M 卫星和 2 颗 GPS ⅡF 卫星,其中 2011 年 7 月 16 日发射的 GPS ⅡF - 2 卫星替换了已达使用寿命的 Block Ⅱ A 卫星[20]。

GPS 采用码分多址(CDMA)的方式广播无线电信号,工作在同一频率上的信号通过伪随机噪声(PRN)码进行调制区分,每颗 GPS 卫星的伪随机噪声码互不相同。GPS 信号具有两种不同的伪随机码:C/A 码,即粗码,主要提供给民用导航;P 码,即精码,主要提供军用导航定位,并且是加密的(加密后的码称为 Y 码),只有 GPS 授权用户才可以使用。

随着 GPS 现代化进程,美国实行 I/Q 复用的 QPSK 调制方式在本属于军用的 L2 频段上增加了新的民用导航信号,称为 L2C 频段,目前已有 9 颗卫星广播该频段导航信号,2016 年发射 L2C 信号的卫星数量已达到 24 颗。之后,考虑到未来导航战、电子战的需要,美国政府继续开发出第 3 个民用信号 L5,目前该频段信号已经开始部署并有 2 颗工作卫星可以提供 L5 频段信号,而今后新发射的 GPS 卫星将全部具有广播 L5 导航信号的能力,预计在 2019 年达到 24 颗。在未来几年,将可能出现 L1、L2 和 L5 信号公用的情况。

目前,GPS 仍处在现代化进程中,未来几年将有更多的 Block II F 和 Block III 卫星发射升空,用以替代已到达服役年限的早期 Block I 或 Block II 卫星,参与到星座组网中。按照美国最新的研究报告设想,未来的 GPS 将采用 3 个轨道面的方案,星座结构为每个轨道上均匀分布 10 颗卫星,这将简化对导航星座组网的维持和配置,并且便于"一箭双星"发射。

2) 格罗纳斯卫星导航系统

GLONASS 卫星导航系统与美国 GPS 几乎同时起步,但经历了漫长而曲折的发展过程,GLONASS 系统的组网建设远落后于 GPS。随着近年来经济的复苏与卫星导航系统战略性地位的提升,俄罗斯政府加大了 GLONASS 系统工程的资金投入力度,使其得到快速复苏,目前成为全球第二大卫星导航系统。

1982 年第一颗 GLONASS 卫星发射成功,俄罗斯政府在 2014 年发射 GLO-NASS – K2 卫星,以进一步完善第三代 GLONASS 组网星座。当前,GLONASS 系统星座共包含 31 颗在轨卫星,其中 24 颗卫星运行在工作状态,4 颗卫星处于备份状态,1 颗卫星正在进行飞行参数测试,另外 2 颗卫星处于维护中。24 颗工作卫星均匀分布在 3 个近圆形轨道面上,每个轨道面有 8 颗卫星运行,与赤道间的轨道倾角为 64.8°,每两个轨道面之间的夹角为 120°,同一个轨道面上的卫星之间相隔 45°。GLONASS 系统的轨道高度约为 19100km,运行周期约为 11h15min。

与美国 GPS 及其他 GNSS 采用的 CDMA 方式不同,GLONASS 系统所采用的是一种频分多址(FDMA)的信号体制,即根据信号载波频率的变化来区分不同卫星,其设计的初衷是考虑到有效提高系统抗人为干扰的能力。

GLONASS 系统中每颗卫星均广播两种载频的信号,分别称为 L1 与 L2 频段,其中 $L1 = 1602 + 0.5625 \times k(MHz)$,$L2 = 1246 + 0.4375 \times k(MHz)$,式中 k 表示卫星的编号,对于同一颗卫星来说,L1 与 L2 频段信号的关系满足 $L1/L2 = 9$。

3）伽利略卫星导航系统

Galileo 卫星导航系统是欧盟正在建设中的全球导航定位系统,它是世界上第一个完全向民用开放的具有商业性质的卫星定位系统,既能够为民众提供高精度导航信号,又可以提供给政府和军方高度安全的加密信号。随着欧盟有关部门的大力支持,Galileo 系统正以高速发展的趋势进入国际 GNSS 市场,并将与GPS、GLONASS 和"北斗"卫星导航系统实现兼容与互操作。

2003 年起,Galileo 系统工程建设开始实施,2014 年形成一个具有开放服务功能的初步系统,预计 2018 年前后建成具有完全工作能力的全球导航定位系统。Galileo 系统的组网星座包括 30 颗卫星,其中 27 颗卫星为工作星,其余 3 颗为备份星,这些卫星均匀分布在 3 个中高度轨道面上,每个轨道面都部署 9 颗工作星和 1 颗备份星,3 个轨道面相隔 120°,轨道高度为 23616km,倾角为 56°,卫星运行周期为 14h4min。

Galileo 卫星采用 CDMA 的方式进行信号编码,系统信号的调制频段有 4种,分别是 E5A 频段、E5B 频段、E6 频段和 E2 – L1 – E1(简称为 L1)频段。每颗 Galileo 卫星均可播发 E5A、E5B、E6C、E6P、L1F 及 L1P 6 种不同的导航信号。

Galileo 系统的星座布局与 GPS 和 GLONASS 系统类似,也是使用中地球轨道(MEO)的星座组网,但整个系统设计为额定状态下由 30 颗卫星参与组网,这就大大增加了卫星的数量,使得星座结构得到一定改善,进而向用户提供具有更高精度系数的定位服务。在 Galileo 项目计划中提出,即便使用的是免费的民用信号,定位精度也有望达到 6m 左右,高于 GPS C/A 码的 10m 定位精度。而对于一般的授权商业用户,Galileo 系统可提供误差小于 1m 的定位服务。

4）"北斗"卫星导航系统

"北斗"卫星导航系统是我国继"北斗"卫星导航试验系统建成后发展起来的第二代卫星导航系统,它在"北斗"一代导航系统的基础上全面升级了导航星座的组网卫星,将有源定位转变为无源定位,迈出了我国全球卫星导航系统建设工程的第二步。

"北斗"卫星导航系统的空间部分设计由 5 颗静止轨道(GEO)卫星和 30 颗非静止轨道(Non – GEO)卫星构成,其中非静止轨道卫星包括 27 颗中地球轨道(MEO)卫星和 3 颗倾斜地球同步轨道(IGSO)卫星。MEO 卫星轨道高度为21500km,轨道倾角为 55°,均匀分布在 3 个轨道面上;IGSO 卫星轨道高度为36000km,轨道倾角为 55°,均匀分布在 3 个轨道面上。

"北斗"卫星导航系统在 L、S 两个波段发布导航信号,在 L 波段的 B1(1559.052 ~ 1591.788MHz)、B2(1166.22 ~ 1217.37MHz)和 B3(1250.618 ~ 1286.423MHz)三个频点上提供开放和授权服务。其中 B1 频点和 B2 频点的信号均由 I、Q 两个支路的"测距码 + 导航电文"正交调制构成。

新 CNS/ATM 的 GNSS 主要是靠 GPS 和 GLONASS 系统,而 INMARSAT - Ⅲ 的主要作用是改善其实时定位精度,增强民用导航的可靠性,以适应飞行安全与进场着陆的要求,应用 GNSS 飞机就可在条件允许情况下直线飞行,既缩短了飞机间隔,又能省时省油,并提高了安全性、准点率与空间利用率,而且能以此为基础进行自动相关监视。

1.3.1.3   监视

监视是飞机安全飞行和空中交通管理的安全保障。从飞机运行监视角度,监视功能主要指飞机平台利用各种技术手段(如气象雷达、数据链技术、空中交通防撞系统、近地防撞等),获取飞机所处环境的空中交通情况、气象情况、地形情况等数据,以确保飞机安全飞行。CNS/ATM 系统定义的机载平台的监视功能主要包括地形监视、气象监视和交通监视三类。而在新航行系统中,更强调为空中交通管理服务提供的监视,使地面管制中心掌握飞机飞行轨迹和飞行意图,提高空中交通安全保障能力。

总的来说,新航行系统主要依赖的新技术可以表示为"卫星技术 + 数据链 + 计算机网络 + 自动化"。其中,卫星技术和数据处理技术从根本上克服了陆基航行系统固有而又无法解决的一些缺陷,如覆盖能力有限、信号质量差等。计算机应用和自动化技术是实现信息处理快捷、精确,减轻人员工作负荷的重要手段。在新技术的实施中,在不同的实施区域,可采用先辅后主和先易后难的方式。在走向新航行系统进程中,必然有新老系统并存的过渡期。初期,新系统在运行中起辅助作用,即在功能上发挥补充能力作用。后期,除少部分优秀的现行系统作新系统的备份外,新系统成为空中交通管理的主角。随着人们对新航行系统体系认识和理解加深,新技术的渗透将使新系统逐步平稳地取代现行系统。同时,新系统先在对陆基设备影响小的地方或环境实现应用,对陆基系统产生较大影响的场合迟后慎重解决。例如,在洋区国际民航组织最先使用了所需导航性能(RNP)概念进行航路设计,而在大陆,RNP 航路也是最先在偏远地区使用。这些经验已经在新航行系统推广应用中得到了很好的验证。

1.3.2   美国下一代航空运输系统

美国作为国际航空运输业最发达的国家,其空管系统的建设、运行和管理等方面有许多值得借鉴和参考的地方。FAA 负责经营和维持空中交通管理系统,制定各种规章制度和法律,并管理国家空域。美国的空中交通由 FAA 实施统一管制。FAA 平时隶属于运输部,战时划归国防部。

美国为了建设一个更加安全、高效的国家空管系统,满足 2003—2013 年航空运输的容量需求,于 1999 年 1 月提出了美国国家空域系统(NAS)规划。该规划提出大力加强地空数据通信、卫星导航和综合监视等新航行系统技术,创建全美"自由飞行"的新环境。该规划还强调航空公司、军民航管制部门和机场等部门的信息共享和飞行协同决策,在保证飞行安全的同时,增加空域容量、提高空域使用效率。

美国在 2002 年发布了国家空域系统运行发展计划(Operational Evolution Plan,OEP)。OEP 不改变现有空管系统的结构和体制,而是采用新的通信、导航和监视技术,实现飞行的精确跟踪和定位;采用更加智能的辅助决策系统,综合考虑航行情报、气象等多方面因素,实现对资源的优化配置。在技术支持的基础上,进行国家空域系统的重新设计,采用新的管制程序,从而增加机场及航路的飞行容量,同时保证飞行的安全。它强调了航空运输业的协同决策(CDM)、所需导航性能和信息的共享。

针对美国航空运输业的新变化及迫切需求,FAA 于 2005 年提出了 Next-Gen,主旨是对美国航空运输系统进行转型,建立现代化的适合未来航业发展的航空运输系统,在美国国内与全球范围内实现更快、更有效的人员和货物流动。针对该计划,美国国会专门为 FAA 成立了一个新的办公室,即联合规划与发展办公室(JPDO),FAA 与美国运输部、商务部、国土安全部、国防部、航空航天局、总统科学技术顾问委员会共同参与这项工作,由各部门代表组成五六个"行动小组",每组 10 人,着手实施该办公室的美国下一代航空运输系统计划。该计划首先以草案的形式提交高级政策委员会,获得批准后,将发放给上述各参与机构,并最终呈报美国国会。

NextGen 的目标是通过最优化空域使用、提高态势感知能力和协同化运行,满足不同用户需求;提高全系统抗天气影响的能力;协调全球的设备和运营,实现全球范围内无缝隙的安全性和有效性;建立全面的、积极的安全管理措施,确保航空安全和国防安全;建立环境友好型系统,保障航业的可持续发展。

NextGen 的实施包括两个阶段:

(1)定义阶段(2005—2008):在该阶段对国家和区域的需求进行评估和分析,制定相关法规政策和系统性能标准,最终建立整个系统的运行模式和系统总体框架。

(2)实施阶段(2008—2025):实施系统框架中确定的关键领域的研发,包括网络信息服务、4D 航迹等。确定各参与机构和企业的职责,由承担设计开发的企业进行最终的推广和部署。

2014 年 5 月,美国将无人机空管纳入 NextGen,试验主要包括飞机、管制站和通信设备,通信模式包括视线范围内(LOS)、视线范围外(BLOS)通信。LOS 为飞机与管制站直接通信,BLOS 则是飞机通过卫星的中继与地面单元进行通信,如图 1.4 所示。

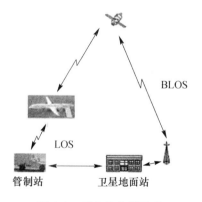

图1.4 无人机空管示意

美国国家航空航天局(NASA)格伦研究中心针对 NextGen 的三个层次搭建了试验平台,对运行概念、关键技术等开展了研究和验证测试,具体有:

(1)真实环境建模与仿真。对一体化协同运行层进行的试验,具体是对所需总系统性能(RTSP)进行需求分析,针对 NextGen 基于性能的服务进行试验。

(2)机场场面与区域的运行控制测试。对一体化协同运行层进行的试验,构建 NextGen 概念的评估与校验平台,针对 NextGen 高级场面管理进行试验。

(3)移动信息网络研究。对广域信息管理系统(SWIM)层进行的试验,为 NextGen 的网络提供试验环境,针对 NextGen 以网络为中心的信息共享进行试验。

(4)CNS 测试与评估。对基础设施层进行的试验,为 NextGen 提供真实的测试环境。

1.3.3 欧洲单一天空 ATM 研究计划

欧洲大多数国家的国土面积及其空域相对狭小,因此是全球空中交通管理环境最繁杂的地区。仅管制系统欧洲就有 52 个管制中心,31 套飞行数据处理系统,涉及 33 种程序语言。为缓解欧洲空中交通需求与管理分散、性能有限之间的矛盾,1960 年,欧洲共同体(欧盟前身)做出两项决定:一是提高北欧高空空域利用率,成立"欧洲空中航行安全组织"(Eurocontrol);二是制定一系列泛欧发展计划,倡导各国对其空管系统进行改组、改制和改建。经过 30 年的经验积累,欧盟委员会逐渐加快统一管理欧洲天空的步伐,2005 年 11 月,欧盟交通事务委员与 Eurocontrol 总裁宣布欧洲航空业界联合启动"欧洲单一天空 ATM 研究"计划。其总目标如下:

(1)重新规划欧洲空域,确保再规划的空域结构顺应空中交通流量活动,而不再依据国家的边境。

（2）增加额外的机场和空域容量。

（3）增加欧洲和各成员国的空中交通管理系统的综合效力和效益。

SESAR 计划以星基数据链为基础实现一体化的通信、导航、监视。通过建立通用数据交换网络、伽利略导航卫星系统、雷达联网和广播式自动相关监视系统实现对欧洲高空空域的统一协调指挥，以最大限度地提高空域安全、容量和效率。并提出如下关键元素：

（1）基于绩效的合作关系。

（2）在整个系统内共享信息即广域信息管理系统。

（3）通过网络运行计划实现机场协同决策（ACDM）。

（4）基于绩效的 4D 航迹管理。

（5）系统以人为核心＋先进自动化辅助工具。

（6）高效的间隔模式。

（7）空地系统一体化。

（8）整合机场运行。

SESAR 计划项目分为三个阶段：定义阶段（2005—2007），为项目制定路线图，其中包括对于将要采用技术的选择以及整个项目的组织框架；开发阶段（2008—2013），主要包括开发路线图中所确定的关键性技术等；部署阶段（2014—2020），进行相关地面基础设施和技术装备的更新部署与机载航电设备的升级更新，逐步采用新的工作程序、规范和模式等。

SESAR 计划的实施不但使欧洲拥有世界上最先进的航空管理系统，而且可以在改善欧盟航空飞行和安全管理水平的同时，为整个欧盟带来 500 亿欧元的经济效益，并创造 20 万个高级就业机会。

1.3.4 我国新一代航空运输系统进展

2006 年，中国民航总局提出建设新一代民航运输系统，于 2006 年 3 月成立民航新一代航空运输系统领导小组。其发展目标：带有前瞻性地综合改进和发展机场设施；建立新型的高效、透明、多层次、非干扰式的机场安全检查系统；充分应用新科技，改变空中管理的理念，建立一个适应能力强的空中交通管理系统；建立行业综合性公共信息网络平台；建立法制、科学、综合、积极主动式的安全管理系统；全面、系统地提高天气观测和预报水平，大大减少天气对飞行的影响；建立适应国际新技术、新标准、新程序的适航审定系统；全面建设有中国传统文化特色的企业文化和行业文化。

我国新一代民航运输系统的发展包括多个方面，主要是：

（1）飞行：从基于地面导航设施的飞行向基于机载性能的飞行方式过渡。先期在我国高原机场、环境复杂机场和高密度机场应用 PBN，当前已经推广到主要的航路、终端区和机场。

（2）运行管理：从以航班计划管理、运行协调为主过渡到飞行流量管理和协同决策。

（3）导航：从常规地基导航向卫星导航过渡。先期在地理环境复杂的西部山区机场及航路应用，之后在东部航路、终端区和机场逐步应用。

（4）通信：由话音向数据链通信转变，最终实现网络通信。

（5）监视：从一次雷达、二次雷达监视向 ADS – B、多点定位等多元监视系统的综合监视过渡。ADS – B 先期在我国西南、西北地区试验应用，现已经推广到多个地区应用。

（6）自动化：从单独的空管工作站向区域联网的自动化系统过渡，完善应急备份系统。

（7）间隔：逐步实行 ICAO 标准间隔。

为了实现上述的发展目标，我国新一代民航运输系统近年来发展重点主要集中在：建立民航飞行流量管理系统；繁忙机场自动排序，区域管制中心建设和终端区建设；民航气象中心建设；推进实施区域导航（RNAV）进离场程序、高原山区机场 RNP 程序、干线航路 RNAV/RNP 平行航路；在部分地区试验应用 ADS – B，解决非雷达区域监视问题，缩小间隔；推行 PBN 运行，机载设备 PBN 能力改装、点融合技术应用、CCO/CDO 技术推广等。

1.3.5　航空系统组块升级

1.3.5.1　概述

航空系统组块升级（ASBU）是国际民航组织第四版、第五版《全球空中航行计划》（ICAO Doc 9750 文件）的主要组成部分。ASBU 提出了一整套系统工程化的方法，旨在为未来 15 年全球空中航行系统的发展提供指导，为各国航行技术革新提供指南，促进全球空中交通持续、稳定、快速发展。

《全球空中航行计划》（ICAO Doc 9750 文件）是国际民航组织制定的未来 15 年（2016—2030）的空中航行系统升级规划。第五版《全球空中航行计划》及其附录"航空系统组块升级"的草案于 2016 年公布，其核心内容是"航空系统组块升级"。ASBU 是国际民航组织经过数年酝酿后推出的带有革命性的空中航行系统升级方法。该规划是在美国 NextGen、欧洲 SESAR 以及日本 CARATS 的运行概念基础上，整合国际民航组织全球空中交通管理运行概念形成的[21]。《全球空中航行计划》是一份空中航行系统升级规划指导文件。空中航行系统升级规划可分为概念层、战略层、战术层及实现层四个层级。

概念层是未来空中航行系统的愿景及设想，是高层需求文档。它包括未来需要什么样的空中航行系统,用户对未来航行系统有哪些期待,未来航行系统应具备哪些能力,应满足用户的哪些需求。概念层不涉及具体的政策和技术,同一个运行概念或运行概念组件可以由不同的政策和技术来实现。

战略层主要涉及方法论。它要探讨什么方法能够最大限度地适用于所有成员国的情况,如何确保各个地区和成员国之间空中航行系统的互用性,如何在效率与安全之间寻求平衡,如何利用国际民航组织现有的制度和政策框架,确保航空系统升级在各个地区和成员国顺利实施。

战术层主要是提供实现运行概念所需的运行改进。通过具体可行的运行改进,实现从当前的空中航行系统到所设想的未来空中航行系统的过渡。运行改进的内容包括采用什么技术、程序、政策等来实现运行概念(或运行概念组件),以及时间节点是如何安排的。同一个运行概念(或运行概念组件),可能需要多个运行改进,通过数个步骤逐步实现。

实现层主要考虑如何执行运行改进。例如,技术从哪里获取,哪个部门负责制定相关政策,哪个单位负责设计运行程序,哪个单位负责基础设施的建设施工,由哪个部门来提供资金和拨款,在哪个地点、区域和范围实行哪个运行改进等。图1.5 为新版《全球空中航行计划》定位,从中可以看出《全球空中航行计划》在国际民航组织规划框架中的位置。

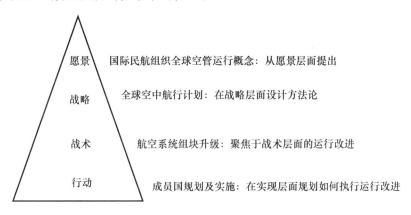

图 1.5 新版《全球空中航行计划》的定位

在国际民航组织的规划框架中,概念层主要是《全球空中交通管理运行概念》(Doc 9854 号文件)及其两个辅助文件《空中交通管理系统要求手册》(Doc 9882 号文件)和《空中交通系统全球绩效手册》(Doc 9883 号文件)。尤其是9854 号文件,它给出了未来空中航行系统的愿景,描绘了未来空中航行系统的运行概念。这三个文件是制定新版《全球空中航行计划》的依据,是实施航空系统组块升级的指导思想。新版《全球空中航行计划》及其附录"航空系统组块升级",主要定位在战略层的设计方法论和战术层的运行改进。在行动层面,各个地区及成员国需要依据国际民航组织的总体规划和计划制定本地区或本国的实施规划和行动计划,并付诸实施[3]。

1.3.5.2　ASBU 的组成

ASBU 主要由一系列运行改进构成。它把 ICAO Doc9854 号文件所提出的新航行系统的愿景和运行概念,转化成具体的、操作性更强的组块和模块。

1)ASBU 框架结构

ASBU 框架结构中主要包含绩效改进领域、组块、模块和引线,如图 1.6 所示。

绩效改进领域:ASBU 框架结构图中最左面一列,包括四个绩效改进领域,即机场运行、全球互用的系统和数据、最佳容量和灵活飞行以及高效飞行轨迹。国际民航组织认为,为了实现所设想的新航行系统,需要在这四个领域推行运行改进。ASBU 中的每个模块(一项具体的运行改进)都可归入一个特定的绩效改进领域。

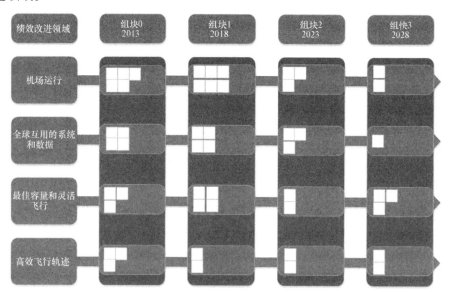

图 1.6　ASBU 框架结构

组块:根据每个绩效改进领域及与其相关的各个模块实施的目标期限,被划分成四个组块,即组块 0、组块 1、组块 2 和组块 3。每个组块都有一个相应的时间期限。时间期限是该组块可以开始部署的时间,而不是部署完成的时间。例如,组块 1 对应的时间期限是 2018 年,即组块 1 对应的运行改进预计从 2018 年可以开始部署。

模块:每个模块是一项具体的运行改进,实现一个特定的绩效能力。在 AS-

BU 框架结构图中,模块以组块内的白色方框表示。每个模块都有一个唯一的编号和名称。例如"模块 B0 – WAKE:通过尾流间隔,提高跑道吞吐量",该模块的编号是 B0 – WAKE,所要实现的绩效能力是"通过尾流间隔,提高跑道吞吐量"。每个模块都以相关的程序、技术、规章或标准以及商业论证作为支撑。

引线:相邻两个组块的模块之间有时会被一条线连接起来。一条引线就是一个具体的绩效改进流程,从最初的能力出发,逐步实现所设想的新航行系统的某项能力。所有引线所实现的能力加在一起,就是新航行系统的全部能力。被引线连在一起的各个模块,就是某项能力在不同时间期限的状态,是实现该项能力的各个步骤。

ASBU 中的每个组块系列都涵盖四个绩效改进领域,涉及空中航行系统的各个方面,涵盖航空器整个飞行剖面的各个飞行阶段。实施一个完整的组块,就可以对空中航行系统完成一次完整的、系统化的升级。如图 1.7 所示,按照飞行阶段和绩效改进领域,对组块 0 的各个模块进行了重新组织,从中可以看到组块结构的综合性和系统性。

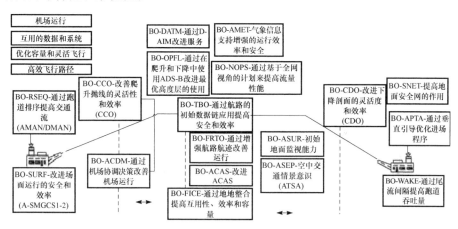

图 1.7　组块 0 绩效改进组块分布

2)组块和模块的来源

ASBU 的各个组块和模块不是凭空想象出来的,而是源自于世界各个地区和国家已有及近期的实施规划。这些实施规划主要包括 NextGen、SESAR 及 CARATS,同时参考了中国、俄罗斯、巴西、印度等国家的经验。国际民航组织以《全球空中交通管理运行概念》(Doc 9854 号文件)为标尺,从世界各个地区和国家的实施规划中筛选可以在世界范围内普遍实施、能够带来运行效益的内容,经过反复的讨论、研究和调整,构建成 ASBU 的组块和模块。

尽管来自多个不同的实施计划,但由于具有共同愿景和目标,ASBU 的各个组块和模块具备高度的一致性。它们之间紧密结合、循序渐进、相互呼应,构成一个完整的系统,能够为世界各地区和成员国升级其空中航行系统提供极大的便利。

3)ASBU 技术路线图

新版《全球空中航行计划》给出了详尽的技术路线图,这在以往版本的《全球空中航行计划》中是没有过的。技术路线图既是制定 ASBU 的重要依据,也是 ASBU 的重要补充,能够为实施 ASBU 的过程中制定基础设施规划提供指导。技术路线图涵盖五个领域,即通信、导航、监视、信息管理和航空电子技术。每张技术路线图都提供三方面的信息:实施 ASBU 模块需要哪些技术;需要使用这些技术的日期;这些技术可供使用的日期。

技术路线图对于 ASBU 的实施具有非常重要的意义。要想实施 ASBU 模块,就必须首先进行技术设备设施开发和建设,而为了进行开发和建设,就要提前做出投资决策和规划。值得注意的是,民航领域的投资数额庞大,且不可逆转。如果没有技术路线的辅助,一旦决策不当,或技术设施存在任何缺陷,除带来巨大经济损失外,还会对中长期的运行造成不利影响。

ASBU 是一个庞大的系统工程实施规划,与以往的升级规划相比,它覆盖范围更广,期限更长,具备相关的配套措施和技术路线图。ASBU 本身具有更加紧密、系统化的结构,能够提供更大的灵活性。也只有这样一个升级规划,才能适应世界各个地区和国家千差万别的条件,在实现航空系统升级的过程中,确保全球统一化和互用性,应对航空界面临的各种严峻挑战[3]。

1.3.5.3　ASBU 中监视的技术路线

1)地面监视技术路线(图 1.8)

(1)组块 0 阶段:

① 重点部署合作式监视系统:广播式自动相关监视、多点定位系统、广域多点定位系统等。

② 加强多元监视融合处理自动化系统的建设,充分利用航空器下行的数据,提高多元监视数据融合处理能力。

③ 利用不同的监视源与航空器下行数据,提供基本的监视安全网络

④ 开始应用全系统信息管理。监视与气象等数据可通过基于 IP 的数据通信网络发布,从而提供基础的广域信息管理服务,在欧洲和美国开始向数字航行通告(NOTAM)发展。

(2)组块 1 阶段:

① 扩展部署合作式监视系统。

② 合作式监视技术将增强机场场面运行能力。

③ 基于可用航空器下行数据开发更多的安全网功能。

④ 考虑采用多静态一次监视雷达(MPSR)用于空中交通服务,以便提高经济效益。

⑤ 机场和远程塔台运行将采用远程视觉监视技术,以便提供情景意识,实现对航迹信息、天气数据、可视距离和地面灯光状态等图形叠加显示。

(3) 组块 2 阶段:

① 提高 ADS-B 运行能力,以满足增加飞行高度层、降低飞行间隔的需求。

② 一次监视雷达将逐步减少使用。

(4) 组块 3 阶段:

① 合作式监视技术将作为主用监视技术,一次监视雷达将被限制于要求高或特殊条件下的应用[22]。

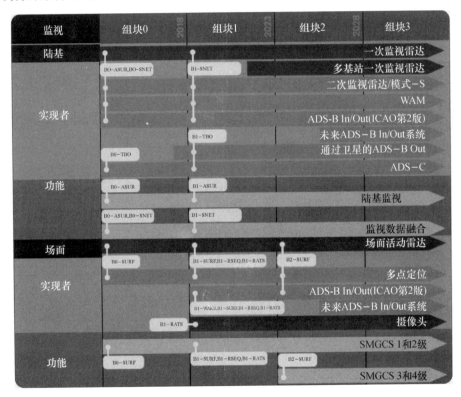

图 1.8　地面监视技术路线图

2) 空空监视技术路线(图 1.9)。

(1) 组块 0 阶段:采用 ADS-B IN/OUT(ICAO 第 2 版)规范的基本的空中情景意识应用将逐渐应用。

(2) 组块 1 阶段:高级空中情景意识应用将就绪,仍然使用 ADS-B IN/OUT(ICAO 第 2 版)规范。

（3）组块2阶段：

① ADS-B技术将开始用于基本的空中间隔。

② 增加飞行高度层、降低飞行间隔需要提升ADS-B能力。

（4）组块3阶段：支持组块2的ADS-B技术将用于偏远和洋区空域内有限的自主间隔。

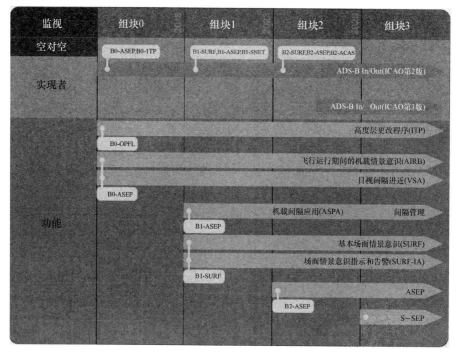

图1.9 空空监视技术路线图

1.3.5.4 未来20年的主要趋势

（1）将依据当地制约因素整合不同技术，以便获得最佳成本效益。

（2）合作式监视将采用当前使用中的1030/1090MHz射频数据链，如SSR、Mode-S、WAM、ADS-B等可用技术。

（3）机载监视系统将变得更加重要，并且应该"满足未来标准"和全球可互用性，以便支持将要采用的各种监视技术。

（4）功能性监视将从地面转向空中。

（5）将会越来越多地使用下行链路航空器参数，具有以下优点：

① 明确显示呼号和能级。

② 提高情景意识。

③ 使用一些下行链路航空器参数（DAP）和25英尺高度报告，以改进雷达

跟踪算法。

④ 显示垂直堆栈清单。

⑤ 减少管制员与飞行员无线电通话。

⑥ 改进堆栈中的航空器管理。

⑦ 减少运行错误[22]。

1.3.5.5　中国民航监视技术目标

随着我国航空运输水平步入快速增长的时期,我国正逐步开始从航空大国迈向航空强国。为满足社会对民航运输快速增长的需求,我国从国外波音、空客等飞行公司购买了大量民航客机并已经成功研制了 C919 民航客机,加大了区域管制中心、机场的改造和建设力度,民用空中交通管理监视系统设备需求量大幅度增加。在空域分类管理改革和低空开放需求的牵引下,从航路监视、机场终端区监视到各种场面监视系统,必将对监视新技术、新手段的应用提出迫切的需求。

未来我国空中交通管理系统的发展,将依据国际民航组织《全球空中航行计划》,采用 ASBU 方法规划和实施。在这一背景下,我国民航应充分研究 AS-BU 的规划实施策略、框架和方法论,结合我国民航空中交通系统的现状和发展需求,形成我国新一代空中交通管理系统发展和实施策略,推动建立更加安全、便捷、高效、绿色的现代化空中航行系统。

基于中国民航监视技术发展现状和运输航空运行需求,可用于空中交通服务的监视技术主要有一次监视雷达、场面监视雷达、二次监视雷达、自动相关监视和多点定位等,未来不排除使用新出现的监视技术。同时开展新监视技术的研究,如多静态一次监视雷达、多功用监视雷达、低空监视雷达等。

为满足空中交通服务对监视技术应用的需求,提高空中交通安全的保障能力,增加空域容量,提升运行效率,适应中国民航快速发展的需要,中国民航对监视技术的应用应实现以下目标:改善空中交通监视能力;提高新技术的应用水平;优化监视基础设施布局;保障民航快速健康发展。

为实现监视技术应用的目标,监视技术应用需遵循以下原则:统一规划,需求优先;空地协同,统一推进;新旧互补,平稳过渡;自主创新,接轨国际;新技术应用验证认证先行,完善标准规章,稳步推进建设;通用航空按需建设与发展,推进新型技术,空地协同配合[22]。

参考文献

[1] 潘卫军. 空中交通管理基础[M]. 成都:西南交通大学出版社,2013.

[2] 吕小平. 我国空域管理和发展概况[J]. 民航局空管局,2009,11.

［3］卢晓光,李忠,等. 民用航空通信导航监视人员岗前基础教程［M］. 北京:中国民航出版社,2015.

［4］谢进一. 空中交通管理基础［M］. 北京:清华大学出版社,2012.

［5］International Civil Aviation Organization. Doc. 9924 AN/474. Aeronautical Surveillance Manual［S］. 2011.

［6］程擎. 新一代空中交通管理系统［M］. 成都:西南交通大学出版社,2013.

［7］张军. 空地协同的空域监视新技术［M］. 北京:航空工业出版社,2011.

［8］白松浩. 空中交通管制监视技术综述［J］. 无线电工程, 2005, 35(10):36 – 38.

［9］程擎. 通信导航监视设备［M］. 成都:西南交通大学出版社,2015.

［10］刘锋锋. 空域监视、导航技术相关问题探讨［J］. 中国民用航空, 2011(7):31 – 33.

［11］陈庆国. 多点定位系统的定位算法比较研究［D］. 广汉:中国民用航空飞行学院,2012.

［12］孙卓振. 广域多点定位系统关键技术分析［D］. 成都:电子科技大学,2012.

［13］刘晓静. ADS – B 技术在空管中的应用研究［J］. 空中交通管理,2011(6):22 – 25.

［14］李小敏. AMS SIR – S 航管二次监视雷达系统分析［J］. 科技视界,2014(32):101 – 103.

［15］周卓轫. 民航空 – 地通信系统的新进展［J］. 电讯技术,1996(6):72 – 82.

［16］程学军. 新航行系统及其在航空电子系统中的应用［J］. 电讯技术, 2009,49(5):101 – 107.

［17］罗定宇. 新航行系统的发展现状分析［J］. 黑龙江科技信息,2004(1):80 – 80.

［18］蒋晞. 迅速发展中的新 CNS/ATM 系统［J］. 太赫兹科学与电子信息学报, 2003,1(1):80 – 87.

［19］蒋晞. 漫活导航(六) – 基于卫星导航的空中交通管理系统［J］. 电子世界, 2001:(9).

［20］纪龙蛰,单庆晓. GNSS 全球卫星导航系统发展概况及最新进展［J］. 全球定位系统, 2012(5):56 – 61.

［21］张建平,杨昌其,邹国良. 基于 ASBU 的民用航空跑道安全促进战略研究［J］. 中国民航大学学报,2012,30(4):3 – 7.

［22］中国民用航空局空管行业管理办公室. 中国民航航空系统组块升级(ASBU)发展与实施策略(信息通告)［EB/OL］. IB – TM – 2015 – 002. ［2015 – 01 – 13］. http://www. caac. gov. cn/XXGK/XXGK/GFXWJ/201511/t2 015110 2_8298. html.

第②章
航空数据链与飞机通信寻址与报告系统

　　航空数据链是民航数据链通信的通称,是空管实施监视的基础。航空数据链按照应用对象可分为军用航空数据链和民用航空数据链;按航空通信频率可分为高频数据链、甚高频数据链、超高频数据链、L 频段数据链、C 频段和 Ku 频段数据链等;按信息传输对象的相对位置可分为空 – 空数据链、空 – 地数据链和地 – 地数据链。

　　地面可以使用甚高频、高频、卫星通信(SATCOM)等方式进行地面与飞机间的数据传输。其中甚高频数据链中的 ACARS 数据链能够直接将飞机上的相关数据自动或人工下传到地面计算机网络,当前已经广泛应用在航空公司运行控制中心(AOC)对航空器进行监视。本章讨论的数据链为数字式通信数据链,没有涉及陆空模拟话音数据链。下面对民航现有的数据链技术进行介绍。

2.1　地 – 地通信数据链

　　地 – 地数据链系统是民航地面网络通信的基石,属于航空固定业务(也称为航空平面通信业务),可实现管制中心之间,以及管制中心与导航、雷达、气象、航空情报、航空公司、航空行政等部门之间的信息传输、交换和处理[1]。目前,地 – 地通信主要由航空固定电信网(AFTN)来完成,并逐渐向 ICAO 新航行系统提出的航空电信网(ATN)过渡。目前,地面通信包含的主要业务有:

　　(1)空管内话业务。空管内话系统是指根据民航各管制单位间话音管制通信的需要,将各机场或管理中心相互独立的内话系统通过网络互联,构成一个话音管制移交专用网。内话系统间为点到点的物理连接,内话网络的交换功能由内话交换机实现。用户之间建立 ATM 链路,每条链路使用 72kb/s 的传输速率,以保证用户能实现 64kb/s 的传输要求。

　　(2)民航自动转报业务。自动转报业务是指将电报从来报自动转到去报。该系统能自动判断来报的等级、收发报地址,并按预定的路由安排,自动将电报转到接收该报的终端地址上。自动转报业务覆盖民用所有机场,其基本设备是自动转报机和电报终端,这些设备通过数据通信网提供的链路实现互连。

（3）甚高频业务。甚高频在地面通信数据网上传输的主要业务包括三个方面：

① VHF 遥控业务：将某一地点的 VHF 收发信机主控台通过网络与另一地点遥控台连接,传输方式为点到点或一点对多点。

② 设备及环境监控：通过地面数据网提供的传输链路,利用用户的监控设备,实施对遥控台所在地的 VHF 设备及其他设备的监控(包括空调、电源等)。

③ 机房环境视频：通过数据网提供的传输链路,利用用户的环境监控设备,实施对遥控台所在地的机房环境进行监控。VHF 中心站点大多数分布于一级、二级节点,并且以区域管制中心为中心,辐射连接本场周围扇区或远端 VHF 节点。

（4）雷达信号引接业务。雷达信号引接是指将某一地点的一次、二次雷达信号通过网络提供的传输链路传输到其他地点,实现某区域雷达信号联网监视。传输方式为点到点连接或一点到多点广播两种方式,雷达联网监视示意如图 2.1 所示[2]。传输带宽一般为 4.8kb/s、9.6kb/s、19.2kb/s、64kb/s 四种类型。

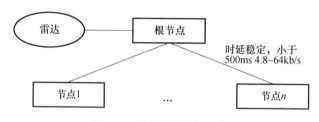

图 2.1　雷达联网监视示意

（5）程控交换机联网业务。由于目前民航使用的交换机型号很多,主要供应商有爱立信、西门子、华为、北电、中兴等,设备之间可能出现软、硬件不兼容的问题,通过采用异步传输模式(ATM)通信网,将分布在民航总局机关以及各机场的用户交换机联网使用。

（6）民航气象业务。民航气象业务分为气象数据传输业务和气象广播业务。民航气象数据传输业务主要是民航气象业务主中心与分中心之间数据库系统的信息交换。民航气象广播业务是指以广播形式将气象中心的气象信息传送至国内各机场。

① 传输速率：从总局到各管理局为 256kb/s,远期需求估计为 2Mb/s;从管理局到省局为 128kb/s,远期估计为 2Mb/s。

② 传输实现方式：采用帧中继和以太网来实现。由于气象数据系统设备都

能够支持 IP 协议,所以气象广播时采用组播形式,在地址组中的设备都能够收到信息。

(7) 航行情报业务。航行情报系统的拓扑结构为民航总局、7 个一级节点、40 个远程节点构成的二级星型结构。该业务包括信息上报和信息的静态、动态发布。目前存在的形式有拨号上网、AFTN 电报、每月静态更新光盘等。该业务对网络的要求如下:

① 网络端口及协议:帧中继协议、V35 端口或 TCP/IP 协议、RJ45 端口。

② 带宽要求:在二级节点(管理局)与下属的远程节点之间通信带宽在 256kb/s 以上,将来可扩展到 2Mb/s;总局到管理局之间为 128kb/s。

③ 数据量:每月定期、定时更新大量数据(近百兆),平时数据量不大,带有较明显的突发性,突发时带宽要求较大。航行情报业务在通信时,首选地面链路,卫星链路作为备份[2]。

2.2 地 – 空通信数据链

2.2.1 地 – 空数据链概述

地 – 空数据链(也称为空 – 地数据链)可将飞机位置、飞行状态等各种信息传送给地面设备和人员,实现飞机与航空运行控制部门、飞机和管制中心之间的双向信息交换,从而实现对飞机的实时跟踪和监视。地 – 空数据链系统的使用,提高了飞行员和管制员的效率,并对飞机的远程监控、空中交通管理、地面维修提供了有效支持[3]。

2.2.1.1 地 – 空数据链系统结构

民航地 – 空数据链是民航地 – 空数据通信的统称,是一种在航空器和地面航空无线电台之间的数据链系统,与传统的地空话音通信方式相比,具有传输速率快、抗干扰能力强、误码率低、可靠性高等特点。该系统能够通过数据通信方式建立飞机与地面的连接,实现航空器与地面信息管理系统之间数据信息的交换。我国民航在 1978 年开始使用地 – 空数据链系统,用于空中交通管制、航务管理及地空广播通信[4]。

地 – 空数据链是一套完善的数据通信体系,具有高效、准确的数据通信能力。图 2.2 为典型的民航地 – 空数据链系统,主要由数据链机载设备、数据链服务提供商(DSP)和地面应用系统三大部分组成。

数据链机载设备主要完成信息采集、报文生成、信号调制解调、通信模式转换、话音与数据信道切换、通信频率设定等功能。以 ACARS 为例,该系统主要

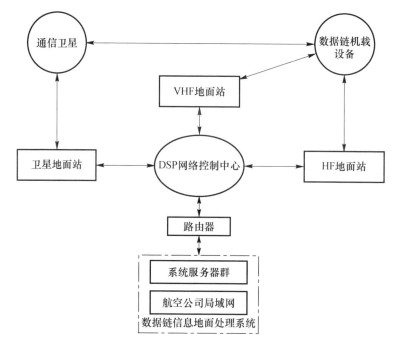

图 2.2　地-空数据链系统[5]

包括管理组件、信息接收组件、信息发送组件以及控制显示单元(CDU)等。管理组件的主要管理周边机载设备,如飞行管理计算机(FMC)、飞机状态监控系统(ACMS)、中央维护计算机(CMC)系统、中央故障显示系统(CFDS)等。信息发送组件收集整理需要转发的下行数据信息,通过发送模块将信息发送出去。信息接收组件接收由数据链服务提供商转发的上行信息,依照相关的处理要求将接收到的上行信息分发至对应的机载设备组件进行处理。

数据链服务提供商在飞机与地面应用系统(如航空公司、空中交通管制部门)之间起到了衔接作用,负责空地之间数据的处理和消息分发。以 ACARS 为例,机载数据链设备与数据链服务提供商之间根据 ARINC620 协议标准进行数据通信,生成下行报文或上行报文,满足 ARINC618 协议格式的报文在甚高频、高频、卫星组成的电信网络中传输。数据链服务提供商通过数据网系统与地面应用传递信息,根据 ARINC620 协议格式生成上行报文或下行报文。

地面站是具有通信、调制解调能力的设备,有甚高频地面站、高频地面站、卫星地面站三类。通过优化航路上地面站的布局,能够形成有效网络覆盖,保证飞机的安全飞行。一个地面站可以同时服务多架飞机,同一架飞机所发的下行报文可以被多个地面站接收,部分报文信息需要被不同的航空公司或空中交通管制部门共享,因而数据链服务提供商承担着统一处理、调配资源的任务。

地面应用系统是地 – 空数据链系统中下行链路的终点和上行链路的起点，包括航空运营人飞行监控与服务系统、空中交通服务系统、机场运行保障系统和其他应用系统（如航路气象服务（D – VOLMET）、航空器气象数据下传（AMDAR）等）。地面应用系统可以将航路状况、航路天气等重要信息传送至飞机，飞行员可以根据数据链服务提供商提供的最新信息进行判决，做出最优决策，保障飞行安全。地面应用系统与数据链服务提供商紧密协作，通过双向的工作模式，大容量的数据通信，保障飞行安全[6]。

2.2.1.2　地 – 空数据链的分类

从地 – 空数据链采用的数据链传输媒介的角度，可以将地 – 空数据链分为如下四种[7]：

1）高频数据链

高频数据链支持飞机在航路中使用短波频率完成数据通信，使用面向比特的规程，符合 OSI 模型。在北大西洋进行的试验表明，它比目前短波模拟话音通信有更高的稳定性和可用性，可以作为备用方式或者卫星数据链的补充。

2）甚高频数据链

甚高频数据链是以甚高频频率作为载波的数据链通信，是民用航空领域出现最早、应用最广的数据链通信技术。在研发和应用过程中出现了多种技术体制模式，包括飞机通信寻址与报告系统、四种模式甚高频数据链（VDL 模式 1 ~ 4），其中 ACARS 和 VDL 模式 2 已得到实际广泛应用。

3）卫星通信数据链

航空移动卫星服务的功能之一是支持地 – 空数据链通信的实施。系统运行采用：静止轨道卫星（GEOS）、中地球轨道卫星（MEOS）、低轨道卫星（LEOS）三种卫星载体。航空移动卫星服务（AMS(R)S）是 AMSS 中的特殊部分，AMS(R)S 可保障航空器飞行安全和正常通信并且能够提供独立的 ATC 服务。当前使用的 GEOS 系统可提供除极地地区外的全球话音和数据链通信，比现在的模拟话音更可靠、覆盖面更广。

4）二次雷达 S 模式数据链

S 模式二次雷达是一种新型空管监视雷达系统，除了具有 A/C 模式二次雷达地 – 空数据链交互通信的功能外，S 模式二次雷达还同时具有提供独立监视的能力，并且完全与 ATN 兼容。S 模式二次雷达使用选择询问技术进行通信，排除了 A/C 模式二次雷达现存的同步串扰、异步干扰、应答机编码不够等一系列问题。S 模式二次雷达与 A/C 模式二次雷达频率完全兼容。

四种数据链通信技术见表 2.1[7]。

表 2.1　四种数据链通信技术

名称	频段	技术指标	覆盖及成本	特点	适用范围
VHF	131～137MHz	2.4～31.5kb/s	视距限制,可地面组网,构成甚高频数据链网络,扩大覆盖范围,价格适中	传输延迟小,信道稳定,误码率较低	终端区航路
HF	2.8～22MHz	0.15～1.2kb/s	覆盖范围广,价格低	数据率低,通信延迟时间长,信道不稳定,易受电离层影响	航路
AMSS	上行:1545～1555MHz 下行:1646.5～1656.6MHz	0.6～21kb/s	覆盖范围大,利用静止通信卫星,高纬度(75°以上)地区不能覆盖,价格高	通信延迟时间长,误码率较低	航路
S模式二次雷达	1030、1090MHz	1～4Mb/s	视距限制,缺乏广域覆盖能力,价格较高	利用数据脉冲进行选址访问,信息传输率高,传输延迟短,适用于信息快速交换	终端区航路

2.2.1.3　我国民航地 - 空数据链发展

中国民航地 - 空数据链的发展始于 1996 年,至今已建设完成包含 1 个网络运行控制中心(NOC),180 多座 VHF 地面站,覆盖中国全部中高空航路的 VHF 地 - 空数据通信网络。为超过 100 家国内外航空公司的 3000 多架飞机提供地 - 空数据服务,每日的通信报文约 40 万份。

1996—2003 年,国内航空公司约 60% 的飞机安装了机载数据链设备,仅 30%～40% 的飞机正常使用地 - 空数据通信系统,其应用范围也仅限于部分飞机的飞行动态监视、飞机发动机状态监视,以及地面运行控制部门向飞机提供气象报文等应用。中国民用航空局空中交通管理局于 1999 年完成基于卫星数据链的西部 L888 航路管制员—飞行员数据链通信(CPDLC)系统的建设,并为飞行于该航路上的飞机提供基于地 - 空数据链的高空管制服务。2001 年,中国民用航空局开始与国家气象局合作,开展飞机采集航空器气象数据下传(AM-DAR)项目,将飞机飞行时采集的高空气象信息通过地 - 空数据链下传至国家气象局,作为对国家气象数据资源的有效补充。2003 年后,随着中国民航的快速发展,飞机数量大大增加,安全保障压力随之逐渐增加,迫切需要采用先进的数据链通信技术和运行方式提高空中交通管制部门与航空公司的安全保障水平和安全运行能力。

2005 年和 2008 年,中国民用航空局飞行标准司先后颁布了咨询通告《航空公司地－空数据通信使用规范》和该咨询通告的更新版本《航空运营人使用地空数据通信系统的标准与指南(AC－121－FS－2008－16R1)》,规范明确了航空公司加装和改装地－空数据链机载设备和机载软件的配置要求,以及航空公司对签派人员、机务人员等的培训要求,同时明确将机载第三部甚高频电台主要用于地－空数据链通信。自 2006 年开始,航空公司加改装地－空数据链机载设备的速度明显加快,数据链系统的应用逐渐扩展到主要的业务部门。至 2013 年8 月,国内航空公司 99 座以上的客机中超过 97% 加装了地－空数据链设备,且在每日的航班运行中使用地－空数据链系统,地－空数据链的应用已深入到航空公司运行控制中心、机务工程、地面服务、航站服务、飞行管理、旅客服务等业务部门,应用的业务领域涵盖了航班运行控制服务、飞机发动机运行状态监视与机务维修、飞机健康状态监视、航班地面支持服务、航路和终端区气象服务、中转旅客服务、VIP 旅客服务等。此外,自 2007 年开始,在中国民用航空航局空中交通管理局的组织和指导下,中国民航逐渐在北京、上海、广州、成都、重庆、昆明等15 个机场建立了基于地－空数据链的数字化放行系统(DCL)和数字式机场通播系统(D－ATIS),并于 2008 年投入运行,至 2013 年 8 月,每日为国内外超过3100 个离港航班提供 DCL 服务;向飞机发布超过 15000 条 D－ATIS 服务信息。2012 年,中国民用航空局空中交通管理局组织完成了我国西部 L888 航路 CNS/ATM 系统的升级改造,全面更新 1999 年建设的 CNS/ATM 系统,向飞行于 L888航路的飞机提供更加可靠的基于数据链的高空管制服务。

1996—2013 年,中国民航地－空数据通信系统的建设和应用取得了显著成绩,空地服务频率从 1996 年的 1 个频率发展为 2013 年的包含 VDL 模式 2 服务频率在内的 5 个频率;每日服务的报文数量从 1998 年的每日约 5000 份增长为2013 年的每日 40 万份,网络系统的建设也从单一的 ACARS 建设,逐步扩展到满足 ATN 要求的 VDL 模式 2 系统建设,应用的领域涵盖了从飞机起飞前准备至飞机落地的整个运行阶段,为中国民航的快速发展起到了积极的保障和促进作用,也为航空公司的高效运行提供了有效的技术手段。

随着航空公司机队规模的不断扩大,运行航班的数量大幅增加,航班运行区域不断扩大,航空公司迫切要求采用更加安全、有效、稳定且网络容量更大的通信技术支持其日常的航班监视和运行服务,以及应用新技术扩展新的航空业务的要求。目前运行的地－空数据通信网络有带宽为 2.4kb/s 的 ACARS 通信系统和带宽为 31.4kb/s 的 VDL 模式 2 通信系统,无法完全支持航空公司的电子飞行包(EFB)系统、协同决策系统等新的空中和地面运行业务。2016 年 9 月 14日,中国民航地－空数据链服务商民航数据通信公司、中国海事卫星运营商中国交通通信信息中心与国际海事卫星组织签署了建设中国民航卫星数据链全球服务系统的文件,并为中国民航提供航空安全服务的框架协议。中国民航正在积极组织和计划建设满足 ICAO 整体要求的新的数据链通信系统。

2.2.2　甚高频数据链

随着航空通信技术的发展,航空通信正在由模拟话音通信向数字数据链通信逐渐过渡。甚高频信号传输时延小、通信质量高,能够满足航路、终端区和机场区域中飞机与地面管制部门之间实时信息交换的绝大多数应用要求。另外,由于甚高频地-空数据链的机载设备和地面设备相对简单、低廉,且易于安装、系统扩展和升级方便,所以它成为现有地-空数据通信系统中最经济、最实用的一种。

20 世纪 80 年代末,人们提出了一种满足 ISO 的 OSI/RM 7 层体系结构的 VDL 模式 1 数据链,又称航空甚高频分组通信(AVPAC)系统。但由于信息传输率仍为 2.4kbit/s,所以 VDL 模式 1 数据链只是作为概念提出,并没有进行实质性研究和开发。

为了提高信息传输率,增加数据链容量,减少报文延时,20 世纪 80 年代末开始研制的分布式处理 VDL 模式 2 数据链,现已成为国际民航组织推荐的数据链技术标准之一。它使用了数字电台,采用差分 8 相位相移键控(D8PSK)调制方式,信息传输率可高达 31.5kb/s。2000 年 12 月,美国 ARINC 公司进行了 VDL 模式 2 数据链的试验调试,已成功地将 ACARS 信息封装在 VDL 模式 2 的报文中传输。此外,还进行了 VDL 模式 2 数据链关键设备的研制、开发和试验。与此同时,国际航空电信协会(SITA)也在欧洲进行 VDL 模式 2 数据链系统的研究。

20 世纪 90 年代中期开始研究提供数据、话音兼容能力,采用时分多址访问(TDMA)技术的新一代 VDL 模式 3 数据链技术。该数据链是一种全数字化系统,利用 GNSS 提供的精密时基进行时间同步,同一设备可同时提供话音和数据的传输和处理,并具有呼叫排队和报文优先级传送等多种功能。这是数据链技术的一场革命,美国、加拿大等国极力推崇这种数据链作为下一代数据链系统。

VDL 模式 4 数据链技术,是一种支持空-地、空-空一体化的数据链系统。它采用全分布式控制方式,可支持飞机间和空地间的数据通信,是目前全球唯一能够实现空-空、空-地一体化的数据通信服务系统,具有吞吐率高、实时性好、容量大、支持选点呼叫、广播传送等特点,其比 VDL 模式 3 数据链更具发展潜力[7],表 2.2 总结了 VHF 数据链技术的特点[8]。

表 2.2　VHF 数据链技术的特点

名称	频段	组网/工作方式	技术指标	功能及作用	时间	说明
ACARS	VHF	CSMA 集中处理	MSK，2.4kb/s	用于飞机与地面管制中心用于地面航空运行中心	1997 年	
VDL 模式 1	VHF	CSMA 集中处理	MSK，2.4kb/s	用于飞机与地面管制中心用于地面航空运行中心	1990 年提出	没有实际应用
VDL 模式 2	VHF	CSMA 分布处理	D8PSK，31.5kb/s	用于飞机与地面管制中心用于地面航空运行中心	2000 年民用	
VDL 模式 3	VHF	TDMA 分布处理	D8PSK，31.5kb/s	用于飞机与地面管制中心用于地面航空运行中心用于支持数字话音功能	2008 年民用	
VDL 模式 4	VHF	TDMA 自组织组网	GFSK，19.2kb/s	用于飞机与地面管制中心用于地面航空运行中心支持空 – 空数据通信	1988 年	
注：CSMA – 载波侦听多址；TDMA – 时分多址访问						

2.2.2.1　VDL 模式 2

VDL 模式 2 的物理层采用 D8PSK 编码调制,最高数据率可达 31.5kb/s,该层为在数据链路层的比特传输提供物理链路的建立、维持和释放服务,包括接收机和发射机的频率控制、接收和发送数据以及完成通播服务等。它能够实现完成管制员 – 飞行员数据链通信。VDL 模式 2 信道寻址方式为载波侦听多址(CSMA),链路层包括媒体访问控制(MAC)子层、数据链路服务(DLS)子层和甚高频数字链(VDL)管理实体子层三个子层。其中,MAC 子层主要负责 CSMA 规程;DLS 子层提供面向连接的点到点服务和无连接的广播服务,面向连接的服务使用选择性重传的滑动窗口协议,预设的窗口大小是 4 帧,重传延迟根据链路利用率和最大重传数动态计算;VDL 管理实体子层在空中(飞机)与地面站之间建立和维持数据链路实体。网络层主要负责激活和终止网络连接、检错和纠错、排序、流量控制、服务选择、网络层管理、路由和中继等。该模式所存在的主要缺点:由于时延(检测时延和传播时延)的存在,载波侦听多址无法避免信息在同一信道中的冲突,冲突一旦发生,所有冲突站将终止传输,等待一个随机时间后,再监听信道,准备再次发送数据,如此反复,从而导致大量信息重传,影响通信的实时性,大大降低了信道的利用率(容量较小)。这种通信方式不适用于实时数字话音业务。2000 年 10 月,美国在达拉斯沃斯国际机场对 VDL 模式 2 数据链应用进行了相关试验,所有的通信均能正常进行,消息都被成功地传输和解码[9]。

2.2.2.2 VDL 模式 3

VDL 模式 3 子网络利用航空专用的 VHF 陆空通信频带(118 ~ 137MHz)，主要用于飞机进场着陆上下行空 – 地数据交换，上、下行链路使用同一频率，采用 TDMA 技术来控制飞机和地面站的媒体访问。上行数据产生的时延比下行时延要小，它支持话音业务和数据通信业务，为了满足服务质量(QOS)的需要，确保安全级别高的消息不会因为传输较低安全级别或者非安全级别的消息而被延迟，VDL 模式 3 支持四级消息优先权，是取代当前模拟话音通信系统的一种通信方式。使用该技术其最大有效容量估计将比当前的 25kHz 模拟信道的容量增加 3.2 倍，它提供的数字话音业务对传统的模拟电台来讲并不适用。

VDL 模式 3 包括物理层、数据链路层和子网层。其数据传输速率和调制方式与 VDL 模式 2 相同，使用 TDMA 的介质访问方式，物理层采用 D8PSK 调制，对于 25kHz 间隔的半双工突发速率为 31.5kb/s。数据链路层包含媒体访问控制子层、数据链路服务子层和链路管理实体子层。其中：媒体访问控制子层一个周期的长度为 240ms，每一个控制周期分奇偶帧，每一帧通常分为 4 个偶时隙；数据链服务子层负责纠错检错以及帧地址的识别等；链路管理实体子层负责本地数据链服务与远端数据链服务的链路管理和释放。子网络层支持航空电信网与 VDL 模式 3 之间接口的 ISO 8208 协议和非 ISO 8208 协议，为了减少 VDL 模式 3 空 – 地数据链通信量，除在连接建立过程中没有压缩标志之外，所有的压缩/解压缩均在航空电信网无连接模式网络协议数据包中进行。

VDL 模式 3 支持单一的话音通信，同时可提供 7 个时隙配置方式，每一种都可以设置专用时隙用来传送话音。标准的 4 个时隙配置包括 4V(4 路话音)、2V2D(2 路话音 2 路数据)、3V1D(3 路话音 1 路数据)和 3T(3 路话音或数据)[9]。在 VDL 模式 3 的帧结构中，每帧分成 4 个时隙，每个时隙有 30ms，每两帧(一个奇数帧和一个偶数帧)是一个 MAC 周期。每个时隙又分成两个或多个子信道，称为逻辑突发接入信道(LBAC)。每一个 LBAC 可用来传输管理(M)信息、移交检验(H)信息、语音/数据(V/D)信息，其中 V/D 字符组如图 2.3 所示[10]。各字符组都包含功率建立和稳定阶段，同步匹配阶段和功率衰减阶段。从功率衰减开始到字符组结束是保护时间，最短的保护时间为 2760μs。

图 2.3 VDL 模式 3 V/D 字符组格式

2.2.2.3　VDL 模式 4

VDL 模式 4 是一种新的航空数据链技术,由瑞典推出的一种 VHF 数据链,早在 2000 年,ICAO 和欧洲民用航空设备组织(EUROCAE)就公布了 VDL 模式 4 的标准。VDL 模式 4 主要面向航空移动用户,可以提供包括广播、点－点以及空－空在内的数据传输,其核心功能是广播式自动相关监视,应用 VDL 模式 4 可改善包括空－空监视在内的所有监视功能。它不同于 VDL 模式 2 和 VDL 模式 3,它的带宽为 25kHz,支持数字、数据通信,采用自组织的时分多址(STDMA)的媒体访问方式,不需要借助外部地面站就可以完成飞机间空－空数据传输和飞机自动相关监视等任务。当飞机飞入有地面系统支持的空域时可以完成地－空数据链通信,当飞机飞入无地面系统支持的空域时可以完成空－空数据链通信,为"自由飞行"奠定了基础。

VDL 模式 4 的数据传输速率为 19.2kb/s,使用带高斯滤波的频移键控(GF-SK)调制方式。介质访问方式是 STDMA,每分钟为一个超帧,每个超帧分成 4500 个时隙,每个时隙 256bit。在 VDL 模式 4 中,通过使用 GPS 或者辅助资源(如果不能获得 GPS 信息),站点必须与世界协调时(UTC)保持同步,将每一个超帧的开始设置在一个 UTC 时钟的开始,不需要地面站广播时间参考点。该模式下,时隙管理以及其他地面站的重要功能必须由飞机完成。

为了完成时隙管理功能,在 VDL 模式 4 的数据链路层中还另外有一 VDL 模式 4 特定服务(VSS)子层,它位于 MAC 子层和 DLS 子层之间。VSS 子层提供多种协议用于预定传输时隙,包括周期性广播协议、递增型广播协议、单播协议、信息传送协议、块预约协议以及定向协议,这些协议增强了系统的灵活性。它们提供了时隙预约机制,为收发信机使用时隙进行预约。预约信息可以附加在其他已经分配时隙的传输上发送,如果没有上述可用时隙,还可以利用随机访问的方式发送。

VDL 模式 4 的物理层字符组格式如图 2.4 所示。与模式 3 的信号类似,该字符组也包含功率建立和稳定阶段,同步匹配阶段和功率衰减阶段。信息字段长度可变,如果采用单时隙传输,长度应不超过 192bit。数据也可采用多时隙传输,在这种情况下,所占用的最后一个时隙的数据不应超过 232bit,以留出 1250μs 的最小保护时间[10]。

图 2.4　VDL 模式 4 字符组格式

可见,无论从信道利用率、系统容量,还是从信息吞吐率等数据链关键指标看,VDL 模式 4 都优于 VDL 模式 2 和 VDL 模式 3。

2.2.2.4 甚高频数据链系统的应用

甚高频数据链在民航空中交通管制、航空公司中都有广泛应用:

1) 空中交通管制中的应用

(1) 自动相关监视系统。机载电子设备获得的 ADS 信息(包括飞机识别码、经度、纬度、高度、时间和其他辅助信息数据等),可以通过甚高频数据链传送到地面管制员的管制自动化终端,生成空中交通态势信息,并显示在管制屏幕上。基于甚高频数据链传输的 ADS 数据,作为一种新型的飞行动态监视信息,可实现与飞行计划数据和二次雷达数据的融合,提高管制员对飞行动态的监视和掌握能力。ADS 分为 ADS – C 和 ADS – B。ADS – B 具有信息更新快、实时性高的特点,大大提高了管制监视能力。此外,ADS – B 还可实现飞机之间的相互监视,为航空器之间的自主安全间隔能力奠定了基础。

(2) 飞行员 – 管制员数据链通信。飞行员 – 管制员数据链通信提供空中交通管制服务的地 – 空报文数据通信。它通过 VHF 数据链进行地 – 空之间数据交换,管制员直接向飞行员发送管制指令指挥飞机飞行,飞行员也可以直接向管制员发送各种飞行请求,这些命令均以报文的形式实现。这些报文包括有关飞行高度调配、限制通知、航路偏离告警、航路改变和放行、速度调配、通信频率指配、飞行员各种请求,以及自由格式电文的发布和接收。其优点是减少误解,减少话音信道拥挤,减轻空、地人员工作负荷,使用标准词汇,减少信息传输错误导致的影响,支持自动方式信息传输,可查阅历史数据,增强系统安全性,增强 ATS 系统管制能力。

(3) 飞行放行许可。通过 VHF 数据链,机场塔台管制员可实现对飞机的放行许可发布,主要应用于数字化放行系统。

(4) 海洋放行许可。利用 VHF 数据链的双向数据通信功能,当飞行员进入洋区管制区时,直接向管制员提出越洋飞行请求,由管制员发出飞机跨洋飞行许可。

(5) 数字自动终端信息服务(D – ATIS)。在机场终端区,塔台管制员通过 VHF 数据链将机场通播信息(如温度、风向、风速、跑道号等)通过数字报文的形式进行广播发送,终端区内的飞机自动接收并显示在多功能控制显示组件(MCDU)上,飞行员也可以通过机载打印机将信息打印查看。

2) 航空公司的应用

VHF 地 – 空数据链与航空公司的飞行运营系统连接,能够有效地为其提供 ACARS 报文的接收和发送等功能,为航空公司各个部门的业务提供准确、快捷的信息服务。

（1）飞行运行动态监视。按照 CCAR121 部的要求，通过分类和解析 ACARS 报文，从报文中得到飞机经、纬度数据，将数据转换为可用于地图显示的数据格式，在地图窗口实时显示飞机飞行动态 OOOI 报文从而实现对航空进行运行监视。

（2）飞机状态监控。飞机状态监控系统利用先进机载、VHF 地－空数据链以及计算机网络平台，对 ACARS 报文中的发动机、机载设备状态进行监控，具备实时、自动、准确、可追溯性好、数据量大等特点，能够有效提高运行安全。

2.2.3　高频数据链

高频通信一般用于超视距的远程通信联络，但由于传播特性的影响，通信的质量和可靠性均不理想。从通信质量和可靠性方面看，卫星通信能够全面代替高频通信，但由于经济和技术的原因，在极地通信应用中，高频通信仍然占主要地位。其高频数据链覆盖的限制和卫星链路的高昂费用使得高频数据链（HFDL）系统成为在洋区或远端通信的廉价手段。

在 AMSS 应用之前，超视距航空通信的唯一手段是使用高频电台。在越洋航线和边远地区上空长距离航线飞行的飞机，用高频电台与地面进行单边带通话。

1992 年 10 月，ICAO 第 29 届大会批准的"ICAO 的 CNS/ATM 系统"方案中把高频空地通信列入淘汰之列，但高频仍在两极地区继续保留。1994 年，AMCP 第三次会议上，HF 数据通信用于民航空地通信的可行性又重新提上议事日程。目前许多飞机仍装备高频单边带通信系统，并用其进行话音通信并传输电报。

高频是通过电离层反射的天波传播，单独台站的传输距离可达几千千米，只需在不同区域设置十几个高频地面站（HGS）并组成系统网络，即可实现包括两极在内的全球性数据通信覆盖，并且 HGS 越多，通信可靠性越高。

近年来，已有许多新技术引入高频地－空数据链系统，如昼夜换频、季节换频、双频冗余、自适应选频接收、地面台组网技术和先进的数字处理技术等，提高了通信的连通性、可靠性，克服和避免了传播的可变性，使 HFDL 成为 ATN 中空地通信子网的一员。与甚高频、AMSS 和 S 模式二次雷达子网互为补充进入 ATN[1]。

2.2.3.1　高频数据链的特点

划分给航空移动航路通信用的高频频率范围为 2.8 ~ 22MHz。其主要特点如下：

（1）高频电波传播主要靠电离层反射，由于电离层受昼夜、季节和太阳黑子影响而不稳定，容易产生信号衰弱和多径干扰。

（2）由于高频信道拥挤，易产生信号衰弱、同频或邻台干扰，因此高频信道是性能较差的变参量信道。

（3）由于电离层的反射作用,因此传输距离较远。

2.2.3.2 高频数据链系统组成

HFDL 采用面向比特(与 AMSS 相同)的 ISO 协议,符合 ATN 要求,可作为高频子网并入 ATN。该系统采用 TDMA 方式,每个主帧为 32s,有 13 个时隙,每个时隙根据随机访问或预约实现动态指配,减少信息碰撞,增加信息的通过量。HFDL 系统由机载设备、地面站和地面网管中心组成[1]。

机载设备可以对原有的 ARINC719 HF 无线电收发信机进行改装,增加一个高频数据单元(HFDU),包括编码器、调制解调器、天线耦合器。可以与现行的 ACARS 配合工作,支持 ACARS 数据通信。

地面站包括发射机、接收机、高频数据单元和控制器。地面站的设立不仅取决于系统通信覆盖的地区,而且取决于管理飞机的数量。

地面网管中心用来对地面站进行频率管理,处理上/下行数据,进行网络管理和空地电文的路由转换。它的地面网与空中交通管理部门和其他通信网相连,是该系统的核心。HFDL 系统地面站典型配置如图 2.5 所示。

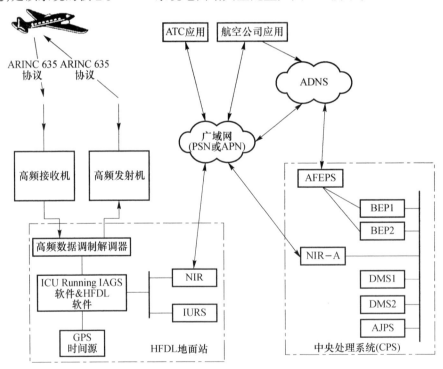

图 2.5 HFDL 系统地面站典型配置

HFDL 系统实现了地面台站昼夜换频、一站多频的频率管理技术。机载高频设备采用了自适应选频技术,为使飞机能选用一个传播性能较好的频率,所有地面台在其各个在用频率上广播对空中用户透明的自发报告,即每 32s 在特别呼叫分组内广播信道控制数据。机载高频设备根据此数据选择一个可信频率,保证了数据传输有良好的信道。飞机可与任何地面台在选用频率上进行半双工通信。在数字处理技术方面,HFDL 系统采用前向纠错编码、自动反馈纠错(ARQ)、自适应通道平衡、去交织和循环冗余校验技术,这些技术使大部分发送差错能够被检验出来并加以纠正,保证了电文的完好性。

2.2.4　卫星通信数据链

2.2.4.1　AMSS 数据链特点

卫星通信是指利用人造地球卫星作为中继站转发或发射无线电波,在两个或多个地球站之间进行的通信。ICAO 根据民航地 - 空通信业务的特点,规定对于航路飞行通信,当 VHF 覆盖不到、HF 通信效果不好时,如海洋区域和边远陆地区域,可采用 AMSS 进行通信。

早在 20 世纪 60 年代,民航界已开始研究利用卫星进行飞机与地面通信的可行性,主要集中在利用 VHF 频谱(118 ~ 137MHz)方面。1968 年,ICAO 研究认为,为满足越洋飞行时的需要,可以先建立低容量卫星系统,以后随着技术的发展逐步过渡到高容量卫星系统。1971—1973 年和 1974—1975 年人们分别利用 ATS - 5 和 ATS - 6 卫星完成了几项实验,证明了用 1.5 ~ 1.6 GHz 的 L 波段卫星通信是可行的。1987 年,日本航空公司成功利用 INMARSAT 的太平洋卫星进行了卫星电话通信。1991 年,新加坡航空公司为旅客提供卫星电话服务。1996 年,INMARSAT - 3 卫星成功发射,具有点波束功能,促进了卫星通信在民航领域的使用。现在,可用于民航的 AMSS 包括 INMARSAT、铱星(Iridium)通信和日本的多功能通信卫星[1]。

与其他通信系统相比较,AMSS 主要特点有以下三个方面:

(1)覆盖空域广阔,通信距离远,经济效益高。应用航空移动卫星通信数据链技术可以克服目前常规陆基通信的缺点,不但可以改进海洋和边远陆地空域的地 - 空通信和飞行监视,而且对于飞行流量密集的空域同样能发挥重要作用。航空移动卫星通信与二次雷达、VHF 和 HF 数据链相互配合及备份,可以大幅度提高飞行安全和运营效率,增加经济效益。

(2)通信质量好,可靠性高。航空卫星通信具有很高的可靠性,整个系统为全双工方式的话音和数据双向通信,通信质量好、抗干扰性强,享有国际电联指配的专用频率段,不会产生半双工通信方式下转换开关失效的问题。飞机与卫星之间采用 1.5GHz 接收、1.6GHz 发射,地面与卫星之间的通信采用 4GHz 接收、6GHz 发射,不会产生干扰问题[11]。

（3）通信机动灵活。卫星通信系统的建立不受地理条件的限制,地面站可以建立在偏远的山区、岛屿、汽车、飞机、舰艇上等。

2.2.4.2 AMSS 的信道

AMSS 的主要由空间段、机载地球站（AES）、地面地球站（GES）和网络协调站（NCS）组成。AMSS 与 OSI 的开放系统互联参考模型相一致,其模型有 4 种信道,分别为 P、R、T 和组成 C 信道,如图 2.6 所示[1]。

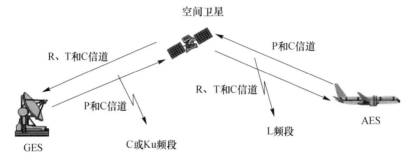

图 2.6　AMSS 的四种信道

1）P 信道

P 信道是时分复用（TDM）分组方式数据信道,仅用于正向,即从地面到飞机,可传送信令和用户数据,从 GES 连续不断地发往 AES。用于系统管理功能的 P 信道记作 P_{smc} 信道,用于其他功能的 P 信道记作 P_d 信道。每一个 GES 至少有一条 P_{smc} 信道,但往往有多条 P_d 信道。

2）R 信道

R 信道是随机多址存取信道（时隙 Aloha 信道）,仅用于反向,即从飞机到地面,可传送信令和少量用户数据,以突发方式工作,多架飞机可以共用一条 R 信道。如果不同 AES 的信号在 R 信道中发生碰撞,则各自随机延迟后重发。用于系统管理功能的 R 信道记作 R_{smc} 信道,用于其他功能的 R 信道记作 R_d 信道。每一个 GES 往往有多条 R_{smc} 信道和更多的 R_d 信道。

3）T 信道

T 信道是预约 TDMA 信道,仅用于反向。飞机如有较大报文发向地面,可先用 R 信道为 T 信道申请预约一定数量的时隙。GES 收到申请后,为该 T 信道预留所需数量的时隙,并用 P 信道通知飞机。飞机接到通知后,在预留的时隙内按优先等级发送报文。每一个 GES 往往有多条 T 信道。

4) C 信道

C 信道是一对双向、电路交换方式按需要分配的单路单载波(SCPC)信道，它用于话音通信。通话时，先通过 P 信道和 R 信道传送信令信息，再根据申请，由 GES 分配一对信道(正、反各一条)给主、被叫用户，通话完毕后释放，将 C 信道交还给 GES。C 信道内通话用的主信道也可用于电路方式的数据业务。

ICAO 推荐的 P、R、T、C 信道所用数据速率、调制方式及信道间隔如表 2.3 所列(5.0 适用于 P 信道，2.5 适用于 R 信道和 T 信道)。

表 2.3　ICAO 推荐数据速率、调制方式及信道间隔

数据速率/(bit/s)	信道间隔/kHz	调制方式	信道类别
21000	17.5	A – QPSK	C
10500	10.0/7.5	A – QPSK	C、P、R、T
6000	5.0	A – QPSK	C
5250	5.0	A – QPSK	C
4800	5.0	A – QPSK	P
2400	5.0	A – BPSK	P、R、T
1200	5.0/2.5	A – BPSK	P、R、T
600	5.0/2.5	A – BPSK	P、R、T

2.2.4.3　铱星通信系统

1998 年，第一代铱星系统由摩托罗拉公司设计，后由铱星公司购买资产并推出服务。铱星系统的卫星星座包含 66 + 6 颗卫星，组成 6 个轨道平面，它们分布在近地极轨道上距地球 780km 的上空，以 27070km/h 的速度运行，每 100min 围绕地球转一圈。星上采用先进的数据处理和交换技术，并通过星际链路在卫星间实现数据处理和交换。铱星系统显著的特点是星际链路和极地轨道。星际链路从理论上保证了可以由一个地面站实现卫星通信接续的全部过程。

随着卫星通信在民航的广泛应用，铱星系统相继在空客、波音等主要机型上实现应用，拥有 FAA、EASA 完整的适航证书。2005 年 8 月 20 日，铱星系统成功在 B777 上完成全球飞行跟踪及通话服务。2009 年 6 月，铱星设备成功在 A330 上实现飞行参数记录仪(FDR，又称"黑匣子")黑盒子(FDR)数据的飞行实时下载。2010 年批准铱星系统成为航空卫星移动通信标准设备，并获批航空安全服务标准。铱星航空移动通信工作如图 2.7 所示[1]。

铱星系统的特点:星与星之间可以通信，信号可实现全球无缝覆盖;由于每颗铱星都经过两极，因此两极信号强，极地通信接通率可达 99.95%，可提供高效、优质的极地通信;卫星是低轨道卫星，话音通信延时小，通话质量接近地面有

线电话;机载设备轻巧(仅7kg),改装快捷[1]。

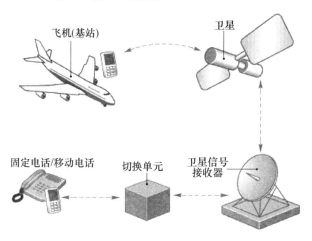

图2.7　铱星航空移动通信工作

2.2.5　二次雷达S模式数据链

S模式二次雷达是一种先进的雷达监视系统,将二次雷达与S数据链相结合,可提供未来空中交通管理自动化所需的监视和通信能力,适合于高速率数据的发送,用于终端区域和其他高飞行密度空域的空中交通监视通信。本节简要介绍二次雷达S模式数据链,S模式二次监视雷达的原理、组成等将在第3章介绍。

2.2.5.1　S模式询问与应答

S模式技术产生之初,就围绕着使用与ATCRBS(传统的A/C模式)相同的方法增加寻址功能进行开发。S模式二次雷达可采用三种不同的询问方式,分别为A/C模式全呼、A/C/S模式全呼和S模式全呼/选呼。前两种方式主要是为了与常规A/C模式进行兼容,而最后一种方式是S模式雷达与S模式应答机之间特有的通信方式。

S模式全呼方式由"获取"和"闭锁"两部分组成。每架航空器都具有24位S模式地址,该地址是由ICAO进行分配的,装有S模式应答机的航空器S模式地址都是唯一的,我国的ICAO地址前6位以011110开始,后面18位可以自由分配,共有262144架不同的航空器编码。要实现"选择性"通信,首先必须具有航空器的24位S模式地址。因此,S模式全呼的作用是为完成对航空器的初始"获取",S模式雷达通过对其覆盖区域内的所有航空器进行全呼叫,通过UF11协议上行询问和DF11协议下行应答完成航空器的24位S模式地址的"获取"。

为了避免一架已经被识别的航空器,对某部雷达的全呼再次应答,S 模式雷达可以向航空器发起闭锁协议,航空器的 S 模式应答机不再应答任何由这部雷达发出的全呼叫。同样每部 S 模式雷达都有一个询问器识别码(II code),这样就避免了在雷达重复覆盖区域内航空器对不同 S 模式雷达的闭锁错误。同时,考虑航空器没有收到雷达选择性询问的情况,航空器对某部雷达代码的锁定可以在 18s 内自动解锁,重新响应该雷达的全呼询问。

S 模式选呼方式主要归为基本监视、扩展监视和扩展数据链三大类。上行 UF04/05 和下行 DF04/05 组成了 S 模式基本监视协议,获取航空器 C 模式高度和 A 模式识别号。上行 UF20/21 和下行 DF20/21 组成了 S 模式扩展监视协议,长度为 112 位,在交互信息中除 A/C 模式识别号外,另带有 56 位的数据域。DF/UF24 称为 S 模式扩展数据链,同样也是 112 位,它的命令域比扩展监视协议减少 24 位,增加了相应的数据域。

除了 S 模式全呼/选呼方式之外,S 模式雷达还可以将信息传送给覆盖区域内的所有 S 模式的应答机,称为广播方式。工作在这种方式下不需要航空器做任何应答[12]。

2.2.5.2　二次雷达 S 模式数据链的特点

通过对 S 模式数据链的分析,可见它有其自身的优点,表现在以下六个方面:

(1) 实现对飞机状态的跟踪监视,使用单脉冲技术有效地改善了角度分辨力,提高了方位数据的精度。

(2) 有选择地询问,防止视线内所有飞机应答引起的系统饱和、显示混叠等问题。

(3) 一机一码,确保问答过程中只有地址一致的飞机收到讯问信号。

(4) 在原有 A/C 应答基础上提供数据链通信功能,能够互传更多的信息,也为 VHF 话音通信提供了备份。

(5) 与 TCAS 配合工作,为飞机提供避撞手段,TCAS 利用来自 S 模式应答的信号确定邻近飞机的方位和距离,并利用 S 模式数据传输能力正确选择飞机避撞措施。

(6) S 模式数据链扩展后为 1090ES,可作为 ADS – B 的数据链,广播发送飞机的 ADS 报文。

2.2.6　管制员 – 飞行员数据链

管制员 – 飞行员数据链通信是一种新型的地空双向数据链(TWDL),可以作为语音地空通话的有效补充,能够有效降低管制员、飞行员的通话负荷。下面对 CPDLC 的国内外研究现状和工作流程进行介绍。

2.2.6.1 CPDLC 应用背景

通信数据链作为民航中一项重要的组成部分,对于管制效率的提高、民航安全的保障具有重要的促进作用。而现行采用的主流话音无线电通信方式已显露出诸多弊端,如频率拥挤、容易遗漏信息、延迟较大、卡麦现象等,已经不足以适用于现行的情况。CPDLC 作为一种适应民航未来发展的新型通信技术在 1993 年应运而生,由航空无线电技术委员会(RTCA)在 RTCA DO – 219 协议中发布,规定了地空双向数据链的最低运行性能标准(MOPS)。ATN/CPDLC 在 FANS 1/A 运行概念中提出,其安全运行规范在 ICAO Doc 9705 中进行阐述,并得到了当前 Eurocontrol Link2000 + 项目的支持。管制员和飞行员可通过地 – 空双向数据链进行文本信息交换和共享,包括标准格式的放行、期望放行、申请、报告、有关空中交通管制信息、自由电文等,与传统通信方式相比大大提升了信息的实时性、准确性和稳定性。

1995 年,为了评估 CPDLC 在航路上的实用性,FAA 进行了大量的相关试验。试验表明,CPDLC 增加了信道容量、减少了话音访问频率限制,从而直接提高了航路效率,减少了航班延误。这些结果证明了用户延迟的减少、航路空域有效容量的增加与装备 CPDLC 的飞机数量有着密不可分的关系。研究结果同时表明,空中交通管制服务效率提高归因于四个因素:一是 CPDLC 减轻了频率访问限制,使得话音无线电频率可以更有效地用于时间敏感段的放行许可发布;二是一些通信任务的自动化和简化的 CPDLC 输入可以使管制员把更多的时间用于执行有效的管制策略;三是 CPDLC 不同于话音无线电通信的固有性质,它可以进行全双工通信;四是通过分配通信任务到各个管制个体,可以实现通信能力扩展的最优化,这允许飞机可以同时进行话音通信和 CPDLC 通信[13]。

目前,欧洲正在根据第 29/2009 号条例——数据链路服务实施规则(DLS IR)实施。欧盟法规自 2013 年 2 月 7 日起适用,它规定欧洲所有的 ANSP 必须按照规定日期实施 CPDLC。现已形成完善的系统结构[14]。

欧洲马斯特里赫特的高空区域管制中心(MUAC)已经使用 CPDLC 超过 20 年,在 2014 年大约记录了 130 个不同的航空公司,其登录超过 96000 次。MUAC 每天平均有 340 条的信息交换[15]。

2011 年,作为中国民航西部航路 ADS/CPDLC 系统升级的第一站,甘肃空管分局成功完成了 ADS/CPDLC 系统的系统升级改造工程项目,替代了 2000 年投产使用的 ADS/CPDLC 老系统,增添了自动化接入功能,增加了安全性、稳定性。ADS/CPDLC 系统架构如图 2.8 所示[14]。目前,我国主要管制单位已经部署应用 CPDLC 数据链,辅助管制员进行地 – 空通信。

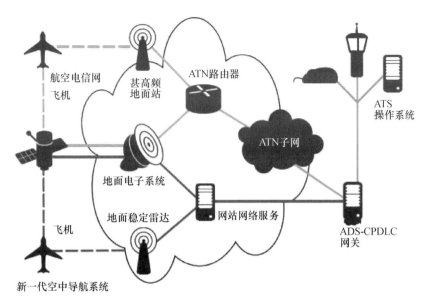

图 2.8　ADS/CPDLC 系统架构

2.2.6.2　CPDLC 数据链工作原理

1）特点

CPDLC 是一种新型的数据链,它可以支持管制员和机组成员之间数据报文的直接交换。当与一架超出甚高频话音通信范围的飞机进行通信时,管制员和机组成员通常会使用 CPDLC 进行通信。CPDLC 具有以下优点[16]:

(1)在机载打印机可以使用的情况下,允许机组人员打印报文。

(2)允许自动将上行报文加载到飞行管理系统(FMS),以便减少人为差错。

(3)允许机组人员下行一个复杂的航路放行许可请求,管制员可以在批准之后直接重新发送,避免重新打出较长的放行许可字符串。

(4)一些特定的下行报文和上行报文的回复将自动更新地面系统和飞行数据记录器。

2)运行流程

(1)CPDLC 链接建立。CPDLC 链接的建立通常由地面管制单位发起,由于安全需求的限制,某一航空器同一时刻只能与一个地面管制单位建立 CPDLC 链接,因此 ATCComm 系统会依据自身当前已建立的 CPDLC 链接数,对地面单位发来的"Connection Request"报文做出不同的回应。

(2)CPDLC 移交。与现代话音通信管制相同,CPDLC 数据链通信管制服务同样具有管制移交功能的需求。与话音管制移交方式不同的是,由于在 CPDLC

数据链通信系统中,空地之间的链接是由地面管制单位发起的,而且同一时间只能有一个地面管制单位同飞机之间建立正常的 CPDLC 通信链接,这就决定了CPDLC 的管制移交是一个相当复杂的过程。移交过程中主要考虑以下四种场景:

① 相互联系的两家空中交通服务单位均使用 CPDLC。

② 移交方使用 CPDLC,接收方不使用 CPDLC。

③ 接收方不使用 CPDLC,移交方使用 CPDLC。

④ 仅进行频率移交,不改变 CPDLC 连接。

下面以场景①为例对移交步骤(图 2.9)进行简要介绍:

● 移交方向接收方登录转发(LOF)有关航空器登录信息的在线数据(登录转发在移交前特定的时间和距离执行,接收方通过关联飞行计划获取登录信息)。

● 移交方自动向航空器发送下一管制单位(NDA)通知,并授权航空器向接收方发布 CPDLC 连接请求。

● 移交方向接收方发送 NAN(Next Authority Notified)消息以触发 CPDLC启动。

● 接收方向航空器发送 CPDLC 启动请求。

● 航空器通过 CPDLC 启动应答确认连接搭建成功。

● 移交方在 CPDLC 关闭时发送联系消息提醒机组完成语音波段移交。

● 航空器接收联系消息,机组在 CPDLC 关闭时发送 WILCO 应答。

● 机组转换新的频率并联系接收方管制员。

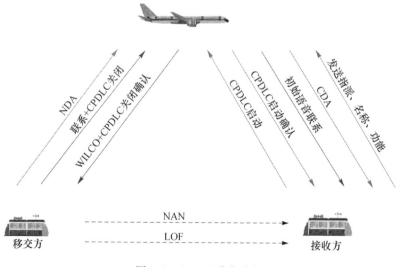

图 2.9 CPDLC 移交过程

- 移交方 CPDLC 终止后,航空器通知接收方新的连接已完成搭建。
- 接收方系统提示管制员 CPDLC 连接搭建成功,管制员发送 CPDLC 消息。
- 接收方向机组发送包括接收设备指派、设备名称、设备功能在内的预编排消息。

(3) CPDLC 链接终止。通常情况下,CPDLC 链接的终止是由当前管制单位(CDA)发起的,当前地面管制单位在发送"END SERVICE"报文之前,应该处理完全部挂起的上行报文。CDA 发送带有"End Service"元素的报文,ATCComm 在接收到该报文之后,根据通信情况采取相应的措施来断开连接。特殊情况发生时,机载 CPDLC 系统也可以主动终止与地面系统之间的链接,ATCComm 向所有的链接发送"Disconnect Request"报文,报文内容中表明该链接是被强制终止的。

(4) CPDLC 部分报文介绍。CPDLC 报文元素主要分为上行报文(UM)和下行报文(DM)两大类。一条报文可以含有多个元素,有不同种类的回复类型。表 2.4 简单列举了 4 条上行报文和 4 条下行报文及其所对应的信息元素,详细内容可以参考 RTCA DO350 标准。

表 2.4 CPDLC 报文

信息 ID		DO – 350 信息元素
UM	UM0	UNABLE
	UM1	SYANDBY
	UM2	REQUEST DEFERRED
	UM3	ROGER
DM	DM0	WILCO
	DM1	UNABLE
	DM2	STANDBY
	DM3	ROGER

3) 工作框图

CPDLC 系统由地面和机载设备组成。在地面上,管制员可通过管制自动化人机界面(HMI)实现报文的收发。空管设备中的内部地面网络可以将报文发送到通信管理器,通信管理器将报文发送到通信服务器,随后将数据链发送到航空器,当航空器接收到报文之后,将会解码,解码内容会显示在驾驶舱多功能显示组件(MCDU)面板上。典型 CPDLC 系统工作框图如图 2.10 所示[17]。

管制员的人机交互界面可以完成输入、发送、接收、回复报文的功能。由于报文内容提前定义,因此人机交互界面只显示对于某些情况适用的报文。管制员需要选择报文内容和指定参数,将其发送给飞行员。

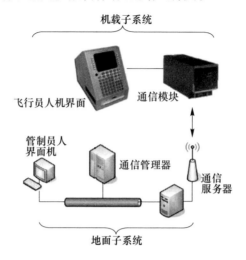

图 2.10 典型 CPDL 系统工作框图

📉 2.3 空 – 空通信数据链

空 – 空数据链系统可实现飞机间位置、呼号等信息的传输和交换,实现对飞机周围空中交通态势的显示和处理,以及飞机间的相互监视,从而可将飞机的目标识别、定位、空中态势和指挥引导等信息融为一体,大大增强了飞行员和管制员的情景意识,实现飞机间的自主避让和防撞。当前应用的空 – 空数据链主要有以下三种:美国的空中交通预警和防撞系统(TCAS)、欧洲的机载防撞系统(ACAS)和 ADS – B。

2.3.1 TCAS 空 – 空监视

TCAS 是不依赖于任何陆基空中交通管制系统,可以为各种不同型号飞机提供防撞监视保护的机载设备[18]。作为一种自动控制系统,它能够帮助飞行员尽快正确识别飞机之间的相对位置,减少飞机空中相撞的危险,并提示机组如何更好地避让其他飞机[19]。

1) TCAS 分类

TCAS 主要可以分为 TCAS Ⅰ、TCAS Ⅱ、TCAS Ⅲ、TCAS Ⅳ四类。

TCAS Ⅰ可以确定入侵机的相对高度、方位和接近率,飞行员可以在显示器上清楚地获得本机邻近空域内的交通信息,并能够向飞行员发出交通咨询(TA),告知飞行员有其他航空器接近本机的情况。

　　TCAS Ⅱ在 TCAS Ⅰ提供本机邻近空域内的交通信息显示的基础上,还可以跟踪50km 内同样装备 TCAS Ⅱ的多架飞机,评估本机和邻近空域内其他飞机发生危险接近的概率,发出交通咨询,并且当潜在危险继续靠近时,提前发出决断告警(RA)。当采用 RA 方式时,TCAS Ⅱ可以提供垂直方向的机动咨询,如下降或爬升。

　　TCAS Ⅲ除可以提供 TCAS Ⅱ的功能以外,还可以提供水平方向上的避撞信息。

　　TCAS Ⅳ随着 ADS - B 技术的成熟得以快速发展,可以解决两机甚至多机间的协调避让问题[20]。

　　目前民航飞机仍以安装 TCAS Ⅱ的空中交通防撞系统为主。

　　2）TCAS 组成与功能

　　TCAS 主要由询问器、应答机、收发机和计算机组成。监视范围一般为前方 30n mile,上、下方为 3000m,在侧面和后方的监视距离较小。为了减少无线电干扰,管理条例对 TCAS 的功率有所限制。它把 TCAS 的前向作用距离限定在 45 英里(1 英里 =1. 609km)左右,侧向和后向作用距离则更小。其功能如下:

　　(1) 监测功能:快速探测到本机 TCAS 监视范围内出现装载有 A/C、S 模式应答机的飞机,确定入侵机的位置。在本机和入侵机间运用 TCAS 防撞算法建立空中协调链路;确保 TCAS 防撞逻辑的正常运性,报告入侵机相关信息的完整性和快速性;针对高密度的空域情况,在入侵机信息的获取过程中给予干扰限制功能,建立、比较、更新航迹,并将飞机应答信息集中到一个与入侵机有关的报告中,产生对入侵机的跟踪文件,提交 TCAS 逻辑处理。

　　(2) 跟踪功能:追踪邻近空域内的入侵机,获取距离、方向、高度等数据信息,计算入侵机的相对位置、高度改变以及靠近速率。

　　(3) 威胁评估:计算、预测入侵机到两机最接近点的飞行时间和距离。

　　(4) 交通咨询:提供临近空域内入侵机的动态显示信息,如果两架飞机的进近最小接近点小于48s,即到达保护告警阈值时,提醒飞行员做好规避准备。

　　(5) 决断告警:在交通咨询之后,若仍存在有碰撞危险的接近飞机(入侵机到达两架飞机的最接近点小于35s),以音频和视频的方式指导飞行员进行冲突解脱,保证本机和入侵机之间达到并保持安全间隔距离。

　　(6) 避撞协调:如果存在碰撞危险的入侵机同样装备 TCAS,本机将会通过 S 模式应答机与入侵机建立动态数据关联,保证两架飞机间的 RA 以及回避传输时的兼容性[21]。

　　TCAS 信息流程如图 2.11 所示。

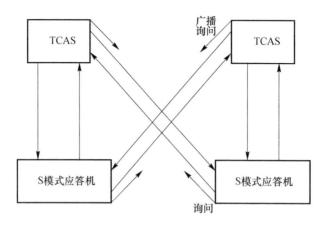

图 2.11　TCAS 信息流程

2.3.2　ACAS 空 - 空监视

ACAS 作为一种不依赖于地面空中交通管制体系的机载设备,对于减少和防止航空器相撞、保证飞行安全具有重要作用,其功能原理与 TCAS 类似。简单地说,ACAS 就是一个小型的机载 SSR。它在航空器飞行过程中能够接收与自己距离较近并安装了 SSR 应答机的航空器基本信息,包括航空器的位置、高度、运动方向和速度等信息。ACAS 通过对这些基本信息进行处理,能够对两机(或多机)之间的安全性进行分析和评估,然后针对得出的安全性结论做出相应的反应(包括 TA 和 RA),提醒航空器驾驶员采取相应的措施进行监视或避让,达到防止航空器空中相撞的目的。

用于航空器的 ACAS 有 ACAS Ⅰ、ACAS Ⅱ、ACAS Ⅲ。ACAS Ⅰ 只能提供冲突航空器的基本信息而不提供 RA 信息;ACAS Ⅱ 是在 ACAS Ⅰ 的基础之上通过附加的分析和决策系统,能够达到在二维空间给航空器提供避让信息的目的,即 ACAS Ⅱ 能够提供高度方面的 RA 信息;ACAS Ⅲ 在 ACAS Ⅱ 基础上还可以提供航向方面的 RA 信息,是一种三维空间的防撞系统[22]。

2.3.3　ADS - B 空 - 空监视

在 ADS - B 产生之前,飞行员的情景意识只能通过"听"和"想象"来形成,也就是说,地面航空管制单位通过话音通信将空域飞行态势告知飞行员,飞行员只能在脑海中形成空域的当前情景意识。在这种情况下为了保持空中交通安全,必须采取一定的措施,例如使用 TCAS 或加大航空器之间的飞行间隔,控制航路飞行流量。使用 ADS - B 以后,利用 ADS - B IN 功能,飞行员可以通过座舱驾驶舱交通信息显示(CDTI)的画面,看到与地面管制员相同的场面和飞行监控信息,即使在没有地面管制监控存在的情况下,也能"看到"空域中在自己附近飞行的飞机,ADS - B 空 - 空监视流程如图 2.12 所示。如果将 TCAS 和 ADS - B进行联合使用,TCAS 根据 ADS - B 提供的飞行状态来计算可能存在的交通冲突,在无需地面雷达监控的情况下就可以有效地控制飞机之间的安全间隔。这样就使飞行员能够形成直观准确的情景意识,这对防止飞机相撞、降低飞行间隔和提高空域流量是大为有益的。ADS - B 的详细内容在第 4 章详述[23]。

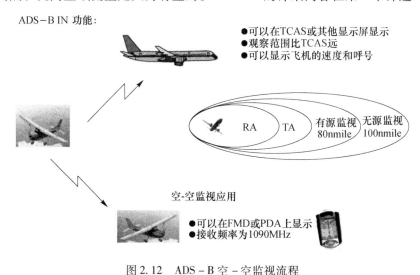

图 2.12　ADS - B 空 - 空监视流程

🔲 2.4　航空电信网

2.4.1　航空电信网概述

2.4.1.1　航空电信网的背景

20 世纪 80 年代以来,全球的民用航空总流量大幅度增加,给空管系统带来了巨大压力,传统的通信、导航、监视和空中交通管理系统已不能满足民用航空事业的发展要求。因此,国际民航组织在 1990 年召开的航行大会上,通过了由未来航行系统特别委员会制定的方案。该方案主要是应用卫星技术、信息通信技术、计算机技术以及其他的新技术来改善和提高传统的航空通信、导航、监视和空中交通管理能力,并在全球建立一个新的通信、导航、监视和空中交通管理系统(CNS/ATM)。而作为支持这个系统的基础设施就是地 - 空一体化的航空电信网。

航空电信网是基于开放式系统互联数据通信模式（OSI/RM）的网络，它是专门为民用航空界提供数据通信服务的电信网，为相互连接的地面系统与机载系统间，以及相互连接的多个地面系统之间的用户提供透明的传输信道，提供满足航空界保证飞行安全和系统安全的通信服务。它能够适应各种服务等级和电报优先级的要求，最终形成各种航空、商用、公用数据通信网集于一体的全球化航空电信网[24]。

航空电信网并非一种全新的底层通信网络，而是采用基于国际标准的公共接口服务和协议，集成地面、地－空和航空电子数据等多种数据子网互联来实现统一数据传输服务，是全球地空一体化的航空专用通信网络，可提供安全、可靠、高效的航空通信服务。航空电信网可以提供空中交通服务通信（ATSC）、航空公司运行控制（AOC）、航空行政管理通信（AAC）、航空公用通信（APC）四类服务。在国际民航组织的推动下，ATN 网络已经全面进入部署实施阶段。

2.4.1.2　航空电信网的功能特点

1）功能

航空电信网的主要功能是进行数据通信服务，将空中飞行的航空器同地面的管制部门、航空公司连接在一起，为其提供实时有效的数据通信服务。航空电信网提供的数据通信包括四类：

（1）空中交通服务通信：飞行信息服务，告警服务，空中交通咨询服务，空中交通管制服务，区域管制，进近管制，机场管制服务等。

（2）航空运行控制：航空公司出于安全和高效的目的而对航班进行编排、延误及取消等服务。

（3）航空管理通信：航空公司用作日常航班和运输服务的通信，如空中和地面运输、订票、机组排班或其他后勤等服务。

（4）航空旅客通信：为旅客、机组人员提供的非安全的话音和数据通信等，属个人通信范畴。

其中空中交通服务通信是面向空中交通管理的，航空运行控制和航空管理通信是面向行政管理部门的应用，而航空旅客通信则是面向用户和机组人员的[25]。

2）特点

与现有的数据通信网络相比，航空电信网具有以下特点：

（1）全球性：它是全球范围内主要用于航空的数字通信网络，能适应多国和多组织的运行环境，可为航空界提供保证飞行安全和系统安全的通信服务。

（2）集成性：具有最大限度的集成与使用已有的通信网络和框架的特点，能够集成多种地－地、地－空和空－空通信网络，不仅可以将目前运行的分组交换网络、帧中继网络、局域网等地面网络连成一体,而且能够应用卫星、VHF、S 模式等数据链技术将地 – 空数据通信网络整合进来,在地面系统与机载系统之间提供透明的移动通信服务,实现地 – 空一体化通信,并为所有航空运输业务通信和航空工业业务通信提供通用的通信业务模式。

（3）专网特性:航空电信网是民航航空业的专用网络,专门为航空业的用户,如空管、航空公司、航空企业用户提供数据通信服务,与商业互联网相比更专业、更安全。

（4）安全性:航空电信网技术具备通信安全机制,在网络的各个层次上提供一定程度的安全措施,能够保障民用航空数据传输的安全性。

（5）质量保障:航空电信网技术在通信服务质量方面同样有着比较全面的考虑,可以根据用户及其应用程序类型的不同,采用不同的优先级别和传输质量来传递信息满足航空通信的需求。

（6）经济性:由于航空电信网提供了通用的网络框架,未来新业务的引入成本变得非常低[26]。

2.4.1.3　ATN 的发展现状

中国民航总局在 1999 年开始组织新一代航空电信网络的研究工作,专注于航空电信网地面数据通信技术和解决方案的研究,组织成立了航空电信网专家技术小组。2002 年,中国民航总局空管局根据国内民航通信网络的状况以及国外航空电信网的实施状况编制了《空管航空电信网技术政策、应用和发展技术白皮书》,以指导我国航空电信网实施的前期工作。2003 年,中国民航总局组织建立了中国民航航空电信网实验室。另外,自 2002 年以来,中国民航总局空管局已经开始联系与周边国家/地区的航空电信网的测试工作[27]。

“十一五”期间民航航空电信网一期工程的建设已经完成了部分基础工作,已在 2008—2009 年建立北京通信节点,在北京网控中心现有 AFTN 自动转报机和网络设备的基础上加装航空电信网装备,使其满足国际民航组织航空电信网地面网络和航空信息处理系统(AMHS)信息交换处理规范,提供符合新标准的国际通信接口。“十二五”期间继续增强了自动转报网络功能,促进自动转报网向航空电信网过渡。广州节点于 2016 年 5 月开始试运行,未来将逐步建成以北京、广州为核心,拥有 13 条国际线路出口的中国民航[28]。

为了发展先进的航空通信技术,欧洲正在开展 NEWSKY 研究项目,致力于在 2020 年前为基于 IPv6 技术的航空通信提供先进的组网策略,主要涉及服务质量、网络切换、通信安全和先进的路由选择算法等方面[29]。该项目得到 IETF 和 ICAO 的大力支持,完全采用 IPv6 技术,推进 ATN/IPS 的研究发展,包括基于地面、卫星、飞机间以及机场的通信,能够支持空中交通服务、航线运营和管理通信以及航空旅客通信等各种类型的应用服务。NEWSKY 项目研究的核心是将这些基于不同通信技术的数据链路整合到一个网络中,构建一个基础的航空通信网络。

2.4.2 航空电信网结构

航空电信网是由航空界的机载计算机系统通过中间系统(网络和路由器)与地面计算机系统连接起来,实现信息互通,其组成如图 2.13 所示。航空电信网端系统(ES)、中间系统(IS)、地-空子网及地-地子网共同构成。

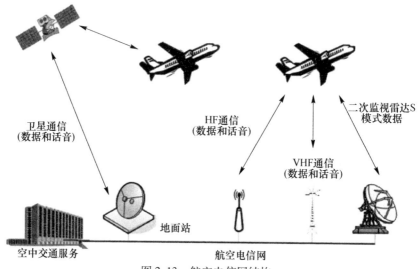

图 2.13　航空电信网结构

2.4.2.1　子网络

子网络是基于特殊通信技术的独立通信网,主要用于航空电信网系统间的信息传输。不同的地-空子网和地-地子网在终端系统之间提供多重数据通信路径。

航空电信网子网络按照工作属性分为移动数据网和固定数据网两类,按工作范围分为局域网和广域网。固定子网是指地-地数据子网,可以是面向连接的网络,如 X.25 或帧中继,也可以是面向非连接的网络。移动子网是指空-地数据子网,包括甚高频移动子网、卫星移动子网、S 模式二次雷达子网和高频移动子网 5 种。虽然每种网络都有自己的特性,但是各种移动子网和固定子网之间可以通过统一的接口实现无缝互联。

航空电信网空-地子网是一个协调的系统,在航空电信网上建立了一个基本的架构,如果这些不同的数据链融入航空电信网,那么将在最大程度上发挥空中交通管理的优势。地 – 地数据子网允许在航空电信网中心内部和 ATS 中心之间进行通信,可以用做航空电信网子网的现行网络有局域网和广域网。局域网类型又包括以太网、令牌环网、光纤分布式数据接口(FDDI)。广域网类型包括 X. 25、帧中继、异步传输模式、ISDN。另外,ICAO 专用的国际民航组织公用数据交换网(CIDIN),也可以作为航空电信网的子网。机载电子设备通信子网同地面网络类似,许多现行的通信网络也可以用于机载设备。

2.4.2.2　端系统

端系统是航空电信网中的各个用户计算机单元,为上层的应用提供端到端的通信服务,同时也是人机交互的操作界面。通过航空电信网,每一个端系统能够与网内的其他端系统之间进行点对点的通信[30]。航空电信网的端系统包括了完整的 7 层协议栈,从而可以有适合的通信服务支持一种或多种航空电信网应用。

2.4.2.3　中间系统

中间系统主要为航空电信网路由器,由 OSI 参考模型的底部三层组成,是连接航空电信网各个部分的节点,完成路由、转发和子网接入等功能,是航空电信网传输网络的核心。根据 ICAO 的要求,航空电信网应该在现有网络的基础上实现,也就是说,航空电信网要通过航空电信网路由器将 AFTN、AMSS 数据链网络、甚高频地 – 空数据链网络等异构网络连接在一起。航空电信网路由器要完成不同网络内的数据同航空电信网数据之间的格式和地址相互转换,将不同的网络数据打包到航空电信网数据包内,并为这些数据添加统一的 20B 的航空电信网地址,在航空电信网上进行转发和路由。

航空电信网域内路由器与标准的 OSI 路由器的主要区别有以下四点:

(1)使用特殊的路由协议以支持移动通信(如高效的空地路由)。

(2)支持航空电信网所要求的安全功能。

(3)使用带宽有限的空 – 地数据链时,用压缩(压缩数据长度)空 – 地路由器的方法提高效率。

(4)飞机进入或离开各自的地面路由域是一个动态过程,所以航空电信网的路由提供了路由初始化和终止过程的功能。

2.4.3　航空电信网中的通信关系

航空电信网集地面数据通信和地 – 空数据通信为一体,能够实现飞机通过卫星、甚高频和 S 模式二次雷达的地 – 空数据链路与地面空中交通管制中心和航空公司运行控制中心的计算机通信,能够在地面各空中交通管理计算机之间以及地面各空中交通管理计算机系统与航空公司、民航当局、航空通信公司计算机系统之间进行高速的数据交换[7]。

航空电信网的通信关系如图2.14所示[7],整个航空电信网是由机上电子设备子网络、地面子网络和地空子网络三种形式的数据通信子网络相互连接组成的互联网络。

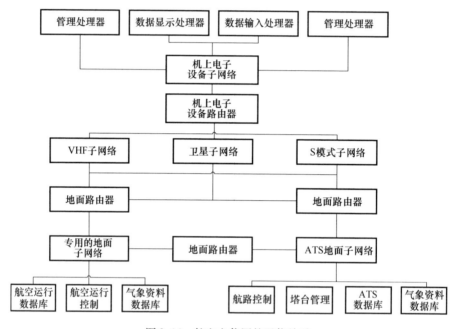

图2.14　航空电信网的通信关系

飞机内部通信子网络将飞机上的各种应用处理器连接构成机上电子设备子网络。应用处理器包括显示处理器、数据输入处理器和飞行管理计算机等,它们与飞机数据通信处理器相连接。

地面子网络提供各种地面数据处理设备中各个处理器所需的连接,通常对本地的各处理器采用局域网形式。地面子网络还提供用于与机上应用处理器通信的地面应用处理器与地面数据通信处理器相互连接的能力。

地－空子网络提供地面子网络的终端用户与机上电子设备子网络终端用户之间的互连,负责执行地面子网络和机上子网络之间的信息交换。相互连接的子网络从物理上、逻辑上和行政管理上都是独立的,它们的互连一体化是通过在各个互连点设置的路由器进行的。"网间路由器"在网络中是指一个通信单元,该单元可以处理和承转多种形式的数据子网络的数据包,使它们沿着规定的路线到达目的主计算机。

2.4.4　航空电信网协议结构

航空电信网是基于 7 层体系结构的航空专用网,它将地 – 地之间、地 – 空之间连接成统一的网络。在物理上,由终端系统、中介系统和通信子网组成。在逻辑上,按照 ISO7498 标准,分为 7 层体系结构,如图 2.15 所示。7 层协议均是采用 ISO 标准[31]。

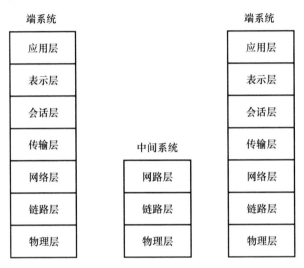

图 2.15　航空电信网协议结构

航空电信网的网络层采用 ISO8473 无连接网络规程(CLNP)协议。为了支持基于安全的路由策略以及对数据包安全级别的划分,在 CLNP 报头中添加了安全标签,如图 2.16 所示。安全标签使 CLNP 数据包可以根据安全策略选择需要经过的路由域和地 – 空子网,而数据包在域内选路时,安全标签将被忽略。

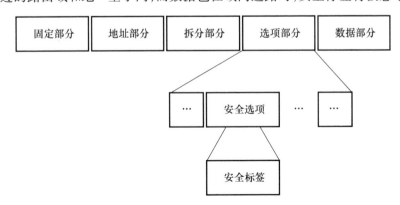

图 2.16　航空电信网 CLNP 中的安全标签

在航空电信网的网络层,通过终端系统—中间系统(ESIS)协议、中间系统—中间系统(ISIS)协议和域间路由协议(IDRP)来通告路由信息。在航空电信网中,航空器作为一个路由域出现。由 IDRP 协议建立和维护航空器与地面的连接,并计算出航空器上的终端系统到地面某路由域的路由,如图 2.17 所示。

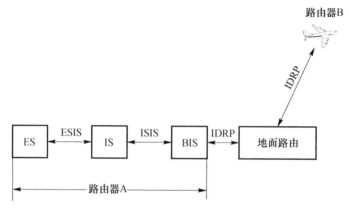

图 2.17 航空电信网网络层路由

在航空电信网中,网络层的数据包通过通信子网传输,其与通信子网接口的子网汇聚功能(SNDCF)层如图 2.18 所示。其中,移动接口需要对数据包进行压缩,以提高移动子网传输效率。

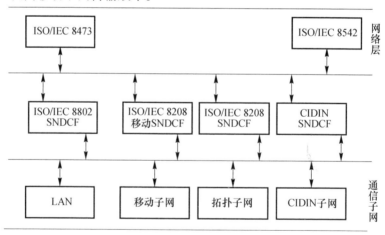

图 2.18 通信子网接口

2.4.5 航空电信网路由

由于许多航空数据链的作用范围是视距,航空器在不同的空域中会与不同的地面节点建立直接的链路,所以机载节点是移动的。此外,对于装备多条数据链的航空器,还需要具有利用多条数据链进行数据传输的能力。因此,地面节点和航空器都应该知道利用哪条链路发送数据,即移动条件下的路由选择。对于航空器而言,向地面系统发送数据的路由选择比较简单,只需要发送到直接相连的地面节点,地面节点负责将数据转发到最终目的地。当有多条链路可用时,航空器会根据链路的传输质量和预先规定的优先级进行选择。当地面系统向航空器发送数据时,需要知道当前航空器正在和哪一个或哪几个地面节点相连。因此,必须有一种机制能够实时地向地面系统通告航空器当前的位置以及和地面节点的连接情况,以便地面系统能够将数据正确地发送到航空器上[32]。

为了解决地面系统和航空器之间的寻址问题,航空电信网为每个机载节点规定了唯一的一个用于数据传输的地址,称为航空电信网地址。不管航空器处于哪个区域、与哪个地面节点相连,地面系统和航空器之间都用航空电信网地址进行通信。为了使地面系统获得正确的路由信息,实现正确地选路,航空电信网要把去往航空器的路由信息在地面系统网络节点发布,这里着重讨论三种常见的地面系统的路由发布问题。

2.4.5.1　全网发布

全网发布是一种最简单、最明显的办法。当一个或多个地面节点通过无线数据链与航空器建立连接后,这些地面节点将航空器的路由信息广播给所有的航空电信网地面系统。地面系统将接收到的广播通告更新到达航空器的路由表。这样网络中任何一个节点都有最新的到达特定航空器的路由信息,这种方法称为全网溢流。

采用全网溢流方式,在理想状态下,航空电信网中任何一个节点都有到达航空器的路由信息,数据可以沿着最佳路径发送到航空器上。但是在实际实现过程中,由于发布的路由信息量过大,将会引起严重的管理额外消耗问题和成长限制,当网络规模增大时,路由信息占用网络资源过多,并且不能保证路由的迅速收敛,所以不适合大规模、网络拓扑高度变化的航空电信网环境。航空电信网在一般情况下不会采用这种路由发布方式。

2.4.5.2　主干发布

为了减少路由信息占用过多的网络资源,应该限制航空器路由信息的分发,只发布给网络中的部分节点,以保证网络性能以及路由表的快速收敛。在航空电信网的设计中提出了主干路由器的概念。主干路由器是参与航空器路由信息发布的路由器,也称为主干节点。一般情况下,将航空电信网地面网分成多个区域,每个区域选择一个主干节点,主干节点参与航空器路由信息的发布,实时更新去往航空器的路由表。非主干节点不参与航空器路由信息的发布,当它需要向航空器发送数据时将本区域的主干节点作为默认网关,所有发往航空器的数据都交由该主干节点处理,实现与航空器的通信。整个 ATN 地面网中,主干节点的选择是一个关键问题,参与航空器路由信息发布的主干节点的多少将直接影响网络的性能。主干节点过多会造成发布的路由信息量过大,增加网络负担;主干节点过少会造成数据大量汇聚到少数主干节点,不利于业务流的均衡分布,也会使得数据不能在最佳路由上传输。为了解决这些问题,应根据网络的规模和拓扑结构合理进行区域划分和主干节点的选择,全面考虑各种因素,使网络的综合性能达到最佳。通常为了使数据尽量在最佳路由上传输,主干节点的数量不能太少,而这又与路由信息占用网络资源相矛盾。因此,主干发布模式一般适用于规模不大的网络。

2.4.5.3 沿 HOME 域方向发布

当网络规模较大时,还需要进一步采取措施限制航空器路由信息的发布,路由信息不是在所有的主干节点上发布而是按照一定的规律在一部分主干节点上发布。这样,获得航空器路由信息的节点会更少。为了保证没有航空器路由信息的节点能够正确地向特定航空器发送数据,网络应该至少知道一个一定有航空器路由信息的节点,因此引入一个 HOME 域的概念。

在航空电信网中,为每一个航空器规定一个 HOME 区域,一个 HOME 域内至少有一个主干节点,一个航空器的航空电信网地址对应一个 HOME 域。航空器在飞行过程中,到达航空器的路由信息只向自己域的方向发布,只有通往该域上的主干节点能够收到航空器的路由信息,这样大大减少了路由信息的发布范围。

2.4.6 航空电信网安全问题

与其他通信系统类似,航空电信网作为航空通信专用网络,同样面临着来自多方面的安全威胁。这些安全威胁可以分为故意的(如"黑客"渗透)和偶然的(如信息被发往错误的地方)两类。故意的威胁又可以进一步分为被动攻击和主动攻击。被动攻击只对信息进行监听(如搭线窃听),而不对其进行修改。主动攻击却对信息进行故意的修改(如改动某架航班的航行信息等)。相对于被动攻击,主动攻击对于航空电信网的安全威胁更大,严重威胁到了航空飞行安全,对于主动攻击,主要有以下两种[33]:

(1)伪装攻击:指某个实体("黑客")假装成别的实体(飞机或者管制员)对目标发起攻击。伪装攻击是攻击或者捕获认证信息,然后将所捕获的认证信息进行重发,这样它就有可能获得其他实体所拥有的权限。

例如,攻击者可以假扮成某架飞机,向地面塔台发起登陆请求,如果认证消息没有被加密,或加密算法过于简单,则很容易被攻击者破解。一旦请求成功,便可以假冒真正的飞机与塔台通信,获取航行信息或者发送虚假航行信息,进而影响到真正合法的飞机与塔台的通信,对管制工作带来严重的不可预知的后果。

(2)消息篡改:指攻击者对所获得的合法消息中的一部分进行修改(如修改部分航行信息),或延迟消息的传输,以达到其非授权的目的。例如,攻击者完全可以将窃听到的合法消息进行修改,并将修改后的内容向飞机或者管制员发送出去,如果通信对端接收到了已经被篡改过的消息,且不能辨别此消息的真伪,会严重影响到正常的管制实施,造成不可估量的严重后果。

航空电信网是民航专用的通信网络,网络安全一直是航空电信网中非常敏感和关键的问题。在对安全性的保障中,航空电信网端系统需要鉴别对方端系统的身份、鉴别应用信息的来源并确保应用信息的完整性;航空电信网地面和空 – 地边缘中间系统需要鉴别对方的边缘中间系统的身份、鉴别路由信息的来源并确保路由信息的完整性。

目前基本的加密算法有对称加密、非对称加密(包括基于公钥的加密和基于私钥的加密两种)及哈希(Hash)函数。基于这几种算法可以产生各种加密机制以满足航空电信网的安全需要。针对几种典型的安全威胁,航空电信网应采用以下四种加密机制来保障其安全性:

(1)加密机制:用于保证机密性,一般采用对称加密算法或基于公钥的非对称加密算法。

(2)数字签名机制:用于身份认证、数据完整性和不可抵赖性,一般采用基于私钥的非对称加密算法和哈希函数。

(3)密钥协商机制:用于建立密钥,一般采用基于私钥的非对称加密算法。

(4)消息认证码机制:用于身份认证和数据完整性,一般采用带密钥的哈希函数。

在处理各种航空电信网应用时,可以综合应用以上四种加密机制来保障安全性,并与当前主流安全技术相结合,如入侵检测系统、防火墙、虚拟专用网系统、网络安全管理系统等,形成以 PKI 公钥基础设施为基本框架的航空电信网安全系统。此外,随着 IP 技术与航空电信网的融合,IPSec 应用于航空电信网的安全保护也成为研究的一大热点。

◤ 2.5　飞机通信寻址与报告系统监视数据链

为了减少机组的工作量并提高数据的完整性,ARINC 于 1978 年 7 月提出了 ACARS。航空电子设备由 Teledyne 生产,发起用户为 Piedmont 航空公司。刚开始将此系统命名为 Arinc Communications Addressing and Reporting System,之后改为 Aircraft Communications, Addressing and Reporting System。该系统具有传输速度快、抗干扰能力强、误码率低、信息丰富等优点，能通过甚高频数据链路将飞机与航空公司运控中心、地面管制等系统相连接，按数字报文的形式与地面远程控制站进行数据的实时交互，传达飞行信息和地面请求信息，实现地 – 空通信。

ACARS 的工作原理：机载设备首先收集来自飞机上各个传感器探测出来的飞行状态数据并处理成数据链报文发射给地面基站，地面基站再将数据发送给信息中心，信息中心把数据传送给航空公司运控中心、飞行管理部门、空中交通管理等相关部门。同样，地面发送的信息也能经 ACARS 机载设备接收处理后显示在机载输出设备上供机组使用。ACARS 的信息可以实现自动收发，无须飞行员手动操作。

ACARS 的工作方式按地面接收端性质划分为 VHF A、VHF B 两类。VHF A 类工作模式是机载系统采用"广播"的方式将报文发送给覆盖范围内的所有远端地面站。VHF B 类工作模式是机载设备将下行报文发给指定的地面基站并与该基站建立通信联系。

ACARS 的通信方式包括数据通信及话音通信。一般默认处于数据模式，若机组有话音通信需求可以切换到话音模式。数据通信又包括轮询式和请求式，两者中轮询式优先。

ACARS 通过地空数据的实时交互实现了远程飞机飞行状态的实时监控，同时，在落地前传送的飞机系统故障及发动机参数信息，有利于航空公司机务维修部门提前对飞机故障进行全面准确的分析，制定维修方案，提高飞机的故障排除效率以及航班的正点率，减少飞机维护和运行费用，能有效减少延误，保障航班运行安全[34]。

本节围绕 ACARS 的组成、技术特点、信号解析及应用进行介绍。

2.5.1 飞机通信寻址与报告系统组成

飞机通信寻址与报告系统由机载设备，数据服务提供商和地面处理子系统组成，三者关系如图 2.19 所示[35]。

2.5.1.1 机载设备

机载数据链系统的核心是 ACARS 管理单元（MU）。旧版本的管理单元是由 ARINC 724 规范定义的。新版的通信管理单元（CMU）是由 ARINC 758 规范定义的。ACARS 机载设备由一个终端和一个路由器组成。终端是 ACARS 消息下传的起点和上传的终点。MU/CMU 是一个路由器，功能是选择合适的空 – 地网络提供最便捷的下传路由。大多数情况下，MU/CMU 也作为 AOC 消息的终端使用，与 A320 飞机 ACARS MU/CMU 相连的终端系统有显示管理组件

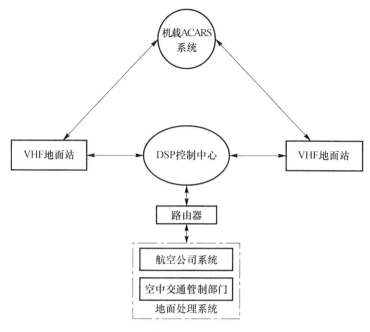

图 2.19　飞机通信寻址与报告系统数据链系统

（DMU）、集中故障显示接口组件（CFDIU）、飞行管理与导航计算机（FMGC）、飞行警告计算机（FWC）、系统数据集获器（SDAC）、VHF3、无线电管理面板（RMP）、多功能控制显示组件以及打印机等[36]。

2.5.1.2　数据链服务提供商

　　数据链服务提供商通过地面站网络负责将来自于飞机的信息路由到指定的地面用户或者将来自于地面用户的信息路由到指定的飞机。ACARS 网络采用中央集中处理的方式[37]。

　　目前,国内航空公司的飞机在中国空域内飞行,使用民航数据通信有限责任公司（ADCC）的数据服务。ADCC 的 VHF 网络支持双向数据通信,其通信频率为 131. 450MHz;美国 ARINC 公司提供包括 ACARS（VHF）、VDL 模式 2（VHF）、卫星、高频在内的全球地 – 空数据通信覆盖,使用的 VHF 通信基频频率为 131. 550MHz;泰国航空无线电有限公司（AREOTHAI）提供东南亚地区包括泰国、马来西亚、菲律宾、印度尼西亚、印度以及韩国等国家 ACARS（VHF）地 – 空数据通信,使用的 VHF 通信基频频率为 131. 450MHz;日本 AVICOM 公司,目前提供日本地区的 ACARS（VHF）地 – 空数据通信,使用的 VHF 通信基频频率为 131. 550MHz;中国民航 ADCC、美国 ARINC 与泰国 AEROTHAI 共同组成了 GLOBALINK/ASIA 全球数据链服务体系,向全球地 – 空数据链用户提供覆盖全球的一体化地－空数据通信服务。

常用的 ACARS 是基于 VHF 的数据通信系统（2400b/s）的。ACARS 通过发送预先编码的电报，交换各种信息，在其链路上加上 ARINC622 规程，可改善数据传输的完整性和支持 ATC 对数据链的应用。

2.5.1.3 地面处理系统

地面处理系统作为下传数据的目的地和上传数据的起始点。它一般都属于政府机构，例如中国民用航空局/美国联邦航空局。中国民用航空局地面处理系统提供的空中交通服务包括起飞前放行（PDC）服务、数字式机场通播系统（D - ATIS）、航路气象信息服务（D - VOLMET）、管制员 - 飞行员数据链通信与合约式自动相关监视服务（ADS - C）等。航空运营人服务包括飞行动态监控、双向地空数据通信、数据统计与分析、发动机状态监控、辅助动力装置性能监控、故障诊断、超限事件报告、旅客服务和航空气象资料下传。

2.5.2 飞机通信寻址与报告系统的技术特点

飞机通信寻址与报告系统一般使用国际民航专用的甚高频通信频段，在东亚地区信号传输频率为 131.45MHz，其甚高频通信电台采用双边带调幅技术。在地空间的双向无线信道中进行数据通信时采用的是"载波侦听多址"（CSMA）通信协议，传输速率为 2400b/s，信道间隔为 25kHz。这种通信协议使所有的飞机电台在进行通信前通过一个共同的通信媒体来监视无线信道的活动情况。

ACARS 是一种面向字符式的通信协议。每个 ACARS 信息组最大可以支持 220 个字节。对于长信息，则由 ACARS 通信处理器将其分成数段，一个数据段编成一份报文并按照次序通过无线链路发出。每份报文发出后，必须在收到验证后才将下一份报文发出[38]。

ACARS 除上述技术特性外还具有以下特点：

（1）提高了地空通信的准确性。频繁使用话音通信容易使人产生误解和错误，另外话音通信还存在 VHF 频道的拥挤和阻塞以及高频系统通信质量不高等问题，而 ACARS 不存在这方面的问题。

（2）资料和数据易于共享。话音通信很难分配到航空公司的各个部门，而 ACARS 提供的信息是基于字符型的信息，易于分析和保存，可以方便地分配到各部门。

（3）增加信息量，减少成本。数据链系统还能够提供实时的确认问题的能力，能够根据传感器提供的信息传送一些飞行员没有觉察而系统自动探测出来的故障，大大降低了航空公司的维修成本[39]。

2.5.3　飞机通信寻址与报告系统信号解析

飞机通信寻址与报告系统的上行数据和下行数据都是通过发送一定格式的报文来完成的。由于我国使用 ARINC 公司的 ACARS,因此,其数据格式必须遵循 ARINC618、ARINC620 和 ARINC623 协议。ACARS 链路主要包含空 - 地通信和地 - 地通信两种:在地面系统中,DSP 与地面处理系统之间的通信协议遵循 ARINC 620 标准,通信报文必须满足 ARINC 620 中对报文格式的要求[39];飞机与地面系统之间的通信协议遵循 ARINC 618 标准,它是空中与地面之间的面向字符类型的通信协议,即飞机与 DSP 之间通信时需要遵循的协议,所有的空中与地面之间的通信报文都必须满足 ARINC 618 中对报文格式的要求[39]。本节对 ARINC 618 上下行报文及信号解析进行介绍。

ARINC 618 地 - 空通信协议标准主要涉及的内容有 ACARS 介绍、地 - 空通信报文的完整格式和报文处理的协议、VHF 地 - 空网络链路的管理功能、VHF 语音通信以及利用卫星和高频通信链路进行数据传输的协议。

在网络层面上,地 - 空通信协议是 ACARS 中最为重要的部分之一,是联系飞机和 DSP 的重要通信协议,其报文根据 ISO - 5 字符集定义,分为上行报文和下行报文。

下行报文的格式如表 2.5 所列,包含 11 段内容。

表 2.5　ACARS 地 - 空下行报文信息

名称	大小/个字符	例子
SOH	1	< SOH >
Mode	2	2
Aircraft Registration Number	7	. N123XX
TAK	1	
Label	2	5Z
DBI	1	2
STX	1	< STX >
Application Text	0 ~ 220	XXX
Suffix	1	< ETX >/< ETB >
BCS	2	
BCS Suffix	1	< DEL >

(1) 报文起始符(SOH):1 个字符,SOH 用于指示一条下行报文的开始,值为 0 或者 1。同时,SOH 也可以用于标识一串要进行 BCS 校验的文本,但是 SOH 本身不参加校验。

（2）模式字符（Mode）：1 个字符，Mode 分为 A、B 两个基本类别：对于 VHF 数据链，所有的 A 类 Mode 是以数值 2 表示，所有的 B 类 Mode 是以 <@ > - <] > 之间的一个字符表示，每一份报文的实际模式字符是根据优先的地面系统访问码确定的，该访问码由 MU/CMU 根据上行模式的字符来选择；对于卫星数据链，所有的 A 类 Mode 是以数值 2 作为默认的服务提供商路径，而 B 类 Mode 可以通过设置不同的字符，来选择一个特定的卫星通信服务提供商，这些字符可以从 <@ > - <] > 之间选择。每个报文中的 Mode 字符确定了一个专用的下行数据链 DSP。卫星通信的 B 类 Mode 字符永久性地分配给了每一个 DSP；对于 HF 数据链，Mode 字符没有任何含义，默认为 2。

（3）飞机注册号（Aircraft Registration Number）：7 个字符，地址字段的信息用来指示这条报文要发送到的那架飞机的地址码。飞机的注册标志码，MU/CMU 发送的报文必须有正确的航空器注册码。如果飞机注册码不够 7 个字符，注册码应该右对齐，前面用前导点 <. > 补齐。

（4）技术确认（TAK）：1 个字符，每条报文的地址字段后面会紧跟着一个技术确认字符，以控制字 NAK，或者用英文字母 A ~ Z、a ~ z 中的一个表示。

（5）标签（Label）：2 个字符，用来表明报文的内容和类别，主要用于决定路径和寻址。标签段只能使用在 ARINC620 中定义过的标签。

（6）下行数据块标识（DBI）：1 个字符，以 0 ~ 9 中的一个字符表示。

（7）前导码结束符（STX）：1 个字符，以控制字符 STX 表示。

（8）正文内容（Application Text）：0 ~ 220 个字符。对于 B 类卫星通信，正文内容可以长达 3520 个字符。报文必须是 ISO - 5 字符集中的非控制字符，如果报文长度超过 220 个字符，则需要分成多份进行传输，即多块报。其中包括 4 个字符的报文序列号（MSN）和 6 个字符的航班标识（Flight ID）。MSN 用于报文重组，航班标识包括 2 个字符的航空公司标识符和 4 个字符的航班号。

（9）报文结尾符（Suffix）：1 个字符，如果报文没有后续包，则结尾符用控制字符 ETX 表示，如果报文是多块报，则后续包的报文用 ETB 控制字符，最后一包用 ETX 控制字符。

（10）块校验序列（BCS）：2 个字符，为确保报文的准确性，ACARS 报文使用 16bit 的 CRC 校验码，其 CCITT 多项式为

$$P(X) = X^{16} + X^{12} + X^5 + 1$$

校验范围从报文模式域（Mode）开始，到报文内容域（Text）结束，包括 Mode 域和 Text 域。这部分字符按自然报文顺序排列，而每个字符的 LSB 在前，MSB 在后。例如，2 个字符的一个字符串"K7"，正常的 ISO - 5 字符 16 进制值是 4B 37，经过字符奇校验后的值是 CB 37，则该字符串经过 LSB 在前、MSB 在后的原

则转换后,二进制序列为

$$1101\ 0011\ 1110\ 1100$$

其 CRC 校验后的余数序列为

$$0111\ 1100\ 1101\ 0110$$

其 16 进制值为 3E 6B。

(11) 块校验序列的后缀(BCS Suffix):一个字符,用 DEL 字符作为 BCS 的后缀,以便于 BCS 的最后一个比特参与解码。

上行报文的格式如表 2.6 所列,包含 11 段内容。

表 2.6　ACARS 地 – 空上行报文结构

名称	大小/个字符	例子
SOH	1	< SOH >
Mode	2	2
Aircraft Registration Number	7	. N123XX
TAK	1	< NAK >
Label	2	10
UBI	1	A
STX	1	< STX >
Text	0 ~ 220	XXX
Suffix	1	< ETX >
BCS	2	
BCS Suffix	1	< DEL >

上行报文与下行报文的结构基本一致,每个域内的字符数也一致,内容上有以下几点不同:

(1) 模式字符(Mode):同样分为 A、B 两类,A 类以字符"2"表示,但是,B 类以字符"`"–"¦"中的一个表示,由 DSP 决定该字符的值,下行模式字符通过地面系统访问码与上行模式字符一一对应。

(2) 飞机注册号(Aircraft Registration Number):与下行报文不同,上行报文的"飞机注册号"域的内容有三种情况,即飞机注册号、航班标识或定时报地址。

(3) 技术确认(TAK):以 0 ~ 9 中的一个字符表示,或者用控制字 NAK 表示。

(4) 上行数据块标识(UBI):以控制字 NAK 中的一个,或者任意一个英文字母 A ~ Z、a ~ z 表示。

(5) 报文结尾符(Suffix):典型的应答报文,以 ETX 作为结束字符。

在物理层面上,ACARS 的 MU 使用 1200Hz 和 2400Hz 音频信号,对甚高频载波信号进行调制,然后对已调信号进行功率放大,通过 VHF 天线将信号辐射出去。国际上标准的 ACARS 数据链频率有 131.450MHz、131.475MHz、131.550MHz 和 131.725MHz,我国使用的数据链频率为 131.450MHz。

以往的基于话音的模拟调制方式存在很多弊端,加之全球的飞机数量增长迅速,VHF 通道十分拥挤,地－空、地－地和空－空之间传输的数据日渐增多,基于话音的模拟调制方式无法满足当今的需求,信号的数字调制方式逐渐增加。

输入 ACARS 的信号一种是话音模拟信号,另一种是离散的数字信号。其中,对于离散的数字信号使用面向字符与传统的模拟无线电方式收发数据,因而其具有传输速度快、抗干扰能力强、误码率低等优点。其调制方式为最小频移键控(MSK)调制,也称为快速频移键控(FFSK)。"最小"是指这种调制方式能以最小的调制指数获得正交信号。

MSK 调制的信号波形以 f_1(1200Hz)音频信号的正半波表示码元"0",负半波表示码元"1";以 f_2(2400Hz)音频信号的相位为 π 的完整周期的正弦信号表示码元"0",相位为 0 的完整周期的正弦信号表示码元"1",如图 2.20 所示。MSK 调制方式选用两个固定频率的音频作为调制波,其频率限制条件:当前后码源位值不同时,码元采用 1200Hz 作为调制波;当前后码源位值相同时,后一码元采用 2400Hz 作为调制波。MSK 信号必须具有连续性,才会具有更有效的物理意义。码元之间的过渡时刻相位连续,所以第 N 个码元的相位不仅与当前码元的值有关,还与之前的码元相位有关。

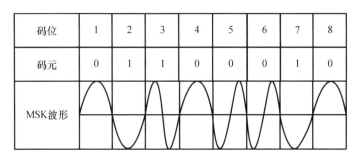

码位	1	2	3	4	5	6	7	8
码元	0	1	1	0	0	0	1	0
MSK 波形								

图 2.20　MSK 编码格式[39]

地面接收机接收到无线电信号之后,得到音频信号,即 MSK 波形,经过解码和滤波可以得到 ACARS 报文。根据上述 ACARS 报文格式和 MSK 编码规则,ACARS 信号的解码过程如图 2.21 所示。

MSK 基带信号经过音频模/数(A/D)转换器采样,变为数字信号序列。在数字信号序列中按照解码规则检测 1200Hz 和 2400Hz 的波形。标准的 ACARS 基带信号是以连续的 16 个 2400Hz 的正弦波或余弦波作为前导波形(解码后报头为十六进制数值 0xAB 0x2A 0x16 0x16),当处理器监测到第一个 1200Hz 的正

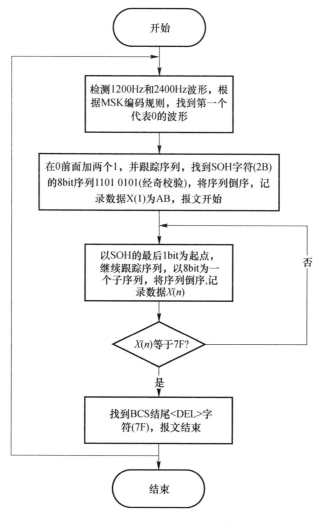

图 2.21　ACARS 解码流程

半波或者负半波时,即是报文起始符 SOH 的序列(1101 0101)的第一个 0,在 0
前面加两个 1。根据 MSK 编码规则,将 1200Hz 和 2400Hz 的波形解调为 0 或 1
的序列,并连续接收随后的 5bit 数据,判断该序列是否是与 SOH 序列相同。如
果相同,则认为是一帧有效的 ACARS 报文的起始。然后,以 SOH 序列最后一个
比特为起始,将解调出的 0/1 序列按照每 8bit 为 1 组进行分组,序列前后倒序,
转化为 16 进制数据存储在 $X(n)$ 中。当 $X(n)$ 等于 7F 时,即 BCS 结尾字符为 <
DEL > 时,则表示一帧报文结束。为了校验数据的准确性和完整性,对报文模式
域(Mode)和报文内容域(Text)之间的数据进行 16bit 的 CRC 校验,看得到的余
数是否等于 BCS。如果相等,则认为这一帧报文准确无误。

2.5.4 飞机通信寻址与报告系统应用

2.5.4.1 飞机通信寻址与报告系统报文应用

我国民航已从 2005 年起,要求 100 座以上的飞机必须强制安装并使用 ACARS。凭借丰富的数据信息,通过 ACARS 可以有效实现对飞机远距离位置监控,便于及早发现飞行冲突,合理调配空中交通流量,保证更大的范围内规划空中交通流,在保障运输量增长的同时,减少航班延误。

ACARS 有 ATC 报文、AOC 报文、AAC 报文三种报文类型。ATC 报文是由 ARINC 623 规范定义的。主要用于机组请求放行,由地面人员进行放行。AOC 及 AAC 报文用于飞机和基站之间通信。这些报文或者由用户定义,或者由 ARINC 618/633 规范定义。不同的报文类型可能包含诸如油耗、发动机性能数据和飞机位置等自由文本信息。当前,ACARS 主要应用在 OOOI 事件、飞行管理系统接口、下载维护数据、人机交互、飞机位置监控等方面。

1)OOOI 事件

ACARS 的第一个应用是自动检测和报告飞机在主要飞行阶段(推出登机门 (Out of the Gate)—离地(Off the Ground)—着陆(On the Ground)—停靠登机门 (Into the Gate),OOOI)的变化。这些 OOOI 事件是由 ACARS 管理单元通过飞机上各种传感器(如舱门、停留刹车和起落架上的开关传感器)的输出信号来确认的。在每一飞行阶段的开始时刻,ACARS 将一个数字报文发送到地面,其中包括飞行阶段名称、发生时刻,以及燃油量或始发地和目的地等。

2)飞行管理系统接口

ACARS 还增加了支持其他机载航电设备的新接口。在 20 世纪 80 年代末 90 年代初,出现了 ACARS 和飞行管理系统之间的数据链接口。这个接口可以将地面发送到机载 ACARS 管理单元上的飞行计划和气象信息,转发到 FMS。这样在飞行过程中航空公司就可以更新 FMS 中的数据,使得机组人员可以评估新的气象条件,或者变更飞行计划。

3)下载维护数据

20 世纪 90 年代早期,出现了 ACARS 与飞行数据采集与管理系统(FDAMS)或飞机状态监控系统之间的接口,使得数据链系统在更多的航空公司得到应用。通过使用 ACARS 网络,航空公司可以在地面上实时得到 FDAMS/ACMS(用以分析航空器、发动机和操作性能)上的性能数据。这样,维护人员就不用非得等到飞机回到地面后才上到飞机上去获取这些数据。这些系统能够识别出不正常的飞行,并自动向航空公司发送实时报文。详细的发动机状态报告也能经 ACARS 发送到地面。航空公司据此来监控发动机性能并规划维修活动。

除了与 FMS 和 FDAMS 的接口,20 世纪 90 年代,又开始升级机载维护计算机,使它可以通过 ACARS 实时传送飞机的维护信息。航空公司维修人员通过这些信息和 FDAMS 数据,甚至在飞行过程中就可以规划有关航空器的维修活动。

4) 人机交互

随着 ACARS 的发展,ACARS 控制单元现在同驾驶舱内的控制显示单元(CDU)之间有了直接连接。CDC 通常也称为多功能 CDU(MCDU)或 MIDU,它使机组可以像收发电子邮件一样收发消息。这项功能使飞行人员能够处理更多类型的信息,包括从地面获取各种类型信息以及向地面发送各种类型报告。例如,飞行员想获得某一地点的气象信息,只需在 MCDU 屏幕上输入地点及气象信息类型,便通过 ACARS 将此请求发送到地面站,之后地面计算机处理该请求,并将应答信息发回飞机上的 ACARS 管理单元显示或打印出来。为了支持更多的应用,如气象、风、放行、中转航班等,ACARS 的消息类型越来越多。航空公司为了某些特定的应用,由特定的地面计算机定制 ACARS 应用。

5) 飞机飞行位置监控

航空公司的运行控制部门使用飞机 ACARS 传回地面的位置数据,经过适当的处理后,加载地图软件,可以实时监控飞机的飞行位置。将飞机的位置信息和当前航路的气象条件相结合,在恶劣气象条件下,签派员可以及时地与飞行员进行交互,制定合理的绕飞线路,提高飞机的运行效率,节约公司成本。空域监视系统是民航实施空中交通管制、保障航空运输安全高效有序运行的核心系统。

2.5.4.2　报文解析实例

下面列举接收到的天津上空部分 ACARS 实时报文解析数据。

1) OUT 报文,离开机位,客舱门关上,松刹车时间

ACARS Mode:2　Aircraft reg:B – 5389

Message Label:QE Block ID:3　Message Number:M19A

Flight Number:MF8063

Operator:Xiamen Airlines

Message Content:–

– –OUT REPORT

DEP ZBTJ,OUT 2357,FOBt95,FOBp21120

2) OFF 报文,起飞报告,离场时间

ACARS Mode:2　Aircraft reg:B – 5563

Message Label:QF Block ID:5　Message Number:M43A

Flight Number:MF8138　Flight:Tianjin/Zhangguizhu,China – ZHHH

Operator：Xiamen Airlines

Message Content：-

－－－－－－－－－OFF REPORT

DEP ZBTJ，OFF 0151，DES ZHHH，FOBt99，FOBp21880

3）ON 报文，落地报告，到达时间

ACARS Mode：2　Aircraft reg：B－2858

Message Label：QC Block ID：8　Message Number：M76A

Flight Number：FM9067

Operator：Shanghai Airlines

Message Content：-

－－－－－－－ON REPORT

DES ZBTJ，ON 0633，FOB 336，1101

4）IN 报文，进机位报告，松刹车，下客时间

ACARS Mode：2　Aircraft reg：B－2858

Message Label：QD Block ID：0　Message Number：M78A

Flight Number：FM9067

Operator：Shanghai Airlines

Message Content：-

－－－－－－－－－－－IN REPORT

DES ZBTJ，IN 0636，FOB 332，1101

5）位置报，报告当前位置信息

ACARS Mode：2　Aircraft reg：B－5926

Message Label：11 Block ID：3　Message Number：M14A

Flight Number：MU0553

Operator：China Eastern

Message Content：-

POS

CAS 282，LAT N 37.210，LON E116.772，ALT 34098，FOB 156000，UTC 171239

6）预计到达报，报告预计到达机场及时间

ACARS Mode：2　Aircraft reg：B－5705

Message Label：17 Block ID：2　Message Number：M54A

Flight Number：KN5208

Message Content：-

ETA

DEP ZUCK,DES ZBNY,ETA 1728,FOB 13200

7）气象报文,报告机场或航路特殊天气

ACARS Mode:2　Aircraft reg:B－3121

Message Label:RA Block ID:Z　Message Number:

Flight Number:

Message Content:－

QUHAKDPHU－1(0001)

METAR ZHHH 110000Z 05002MPS 2100　－RA BR SCT015 03/02 Q1031
BECMG TL0150 3200 BR

8）配载报,报告油量重量信息

ACARS Mode:2　Aircraft reg:B－3170

Message Label:RA Block ID:J　Message Number:

Flight Number:

Message Content:－

10773

DOW 028845 DOI:64.10

PAYLOAD 7573 BLKD 0/11ZFW 036418 MACZFW:22.06MZFW 40800TOF
6910TOW 43328 MACTOW:18.37MTOW 50300TRIP FUEL 3528LDW 39800 MA-
CLAW:19.94MLDW 43000 L

2 STAB TO 1.5PASSENG

参考文献

[1] 程擎,朱代武. 新一代空中交通管理系统[M]. 成都:西南交通大学出版社,2013.

[2] 程擎,江波,张雪华. 通信导航监视设施[M]. 成都:西南交通大学出版社,2016.

[3] 郭旭周,黄圣国,孙健. VHF 地空数据链系统调制解调器的设计与研究[J]. 江苏航空,
2007(4):7,8.

[4] 林自豪,张宁. 浅析中国民航 VHF 地空数据链系统[J]. 中国无线电,2015(7):45－47.

[5] 郭静. 中国民航地空数据链的建设、发展与应用[J]. 中国民用航空,2006(3):64－66.

[6] 蒋兴城. 面向验证的地空数据链通信系统的设计与实现[D]. 南京:南京航空航天大学,
2012.

[7] 卢晓光,李忠,等. 民用航空通信导航监视人员岗前基础教程[M]. 北京:中国民航出版
社,2015.

[8] 田八林,叶正寅. 新航行系统中 VHF 数据链通信技术[J]. 信息安全与通信保密,2004
(12):54－56.

[9] Nguyen T C,Bretmersky S,Murawski R. Impact of CPDLC traffic loads on VHF digital link
mode 3[C]//Digital Avionics Systems Conference,2004. Dasc 04. the. IEEE,2005,1.

［10］陈岩,董淑福,蒋磊. 甚高频数据链技术及其应用[J]. 科技信息(学术研究),2008 (29):395－397.

［11］曹显祥. 航空移动卫星通信系统[J]. 空中交通管理,2001(1):4－7.

［12］陆炫. S 模式雷达中地空数据链的应用[J]. 空中交通管理,2011(2):21－23.

［13］Shingledecker C,Giles S,Darby E R J,et al. Projecting the effect of CPDLC on NAS capacity ［C］//Digital Avionics Systems Conference,2005. Dasc 2005. the. IEEEXplore,2005,1:8.

［14］SITA. AIRCOM ADS－CPDLC Gateway and ADS－CPDLC Workstation. ［EB/OL］. http:// www. sita. aero/globalassets/docs/brochures/aircom－ads－cpdlc－gateway－workstation－ data－sheet. pdf.

［15］Bolczak R,Gonda Iii J C,Saumsiegle W J,et al. Controller－pilot data link communications (CPDLC) Build 1 value－added services［C］//Digital Avionics Systems Conference,2004. Dasc 04. the. IEEE,2004,1.

［16］Herrero Montolio J. CPDLC digital communication implementation between an ATC and RPAS ［Z］. 2015.

［17］Rossi M A,Junior J R D A,Bondavalli A,et al. A Federated Simulation Framework with ATN Fault Injection Module for Reliablity Analysis of UAVs in Non－controlled Airspace［M］. Computer Safety,Reliability,and Security. Springer Berlin Heidelberg,2012.

［18］Williamson T,Spencer N A. Development and operation of the Traffic Alert and Collision A-voidance System (TCAS)［J］. Proceedings of the IEEE,1989,77(11):1735－1744.

［19］RTCA/DO－185A. Minimum Operational Performance Standards for Traffic Alert and Colli-sion Avoidance System(TCAS) Airborne Equipment［S］. 2013.

［20］Rose C E,Panken A D,Harman W H,et al. TCAS surveillance performance analysis［J］. AIAA/IEEE Digital Avionics Systems Conference Proceedings,DASC,2010,3. B. 4:1－13.

［21］倪壮. 民机机载防撞系统算法研究与仿真[D]. 上海:上海交通大学,2015.

［22］罗云飞. 新航行系统的广播式自动相关监视技术研究[D]. 成都:电子科技大学,2011.

［23］王强. 基于 OPNET 的航空电信网 IDRP 协议研究与实现[D]. 南京航空航天大学,2008.

［24］寇明延,赵然. 现代航空通信技术[M]. 北京:国防工业出版社,2011.

［25］黄海清,薛鹏. 国家航空电信网的建设研究[J]. 计算机工程与设计,2008(6): 1355－1357.

［26］郭静. 新一代航空电信网和 AMHS 系统的研究、应用和过渡实施[J]. 中国民用航空, 2007(5):51－53.

［27］苏冉. 民航航空电信网(ATN)技术应用探析[J]. 中国高新技术企业,2016(24): 55－56.

［28］Ayaz S. Advanced Routing Algorithms:Version 1. 1［Z］. Project co－funded by the European Commission within the 6th Framework Programme, 2009.

［29］Aeronautical telecommunications manual (ATN) comprehensiveATN manual (CAMAL),Part I,II,III,IV［Z/OL］:FANS Information Services Ltd. , ICAO DOC9705/AN956,The ATN

SARPS,1999. https://www. mccallumwhyman. com/downloads/Guidance% 20Material/par-ti. pdf.

[30] 郭娜. 新型航空电信网络技术探索[D]. 厦门:厦门大学,2008.

[31] 曹彦军,鲍慧芝. ATN 的路由发布和选路[J]. 计算机与网络,2006(15):38 - 39.

[32] 李娟,郭威. 航空电信网(ATN)安全问题分析与研究[C]. 航空器适航与空中交通管理学术年会,2010.

[33] 杨龙. 飞机通信寻址与报告系统的研究与应用[D]. 山东:山东大学,2013.

[34] 田茜. 大型飞机通信寻址与报告系统的研究与仿真[D]. 成都:电子科技大学,2013.

[35] Adres B. A319/A320/A321 Aircraft Maintenance Manual. Airbus Industrie [Z]. 2001.

[36] 丁同堂. 飞机通讯寻址与报告系统的研究与故障分析[D]. 兰州:兰州大学,2016.

[37] 毕心安. 论两种地空数据链的差别和系统过渡[J]. 中国民用航空,1999(6):57 - 59.

[38] 郭旭周 甚高频空地数据链 ACARS 系统的调制解调技术研究[D]. 南京:南京航空航天大学,2008.

[39] 蒋兴城,曹力,邓雪云,等. 基于 MSK 的地空数据链通信调制解调方法[J]. 信息技术,2012(8):5 - 8.

第 ③ 章

空管监视雷达原理

空管监视雷达是空管对航空器进行监视的主要技术手段。雷达在军用和民用领域都有着广泛的应用,广义地讲,通过电磁波对目标进行定位的装置都可称为雷达。本章结合民航空管监视应用,着重介绍空管监视雷达的发展历程、一次雷达、二次雷达、多雷达监视系统及雷达数据处理系统等。

3.1　空管监视雷达概述

3.1.1　空管监视雷达历史

雷达的产生是多学科技术交叉的结果,得益于机械电子工程、大功率微波工程等科学技术的发展。雷达是英文 Radar 的音译,源于 Radio Detection and Ranging 的缩写,原意为"无线电探测与测距",即使用无线电方法发现目标并测定其在空间中的位置。随着雷达技术的发展,雷达不仅测量目标距离、方位和仰角,还可以测量目标的速度以及从目标回波中获取更多有关目标的信息,如测定目标属性、目标的识别等。

本节简要介绍雷达的发展简史,以及空管一次监视雷达、仪表着陆系统、空管二次雷达和我国空管监视雷达的发展历程。

3.1.1.1　雷达发展简史

20 世纪初,电磁波理论得到了发展,德国物理学家海因里奇·赫兹成功验证了麦克斯韦在 1864 年提出的电磁场理论,并提出了无线电波在真空中以光速传播的理论,验证了电磁波可被金属目标反射或被三棱镜折射,此时应答机与接收机应运而生。1904 年,克里斯琴·赫尔斯迈耶在英国申请了能够探测船只的单静态脉冲雷达,图 3.1 为当时的舰载单静态雷达安装图。

20 世纪 30 年代初,由于战争需要,重型轰炸机远距离预警的需求催生了军用雷达的发展。美国、德国、苏联、法国、意大利、日本、荷兰等国家几乎同时开展了雷达研究。当时的雷达频率比较低,通常的使用频段为 100～200MHz。

图 3.1　舰载单静态雷达安装

　　1925 年,约翰斯·霍普金斯大学的 G. 布赖特和 M. 图夫,通过阴极射线管观测来自电离层的第一个短脉冲回波。1934 年,英国海军研究实验室的 R. M. 佩奇拍摄了第一张来自飞机的短脉冲回波照片。在此基础上,1935 年英国人和德国人第一次验证了对飞机目标的短脉冲测距。

　　1938 年,英国罗伯特·沃森·瓦特设计开发了第一套动态雷达系统,称为链导航雷达。当时链导航雷达系统的频率为 300MHz,一年后,其无线电覆盖范围达到了 100km。链导航雷达网络覆盖如图 3.2 所示,链导航地面雷达站如图 3.3所示。

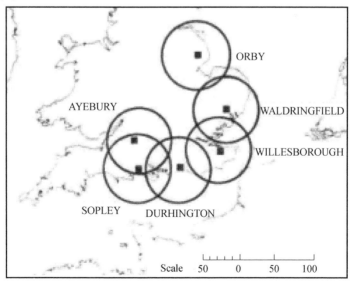

图 3.2　链导航雷达网络覆盖

图3.3　链导航地面雷达站

20世纪40年代美国辐射研究室把微波新技术应用于军用机载、陆基和舰载雷达中,并取得成功,其代表产品有SCR‑270机载雷达、SCR‑584炮瞄雷达和AN/APQ‑机载轰炸瞄准相控阵雷达。这个时期提出的主要雷达技术有动目标显示技术、中继技术以及单脉冲跟踪技术理论。动目标显示技术应用于各型对空警戒雷达,后来应用于着陆引导、岸防等型雷达,其优势是能有效抑制地海杂波,抑制大山、建筑物、风雨雪等静止和慢目标的干扰,并能将机载情报传送到地面观测站,能有效加强地空之间的信息联系。

20世纪50年代是雷达理论发展的鼎盛时期,雷达设计从基于工程经验阶段,进入了以理论为基础,结合实践经验的高级阶段。50年代产生的主要雷达理论有匹配滤波器概念、统计检测理论、模糊图理论和动目标显示理论等。各种新技术的应用,催生了脉冲多普勒雷达、合成孔径雷达等新体制雷达。

20世纪60年代雷达系统发展的主要标志是数字处理技术革命和相控阵雷达的应运而生。为了探测洲际弹道导弹,为防空系统提供预测情报,产生了相控阵雷达体制。雷达信号和数据处理的数字化革命、半导体元件、大规模和超大规模集成电路的应用,使雷达自动检测与跟踪技术得到完善。美国林肯实验室研制成功的动目标检测系统是70年代数字信号处理发展成就的杰出范例。

20世纪80年代无源相控阵雷达研制成功并装备于载机,如1978年美国装备于B‑lB轰炸机上的AN/A‑164雷达具有多普勒(PD)效应检测目标、相控阵多功能及多种新技术。80年代毫米波雷达开始研制、试验,气象雷达采用了数字化处理和彩色显示技术。80年代后期,超高速集成电路技术的发展,使雷达信号处理能力取得重大突破并实用化,数字电路使处理机体积缩小到原来的l/10,同时雷达进行模块化、多功能化和软件工程化设计,使机载雷达的平均故障间隔时间达到100h以上。

20世纪90年代至今,是各种雷达体制发展的成熟时期,各种新技术的应用及数字技术的进一步发展,促进了雷达技术的迅猛发展。例如,有源相控阵体制雷达的成熟、毫米波雷达的研制成功、气象雷达的发展、机载雷达与多传感器的数据融合等，使雷达具有多功能、综合化、高可靠、抗干扰、远距离、多目标和高精度等先进特性，满足了军事和民用等方面的要求。

3.1.1.2　空管一次雷达发展史

雷达出现以前，管制员靠目测和无线电通信来管理飞机的运行，存在飞机定位精度低、飞机的识别能力差的问题，因此在同一航道上飞行的飞机必须保持0.5h 以上的飞行间隔才能保证飞行安全。随着民航事业的飞速发展，对 ATC 系统提出了更高的要求，于是在 ATC 系统中引入了一次雷达来对飞机进行监视和定位。

一次雷达首次试用可追溯到澳大利亚的战时防空单位。在著名的"不列颠战役"中，一次雷达首次探测到了目标飞机的回波。20 世纪 50 年代，随着一系列试验的推进，悉尼和墨尔本的管制塔安装了第一套空管一次雷达（图3.4），可监视周边 40n mile 的区域，并在暗室的显示屏中实时显示飞机的位置[2]。

图 3.4　Type 276 一次雷达

1943 年，美国军航管制开始推广地面进近管制（GCA）设备（图 3.5），帮助美国空军飞机在低能见度下安全着陆。该设备使用笔形波束天线，从高度和方位探测实现对整个终端区的监视，1945 年，拉瓜迪亚机场的管制员首次采用GCA 进行雷达管制，将该机场每小时的着陆架次提升至 15 架。1952 年以后，该设备陆续推广至美国各大机场。

20 世纪 50 年代中期，仪表着陆系统取代 GCA 成为引导航空器进近着陆的主用设备，且增加了航道偏离警告的功能。Nav Canada 仪表着陆系统如图 3.6所示。

图 3.5　地面进近管制设备

图 3.6　Nav Canada 仪表着陆系统

1953 年末,法国的奥利区管中心安装了第一部长距离航管一次雷达(图 3.7),并于 1964 年投入使用,这部波长 10cm 的发射机(S 波段)传输距离为 150km,高度为 10km,转速为 6r/min,使最低飞行间隔缩小到了 20n mile[1]。 1960 年,法国民航局向汤姆逊无线电公司购买了一套民航标准空中交通管制雷达设备。该套设备将监视范围提升至 160n mile,且能够在"亮显示"雷达系统上显示雷达数据,如图 3.8 所示[2]。

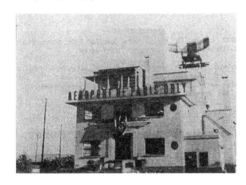

图 3.7　Orly 的首部区管雷达

图 3.8　"亮显示"雷达系统

20 世纪 90 年代之后,在雷达传感器采集项目(RASPP)的推动下,低功率一次雷达逐步取代了传统一次雷达。

3.1.1.3　空管二次雷达发展史

由于 PSR 有相当大的局限性,它除受气候、地物等干扰外,还不能识别飞机呼号,因此不能成为 ATC 系统的支撑设备。1940 年,微波磁控管的发明促进了雷达技术的崛起,并开启了开发高频雷达的大门。基于第二次世界大战期间敌我识别的需求,装载在友军航空器上的应答设备得到了一定发展,它能探测到盟军场面上的雷达发射机,并发射识别飞机的信号。这一系统称为敌我识别(IFF)系统,是民航二次雷达的前身。

空管监视雷达的改革和发展在第二次世界大战后逐步展开,新技术允许管制员在显示屏上看到飞机的航迹。20 世纪 60 年代早期,美国联邦航空局发布了有关空中交通管制询问机和应答机的国家标准。此后的 10 年间,全美建立了 200 座地基询问机,FAA 也向飞经国内主要机场及管制空域的航空器提出了强制加装机载应答机的要求[1]。

1954 年的国际民航组织通信会议决定把 MK - x 频率波段作为民用二次雷达的频率(1030MHz 发射,1090MHz 接收)。1957—1962 年,国际民航组织改善并提高了二次雷达的推荐实施标准(ICAO 附件 10),根据发展的需要,ARINC公司发布了符合国际通信组织要求的机载应答机标准,早期的传统应答机如图

3.9 所示。从此二次雷达在民航中得到了广泛应用,正如英国 ATC 系统著名专家阿诺德·菲尔德在《国际空中交通管制——世界空域管理》一书中所指出的那样,二次雷达的出现为未来的空中交通管制服务开辟了广阔的前景。

图 3.9　早期的传统应答机

　　然而,传统二次雷达存在同步串扰、异步干扰、应答机编码不够用(只有4096 个)等缺点。为了提高了精度,实现混淆目标的鉴别,英国 Cossor 公司将单脉冲技术应用到 SSR 中,推出了单脉冲二次监视雷达(MSSR)。MSSR 一定程度上解决了同步串扰的问题,但没有解决应答机编码不够的问题及异步干扰的问题。1969 年,开始了基于选呼(S 模式)概念的技术研究,与传统二次雷达不同的是,它可以询问特定的航空器,实现数据的收发。在美国,应 FAA 的要求,麻省理工学院开发了离散地址信标系统(DABS)。在欧洲,英国航空局也进行了一项类似的二次雷达 ADSEL 项目研究,这两个项目均可以称为 S 模式二次雷达(S 模式二次雷达如图 3.10 所示)。1987 年国际民航组织在附件 10 中生效了 S模式标准,S 模式通信网络推荐实施标准于 1993 年出版,并于 1997 年完成修订,其服务手册也在随后出版。

图 3.10　S 模式二次雷达

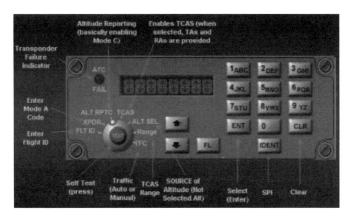

图 3.11 S 模式应答机

　　1990 年之后,伴随着空中交通流量的增加,欧洲民航局设立了欧洲航行安全组织(EUROCONTROL)以完成管制系统的协调实施计划,它的第四阶段完成了欧洲 S 模式的升级改造和增强空域管理实施项目。1992 年之前,这一项目一直致力于 S 模式的设计和校验,并完成了 S 模式场面雷达的量产,最终实现了 S 模式数据链与空中交通网络的集成,在欧洲 S 模式和增强空域管理实施项目完成后,初始 S 模式增强监视开始实施。S 模式雷达监视信息更加丰富,机载 S 模式应答机功能更全,为空管监视提供了强有力的保障,现代化的 S 模式应答机如图 3.11 所示。2010 年之后,Eurocontrol 牵头开发了高级场面移动引导控制系统(图 3.12),向机组提供场面引导服务,一定程度上降低了塔台管制员的工作负荷[3]。

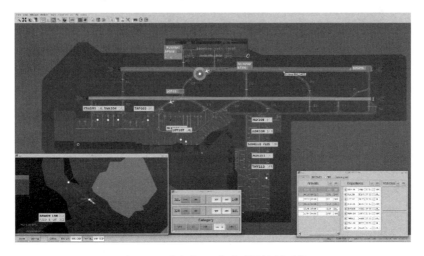

图 3.12 高级场面移动引导控制系统

3.1.1.4 我国空管雷达发展历史

早期,我国空管系统的自主开发起步较晚、发展比较缓慢,设备以引进为主。在 20 世纪 70 年代,我国自行研制了空管 1、2 号系统,但因可靠性不高未能推广应用。90 年代,在空管 3、4 号系统研制项目中又成功研制了全固态 PSR 和 MSSR,其系统性能和可靠性水平已达到国际 20 世纪末同类空管雷达的先进水平[4]。

目前,经过几十年的改革开放,我国现有雷达技术大幅提高,很多先进技术如固态发射机、自适应信号处理、大容量数据处理、天线制造、计算机辅助设计都在军用雷达上得到使用,稳定性、可靠性等得到不断改进和提升,国产雷达已具备了与国外先进雷达竞争的能力,某些技术成果已应用于空管雷达的研制和改进中,推动国产空管雷达的发展,开拓国产空管雷达市场[4]。

近年来,随着数字信号处理技术、计算机技术和电子元器件技术的不断发展,国产空管雷达均已朝全固态、双套冗余、全自动和无人值守等方向发展。基于民航空管的应用,国内空管雷达的发展方向有以下几方面:

(1) 场面引导和控制系统(SMGCS)方面。由于机场场面探测设备(ASDE)的探测范围有限,现代大型机场通常采用 2~4 部 ASDE 构成机场地面监视系统。目前国际上一种新的发展趋势是把 ASDE 与基于多个二次雷达接收机构成的多站定位监视系统集成在一起,形成一种场面场面引导和控制系统。

(2) 基于 MDS 技术的空管监视系统。基于 MDS 技术的空管监视系统是空管场面监视的发展趋势,可以分为 MLAT 监视系统和 SMGCS 监视系统两类。MLAT 监视系统是一种基于 MDS 技术的机场目标监视系统,可以作为 SMGCS 监视系统的探测子系统使用。MLAT 监视系统不仅能利用二次雷达应答信号完成空中目标的探测和跟踪,而且可以利用 S 模式询问功能对进场飞机进行精密进近引导。这要求该系统配置 S 模式询问机和相应的着陆引导管理程序,使该系统能完成机场场面监视和着陆引导的双重功能。

(3) 电扫二次雷达。适用于在小空域内飞机密度较高的情况下,完成对周边空域内飞机的空中交通管制和助降功能。电扫二次雷达具有更高的数据更新率和探测精度,适用于高密度、大流量的现代化机场空管系统。其特点是以精密跟踪方式获取目标的准确方位、距离和高度,确保飞机起降安全,该工作方式的数据更新时间小于 1 秒[5]。

(4) "低、小、慢"目标探测雷达。通用航空的发展以及无人机等"低、小、慢"飞行目标的监控需求已经迫切需要专业的低空监视雷达。国内相关科研院所结合 ADS-B、移动组网、北斗等先进技术,正在研发相应的低空监视设备(在第 9 章介绍)。

自 20 世纪 70 年代初开始,我国实现了空管雷达联网全自动化,将计算机技术和雷达技术完美地结合起来。本地一次、二次雷达监测到的飞机数据经过光纤传输送到多雷达数据接口;异地一次、二次雷达监测到的飞机数据则经过卫星等传输也送到多雷达数据接口。将不同雷达型号的数据格式变换成统一的格式。然后,所有的雷达数据经过多雷达数据处理器,将异地雷达以当地雷达站为中心的坐标变换为以本地雷达站为中心的坐标,以及多雷达数据融合的处理,再传送到与局域网连接的各雷达显示器,将雷达图像提供给各管制人员。

3.1.2 雷达系统的分类

监视雷达是在给定空域内以一定的数据率发现和测量本空域内所有目标的雷达系统。雷达系统有多种不同的分类:

(1) 根据功能,可分为预警雷达、引导雷达、制导雷达、炮瞄雷达、机载火控雷达、测高雷达、盲降雷达、地形回避雷达、地形跟踪雷达、成像雷达、气象雷达等[6]。

(2) 根据工作体制,可分为圆锥扫描雷达、单脉冲雷达、无源相控阵雷达、有源相控阵雷达、脉冲压缩雷达、动目标显示(MTI)雷达、动目标检测(MTD)雷达、脉冲多普勒(PD)雷达、合成孔径雷达、噪声雷达、冲击雷达、双/多基地雷达、天/地波超视距雷达等。

(3) 根据工作波长,可分为米波雷达、分米波雷达、厘米波雷达、毫米波雷达、激光/红外雷达。

(4) 根据测量目标的坐标参数,可以分为两坐标雷达、三坐标雷达、测速雷达、测高雷达、制导雷达等。

目前空管监视系统主要使用的雷达监视系统包括一次雷达、二次雷达以及一、二次雷达组成的多雷达系统等。

3.1.2.1 空管一次雷达

整个民航空管系统中使用的一次雷达,按其区域使用一般分为航路监视雷达、机场监视雷达、精密进近雷达和场面监视雷达[7]。

1) 航路监视雷达

航路监视雷达是一种远程搜索雷达,它的作用距离为 300 ~ 500km,主要用于监视连接各个机场之间的航路和航路外的飞机活动情况,为管制部门随时提供在其管辖范围内的飞机活动情况。航路监视雷达一般供区域管制使用,管制人员根据空中情况,监视飞机之间的安全间隔,检查是否有发生小于安全间隔的可能。如发现有危险事故症候,则对飞机员发出指令,以避开冲突,从而保证航路飞行的安全,提高航路利用率。此外,航路监视雷达还能确定迷航飞机的位置和协助飞机绕过天气恶劣的区域。

为了实现雷达管制,需要将航路监视雷达连接成雷达网,甚至达到双重雷达覆盖,以便各管制中心能了解全部空域内的空中情况,使区域管制更加有效、准确和及时。

2）机场监视雷达

机场监视雷达也称为机场调度雷达,是一种搜索雷达,用于探测以机场为中心,半径为100～150km 的各种飞机的活动。通常它以平面位置显示器(PPI)来显示飞机的距离和方位,一般都与二次雷达配合使用,其合装实景图如图3.13所示。

管制人员根据机场监视雷达所提供的情况,以及飞机的请求和各飞机之间应该保持的安全间隔,实施机场区域的交通管制和引导。在能见度很差的情况下,利用机场监视雷达可大大减少飞机起飞和着陆的时间间隔,提高起飞和进场着陆的效率,提高机场飞行密度,保证飞行安全。

图 3.13　一、二次雷达合装实景图

3）精密进近雷达

精密进近雷达也称为着陆雷达,是一种装在跑道头一侧,波长为3cm 的雷达。它发射左右扫描共20°的航向波束,上下扫描共10°的下滑波束,波束中心仰角为7°。其功能是监视进近着陆空域内的飞机,作用距离可达40～60km。这是一种由塔台指挥引导飞机进近的设备。对于飞行员来说,完全被动,须绝对服从塔台的指挥。

4）场面监视雷达

场面监视雷达是一种近距离的监视雷达,用于监视机场场面的飞机和车辆的活动。它工作于 Ku 波段,其工作频率为15.7～16.7GHz,远远高于 X 波段雷达的工作频率(9.0～9.5GHz)。Ku 波段雷达比 X 波段雷达更不易受干扰,在大雨、大雪的天气条件下仍有良好的效果。另外,Ku 波段雷达的垂直波束仰角比 X 波段雷达的大,Ku 波段雷达有较好的俯仰角,可以覆盖更近的区域。

场面监视雷达显示器上显示的不再是一个个的目标点,它通过与外来数据的相关处理,不仅可以使管制员从荧光屏上区分飞机和车辆,而且可以识别运行航班号、飞机机型、速度、将停靠的机位等。所以,场面监视雷达具有监视功能、控制功能、引导功能和路径规划功能。

3.1.2.2　空管二次雷达

1）传统二次监视雷达(A/C 模式)

传统 A/C 模式二次雷达询问/应答内容主要有民用飞机的代码和高度两项,其中 A 模式用于目标应答机识别询问,C 模式用于高度询问。

2）单脉冲二次监视雷达

SSR 由于精度有限并且不能处理靠得相当近的飞机(混淆目标),难以满足繁忙交通中减少混淆信号、间隔需要缩小等需求。为此英国将单脉冲技术应用到 SSR 中,于 20 世纪 80 年代初推出单脉冲二次监视雷达,提高了精度,实现了混淆目标的鉴别,使飞行间隔缩短到 1min,保证了世界日益繁忙的空中交通得以安全发展。

3）S 模式二次监视雷达

S 模式二次雷达是在传统 A/C 模式二次雷达基础上发展而来的。随着空中交通流量的日益增加,传统 A/C 模式已不能满足空中交通管制需求。A/C 模式的应答机编码数只有 4096 个,且容易受到混扰和串扰的影响,对流量在 1000 架以上的空域,已接近极限,给空中交通管制工作带来很大困难。S 模式二次雷达克服这一弊端,引入了地址选择的询问/应答概念,可以分配 24 位的地址码,地址码数量大大增加。雷达在询问中加入了飞机的编码地址,飞机只有在询问的编码地址与自身地址相同时才会应答。此外,S 模式二次雷达还提供了空中和地面数据链接功能,S 模式数据链可成为航空电信网的一部分。

3.1.3　雷达的基本原理

雷达的理论较为复杂,雷达的安装及运行是一门系统工程。雷达的电路工作原理与声波的反射原理非常相似(图 3.14),通过发射射频信号与接收射频信号来确定目标的方位和距离。雷达的主要功能包括:发现目标;测量目标距离;测量目标方位角(或仰角)。尽管现代雷达的功能远不止上述三种"基本的"测量功能,但其仍是雷达系统的核心功能。雷达装置具备不同的特性和技术,提供的监视信息也存在差异。

典型的单基地雷达主要由天线、发射器、转换器、接收器和显示器组成,如图

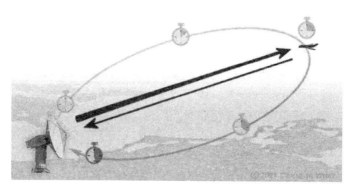

图 3.14　雷达射频信号传输

3.15 所示。单基地雷达天线具有两个功能：一是发射信号，以无线电波的方式向空中发射信号；二是接收信号，接收目标发出的信号或反向散射无线电波。该雷达只需要一副天线，用天线转换器可以交替转换发射器和接收器使用的天线。这种转换是非常必要的，如果允许能量进入接收器，那么发射器的大功率脉冲将损坏接收器。此外，发射器产生高能高频的无线电波，接收器处理探测到的回波，同步器同步发射与接收信号，处理器处理计算目标位置。雷达信号可以在传统的平面位置指示器或更加先进的雷达显示系统上显示，平面位置指示器上的旋转矢量显示了天线和目标的方位。

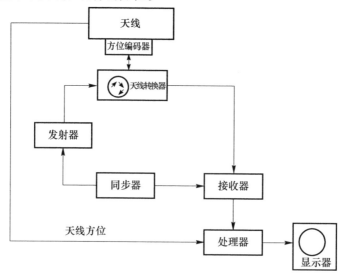

图 3.15　单基地雷达组成框架

　　下面简要介绍雷达天线、信号时序、距离限制、显示、雷达横截面积等基本的原理及概念，详细的原理及不同雷达的差异分别在一次雷达、二次雷达小节进行阐述。

3.1.3.1　雷达天线

雷达天线是雷达与外界联系的部分,其作用是按照所需的形式在空间中发射和接收信号,通常来说,将雷达波束变窄可以提升雷达的精度和分辨率。目标位置更新的速度快慢直接取决于天线的旋转速率。

1）天线的定向功能

天线的定向功能是雷达的基本功能之一。主要测量的是目标的方位角和仰角。

通过测量天线接收到回波时所指的方向,可以确定目标的方位角。这个角度称为真方位,即在水平方向上从真北方向按照顺时针旋转测得,如图 3.16 所示。

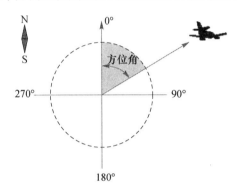

图 3.16　雷达测量方位角

方位角测量是使用天线编码器的光学仪器,通过角度"增量"或"方位增量脉冲"（ACP）的角度变化进行计算而完成的,空管雷达中的角度基本增量一般为 0.022°或 0.088°。

在竖直平面内,水平面和视线之间的夹角称为仰角。位于水平面（0°仰角）以上的仰角为正,以下为负。仰角示意图如图 3.17 所示。

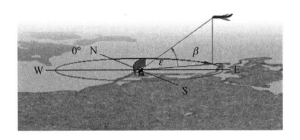

图 3.17　雷达测仰角

2）天线特性

雷达天线具备天线的公共特征,即具有极化特性。雷达天线发出的波束只能够探测到其覆盖范围内的目标物,而无法探测其他地方。这样的天线称为定向天线(或波束天线)。下面分别从水平方向和垂直方向上考虑雷达天线的指向性。

在空管雷达监视下,可以认为飞机处于一个圆柱体中,这就需要扇形波束。然而,对于所有的雷达天线来说,在极坐标图中大于45°位置角的上方存在盲区,称为"静默圆锥"(旋转的天线因天线后角而产生的倒置的圆锥形状),雷达无法探测到飞越此处的飞机。雷达垂直极化如图3.18所示。

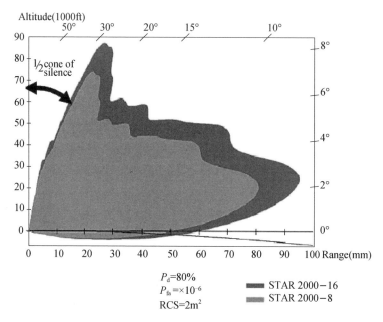

图 3.18　雷达垂直极化

如图3.19所示,雷达波束由主瓣和旁瓣组成。目标在水平方向上将沿着主瓣方向接收到最大能量。主瓣波束宽度变小会增大天线的增益,并增大探测目标返回的信号强度。地面雷达询问机除了发射强大功率的主波束外,不可避免的产生旁瓣。天线的工作效率会受到旁瓣能量的影响而降低,甚至可能会在管制员屏幕上显示出虚假的目标信号。

图 3.19　雷达水平极化

3）角度分辨率

角度分辨率（也称为角度分辨力）是当两个目标距离相同、角度不同时，雷达能区分这两个目标最小角度的能力（图 3.20）。该角度由天线的波束宽度决定：波束越窄，天线指向性越强，角度分辨率越高。如果两个目标到雷达的距离相同，但两者间隔超出了天线波束宽度，那么就可以在角度上进行区分。

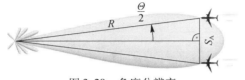

图 3.20 角度分辨率

4）距离分辨率

距离分辨率（也称为距离分辨力）是当两个目标方位相同、距离不同时，雷达能分辨出这两个目标最小距离的能力（图 3.21）。距离分辨率取决于脉冲宽度，脉冲宽度越窄，距离分辨率越高。当其他所有因素达到最大工作效率时，一个设计精良的雷达系统应该能分辨相隔距离为脉冲宽度 1/2 的目标。

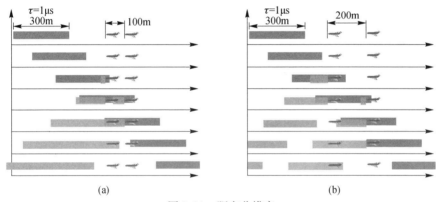

(a)   (b)

图 3.21 距离分辨率

3.1.3.2 雷达信号时序

1）雷达脉冲信号

雷达在测量距离时，接收器和发射器在时间上应保持同步。雷达系统在发射时间（或脉冲宽度 τ）内发射一次脉冲（或脉冲序列），在接听时间里等待接收回波（或回答信号），然后发送下一脉冲（或脉冲序列），如图 3.22 所示。

从第一次发射脉冲（或脉冲序列）到下一次发射脉冲（或脉冲序列）之间的时间差称为脉冲重复时间（PRT）。其数值等于脉冲重复频率（PRF）的倒数。雷达系统的脉冲重复频率是每秒发出的脉冲数，能影响雷达屏幕可以显示的最大范围。

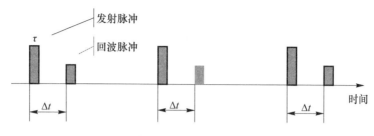

图 3.22　雷达脉冲信号

2）斜距

通过测量雷达信号从发射到目标接收再返回到雷达所需的时间,可以计算雷达天线与目标间的斜距,即雷达和目标物之间的视线距离。斜距计算公式为

$$R = \frac{t \cdot c_0}{2} \tag{3.1}$$

式中:t 为电磁波往返的时间;c_0 为光速,$c_0 = 3 \times 10^8 \,\mathrm{m/s}$。

如果已知往返时间 t,那么可用方程(3.1)求解雷达与目标间的斜距 R。需要注意的是,飞机的地面投影距离是指雷达发射器和目标之间的水平距离,因此还需要知道目标高度。斜距与水平距离关系如图3.23所示。

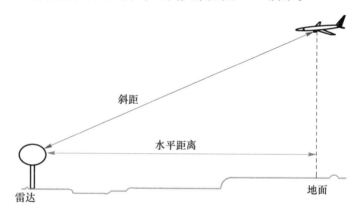

图 3.23　斜距与水平距离关系

3）扫描计数

雷达每扫描一周击中目标的次数是指天线旋转一周所能接收到单个目标发出的回波或回复信号的个数,如图3.24所示。

击中次数和方程中的天线角速度 V_{rot}、天线水平波束宽度 θ 以及脉冲重复时间有关,即

$$N = \frac{\theta}{6 \times V_{\mathrm{rot}} \mathrm{PRT}} = \frac{\theta \mathrm{PRF}}{6 \times V_{\mathrm{rot}}} \tag{3.2}$$

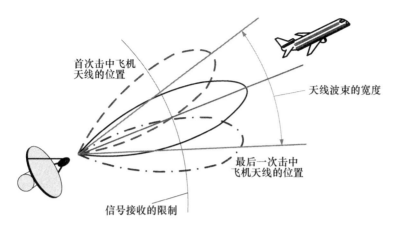

图 3.24　雷达每扫描一周击中目标次数

雷达可以很精确地测定目标方位,击中目标的次数为 1～20。

3.1.3.3　雷达距离限制

雷达信号与其他 UHF 无线电信号一样传播距离受到视距传播的限制,同时雷达还受到发射机功率、接收机灵敏度、询问周期及雷达数据处理系统的限制。下面介绍雷达距离限制的种类。

1) 无线电水平视程

就像人无法看到地平线以下一样,电磁波也有它们的"地平线",称为无线电水平视程(也称为雷达直视距离)。由于目标物的高度限制,雷达无法在此"地平线"以下探测目标物,如图 3.25 所示。

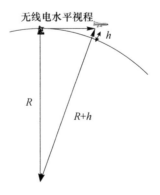

图 3.25　雷达直视距离

假设无线电波在地面上沿直线传播,则雷达无线电视程距离为

$$R_{\text{horizon}} = \sqrt{2Rh} \tag{3.3}$$

式中:$R = \dfrac{4}{3} \times R_{\text{earth}} \approx 8533(\text{km})$;$h$ 为目标飞行高度。

例:如果 $h = 8\text{km}(\text{FL260})$,则雷达直视距离为 200n mile。

2)最大作用距离

最大作用距离(最大可检测距离)可由雷达方程算出,会在后续章节给出。雷达方程包括影响雷达接收信号的重要参数(雷达峰值发射功率、雷达天线增益、雷达发射频率或波长,目标的一次雷达截面或二次雷达应答机的天线增益等)。

为了探测目标,雷达接收机的接收功率必须大于最小可探测信号功率。因此,目标的最大作用距离就是可接收到的回波(PSR 回波)或回复信号(SSR 回波)的最大距离。

3)最大理论距离

最大理论距离(最大不模糊距离)由雷达发射的相邻两个脉冲之间可覆盖的范围确定,即

$$R_{\text{theo}}^{\max} = \frac{cT_{\text{R}}}{2} \tag{3.4}$$

式中:T_{R} 为脉冲重复时间。

如传统的航路二次雷达脉冲重复频率为 250Hz,则最大理论距离为 600km = 324n mile。

4)有效距离

有效距离是雷达数据处理系统(RDPS)设定了监视目标范围以后的最大距离。如常规进近雷达的有效距离为 60n mile 或 80n mile,航路雷达为 170n mile、200n mile 或 250n mile。

3.1.3.4　雷达显示

雷达显示器以连续、容易理解、生动的图像向管制员提供目标的相对位置。在过去,人们研制了不同种类的显示器,其中最为著名的是平面显示器。它的外围有环状旋转矢量线,原点是雷达,能显示天线的指向,由此可知目标的方位,如图 3.26 所示。它以与地图类似的图像,展现出雷达波束覆盖区域。目前,现代雷达显示系统使用光栅扫描技术来产生像地图一样的图像。

3.1.3.5　雷达截面积

雷达截面积(RCS)反映了目标反射雷达信号的能力,可用单变量 σ 表示。目标的雷达横截面积越大,其反射至雷达接收机的能量越多,越易探测。雷达横截面积理论上很难估测,通常由测量决定,雷达横截面积的单位一般为 m^2。在

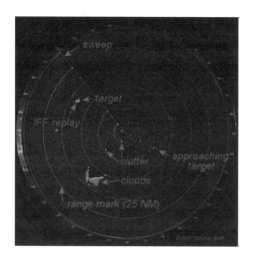

图 3.26　PPI 显示器

实际探测中,一些能量被吸收了而且反射能量在各个方向上并不是均等的,如图 3.27 所示。

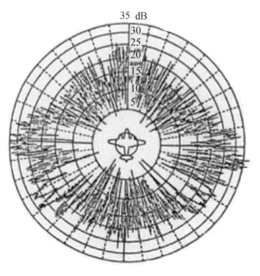

图 3.27　雷达横截面积实例

　　目标的雷达截面积取决于:目标的物理几何尺寸(如目标的大小、形状、方向、有无钝角等);目标的材质(木质、金属等);雷达发射频率。

　　根据不同的用户需要,用户会尽可能增加它的探测能力(例如在船桅杆上加装角反射器来增加船只被探测到的概率)。当然,有的应用也需要将目标"隐藏起来"(如吸收或者分散能量的隐身战机)。雷达截面积和目标的几何表面积没有必然关系,表3.1列举了不同飞机雷达横截面积。

表3.1 不同飞机雷达截面积

目标	雷达横截面积/m²
宽体客机	100
中型客机	10 ~ 50
直升机	3
小型客机/滑翔机	0.5 ~ 2
隐身战机	0.01 ~ 0.1

3.2 一次雷达

一次雷达是最早用在空管系统中的雷达,当前在空管监视领域中仍占据较大份额。现在的一次雷达大多为两坐标脉冲雷达,可以测量目标的距离和方位信息,采用了脉冲压缩、频率分集和全相参等多种较为先进的技术。本节介绍了一次雷达的组成、原理、频带与标准。

3.2.1 一次雷达组成

一次雷达基本框图如图3.28所示,发射机产生的雷达信号(通常是重复的窄脉冲序列)由天线辐射到空间,收发开关使天线用于发射和接收,反射物或目标截获并反射一部分雷达信号,其中少量信号沿着雷达的方向返回。雷达天线接收回波信号,再经过接收机加以放大,如果接收机输出的信号幅度足够大,就说明目标已被检测。雷达通常测定目标的方位和距离,但回波信号也包含目标特性信息。显示器显示接收机的输出,信号处理器判断目标存在与否,并根据发

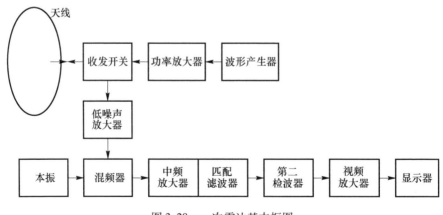

图3.28 一次雷达基本框图

现目标后一段时间内的检测建立目标的航迹。

3.2.1.1　发射机

发射机是一个功率放大器,平均功率大且稳定性高。基本波形在送往功率放大器之前是由低功率电平产生的,雷达在工作时要求发射一种特定的大功率无线信号,发射机为雷达提供一个载波受到调制的大功率射频信号,经过馈线和收发开关由天线辐射出去。已知一次雷达的作用距离与该雷达发射机的平均功率的四次方根成正比。为把作用距离提高一个数量级,发射机功率需要提高10000倍。虽然已经有一些雷达的平均功率大于1000kW,但由于高功率发射机很重,体积大且消耗大量初级电功率或消耗发动机驱动的电动机燃料,因而不能无限制地增加其功率。

3.2.1.2　天线

以一定速率在360°范围内旋转扫掠的一次雷达天线,把雷达发射信号以方向性很强的波束辐射出去,同时接收由飞机或其他目标反射回来的回波能量,以获取目标的距离、方位信息,监视空域中飞机的存在及活动情况。

发射机能量经由方向性天线聚焦为一个窄波束辐射到空中。天线主要分为机械扫描和电子扫描两种。对于绝大多数一次监视雷达应用来说,机械扫描足以完成探测任务。当波束必须快速扫描或者需要多波束扫描等灵活应用时,雷达可使用电扫描相控阵天线。电子扫描相控阵天线的波束控制可以在微秒甚至更短时间内完成,而机械扫描天线完成一个全方向扫描往往需要数秒。天线尺寸部分取决于雷达的工作频率和工作环境,频率越低,天线尺寸就越大。

3.2.1.3　天线驱动装置

天线驱动装置包括驱动电动机和变速齿轮箱等,主要用于驱动雷达天线在水平面内360°转动。为了提高可靠性,一次雷达天线一般采用双电动机配置,两台电动机可以同步驱动,也可以独立驱动天线转动。我国民航规范要求雷达天线的转速根据使用情况可以进行调整,因此驱动电动机大多采用变频器供电。

3.2.1.4　接收机

天线收集的回波信号送往接收机,其主要用途:将所需回波信号从噪声与其他干扰信号中分离出来;放大信号使其幅度足以被数字信号处理器自动处理。混频器将高频信号转换为中频信号。中频放大器的匹配滤波功能可以将输出信号的信噪比放大,放大系数与信号的时宽带宽积成正比。第二检波器是包络检波器,它滤除了中频载波,输出视频信号(信号包络),视频放大器将信号电平提高到便于显示其所含信息的程度。在视频放大器后端往往建立一个检测判断门限,如果电平高于该门限,则判定为有目标。

3.2.1.5　信号处理单元

信号处理单元主要负责将回波中的有用信息从杂波与噪声中剥离出来。信号处理的过程主要包括匹配滤波、MTI、MTD等算法。

3.2.1.6　数据处理单元

判断出有目标后的处理统称为数据处理。数据处理只完成目标的自动跟踪,这时系统只需处理目标数据而不涉及杂波。当雷达不能有效消除所有有害杂波时,跟踪系统输入端必须维持恒虚警检测(CFAR)功能。通常一次监视雷达数据处理器还要将目标数据与同站的二次雷达目标数据进行配对处理。现代空管雷达中的数据处理通常还包括设备工作状态监测和控制命令数据分发。

3.2.1.7　回波显示单元[7]

对于脉冲雷达而言,雷达发射脉冲波后,其工作转换为接收和处理回波。早期雷达发现目标是将回波接收、转换为视频发送给显示器显示,采用人工判断方式。人工调整显示器的辉度便于观察,使目标的显示辉度区别于背景辉度,再辅以目标回波显示形状特征,判决出目标。

对于采用脉冲波的雷达而言,采用示波器将回波视频直观显示出来,人工就可以从示波器上看见对应于目标的散射回波,在示波器上需要同时显示时间基线及距离刻度、回波信号幅度起伏情况等,这种专用示波器称为 A 型显示器(简称 A 显)。

为了同时能显示雷达站周围空中目标的位置分布情况,显示器需采用平面位置显示器(简称 P 显)。在 P 显上,回波信号以辉亮形式显示,幅度越强的回波其辉度越亮,在 P 显上可以同时显示时间基线及距离刻度、方位刻度等,便于操作员观察到天线旋转扫描过程及目标出现的距离/方位位置。回波的三维显示方式就是针对操作员选取的距离/方位局部范围开窗,以相邻重复周期回波幅度构成的图像。图 3.29 为微波雷达 P 显局部,图 3.30 为米波雷达 P 显局部。主要差异:图 3.29 中回波的点迹显示为"点"的形状,图 3.30 中回波的点迹显示为"眉毛"的形状,这是由于:微波雷达天线水平波束宽度较窄,扫描空域点回波的驻留时间短,回波点数较少,扫描一次在方位上典型值约占 10°;而米波雷达天线水平波束宽度较宽,扫描空域点回波的驻留时间长,回波点数较多,扫描一次在方位上典型值约占 10%。P 显的优点:目标的点迹和航迹显示很清晰,显示了目标二次信息(录取后信息,即非原始回波),显示了在整个水平面范围中所有目标,有利于判断所有目标的位置分布情况。P 显上还可以显示数字地图背景,将原始回波直接显示在 P 显上还便于雷达工作参数的调整,如可观看到杂波处理前后的视频,由此判断信号处理器对杂波的处理情况。

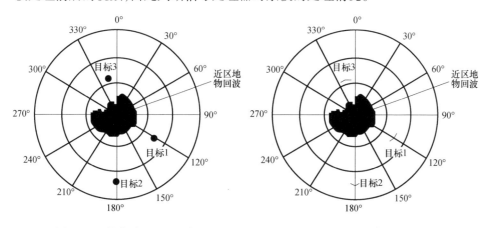

图 3.29　微波雷达 P 显局部　　　　　图 3.30　米波雷达 P 显局部

3.2.2　一次雷达原理

一次监视雷达的基本原理相对简单,其工作方式与机载气象雷达相似,是通过被动接收回波来工作的。它以辐射电磁能量并检测反射体(目标)反射的回波的方式工作,通过测量辐射能量传播到目标并返回的时间可得到目标的距离。目标的信息由回波信号提供,目标的方位通过使用方向性天线(具有窄波束的天线)测量回波信号的到达角来确定。如果是运动目标,一次雷达能推导出目标的轨迹或航迹,并能预测它未来的位置。运动目标的多普勒效应使接收的回波信号产生频移,因而即使固定回波信号幅度比运动目标回波信号幅度大多个数量级,一次雷达也可根据频移将希望监测的运动目标(如飞机)和不希望的固定目标(如地杂波和海杂波)区分开。当一次雷达具有足够高的分辨力时,它能识别目标尺寸和形状的某些重要特性。一次雷达在距离、角度或这两方面都获得分辨力。距离分辨力要求雷达具有大的带宽,角度分辨力要求大的电尺寸雷达天线。在横向尺度上,一次雷达获得的分辨力通常不如其在距离上获得的分辨力高。但是当目标的各个部分与雷达间存在相对运动时,可运用多普勒频率固有的分辨力来分辨目标的横向尺寸。

一次雷达的工作原理:雷达天线通过大功率接收机发射的微波信号识别目标;微波信号的反射无须目标许可;灵敏的接收天线将捕获反射信号;接收机捕

获并处理电信号以提取目标的位置信息(目标的方位和距离)。

3.2.2.1 距离测量

电磁波在空中匀速直线传播是雷达对目标测距的物理基础。将空中介质视为均匀时,电磁波以匀速直线传播,传播的速度用 C 表示,其值近似为光速,即 $3 \times 10^8 \text{m/s}$;则电磁波以射频脉冲形式由雷达天线辐射到达目标再返回到雷达天线处所需的时间为[7]

$$\Delta t = 2R/C$$

即
$$R = 150 t_R \tag{3.5}$$

或

$$R = 0.15 t_R \tag{3.6}$$

式中:t_R 采用单位 μs;R 采用单位 m。

式(3.5)和式(3.6)常称为测距基本公式,也习惯上称 $1\mu s$ 的时间对应 150m 或 0.15km 的斜距,12.35μs 传播时间可转化为 1n mile 的斜距。

由于飞机和雷达站不在同一高度,通过上述公式计算得到的飞机和雷达站之间的直线距离,在雷达后期处理过程中将对该值修订,以得到飞机和雷达站之间的水平距离。

采用收发共用一副天线的情况下,发射脉冲的时间内接收机是关闭的或被保护的。因此,发射脉冲的时间对应于雷达近距离探测目标的盲区,宽度为 τ 的雷达发射脉冲对应雷达最小可探测距离为 150τ,常称为雷达的最小作用距离。

天线在方位上旋转扫描过程中,雷达周期性发射脉冲和接收回波,在波束扫过目标的驻留时间内,同一个目标的多个回波脉冲陆续被雷达接收到(脉冲重复周期)。但是,若回波延迟跨越一个重复周期后才回到雷达处,显示的距离或读取的距离值就发生了偏差,这种现象称为距离模糊或测距模糊,这样的回波称为跨周期(跨第二周期)回波。测距模糊如图 3.31 所示,图 3.31(a)中回波没有出现测距模糊,图 3.31(b)中回波跨越了重复周期 T_r,出现在时间基线上的位置差了一个 T_r 所对应的距离值。测距模糊出现的特点:每当重复周期改变时,回波出现在改变后的周期里时间基线上的位置与之前的位置会突变一个对应于重复周期改变的差值,而后续周期里回波出现的位置是稳定的。如果需要获取此种回波的距离,需要解距离模糊才能获得回波的正确距离值。有时出现的距离模糊可能是跨了几个重复周期的回波。所以,通常 T_r 的设计值与雷达的最大作用距离相匹配,在空管雷达中一般直接将跨周期回波判断出来后丢弃。

1) 距离测量方法

将显示器上的时间基线按照式(3.5)设计,距离刻度和回波信号叠加在该时间基线上显示,如此,显示出来的时间基线上就有刻度,回波信号可以依据刻

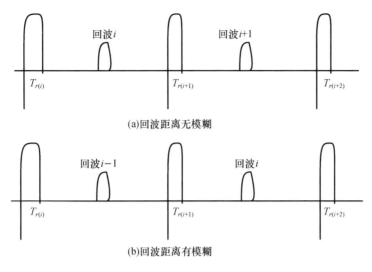

(a)回波距离无模糊

(b)回波距离有模糊

图 3.31　测距模糊

度人工读出其距离值。在 P 显上距离刻度线就是同心圆。

一次雷达在录取器中设计了受触发脉冲同步的距离计数器,雷达发射脉冲时计数器被触发脉冲复位从 0km 开始计数,计数器输出的数据随着时间成正比例变化,人工操作 P 显上内光点的方式中,按下"录取"按钮的动作就触发了录取器将当前计数器输出端的数据存入寄存器,该数据按照式(3.5)乘以适当系数就作为人工录取到的目标距离数据。这种计数器与寄存器组合常称为距离编码器,原理框图如图 3.32 所示。

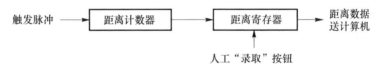

图 3.32　距离编码器原理框图

2）距离测量性能

在距离编码器中采用更密集的计数脉冲可以达到距离精度要求。而受到噪声干扰的影响,回波脉冲的前沿时间有可能被提前或滞后,所带来的误差只有提高信噪比才能解决。另外,现代雷达所采用的信号处理及数据处理方法都将空域范围按方位/距离单元量化且细分,一个目标在多个重复周期里的回波有可能出现在相邻的几个细分单元中,目标可能被分裂为多目标,回波的前沿也可能被误判,所带来的误差还与量化单元的尺度有关,不过,在数据处理器算法中可以判别,人工则在显示器上从显示的回波形状中判别。

分辨力用来说明雷达对两个靠得很近目标的分辨能力,为了便于比较不同雷达间分辨性能的差异,需要给出明确定义。距离分辨力定义为当方位角相同时,两目标在距离上可以区分的最小间距,常用 ΔR 表示。两目标所对应的回波脉冲在距离上相邻界时就对应距离分辨力。距离分辨力示意图如图 3.33 所示,图 3.33(a)画出了发射脉冲波,在空中脉冲前沿至后沿占 300τ。假定两个目标距离间隔占 150τ,这种情况下,目标 T_1 的回波与目标 T_2 的回波在空中间距将占 300τ,它们正好前后相邻界,图 3.33(b)为示波器(A 显)上此两个回波显示为相邻界的情况。需要注意的是显示器上回波的间距是按照式(3.5)表示的,所以,目标的距离分辨力为 150τ。显然,采用短脉冲雷达的距离分辨力更高。然而,现代空管雷达采用脉冲压缩后,脉冲宽度所对应的距离已小于大飞机的尺度,所以距离分辨力又受到大飞机尺度的限制。

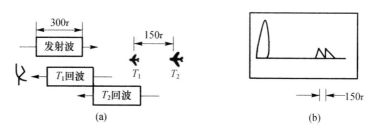

图 3.33　距离分辨力示意图

3.2.2.2　方位测量

天线对电磁波的定向辐射和接收是雷达对目标测方位的物理基础。根据天线的互易原理,天线对电磁波的辐射定向特性与接收定向特性是相同的。雷达天线将电磁能量汇集在窄波束内,当天线波束轴对准目标时,回波信号最强;当目标偏离天线波束轴时回波信号减弱。根据接收回波最强时的天线波束指向,就可以确定目标的方向。为了在方位上对目标依次发现与定位,雷达天线采用宽口径天线的窄波束在方位 $0° \sim 360°$ 范围内进行旋转扫描。天线口面法线方向为主波束指向,用这种关联来确定目标的方位,即天线主波束覆盖范围内的回波中发现了目标时,表明目标处于天线主波束所指的方位。

1) 方位测量方法

P 显设计以时间基线作为圆的半径、以显示器中心为圆心,时间基线按方位 $0° \sim 360°$ 与天线指向同步旋转扫描,如此,距离/方位刻度、回波信号及时间基线扫描出来的辉亮在显示器上留下余辉。在 P 显上,距离刻度线形成了同心圆,而方位刻度线形成了均匀分布的射状线。回波信号出现后可以依据刻度人工读出其距离/方位值。

为了获得天线主波束实时指向的方位数据,雷达中设计了方位编码器,其原理框图如图 3.34 所示。其中同步机数字式(SD)模块将旋转角度转变为角度数据,且为货架产品。同步机固定安装在天线旋转轴上,随着天线被驱动旋转,方位编码器能将天线口面法线指向的方位用对应脉冲——方位时钟脉冲(ACP)送出;雷达天线正对正北方向时,还送出正北脉冲——方位参考脉冲(ARP)。ACP经过转换成为并行二进制数据后,在信号处理器中作为目标录取形成点迹时的方位数据值,在 P 显中叠加到时间基线上形成方位刻度线。按照现代空管雷达的需求,实际雷达上采用的并行二进制方位码为 14 位,可以将全方位 360°按16384 细分,如此提供给录取器方位标定的精度达到 0.022°。ARP 用于 P 显方位正北 0°的同步信号。人工操作 P 显上内光点的方式中,按下人工"录取"按钮就触发了录取器将 ACP 的并行二进制数据输出作为目标方位数据。

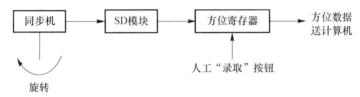

图 3.34　方位编码器原理框图

2) 方位测量性能

在方位编码器中采用更密集的脉冲可以达到方位精度要求。而受到天线波束宽度及波束边沿特性的影响,以及回波信号幅度起伏变化的影响,所带来的误差很难消除。另外,现代雷达所采用的信号处理及数据处理方法都将空域范围按方位/距离单元量化且细分,一个目标在多个重复周期里的回波沿方位有可能出现在相邻的几个细分单元中,目标可能被分裂为多目标,P 显上回波"眉毛"的形状也可能被误判,所带来的误差还与量化单元的尺度有关。

方位分辨力定义为当距离相同时两目标在方位上可以区分的最小角度,用 $\Delta\beta$ 表示。两目标所对应的回波"眉毛"在方位上相邻界时就对应方位分辨力。方位分辨力示意图如图 3.35 所示,由于天线波束边沿非突变性,一般以波束半功率点宽度作为方位分辨力,常用 $\beta_{0.5}$ 表示。图 3.35(a)画出两个目标在空中方位间隔为 $\beta_{0.5}$,图 3.35(b)为示波器(P 显)上两个回波显示为相邻界的情况,它们方位间隔正好相邻界。需要注意的是 P 显上回波"眉毛"辉亮受到回波距离及强度的影响,"眉毛"占据的方位宽度并非正好为 $\beta_{0.5}$。显然,采用宽口径天线的窄波束雷达方位分辨力更高。但考虑到窄波束内回波脉冲数太少不适宜进行脉冲积累,实际中近程空管雷达采用了 1.45°的半功率点波束宽度。

3.2.2.3　相对速度测量

当目标与雷达站之间存在相对速度时,接收到回波信号的载频相对于发射

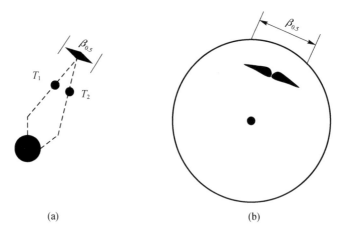

(a)   (b)

图 3.35   方位分辨力示意图

信号的载频产生一个频移,这个频移称为多普勒频移,它可以通过下式计算得到[9]:

$$f_\text{d} = \frac{2v_\text{r}}{\lambda} \tag{3.7}$$

其中,f_d 为多普勒频移(Hz),有正、负值,分别表示目标朝向雷达或背离雷达运动;v_r 为雷达与目标之间的径向速度(m/s);λ 为载波波长(m)。

当目标向雷达站运动时,$v_\text{r} > 0$,回波载频提高;反之 $v_\text{r} < 0$,回波载频降低。雷达只要能够测量出回波信号的多普勒频移,就可以确定目标与雷达站之间的相对速度。

3.2.2.4 一次雷达方程

雷达方程表示传输功率的物理依赖性,也可用来评估雷达性能。接收到的能量只是发射能量极小的一部分。一次雷达接收目标反射回来的能量为

$$P_\text{r} = \frac{P_\text{t} G^2 \lambda^2 \sigma L_\text{s}}{(4\pi)^3 R^4} \tag{3.8}$$

式中:P_r 为目标反射信号的能量,是未知值,为了探测目标,该值必须大于接收器最小可探测信号的值;P_t 为雷达发射信号的峰值功率,是已知值;G 为雷达天线的增益,是已知值,用于衡量天线将发射能量集中于定向波束的能力;λ 为波长($\lambda = c/f$);L_s 为损耗因子(线路损耗、大气损耗等),是雷达所有损耗因素的总和;R 为目标与雷达的距离;σ 为目标物的雷达截面积。

天线增益描述了天线将电磁能量集中于窄波束的程度。与天线增益有关的两个参数是定向增益和方向性,相当于把具有各向同性且指向性为 1 的天线作

为各向同性的来源,天线增益可以用数字表示。当天线同时用于发射和接收信号时,接收到指定目标反射的能量与天线增益的平方直接相关。天线增益能在某个要求的方向上增大发射功率,如图 3.36 显示的是以各向同性天线为参照物,它向任意方向传递同样的信号。例如,如果使用同样的发射器,定向天线聚焦的波束能量是全向天线的 50 倍,那么定向天线的增益为 50(或 17dB)。

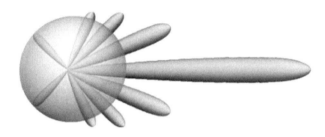

图 3.36　天线增益

式(3.8)可以转化为距离最大值的形式,即

$$R_{\max}^4 = \frac{P_t G^2 \lambda^2 \sigma L_s}{(4\pi)^3 S_{\min}} \tag{3.9}$$

式中:$S_{\min}$ 为雷达接收器的灵敏度,对应于最小可探测信号。雷达所能探测到最小的信号称为最小可探测信号。比最小可探测信号还要小的信号无法使用,因为接收器和环境的噪声会将其覆盖。

3.2.2.5　目标探测技术

1) 信噪比与信杂比概念[7]

物体对电磁波散射是雷达发现目标的物理基础。雷达发射的电磁波在传播中遇到金属等物体时,物体表面产生感应电流,感应电流因频率极高产生再辐射,通常称散射。散射出来的能量有一部分返回到雷达处,通常称回波。雷达将天线接收到的回波经过接收机、信号处理后送显示器或录取终端。从回波中判断出了对应空中目标的脉冲信号就称为检测到目标(或称发现目标);否则,即使目标回波进入了接收机,但不能被分离出来就称为没有检测到目标(或没发现目标)。在采用人工录取目标方式时,依据 A 显上的波形特征(如幅度和宽度)进行判决,或 P 显上的辉亮特征(如辉度和"眉毛")进行判决;在采用自动录取目标方式时,利用门限电压去对比回波信号的幅度进行判决。判决出目标后,接着就可对目标进行定位、分辨、跟踪等进一步分析和处理。

对雷达在各种环境中探测目标规律性分析发现,信噪比和信杂比或许是贯穿整个雷达系统的"主线"。限制雷达探测目标的主要因素是接收机中的噪声以及宇宙噪声,即雷达接收机输出的信噪比太低。地物及气象微粒也散射电磁波,会在雷达显示器上产生大量杂波,杂波区会成为雷达的探测盲区,因而,杂波也成为雷达探测目标的主要障碍,这说明雷达接收机输出的信杂比太低。此外,还有外界如城市内的有源干扰、邻近雷达站同频段脉冲信号或物体反射雷达信号的串扰,可能形成比自然界的噪声和杂波强得多的背景。

噪声和杂波都是限制雷达检测目标的背景,两者都不能遗漏,但噪声和杂波的不同特性使得雷达系统对它们抑制原理也不相同,因此信噪比和信杂比两者不同,不能合二为一。但有一定的对比性,两者相提并论作为“主线”对理解雷达系统的组成,尤其是信号处理器的复杂结构,掌握在各种环境中雷达设备的运用极有好处。此外,杂噪比是在处理或监测杂波时用到的概念。因为噪声是始终存在的,对杂波的最佳处理就是将杂波电平降低到与噪声电平一样即可,杂波抑制可以视作对杂噪比的降低。

为了从回波中探测到空中目标,考虑到电磁波在空中双程传播的散射和衰减特性,雷达需要产生足够大功率的脉冲信号,经过天线将能量汇聚到主波束方向辐射出去,信号遇到目标时产生散射,回到雷达天线的信号被接收到。雷达就是靠目标散射的这种微弱回波信号,在噪声背景中将其检测出来,从而发现空中的飞机等目标。天线波束在垂直面内为宽波束,辐射出去的脉冲信号会从山、建筑物等地物处散射,回到雷达天线的信号也被接收到,形成地杂波等。这种杂波的位置特点是距雷达几十千米范围内,但杂波比目标回波强得多,在有杂波的区域中空中目标检测就更加困难。而气象杂波的位置可能在雷达探测范围内的任何距离。在有强杂波的空域中检测目标时,噪声背景被杂波背景取代,雷达主要是靠目标散射的微弱回波信号,在杂波背景中将其检测出来,从而发现空中的目标。为了对目标的检测能力等进行讨论和评估,将“发现目标”这一物理概念用数学公式表示:

$$P_r \geq M_n \cdot P_n \tag{3.10}$$

$$P_r \geq M_c \cdot P_c \tag{3.11}$$

式中:P_r 为天线接收到的目标回波信号功率;P_n 为接收机噪声等效到输入端的等效噪声功率;P_c 为天线接收到的杂波信号功率;M_n 为从噪声中检测出目标所需最小信噪比,称为识别系数;M_c 为从杂波中检测出目标所需最小信杂比,称为杂波中可见度因子。

针对人工在显示器上发现并录取目标的情况,式(3.10)和式(3.11)所表示的条件关系是目标回波或点迹显示(如辉度和“眉毛”)能够区别于该回波或点迹位置处的噪声和杂波显示。针对自动判决并录取目标的情况,式(3.10)和式(3.11)所表示的条件关系也有类似的含义。由此,从雷达回波中发现目标的重要手段就是提高信噪比与信杂比。

值得注意的是:在雷达中,既要使回波信号充分放大能使目标被发现,又要避免出现强杂波饱和使回波信号被限幅。接收机常设计成具有足够动态范围,即具有足够放大能力、抗饱和功能。在信号处理器中检测目标之前也要对回波幅度进行归一化处理。显示器辉度由操作员调整到适合观察目标与背景差别的最佳状态。

2) 发现概率与虚警概率

从回波信号中检测目标常会用到发现概率与虚警概率。空域中有目标时雷达检测到了目标称为发现,对应概率为发现概率或称检测概率,记为 P_d。空域中没有目标时雷达检测到了目标称为虚警,对应概率为虚警概率,记为 P_{fa}。显然,当回波信噪比和信杂比较大时,目标容易发现,或发现目标的概率较大;而当回波信噪比和信杂比较小时,容易将噪声或杂波误判为目标,或虚警概率较大。在人工从显示器上发现并录取目标的情况下,发现概率和虚警概率是针对目标回波或点迹显示判决而言。为了获得较大的发现概率和较小的虚警概率,需要提高回波信噪比和信杂比,它贯穿了雷达信号流程,即从发射信号的产生到回波信号的显示或录取整个过程。

3.2.3　一次雷达频带与标准

3.2.3.1　一次雷达频带

雷达工作频率主要由雷达功能、测量精度、目标特性、电磁波传播特性、天线尺寸、高频器件性能等要求来决定。通过前面介绍的雷达原理可以发现,雷达发射频率越高,越容易受到天气状况的影响,但是雷达的精度也会越高。一次雷达的工作频带很宽,其频带可分为以下三类:

(1) L 频带(1215~1350MHz):主要服务航路,也覆盖进近区域。

(2) S 频带(2700~3100MHz):主要服务进近,也覆盖进近航路。

(3) X 和 Ku 频带:主要服务场面引导控制。

L 频带实例如图 3.37 所示,S 频带信号发射一次雷达实物如图 3.38 所示。

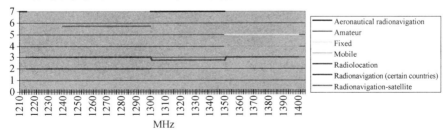

图 3.37　L 频带实例

图 3.38　S 频带信号发射一次雷达

3.2.3.2　一次雷达民航标准

随着飞机数量的增加、性能的提升,空中交通更加繁忙,飞行管制日趋复杂,用于空管的航路监视雷达、机场监视雷达、二次雷达也不断提升性能、完善功能。ICAO 和 CAAC 已经对空管一次雷达和二次雷达制定了技术规范,这些规范已经成为基本原则来共同遵守。

CAAC 对远程/近程空管一次雷达制定的技术规范是 MH/T 4038 – 2013《空中交通管制 L 波段一次监视雷达技术要求》/MH/T 4017 – 2004《空中交通管制 S 波段一次监视雷达设备》。远程/近程空管雷达设备主要性能指标如表 3.2 所列。

表 3.2　远程/近程空管雷达设备主要性能指标

参数名称	空中交通管制典型 L 波段一次监视雷达设备主要性能指标	空中交通管制 S 波段一次监视雷达设备技术规范	备注
最大作用距离/n mile	≥250	≥60（天线转速 12r/min、15r/min）	$P_d = 0.8, P_{fa} = 10^{-6}$,SW I 型目标,$\sigma = 2m^2$
最小作用距离/(n mile)	≤1	≤0.5	—
方位分辨力/(°)	≤2.6(80% 分辨率) ≤2.25(80% 分辨率)	≤1.45	—
方位精度均方根值	≤0.25(RMS)；≤0.5°	≤0.25	—
距离分辨力	≤600m(80% 分辨率)；≤0.25n mile	≤200m(约 1/8n mile)	—

（续）

参数名称	空中交通管制典型 L 波段一次监视雷达设备主要性能指标	空中交通管制 S 波段一次监视雷达设备技术规范	备注
距离精度均方根值	≤90(RMS)；≤0.25n mile	≤120 m(约 1/16n mile)	—
天线转速/(r/min)	5,6	12,15	—
天线极化方式	线极化和圆极化	线极化和圆极化	—
天线波束组成	高、低波束及自动转换合成	高、低波束及自动转换合成	—
3dB 水平波束宽度/(°)	1.2±0.15	1.45±0.05	—
工作频率范围/(MHz)	1250~1350	2700~2900	—
平均脉冲重复频率/(Hz)	250	800~1200	—
接收机噪声系数/(dB)	≤3.8,≤3.3	≤2	—
视频输出信号的距离副瓣/(dB)	≤-45	≤-40	—
信号处理通道	独立目标通道和气象目标通道；目标通道采用 AMTD(4~7 个 FIR 滤波器)技术；气象通道应有六级气象回波的强度选择	独立目标通道和气象目标通道；目标通道采用 AMTD(4~8 个 FIR 滤波器)技术，应能检测切线飞行的运动目标；气象通道应有六级气象回波的强度选择	—
改善因子/(dB)	≥60(可见度 42 dB)	≥50	—
目标处理能力/(批/帧)	≥800(360°扇区均匀分布)	≥400(360°扇区均匀分布) ≥32(11.25°扇区均匀分布)	—
MTBF/(h)	≥1100,≥1500	>10000(各设备应能连续工作,在冗余配置情况下室内设备 MTBF)	—

空管性能雷达必须完全满足空管要求,除设备规范外,还有如下要求:

(1) 在实际雷达站的建设中,空管雷达站一般将一次雷达和二次雷达合装架设,充分发挥两种雷达探测设备的不同机理,除了天线座及旋转机构外,两种雷达都是按照双机热备份设计,确保每天 24h、每年 365 天不停机平均任务(致命)故障间隔时间(MTBCF)大于 30000h。甚至有的机场架设两个雷达站。

（2）现代空管雷达都是全自动型，包括：自动运行，即工作参数设置后雷达设备运行无人值守；自动检测、录取、跟踪、上报，即目标探测过程无人工干预；自动检测与切换，即完善的 BITE 监测雷达设备工作状态，发现故障后自动将有故障的设备通道与热备份的设备通道进行切换，并判断出模块或插件部位等待人工更换。

（3）现代空管雷达对站级维护使用人员的要求更强调人员对雷达设备工作过程的了解，对探测目标环境的判断，对发挥雷达探测能力的掌控等，而弱化对站级雷达设备模块或插件维修。

（4）现代空管雷达常具有气象检测功能，S 频带典型设备要求如表 3.3所列。

表 3.3　空管雷达(S 频带)气象检测典型设备要求

参数名称	典型数据	参数名称	典型数据
探测距离范围/n mile	0.125 ~ 70	地杂波抑制度/dB	>40
检测概率(单脉冲,18dBz)/%	50	反射率因子估算精度/dB	<2
气象分辨力/(n mile × n mile)	1 × 1	气象廓线偏差/dB	<2
最低灵敏度/dBz	18	脉压副瓣/dB	< −40
动态范围/dBz	18 ~ 76		

3.3　A/C 模式二次雷达

二次雷达也称空管雷达信标系统(ATCRBS)，是从敌我识别系统发展而来的。二次雷达信号分为询问信号和应答信号两种，频率分别为 1030MHz 和1090MHz。随着民用航空的飞速发展，对二次雷达的使用越来越频繁，二次雷达也先后经历了传统的 A/C 模式二次雷达、单脉冲二次雷达、S 模式雷达等发展历程。本节着重介绍 A/C 模式二次雷达，后续两节讲解单脉冲二次雷达和 S 模式雷达的原理和基本组成。

3.3.1　A/C 模式二次雷达组成

A/C 模式二次雷达系统由地基设备和机载设备两部分组成。地基设备由天线系统、询问机和点迹录取器组成。二次雷达机载设备通常安装在仪表盘或航空电子设备架上，包括应答机及相应的机载设备等。典型的机载设备包括高度编码器，它与机载应答机和飞机全静态系统相连，并向机载应答机提供飞机的气压高度。下面对二次雷达的机载应答机、地面天线系统、询问机以及点迹录取器作简要介绍。

3.3.1.1　机载应答机

机载应答机通过一副安装于机身底部的小型 L 波段天线发送和接收信号,其最大增益可达 3dB,为了防止遮蔽效应,许多商业飞机也在机身顶部也安装了一根天线。典型的二次雷达机载应答机如图 3.39 所示,飞行员可以输入四位应答机代码,应答机也可以按照管制员的要求发送特殊位置识别(SPI)代码。机载应答机通常有关机(Off)、待机(Standby)、开启(A 模式)、高度模式(A/C 模式)四种工作模式。开启模式和高度模式的区别仅在于是否能在开启(On)模式下发送任何高度信息。在待机模式下,应答机仍处于开机预热状态,但不能对询问信号进行回复。

图 3.39　机载应答机

3.3.1.2　地面天线系统

天线系统是二次雷达的重要部件,其性能优劣对 SSR 的性能具有重要影响。天线基座上有天线方位编码器,将天线旋转时的方位脉冲数据及时传送到处理器,提供飞机方位录取所需要的数据,其定位原理与一次雷达类似。SSR 的天线主要采用阵列天线,其最简单的形式是各辐射单元等距排列成直线阵,如图 3.40 所示(六单元的线阵)。在直线阵列中,假设对于每个辐射单元辐射方向图是一个球状体,线阵中每个辐射单元之间的间距相同且馈电的相位和幅度相同。在线阵的垂直方向,即天线瞄准轴的方向,对每个辐射单元而言其辐射的功率或接收的功率大小相等,相位相同。二次监视雷达天线一般采用垂直极化方式。垂直极化对大入射角的地面反射衰减很大,有利于抵抗由于地面反射引起的多径干扰。

3.3.1.3　地面询问机

询问机是二次监视雷达的主要组成部分和收发信号处理的核心模块。“询问机”一词现已广泛用于描述 SSR 的地面收发设备。它的主要作用是产生询问、处理回答、最终给出数字化的目标报告,其简化框图如图 3.41 所示。其内部模块的具体功能如下:

(1)模式产生器用来产生模式询问脉冲序列和询问机的时间基准。

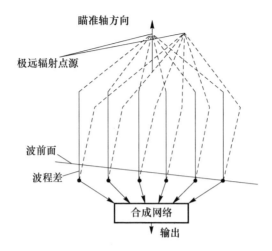

图 3.40 六单元阵列天线

（2）发射机频率控制和接收机的本地振荡器由调制器产生,调制器同时完成 1030MHz 的低功率调制和放大,由发射机给出大功率放大输出。

（3）接收机的功能包括预选放大、混频、对数放大器,灵敏度 – 时间控制（STC）,回答脉冲的检测和接收机旁瓣抑制（RSLS）。接收机的原始视频输出送到录取器,录取器雷达信号的处理给航迹处理器送出数字化的目标报告。

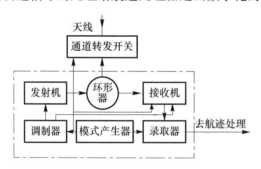

图 3.41　询问机简化工作框图

（4）点迹录取器是对接收的原始视频进行鉴别、译码、判断等相关处理的设备,它的主要任务是从接收机输出的原始视频中判定回答是否存在并滤除虚假目标,对目标坐标参数进行估值,并录取目标的其他参数,如识别信息、高度码等,并将上述的数据格式化形成目标报告,送到本地航迹处理器进行航迹跟踪或经缓冲接口送到数据传输系统进行进一步监视处理。

3.3.2　二次雷达基本原理

二次监视雷达和一次监视雷达的区别在于工作方式不同。一次监视雷达可以靠目标对雷达自身发射电磁波(射频脉冲)的反射主动发现目标并且确定其位置。而二次监视雷达是由地面站(通常称为询问机)通过天线的方向性波束发射频率为1030MHz的一组询问编码脉冲来实现航空器监视的。当天线的波束指向装有机载应答机的航空器方向时,机载应答机的天线接收该组询问,通过应答机接收系统检测这组询问编码信号并判断编码信号的内容,然后由机载应答机发射频率为1090MHz的一组约定的应答编码脉冲信号。地面询问机接收这组回答编码,通过地面雷达基站检测并由视频录取器处理完成对目标的距离、方位以及应答机编码等内容的测量,最后形成目标的点迹报告送到后续设备。图3.42 为空管二次监视雷达的工作原理示意图。

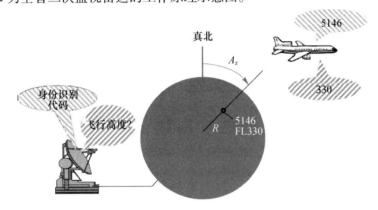

图 3.42 空管二次监视雷达工作原理示意

目前,空中交通管制中交通态势数据的获取主要依赖于二次监视雷达系统。二次监视雷达系统将所获取的飞机呼号、高度、距离、方位等信息传送到空中交通管制中心,经空管自动化系统处理后在显示终端显示。二次雷达工作于 L 波段,作用距离与配合工作的一次雷达相适应,但发射功率远低于一次雷达。下面从二次雷达的工作方式、二次雷达信息、二次雷达工作特点三个方面对其进行简要介绍。

3.3.2.1 二次雷达工作方式

二次雷达的工作方式与一次雷达的工作方式不同,属于合作式监视设备。地面二次雷达发射机产生询问脉冲信号,机载应答机在接收到有效询问信号后产生相应的应答信号,地面二次雷达接收机接收这一应答信号,在进行一系列处理后获得所需的飞机代码等信息。可见,二次雷达系统必须经过二次雷达发射机与机载应答机的两次有源辐射(询问与应答各一次),才能实现其功能。

在同时装备有二次雷达与一次雷达的空中交通管制系统中,通常总是使二次雷达与一次监视雷达协同工作。二次雷达的条形天线安装在一次雷达的天线上方,二者同步扫掠。二次雷达与一次雷达共用定时电路与显示终端,以实现同步监视空域。

3.3.2.2 二次雷达功能

1)识别

识别飞机是二次雷达的基本功能。A/C 模式雷达主要通过询问飞机应答机代码实现飞机的识别。在实际环境下,二次雷达会遇到多飞机同步串扰及多径干扰,对应的识别及解码过程要复杂得多。

2)测距

当一架飞机接收到二次雷达的询问信号时,机载应答机须按照国际民航组织推荐规范(附件 10 中),在延迟 $3.0\mu s$ 后进行回答。因此目标的斜距可以通过下式计算:

$$R = \frac{c(\Delta t - 3\mu s)}{2} \tag{3.12}$$

式中:c 为光在真空中的传播速度;Δt 为发射脉冲和应答脉冲的时间差。

3)测高

A/C 模式二次雷达高度的测量是通过 C 模式应答来实现的,其高度信息来自于飞机上的全静压系统。因此,应用二次监视雷达后,管制员屏幕上就可以显示出飞机的地面投影距离。

4)测方位角

A/C 模式二次雷达方位角的测量与一次雷达类似,是通过天线旋转编码器进行测得的。

5)测速

二次雷达发射信号与接收信号的射频基准不同,不能采用多普勒原理精确测量飞机的径向速度,但是可以利用天线相邻两次扫描所获得的飞机位置估算飞机的平均速度。

6)紧急警告信息

一些紧急警告信息可以通过应答机编码的传送来实现,如飞机发生紧急故障、无线电通信失效或飞机被劫持等。

3.3.2.3 二次雷达方程

与一次雷达不同,二次雷达是靠两次有源辐射(询问机和应答机)完成目标定位的,所以每个辐射源都是单程传输,同样的辐射功率它比一次雷达的作用距离要远。根据空地之间的辐射方向,二次雷达方程又分成上行(询问)方程和下行(回答)方程。

1）上行方程

设地面站询问机的发射功率为 P_1。二次监视雷达天线询问波束的增益为 G_1，则距地面站询问机天线斜距 R 处的功率密度为

$$S_1 = \frac{P_1 G_1}{4\pi R^2} \tag{3.13}$$

上述方程应考虑到下列损耗：

（1）询问机、发射机输出功率向天线传输过程的损耗 L：主要包括传输电缆的损耗和旋转关节以及微波电路的损耗，总计约为 3.5dB（旋转关节损耗为 0.8dB）。

（2）天线调制引起的损耗 L_a：在式（3.13）中 G_1 是取在某一高度角下水平波束的最大增益。天线扫描时，目标在驻留波束期间并不是始终处于波束增益的最大点。如果将天线水平波束假定为高斯型波束，目标驻留波束期间收到的回答信号强度由于天线波束增益不同而不同，引起接收的信号按波束的形状调制。这种天线调制引起的损耗 L_a 平均约为 2dB。对于单脉冲二次监视雷达的大垂直孔径天线，它的垂直方向性图在 0° 高度角附近增益变化很快。在计算覆盖范围时对不同的高度角应使用不同的增益。

（3）大气吸收损耗 L_p：大气的吸收衰减与大气的密度和传播的距离有关。近距离时这个损耗可以忽略。在二次监视雷达频率范围内，考虑到低高度角和远距离的大气衰减较大。所以考虑到上述衰减后式（3.13）变为

$$S_1 = \frac{P_1 G_1}{4\pi R^2 L L_p L_a} \tag{3.14}$$

设机载应答机天线截获功率有效面积为 A_t，则机载应答机天线接收功率为

$$P_t = A_t \times S_1 \tag{3.15}$$

由于 $A_t = (\lambda_1 \times G_t)/4\pi$（$G_t$ 为应答机天线增益），λ_1 为询问机工作频率为 1030MHz 对应的波长。将 A_t 和 S_1 代入式（3.15），于是有

$$P_t = \frac{P_1 G_1 G_t \lambda_1^2}{(4\pi)^2 R^2 L L_p L_a} \tag{3.16}$$

如果将机载应答机天线收到信号后传输到接收机之间的电缆的损耗（一般约为 3dB）折合到应答机天线的增益 G_t 中，G_{tR} 代表折合的天线增益（约为 0dB）。则式（3.16）变为

$$P_t = \frac{P_1 G_1 G_{tR} \lambda_1^2}{(4\pi)^2 R^2 L L_p L_a} \tag{3.17}$$

二次雷达的距离方程为

$$R = \sqrt{\frac{P_{\mathrm{I}} G_{\mathrm{I}} G_{\mathrm{tR}} \lambda_{\mathrm{I}}^2}{(4\pi)^2 P_{\mathrm{t}} L L_{\mathrm{p}} L_{\mathrm{a}}}} \tag{3.18}$$

由上式可知,当 P_{t} 最小时得到最大作用距离 $R_{\max}$。用海里表示最大作用距离的二次雷达方程:

$$R = \frac{\lambda_{\mathrm{I}}}{4\pi 1852} \sqrt{\frac{P_{\mathrm{I}} G_{\mathrm{I}} G_{\mathrm{tR}}}{P_{\mathrm{tmin}} L L_{\mathrm{p}} L_{\mathrm{a}}}} \tag{3.19}$$

2)下行方程

用上述相同的分析方法可以得到下行方程(用海里表示):

$$R = \frac{\lambda_{\mathrm{R}}}{4\pi 1852} \sqrt{\frac{P_{\mathrm{I}} G_{\mathrm{I}} G_{\mathrm{tR}}}{P_{\mathrm{Imin}} L L_{\mathrm{p}} L_{\mathrm{a}}}} \tag{3.20}$$

式中:P_{I} 为应答机的峰值发射功率;λ_{R} 表示应答机的工作频率为 1090MHz 对应的波长;P_{Imin} 为询问机接收机输入端的最小能发电平。

二次雷达系统通常应当保证上行的最大作用距离和下行最大作用距离相匹配。否则当上行距离大于下行距离时,本地雷达站接收不到被询问的机载应答机的回答信号,但是机载应答机的回答会对它所邻近的地面站造成异步干扰。一般情况,上行的作用距离小于下行的作用距离,作为航路监视的二次雷达作用距离应为上行距离。当飞行器的高度为 8000m 时,作用距离约为 200n mile。

3.3.2.4　A/C 模式二次雷达系统的特点

二次雷达系统能够提供比一次雷达系统更为丰富的监视信息内容。由于系统采用不同于一次雷达的工作方式,因此系统的工作具有如下一些明显的特点:

(1)发射功率较小。二次雷达与机载应答机配合工作,进行有源接收,其询问距离与发射功率的平方根成正比。而一次雷达依赖于目标对雷达发射能量的反射,其作用距离与发射功率的四次方根成正比。因此,在覆盖范围相同的条件下,二次雷达系统的发射功率要比一次雷达小得多。例如,当作用距离为 370km 时,工作于同一波段的一次雷达应具有约 2500kW 的脉冲功率,而二次雷达仅需 2.5kW 的脉冲询问功率。相应地,二次雷达及应答机的接收灵敏度要求也可以比一次雷达低一些。

(2)干扰杂波较少。二次雷达系统的接收频率与发射频率不同,各种地物、气象目标对 1030MHz 发射信号的反射信号,不会被频率为 1090MHz 的接收机所接收,因此二次雷达基本上没有上述杂波干扰。这是与一次雷达不同的。当然,二次雷达不可能像一次雷达那样,利用一些目标的反射特性获得这些目标的信息。

（3）不存在目标闪烁现象。二次雷达回波是机载应答机主动辐射信号形成的，不是目标反射能量形成的，因而与目标的反射面积无关，不存在由于目标姿态变化及散射所引起的回波忽强忽弱而导致的闪烁现象。虽然飞机机动飞行时可能会暂时遮挡住应答机天线而造成回波的瞬时中断，但这种情况出现频率较低。

（4）方位精度较差，而高度精度较高。前面已经说明，二次雷达系统可以获得较为准确的飞机高度信息。与一次雷达相比，这是一个突出的优点。另外，由于二次雷达通常采用较为简单的条形天线，所以它的方位精度较差。由于二次雷达与一次雷达相比具有上述特点，因此实用中往往是使二次雷达与一次雷达配合工作，取长补短，提供空中交通管制所需的广泛信息。

由此可见，二次雷达兼有雷达与进行指定信息交换的功能，它所提供的信息比一次雷达广泛，然而 A/C 模式二次雷达也有一些固有的缺点如同步串扰、异步干扰、应答机编码不够等问题，因此需要新的 S 模式雷达技术进行解决。

3.3.3　A/C 模式二次雷达信号时序

3.3.3.1　询问信号时序

由地面询问机发射的信号称为询问信号。询问信号是以脉冲编码形式发射的，其询问信号编码格式如图 3.43 所示。

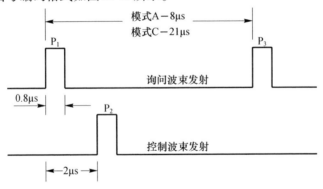

图 3.43　A/C 模式询问信号编码格式

目前，国际民航组织规定的空管二次雷达询问模式共有 6 种，分别为模式 1、2、3/A、B、C 和 D。其中：模式 1、2 为军用；模式 3/A 可用于军用与民用识别；模式 B 只用于民用识别；模式 C 用于高度询问；模式 D 为备用询问模式，其询问内容尚未确定。可见，与民航有关的是模式 A、B（用于飞机代码识别）和模式 C（用于高度询问）。

图 3.44 中 P_2 是旁瓣抑制脉冲由控制波束发射，控制波束和询问波束的配

合使用是为了抑制旁瓣方向的应答机对询问的应答,称为询问旁瓣抑制(ISLS)。应答机通过判决 P_1 和 P_2 的幅度关系决定是否应答:$P_1 > P_2$,主瓣询问,给予回答;$P_1 \leqslant P_2$,旁瓣询问,不予回答。旁瓣抑制如图 3.44 所示。

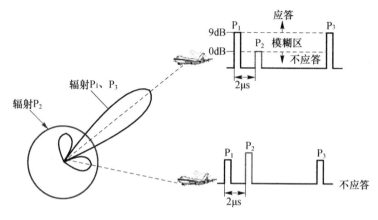

图 3.44　旁瓣抑制原理

P_1 脉冲和 P_3 脉冲称为模式询问脉冲(简称询问脉冲),它由天线具有较强方向性的询问波束辐射产生。P_1、P_3 脉冲之间的间隔决定了询问的模式,不同的询问模式有不同的作用。模式 A 的脉冲间隔为 $8\mu s$,模式 B 为 $17\mu s$,模式 C 为 $21\mu s$,模式 D 为 $25\mu s$。各模式脉冲间隔时间的误差为 $\pm 0.2\mu s$,脉冲宽度为 $(0.8 \pm 0.1)\mu s$。询问模式与 P_1 和 P_3 脉冲延迟时间的对应关系如图 3.45 所示。

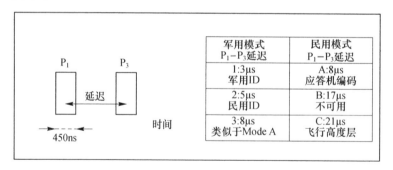

图 3.45　询问模式

3.3.3.2　应答信号时序

当机载应答机接收到地面询问机发射的询问信号后,根据询问的模式内容,自动回答一串响应询问内容的应答编码脉冲,称为回答信号。回答信号由 16 个脉冲位置组成,脉冲位置代号及时间关系如图 3.46(a)所示。

A/C 模式雷达应答帧脉冲由同步脉冲 F_1、F_2 组成,表示最基本的代码,每次应答都应出现,以表示一个回答的存在。一个 A/C 模式雷达应答帧脉冲的间隔为 20.3μs。数据脉冲或称信息脉冲由脚标 1、2 和 4 标注的 A、B、C、D 脉冲组成。在每次回答时根据回答编码组成的要求在相应的脉冲位置出现,如图 3.46 (b)所示。

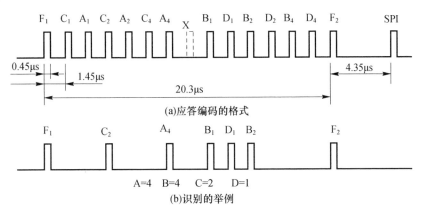

图 3.46　应答编码的格式及识别码举例

数据脉冲相对 F_1 的时间位置为 $N \times 1.45$μs,公差为 ± 0.1μs,其中 $N = 1, 2, 3, \cdots$。回答组中任何两个脉冲(F_1 除外)之间间隔的公差为 ± 0.15μs。地面询问机译码时靠识别脉冲的位置判决数据脉冲的属性。

特殊位置识别脉冲 SPI,是在 F_2 之后 4.35μs 出现的脉冲。公差相对 F_2 为 ± 0.1μs。回答时一般不发射这个脉冲。仅当需要时(如为了区别飞行的目标),由管制员指令机组发射 SPI 脉冲。机组启动机载应答机控制盒的 SPI 的按钮,机载应答机自动在回答识别码时发射 SPI 脉冲,持续 20s 后自动结束发射。备用位脉冲 X 目前并未使用,它也占据脉冲位置但恒为逻辑"0"。

从数据脉冲的结构可发现,12 个脉冲(C_1、A_1、C_2、A_2、C_4、A_4、B_1、D_1、B_2、D_2、B_4、D_4)可以编成 4096 个独立的应答编码。根据编码的要求在相应的脉冲位置上可以置逻辑"1"(存在脉冲)或逻辑"0"(不存在脉冲)。回答又分成识别码(响应模式 3/A 询问)和高度码(响应模式 C 询问)它们回答的信号格式完全一样,但在下角标的数值含义上及译码处理上有所不同。

民用的传统二次雷达只使用模式 A 和模式 C 的信息,因此称为 A/C 模式雷达。飞机通过模式 A 向地面站发送 4 位的代码进行身份识别。编码系统是八进制的,也就是说,组成代码的数字来自 0~7,因此共有 4096 个四位代码。这些模式 A 的二次代码分为固定的和非固定的。负责代码分组的是飞行计划数据处理系统(FPPS),而非二次雷达系统。

固定的代码是指以"00"(如7000)结尾的代码。这些代码可能会被不止一架飞机同时使用,其中一些代码可能会作为特定操作的通用代码。有些二次代码也会分配在紧急情况下使用,例如,"紧急情况"是7700,"无线电失效"是7600,"劫机"是7500。

与之相对的是非固定的代码,它是只分配给一架飞机使用的代码(当原始用户不再使用某代码时,该代码即可被重新使用)。任何不以"00"结尾的代码都是非固定的。

响应模式C询问的回答是高度码。由于回答高度时D_1脉冲位置恒为逻辑"0",回答的11个脉冲有2048种编码方式,这些编码方式足以用100英尺的递增表示从 − 1000英尺到121000英尺飞行器的气压高度。

高度码和海拔之间的关系,由国际民航公约航空电信附件10规定,由于高度码所报告的高度是测量本地高空气压所得到的。在高于过渡层(一般为4000 ~ 6000英尺)时,高度的测量是基于1013.25mbar($1bar = 10^5 Pa$)的气压标准(QFE)。当飞行低于过渡层时,应用修正海压(QNH)。

3.3.3.3 询问重复频率

询问频率是由二次雷达中的编码器控制的。询问重复频率主要取决于二次雷达的作用距离,同时与应答机所能承受的最大应答率有关。对二次雷达来说,应使最大作用距离内的飞机应答信号能在本询问周期内被接收到,而不能落在下一个询问脉冲之后。为此,应保证信号的往返时间小于询问周期。例如最大作用距离为370km,电磁波的往返时间约为2.5ms,那么这样重复频率必须低于400Hz。再考虑机载应答机的询问阻塞、延迟时间,以及二次雷达与终端显示系统的处理、显示时间,实际的重复频率还应低于这一值。

此外,机载应答机只允许最大应答率为一定值。当询问率高于这一定值时,接收机中的自动过载控制电路将自动降低接收机的灵敏度,所以这也限制了询问重复频率的提高。

综上所述,通常把询问重复频率限制在使每架飞机在一次扫掠中被询问20 ~ 40次的范围内。一般,询问重复频率为150 ~ 450Hz。当作用距离较近时,可以取较高的询问重复频率。

3.3.4 A/C模式雷达参数编解码

3.3.4.1 A模式编解码

当应答机响应A模式询问时,应答信号代表应答机识别码。飞机的识别码由四位八进制数字构成,每个八进制数字又可以转换为3个二进制数字,共12

个信息码,即 C_1、A_1、C_2、A_2、C_4、A_4、B_1、D_1、B_2、D_2、B_4、D_4。将 12 个信息码从高位到低位重新排序:

$$A_4 A_2 A_1 \qquad B_4 B_2 B_1 \qquad C_4 C_2 C_1 \qquad D_4 D_2 D_1$$

为表示八进制数码,就将这 12 个信息码分成 A、B、C、D 四组,每组码有三个脉冲信息位。分别将三个二进制信息位转换为八进制数字,即为飞机的识别码。例如,飞机应答机代码 3572 可表示为如下:

A 组码等于 3,所以

$$A_1 = 1, A_2 = 1, A_4 = 0(1 \times 1 + 1 \times 2 + 0 \times 4 = 3)$$

B 组码等于 5,所以

$$B_1 = 1, B_2 = 0, B_4 = 1(1 \times 1 + 0 \times 2 + 1 \times 4 = 5)$$

C 组码等于 7,所以

$$C_1 = 1, C_2 = 1, C_4 = 1(1 \times 1 + 1 \times 2 + 1 \times 4 = 7)$$

D 组码等于 2,所以

$$D_1 = 0, D_2 = 1, D_4 = 0(0 \times 1 + 1 \times 2 + 0 \times 4 = 2)$$

因此,应答机代码 3572 的 12 位信息码应如表 3.4 所列。

表 3.4　应答机代码 3572 的 12 位信息码

C_1	A_1	C_2	A_2	C_4	A_4	B_1	D_1	B_2	D_2	B_4	D_4
1	1	1	1	1	0	1	0	0	1	1	0

如果有某应答识别码如表 3.5 所列。

表 3.5　某 12 位应答识别码

C_1	A_1	C_2	A_2	C_4	A_4	B_1	D_1	B_2	D_2	B_4	D_4
1	1	0	1	0	1	0	0	1	0	1	1

则

$$A = A_1 + A_2 + A_4 = 1 \times 1 + 1 \times 2 + 1 \times 4 = 7$$

$$B = B_1 + B_2 + B_4 = 0 \times 1 + 1 \times 2 + 1 \times 4 = 6$$

$$C = C_1 + C_2 + C_4 = 1 \times 1 + 0 \times 2 + 0 \times 4 = 1$$

$$D = D_1 + D_2 + D_4 = 0 \times 1 + 0 \times 2 + 1 \times 4 = 4$$

因此,这组码的识别代号是 7614。

3.3.4.2　C 模式编解码

应答机响应 C 模式询问的应答码代表高度码。当应答机响应 C 模式询问时,主要通过如图3.47所示的步骤进行编码。首先,应答机提取气压高度表的数值,通过相关计算,将气压高度分解为十进制 H_{10} 和 L_{10} 两项。H_{10} 和 L_{10} 可由转化为二进制的 H_G 和 L_G,并根据对应的顺序为高度码分配二进制码。C 模式解码的步骤与 C 模式编码恰巧相反,如图3.48所示。

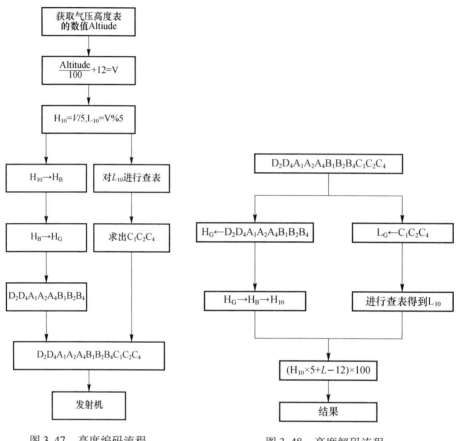

图3.47　高度编码流程　　　　　　图3.48　高度解码流程

高度码的组成方式与识别码完全不同,它的组成顺序是

$$D_1D_2D_4 \qquad A_1A_2A_4 \qquad B_1B_2B_4 \qquad C_1C_2C_4$$

其中:D_1 到 B_4 按"标准循环码"(也称为格雷码)编码,它的最小递增单位是500英尺,C 组码是"五周期循环码",其最小递增单位是100英尺。这样,当 C 组码连续递增5次(累计增量500英尺),标准码循环码递增1次。

高度码和高度之间的对应关系可从 ICAO 附件10中查到。为讨论方便,将手册中 −1250~450 英尺与高度码的对应关系列于表3.6。从表3.6可以看出,高度码是以高度 −1200 英尺作为起点的。由编码规则可知,当 $D_1 = 1$ 时,对应的高度大于10英尺,这是目前民航飞机还达不到的高度,故 D_1 始终为0。这一位可以用来检验高度码是否正确,如果出现 $D_1 = 1$ 的情况,则认为这串高度码错误。

表 3.6　高度码与高度对应关系

海拔高度范围	高　　度　　码										
/英尺	D_2	D_4	A_1	A_2	A_4	B_1	B_2	B_4	C_1	C_2	C_4
−1250 ~ −1150	0	0	0	0	0	0	0	0	0	0	1
−1150 ~ −1050	0	0	0	0	0	0	0	0	0	1	1
−1050 ~ −950	0	0	0	0	0	0	0	0	0	1	0
−950 ~ −850	0	0	0	0	0	0	0	0	1	1	0
−850 ~ −750	0	0	0	0	0	0	0	0	1	0	0
−750 ~ −650	0	0	0	0	0	0	0	1	1	0	0
−650 ~ −550	0	0	0	0	0	0	0	1	1	1	0
−550 ~ −450	0	0	0	0	0	0	0	1	0	1	0
−450 ~ −350	0	0	0	0	0	0	0	1	0	1	1
−350 ~ −250	0	0	0	0	0	0	0	1	0	0	1
−250 ~ −150	0	0	0	0	0	0	1	1	0	0	1
−150 ~ −50	0	0	0	0	0	0	1	1	0	1	1
−50 ~ 50	0	0	0	0	0	0	1	1	0	1	0
50 ~ 150	0	0	0	0	0	0	1	1	1	1	0
150 ~ 250	0	0	0	0	0	0	1	1	1	0	0
250 ~ 350	0	0	0	0	0	0	1	0	1	0	0
350 ~ 450	0	0	0	0	0	0	1	0	1	1	0

接收机将高度码译出后,进行数字显示。比较精确的高度数字信息有利于管制员监视飞机是否在规定的高度层中飞行,以便更好地按照高度分层进行航空交通管制。

通过查表,可以由高度码求出对应的海拔,但这样很不方便。实际译码时,都是按循环码的规律进行计算。例如,求表 3.7 所示的高度码的高度:

表 3.7　某高度码相应位数值

D_2	D_4	A_1	A_2	A_4	B_1	B_2	B_4	C_1	C_2	C_4
0	0	0	0	0	0	1	1	1	0	0

(1)首先将标准循环码转换成普通二进制码,再由普通二进制码转换成十进制数码,十进制数乘以增量 500 英尺,便将循环码转换成英尺。这就需要找出标准循环码和普通二进制码的对应规律。表 3.8 是四位循环码和二进制码的对照。由表 3.8 可知:标准循环码 R 的最高位和它对应的二进制码 N 的最高位相

等,且其中任意一位都满足

$$N_I = N_{i+1} \oplus R_i \tag{3.21}$$

式中:符号"$\oplus$"表示异或运算。

表 3.8　四位循环码和二进制码对照

十进制数	二进制码				标准循环码(格雷码)			
	N_4	N_3	N_2	N_1	R_4	R_3	R_2	R_1
0	0	0	0	0	0	0	0	0
1	0	0	0	1	0	0	0	1
2	0	0	1	0	0	0	1	1
3	0	0	1	1	0	0	1	0
4	0	1	0	0	0	1	1	0
5	0	1	0	1	0	1	1	1
6	0	1	1	0	0	1	0	1
7	0	1	1	1	0	1	0	0
8	1	0	0	0	1	1	0	0
9	1	0	0	1	1	1	0	1
10	1	0	1	0	1	1	1	1
11	1	0	1	1	1	1	1	0
12	1	1	0	0	1	0	1	0
13	1	1	0	1	1	0	1	1
14	1	1	1	0	1	0	0	1
15	1	1	1	1	1	0	0	0

对于表 3.7 所示的例子,应用上述规则可有下面运算流程,如图 3.49 所示。

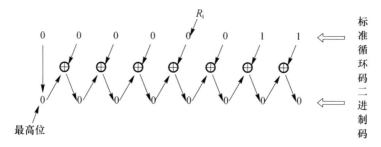

图 3.49　标准循环码转为二进制运算流程图

由此得二进制码 00000010,其值等于 2,所以,它对应的高度为 $2 \times 500 = 1000$(英尺)。

（2）将五周期循环码转换成英尺。

五周期循环码的排列规律见表 3.9,从表 3.9 可以看出:五周期循环码对应的十进制数值,与前面的标准循环码对应的十进制数是奇数还是偶数有关,即与标准循环码对应的二进制码末位是 1 还是 0 有关。本例中,标准循环码对应的十进制数是偶数,因此五周期循环码 100 相当于 4。而五周期循环码的最小增量是 100 英尺,所以 C 组码代表 $4 \times 100 = 400$(英尺)。

表 3.9　五周期循环码的数值转换

标准循环码对应的十进制数值	五周期循环码			五周期循环码对应的数值
偶数	0	0	1	0
	0	1	1	1
	0	1	0	2
	1	1	0	3
	1	0	0	4
奇数	1	0	0	0
	1	1	0	1
	0	1	0	2
	0	1	1	3
	0	0	1	4

这样,可以得到实际高度为

$$1000 + 400 - 1200 = 200(英尺)$$

式中减 1200 英尺是因为高度码的基准是从 −1200 英尺开始计算的。

考虑到 A/C 模式雷达高度最小增量带来的 ±50 英尺的最大误差,因而这组码对应的高度范围是 150 ~ 250 英尺,与表 3.6 刚好符合。

3.3.5　同步串扰与异步干扰

3.3.5.1　同步串扰

地面雷达站发出询问信号后,同时会收到多个应答信号,由于波束中两个(或多个)目标间隔小于 20.3μs 的距离(图 3.50),导致应答脉冲组相互重叠,或应答脉冲出现位置相互重叠,造成接收机无法正确进行译码而得到错误的译码结果所引起的干扰,称为同步串扰(也称为同步混淆)。

在高密度的飞行航线上,当二次雷达询问天线波束内有两个或两个以上的目标时,地面接收机能够收到天线波束内的所有应答信号。由于应答信号脉冲占有一定持续时间,当接收机收到的应答信号出现交错、重叠时,二次雷达就无

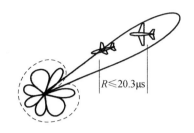

图 3.50　两目标距离过近易产生同步串扰

法正确对收到的应答信号译码,从而将两个或多个应答编码混合成一个编码输出,在雷达数据报告中表现为一个不存在的虚假目标,这就是同步串扰造成的。图 3.51 给出了 3/A 模式应答代码 5047 和 6331 时的情况,分别位于 9.66km 和 10.8km 高度的两个目标,处于雷达的同一询问波束探测范围内,并且与雷达站的距离相近,造成接收机同时收到两个应答信号。由于应答信号脉冲占有一定持续时间,询问机收到的应答信号发生重叠,二次雷达无法对收到的应答信号进行译码,从而将两个应答编码混合成一个编码输出,得到 3/A 模式代码为 7377 的目标。

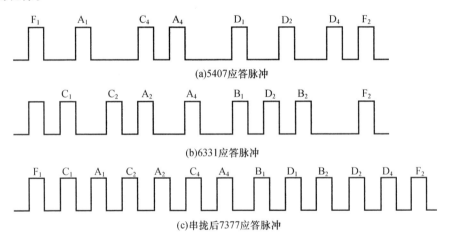

图 3.51　两目标发生同步串扰的脉冲

寻找合理处理同步串扰的方法一直是雷达信号数据处理中一个重要课题。在信号处理中,常采用的方法主要有滑窗法、单脉冲方法等。

3.3.5.2　异步干扰

当飞机处在两个以上地面询问机共同作用时,每个地面询收机除本站所询问飞机的应答脉冲同步接收外,还会接收到其他地面站询问飞机而引起的非同步应答,因此,会在显示屏幕上形成错误的信息,这种现象称为异步干扰。

3.4　单脉冲二次雷达

3.4.1　单脉冲二次雷达的原理

单脉冲技术是一种雷达精确测角技术(测量目标偏离天线瞄准轴的角度)。通过分析一个回波脉冲(对二次监视雷达是一个回答组信号)就可以明确目标到达角。因此称为单脉冲。在第二次世界大战期间已开发出单脉冲技术,单脉冲技术在20世纪80年代初开始用于二次监视雷达。根据从回波信号中提取目标角信息的特点,可以将单脉冲定向分为振幅定向法和相位定向法两种基本的方法,如图3.52和图3.53所示。

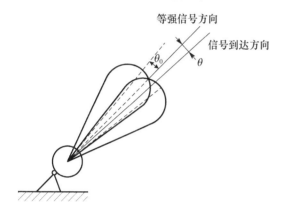

图 3.52　单脉冲振幅定向法

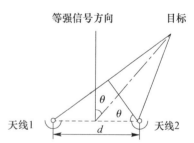

图 3.53　单脉冲相位定向法

3.4.1.1　振幅定向法

振幅定向法是用天线接收到的回波信号幅度值来进行角度测量的,该幅度值的变化规律取决于天线方向图以及天线的扫描方式。振幅定向法可以分为最大信号法和等信号法两大类,其中等信号法又可以分为比幅法和和差法。

如图3.50所示,平面两波束相互部分交叠,其等强信号轴的方向已知,两波束中心轴与等强信号轴的偏角 θ_0 也已知。假设目标回波信号来向与等强信号轴向的夹角为 θ,天线波束方向图函数为 $F(\theta)$,则两个子波束的方向图函数分别为

$$\begin{cases} F_1(\theta) = F(\theta_0 + \theta) \\ F_2(\theta) = F(\theta_0 - \theta) \end{cases} \tag{3.22}$$

两波束接收到的目标回波信号可以表示为

$$\begin{cases} u_1(\theta) = K_a F_1(\theta) = K_a F(\theta_0 + \theta) \\ u_2(\theta) = K_a F_2(\theta) = K_a F(\theta_0 - \theta) \end{cases} \tag{3.23}$$

式中：K_a 为回波信号的幅度系数。

对于比幅法，直接计算两回波信号的幅度比值：

$$\frac{u_1(\theta)}{u_2(\theta)} = \frac{F(\theta_0 + \theta)}{F(\theta_0 - \theta)} \tag{3.24}$$

根据上式比值的大小可以判断目标回波信号偏角 θ 的方向，再通过查表就可以估计出 θ 的大小。

对于和差法，由 $u_1(\theta)$ 和 $u_2(\theta)$ 可计算得到其和值 $u_\Sigma(\theta)$ 及差值 $u_\Delta(\theta)$：

$$\begin{cases} u_\Sigma(\theta) = u_1(\theta) + u_2(\theta) = K_a(F(\theta_0 + \theta) + F(\theta_0 - \theta)) \\ u_\Delta(\theta) = u_1(\theta) - u_2(\theta) = K_a(F(\theta_0 + \theta) - F(\theta_0 - \theta)) \end{cases} \tag{3.25}$$

式中：$F_\Sigma(\theta) = F(\theta_0 + \theta) + F(\theta_0 - \theta)$ 为和波束方向图；$F_\Delta(\theta) = F(\theta_0 + \theta) - F(\theta_0 - \theta)$ 为差波束方向图。

若 θ 很小(在等强信号轴附近)，根据泰勒公式可以将 $F(\theta_0 + \theta)$ 和 $F(\theta_0 - \theta)$ 展开，近似为

$$\begin{cases} F(\theta_0 + \theta) = F(\theta_0) + F'(\theta_0)\theta + o(\theta^2) \approx F(\theta_0) + F'(\theta_0)\theta \\ F(\theta_0 - \theta) = F(\theta_0) - F'(\theta_0)\theta + o(\theta^2) \approx F(\theta_0) - F'(\theta_0)\theta \end{cases} \tag{3.26}$$

进一步可得

$$\begin{cases} u_\Sigma(\theta) \approx 2K_a F(\theta_0) \\ u_\Delta(\theta) \approx 2K_a F'(\theta_0)\theta \end{cases} \tag{3.27}$$

归一化和差信号值可得

$$\frac{u_\Delta(\theta)}{u_\Sigma(\theta)} = \frac{F'(\theta_0)\theta}{F(\theta_0)} = v\theta \tag{3.28}$$

式中：$v = \dfrac{F'(\theta_0)}{F(\theta_0)}$ 为天线方向图在波束偏转角 θ_0 处的归一化斜率系数。

即可计算得到目标回波信号偏角为

$$\theta = \frac{u_\Delta(\theta)}{u_\Sigma(\theta)} \frac{1}{v} \tag{3.29}$$

对于振幅定向法来说，其优点是测向精度较高，便于自动测角；缺点是系统较复杂，作用距离较小等。

3.4.1.2　相位定向法

相位定向法是将两副天线接收到的信号相位加以比较,以确定目标在一个坐标平面内的方向。如图 3.51 所示,对于遥远区域内的点目标,目标回波可近似看成两列平行波分别入射到两副天线上,因而两副天线接收到的目标回波信号振幅相同而相位不同。

两副天线接收到的目标回波信号时差为

$$\tau = \frac{d\sin\theta}{C} \tag{3.30}$$

式中:C 为电磁波在空气介质中的传播速度。

则对应的相位差为

$$\Delta\varphi = \frac{2\pi d}{\lambda}\sin\theta \tag{3.31}$$

如果能测出信号到达天线 1 和 2 的相位差,就能得到信号到达的方向为

$$\theta = \arcsin\frac{\Delta\varphi\lambda}{2\pi d} \tag{3.32}$$

相位定向法容易得到较高的精度,这是它突出的优点。其缺点是容易引起相位差的测量模糊,并需要对信号频率进行测量。

由上述原理得知,单脉冲体制可以分为振幅和、差比较式单脉冲及相位和、差比较式单脉冲。空管二次监视雷达由于采用阵列天线,所以是相位和、差比较式的单脉冲体制。图 3.54 表示单脉冲二次监视雷达天线的辐射方向性图。从图 3.54 可以看到,询问波束称为 $\sum$ 和波束,$\sum$ 和波束辐射模式的询问脉冲为 P_1 和 P_3,控制波束辐射的旁瓣抑制脉冲为 P_2。除了一个高增益询问波束及一个足够宽(覆盖询问波束旁瓣)的控制波束外,还存在第三个波束,即差(Δ)波束。回答信号被天线的三个波束所接收,来自天线三个通道(和、差和控制)的输出分别接到各自的接收机:和接收机、差接收机和控制通道接收机(也称为 Ω 的接收机)。注意到差波束中心有一个窄且很深的零值,若在波束的一侧存在回答信号,偏离瞄准轴(OBA)的角度为 $\Delta\theta$,则该信号同时被天线的和波束及差波束接收并检测。从差波束的方向性图可以看出,目标越低接近波束中心差波束的增益越小,差通道所输出的信号强度越小(如图目标 A 方向信号),而和波束方向性图的增益变化不大。这样就可以通过差波束接收信号的大小去判断目标偏离波束中心的程度,为通过差波束接收信号的强度(通过差接收通道的输出)去判决目标偏离瞄准轴的大小提供依据。

天线波束是轴对称的,同样大小的和、差信号可以在波束中心的另一边。接

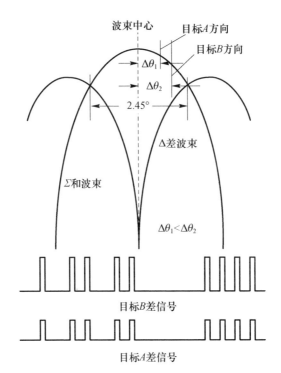

图 3.54　单脉冲二次监视雷达的辐射方向图

收到的信号与波束中心的相对位置可通过测试和信号及差信号之间的相对相位关系来确定,所以用单脉冲技术测角要求同时要给出符号信息,以便判决目标偏离瞄准轴的方向。一般和、差信号是正交的,相位差是 ±90°。

　　图 3.55 为单脉冲二次监视雷达和、差信号及符号形成。假设单脉冲使用的大垂直孔径天线(LVA)可以等效成两个辐射源,它们之间相距为 d 且这两个等效辐射源的方向性图是完全相同的,方向性图在远场完全重合。如果回答信号以偏离瞄准轴 θ 角进入天线的波束,两个等效辐射源接收到回波信号的强度相等。由于回波的前部与天线的辐射平面存在一个偏角 θ,两等效辐射点源接收的信号存在一定的波程差。如果以图 3.55 为例 E_1 和 E_2 表示两个等效辐射点源收到回波信号的场强,则它们的强度是相等的,而在相位上 E_1 滞后 E_2 一个 φ 角。φ 角是由波程差引起的相位滞后,由式(3.31)可得

$$\varphi = \frac{2\pi}{\lambda} d \sin\theta \tag{3.33}$$

式中:d 为两等效辐射源的间隔;λ 为工作波长。

　　当 θ 角很小时,$\sin\theta \approx \theta$。于是有

$$\varphi = \frac{2\pi}{\lambda} d\theta \tag{3.34}$$

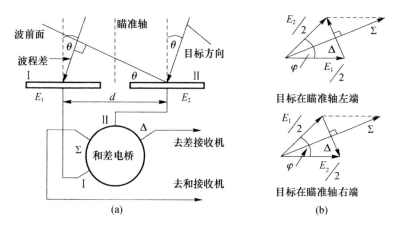

图 3.55　单脉冲二次雷达和、差信号及符号形成

从图 3.55 可以看出,两辐射源输出的 E_1 和 E_2 经后续的和、差电桥处理,在各自的输出端(Σ 端和 Δ 端)进行矢量叠加形成和、差信号。如图 3.55(b)所示,图中的差信号的强度与 φ 角有关,φ 角增大,差矢量增大。而 φ 角与偏离瞄准轴的角度 θ 有关,这样就建立了差信号强度与偏离瞄准轴角度 θ 的关系,从差信号的幅度大小可以对应偏离瞄准轴角度 θ 的大小,从而提供通过差信号的幅值确定目标偏离瞄准轴角度 θ 的可能。

目标偏离瞄准轴信息可以称为偏离角(OBA)信息或单脉冲信息。单脉冲信息处理存在两种方式:由于差信号的强度可以表征目标偏离瞄准轴的大小,用和信号对差信号归一化,归一化差信号(Δ/Σ)就是对单脉冲 SSR 使用的单脉冲信息的幅度处理。同样由于 φ 角与偏离瞄准轴的角度 θ 有着直接对应的关系,也可以用测量 φ 角的大小判决偏离瞄准轴角度 θ 的大小,该方法是在单脉冲 SSR 常用的单脉冲信息的相位处理,也称为半角处理。

在单脉冲技术中,完成和、差信号处理的关键器件是和、差电桥。如图 3.55(a)所示和、差电桥的结构是使 Ⅰ–Δ、Ⅰ–Σ 和 Σ–Ⅱ 这些端口之间的电长度均为 $\lambda/4$,而 Ⅱ–Δ 之间的电长度为 $3\lambda/4$。当两等效辐射单元接收的信号 E_1 和 E_2 分别进入电桥的 Ⅰ 和 Ⅱ 端口时。它们将被等分送到各自邻近的 Δ、Σ 端口进行矢量叠加。由于 Ⅰ–Δ 的电长度和 Ⅱ–Δ 的电长度相差半个波长,在 Δ 端口是两输入信号之差。图 3.55(b)表示了叠加的结果。

$$\Sigma = (E_1 + E_2)/2 \tag{3.35}$$

$$\Delta = (E_1 - E_2)/2 \tag{3.36}$$

图 3.55 所示,当回答信号从瞄准轴向右端进入波束时 E_1 相位滞后 E_2 一个 φ 角,叠加结果差信号相位滞后和信号相位 $-90°$;当回答信号从瞄准轴左端进

入波束 E_1 相位超前 E_2 一个 φ 角,结果差信号超前和信号 $+90°$;如果以和信号的相位作为参考基准,通过相位检波器可以检测出符号信息。

采用幅度处理单脉冲信息时,目标距雷达站的远近直接影响接收信号的强度。当目标偏离瞄准轴的角度不变时,可能导致差信号的输出幅度大小不同。单纯使用差信号对偏离瞄准轴的角度估值会产生极大的误差。因此,使用和信号对差信号归一化,用比例的方法(Δ/Σ 或 Σ/Δ)克服了不同距离差信号强度不同的影响。

单脉冲二次雷达对方位估值需先求出接收到回答时的天线波束指向角,天线的指向角由天线码盘给出,偏离瞄准轴的角度和符号信息由单脉冲技术实现,这些构成单脉冲技术测角的三个要素。

3.4.2 单脉冲二次雷达优点

由于用一个回答脉冲可以对目标的方位进行估值,这样就可以减少地面站的询问率,从而减少异步干扰的可能性。偏离瞄准轴的 OBA 信息实际上是幅度信息。在处理时可将幅度信息量化很细,从而提高角度鉴别力和测角精度。单脉冲二次雷达能够计算并分辨多架方位角差别在 0.5° 之间的飞机同时发送的回复信号,而传统 A/C 二次雷达在飞机方位角差别为 3° 多时便无法解决同步串扰问题。此外,单脉冲二次雷达能利用多个回复信号(上限为 15 个)中的单个脉冲(通常是 F_1 或 F_2)来计算飞机位置,这是一般常规的二次监视雷达难以达到的。

3.4.2.1 精度高

常规 SSR 采用单波束天线探测目标,用滑窗式目标录取器对应答信号进行处理。它对波束内收到的所有应答进行批次处理,以求其中心来获得该目标的方位角数据。因此,当这批应答群的幅度随机变化或应答丢失,或出现同步、异步干扰时,其中心就会发生变化而导致较大的测角误差。目前常规 SSR 的均方根测角误差一般为 0.2° 左右。

单脉冲二次监视雷达采用单脉冲技术增加了差波束对目标应答信号进行处理,使每一应答中的每一脉冲均含有目标的方位角信息。根据此原理能从任一回波脉冲中获得目标的角位置,只要将应答中所有回波的角信息进行积累处理,就能进一步提高测角精度。因此 MSSR 的测角精度能达到 0.05°(均方根值)左右。

3.4.2.2 处理混淆目标

MSSR 能一定程度上消除同步串扰现象。一个完整的应答信号如图 3.56 所示。其中框架脉冲 F_1,F_2 恒为"1",信息码脉冲 A、B、C、D 则既可为"0"也可为"1",特殊识别码 SPI 根据需要发送,一般为"0"。可见,当两架以上飞机对雷达的径向距离差小于 3km 时,它们的应答信号便会重叠。如图 3.57 所示,在一定精度下,MSSR 能够将串扰信号解析出来。

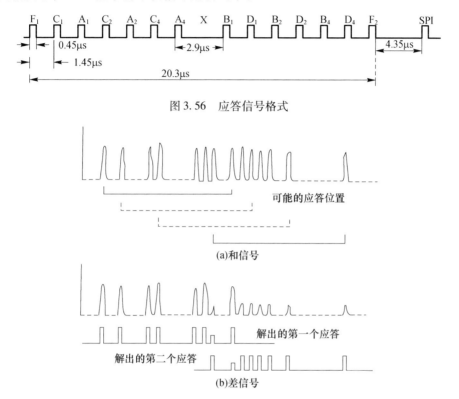

图 3.56 应答信号格式

图 3.57 混淆应答信号解析

3.4.2.3 高分辨力

常规 SSR 的角分辨力就是雷达天线波束宽度,一般为 3°~5°,距离分辨力即为应答的持续时间,20.3μs 相当于 3.5km。MSSR 利用差信息和相应的处理方法在两个应答时间内确定目标的方位角,因此其角分辨力可达 0.5°。在距离上可以识别混淆目标,距离分辨力可以达 33.75m。

3.4.2.4 工作于低重复频率

为了使在空运繁忙地区工作的多部 SSR 相互间减小异步干扰以及应答机不因过载而堵塞,国际民航组织要求 SSR 在 50~450Hz 范围内工作于尽可能低的重复频率,以减少对应答机的询问。但常规 SSR 为保证一定的测角精度,要求波束宽度内的应答数不低于 20,因此无法使重复频率降得很低。MSSR 只需 2~4 个应答即可精确测定目标方位,所以可工作在很低的重复频率,以满足国际民航组织的要求。

3.4.2.5 消除多路径效应引起的假应答

飞机发回的应答信号可以通过地面或一些大建筑物的反射而被雷达接收形成虚假信号。由于 MSSR 不仅可以解混淆目标,而且可鉴别应答脉冲的幅度,再配之以改进型的询问旁瓣抑制,就能消除多径效应的影响。

3.4.2.6 与 S 模式兼容

S 模式 SSR 是国际民航组织推广使用的新一代 SSR。它具有更强的通信能力和选址询问的能力。它的使用不仅使 ATC 能力更强,而且可用来组成空中防撞系统使飞行更安全。S 模式 SSR 是以 MSSR 为基础的,由 MSSR 加上 S 模式的相应组件构成,所以 MSSR 的应用前景和生命力是很强的。

当然,MSSR 也存在一些缺点与不足,如系统复杂和只能应用窄波束天线等。但是随着科技的发展,与雷达的其他许多新技术相比,这些复杂性已经成为次要的问题。

典型单脉冲二次监视雷达系统的技术指标如表 3.10 所列[10]。

表 3.10 典型单脉冲二次雷达系统的技术指标

最大探测距离/nm	不小于 250
飞机容量	—
总数	400 架
最大值	90°内可容纳 200 架
距离	
精度	29m(均方根)
分辨力	75m(相同方位角的两架飞机)
方位角	—
精度	0.05°(典型均方根值为 0.03°)
分辨力	0.6°(相同距离的两架飞机)
探测概率	典型值 98.7%(串扰情况下典型为 98.0%)
解码有效性	
A 模式	典型值 99.7%(串扰情况下典型为 99.5%)
C 模式	典型值 98.8%(串扰情况下典型为 97.0%)
询问率	典型值为 120Hz(天线转速为 12r/min)
异步干扰率	—

3.5　S 模式二次雷达

S 模式二次雷达是在传统 A/C 模式的二次雷达基础上发展起来的,并采用了单脉冲技术。常规二次雷达发射询问脉冲信号时,凡处在雷达询问波束范围内的飞机都会对询问做出应答,这就会造成同步串扰现象,因此而增加了二次雷达对应答脉冲的处理难度,甚至无法辨别临近的飞机。为了克服这一弊端,在二次雷达中引进了地址选择询问/应答概念,即对任何一架飞机分配一个编码地址,在雷达询问信号中加入了飞机的编码地址,那么处在询问波束范围内的飞机,当收到询问脉冲中的编码地址与飞机自身的地址相同时才做相应的应答,这就从根本上克服了串扰现象,使雷达可以对被监视的飞机进行有选择的询问。本节将对 S 模式二次雷达的系统组成、工作原理及其特点作简要概述。

3.5.1　S 模式监视雷达系统的组成

S 模式二次雷达系统由 S 模式地面询问机和机载 ATC/S 模式应答机组成,整个系统采用“问 – 答”方式。询问频率为 1030MHz,应答频率为 1090MHz,与 A/C 模式二次雷达系统一样,因此两个系统能够兼容并用。S 模式二次雷达系统组成如图 3.58 所示[8]。在传统 A/C 模式二次雷达的基础上,询问机主要增加了离散寻址信标系统(DABS)计算机,天线采用单脉冲天线,机载应答机具有数据通信能力。

美国在 20 世纪 70 年代研制发展了离散寻址信标系统,此系统与现行的交通管制雷达信标系统是兼容的。装备 DABS 机载应答机的飞机,可以回答现行的地面二次雷达的询问信号;而装备现行的应答机的飞机,也可以对 DABS 的询问信号做出相应应答[11]。

S 模式地面站系统主要由单脉冲天线、发射机、多通道接收机、信道管理器、S 模式应答处理器、A/C 模式应答处理器、航迹处理、数据管理以及接口管理等部分组成,如图 3.59 所示。

3.5.1.1　单脉冲天线

单脉冲天线的方位辐射图如图 3.60 所示。图 3.61 中给出了主扇形波束(和数,其波束宽度约为 2.5°)、单脉冲差数方向性图扇形波束对以及旁瓣抑制全向方向图。这三个辐射图具有相同的垂直辐射形状。其特点都是在水平以下的波瓣迅速截止,并可借助电子控制方法将垂直波束锐截止的位置提升 2°~

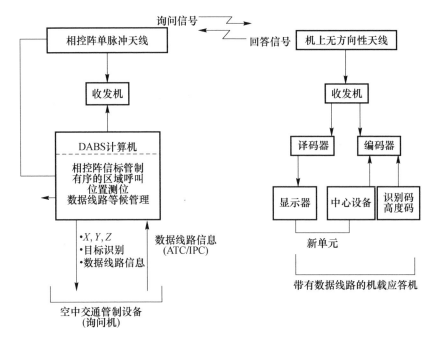

图 3.58 S 模式二次雷达系统组成

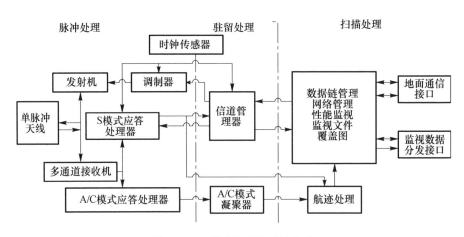

图 3.59 S 模式地面站系统组成

4°,这就使扇形波束在方位扫掠时越过机场附近的高大建筑物,减少因建筑物反射而出现的假目标。

单脉冲天线采用单脉冲处理技术,使得该系统根据应答机的一次应答信号便可定出飞机的方位,从而使应答量大大减少。该天线辐射的和数方向性图和差数方向性图同时接收每个应答机的应答信号。在接收机中利用和数方向性图和差数方向性图收到的能量之比,采用比相或比幅的方法,精确定出飞机与天线轴的方位和距离,从而精确定出目标的方位。

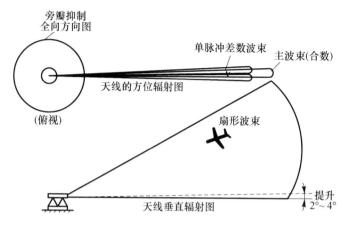

图 3.60　单脉冲天线方位辐射图

3.5.1.2　S 模式地面站

S 模式地面站由双通道结构组成,包括固态发射机、比相/比幅单脉冲接收机、空管雷达应答和相关处理器、S 模式应答处理器以及用途广泛的性能监视器。

S 模式地面站的一个最重要功能是对目标飞机预先按规定进行地址编码,用作选择性的询问。S 模式系统可用的地址编码有 24 位,所以 S 模式系统能够提供 2^{24} 个地址编码,即有 2^{24} 个飞机地址识别码,这足以给世界上的每架飞机分配一个专用的地址识别码。S 模式的地面站利用这些地址识别码能与每架飞机单独联系,S 模式地面站只向它负责监视的飞机进行 S 模式询问。它利用跟踪装置保存每架飞机的预测位置,当天线波束指向所需飞机时,发出询问,这样可减少询问次数。另外,询问的速率也不是恒定的,它随扫掠区域内所需监视飞机数目的多少灵活改变。询问机发射的输出功率受计算机控制,以便使辐射功率与飞机距离和应答机灵敏度匹配,从而可以作为辅助手段控制空管环境的干扰。

选择性询问对各航空器询问引进了适当定时的"点名",因而多架飞机不论其距离或方位如何靠近,其应答都不会互相重叠或串扰,从而可以解决空管雷达系统中的同步串扰和应答机过载等问题。因此,S 模式空管雷达系统得到的位置数据将比 A/C 模式雷达系统准确和可靠,将为空管人员提供比较平滑而且前后一致的目标航迹。

3.5.2　S模式监视雷达原理

3.5.2.1　S模式监视雷达询问

1）询问时序

S模式询问脉冲的调制方式主要以图3.61所示的调制波形为基础,其中P_6实际上是差分相移键控(DPSK)数据,它包含一段56位或112位的数据。差分相移键控调制可发射防干扰的扩展频谱信号。S模式询问一般包括全呼(AC)和选呼(RC)过程,下面简要介绍其时序及过程。

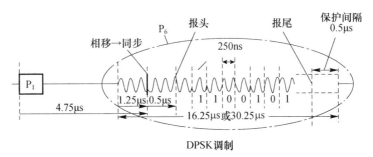

图3.61　DPSK调制时序图

全呼是对装有S模式和A/C模式应答机的飞机进行询问。当一架飞机进入了S模式雷达的监视范围时,雷达系统就会对这个飞机进行识别。随后S模式雷达站会定位飞机(方位角和距离),并且会执行以下操作:对于装配有S模式应答机的飞机,雷达会获取其24位地址码;对于装配有A/C模式应答机的飞机,雷达会获取其传统A模式和C模式(高度)代码。当航班收到S模式询问时,若其配备有S模式应答机,则发射询问信号必有128μs延时,以便过滤传统二次雷达的询问。全呼报文时序图如图3.62所示。

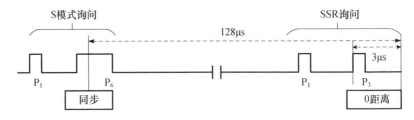

图3.62　全呼报文时序图

选呼只对装有S模式应答机的飞机进行询问,对于在全呼过程中已经识别出来具有S模式的飞机,S模式雷达站会使用它们的24位地址码选择性呼叫。此外,S模式雷达站会锁定识别过的飞机,只有S模式应答机可实现选呼询问,因此信号时序将被缩减到在 P_1、P_6 之间传播。P_6 为 56 位或 112 位,选呼长短报文时序图如图 3.63 所示。

图 3.63　选呼长短报文时序图

（1）S 模式的询问方式。

S 模式的询问方式具体分为 MODE A/C 全呼询问、MODE A/C/S 全呼询问、S 模式选呼询问,每种询问方式都有其固定的询问格式。

① MODE A/C 全呼询问。

MODE A/C 全呼询问格式如图 3.64 所示,P_4 为全呼脉冲,宽度为 0.8μs,其表示 MODEA/C 全呼。P_1 和 P_3 脉冲宽度为 0.8μs,间隔 8μs,其表示 A 模式询问,应答为 12 位的应答机代码。间隔 21μs,表示为 C 模式询问,应答为飞机气压高度,S 模式的应答机对该询问不做应答。P_2 脉冲的位置固定,为旁瓣抑制脉冲,P_2 用全向天线辐射,P_1、P_3 脉冲用定向天线辐射。在定向天线的主瓣内,P_1、P_3 比 P_2 大,而在定向天线的旁瓣内,P_2 比 P_1、P_3 大,当主瓣内的 P_1、P_3 脉冲比 P_2 脉冲大 9dB 以上时,应答机才应答,而旁瓣询问信号不予应答,从而减少了应答信号接收机的干扰。

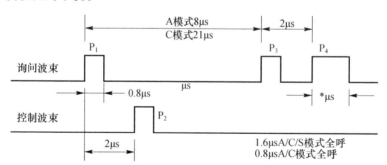

图 3.64　全呼询问信号格式

② MODE A/C/S 全呼询问。

MODE A/C/S 全呼询问格式同上,但 P_4 脉冲宽度为 1.6μs。此时 A/C 和 S 模式的应答机均要应答,其中 S 模式的应答信号包含飞机的身份标志和 24 位地址信息。Flight ID 是 8 个字符的标记(呼号),由飞行员每次起飞前输入,与飞机的地址一起用于 ATC 监视。

③ S 模式选呼询问。

S 模式选呼询问由 P_1、P_2 和 P_6 三个脉冲组成,如图 3.65 所示。P_1、P_2 作为模式 S 询问的前导脉冲间隔 2μs,模式 A/C 的应答机把它看成旁瓣询问的指令,在 P_2 之后形成 35μs 的抑制时间,防止 P_6 脉冲以高的概率与 P_1 形成模式 A/C 的询问。

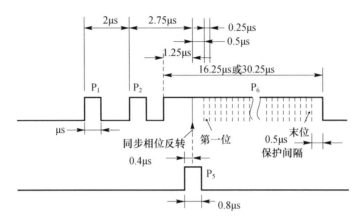

图 3.65　S 模式编码询问信号格式

询问脉冲 P_6 的宽度可分为 16.25μs 和 30.25μs 两种,分别对应 56 位数据链和 112 位数据链,数据链的长度由通信的类型决定。数据的调制方式采用差分移相键控,速率为 4Mb/s,每个脉冲位是 0.25μs。P_6 的第一个相位反转位置距 P_6 脉冲前沿 1.25μs,称同步相位反转,其作用是回答定时参考基准并与应答机时钟同步作为 DPSK 译码开始。

在同步相位反转之后,数据的相位反转应当只出现在 $(N \times 0.25 \pm 0.02)$ μs 间隔内,其中 $N \geqslant 2$。相位反转的持续期应小于 0.08μs 且单调地通过整个过渡区,如图 3.66 所示。当相邻脉冲片位之间相位变化 180° 时表示二进制的逻辑“1”,相邻脉冲位之间相位无变化时表示二进制的逻辑“0”。每个片位相对于同步相位反转的相位公差为 ±5°。在 P_6 脉冲下降沿之前 0.5μs 是保护间隔,目的为防止 P_6 的后沿干扰解调处理。询问旁瓣抑制由控制波束辐射 P_5 脉冲实现。P_5 脉冲采用幅度调制,时间和同步相位反转重叠,如果从旁瓣接收到询问 P_5 脉冲的强度大于 P_6 脉冲 9dB,应答机会以 99% 的概率抑制回答。采用差分相位调制技术是因为它具有较强的抗幅度干扰能力。

（2）S 模式的询问信号。

S 模式地面询问信号的频率为 1030MHz,其流程如图 3.67 所示。为了适应 A/C 模式和 S 模式的兼容并用,地面询问机发送两种类型的询问信号:一种是为兼容而设置的 S 模式脉幅调制(PAM)询问脉冲信号,其频率的精度较低,为 (1030 ± 0.2) MHz;另一种是专为 S 模式使用的二进制差分相移键控询问信号,

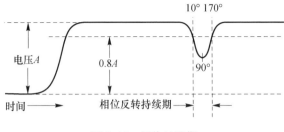

图 3.66　相位过渡期

这是一种等幅载波(在 P_6 信息时间内),其频率精度要比脉幅调制信号高出 20 倍,达 (1030 ± 0.01) MHz,该方法可防止在解调中产生相位模糊现象。此外, DPSK 询问信号不仅只询问飞机代号和高度,还可为上传报文 Comm - A 和加长报文 Comm - C 的数据通信用。

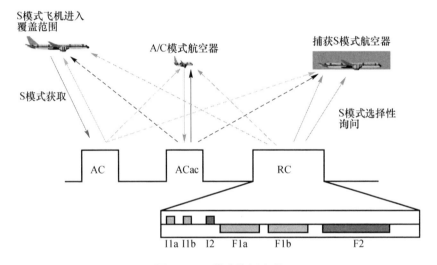

图 3.67　S 模式询问流程

①脉幅调制询问信号。

S 模式的脉幅调制询问信号是为了使 A/C 模式和 S 模式应答机兼容并用而设的询问信号,它只用于监视、询问飞机代号或飞行高度,而不能作数据通信使用。脉幅调制询问信号共分为 6 种,如图 3.68 所示。

A 模式:与 A/C 模式空管雷达所用的 A 模式相同,P_1 和 P_3 脉冲的间隔为 $8\mu s$,旁瓣询问 P_2 是在 P_1 前沿之后 $2\mu s$ 发射的,如图 3.68(a)所示。这种询问信号询问飞机代号以识别目标飞机,A/C 模式应答机和 S 模式应答机均能响应这个询问而做 A 模式回答。

C 模式:与 A/C 模式空管雷达所用的 C 模式相同,P_1 和 P_3 脉冲的间隔为

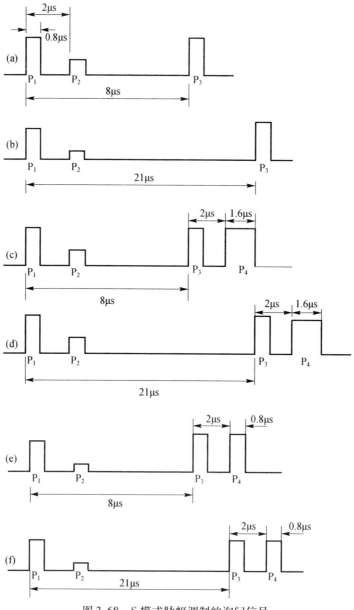

图 3.68　S 模式脉幅调制的询问信号

21μs,旁瓣询问 P_2 是在 P_1 前沿之后 2μs 发射的,如图 3.68(b)所示。这种询问信号询问飞机高度,A/C 模式应答机和 S 模式应答机均能响应这个询问而做 C 模式回答。

A 模式/S 模式全呼询问:该询问信号是在 A/C 模式空管雷达 A 模式询问信号的基础上,在 P_3 脉冲前沿之后 2μs 增加了一个脉幅为 P_3 幅值 ±1dB、脉冲宽度为 1.6μs 的 P₄ 脉冲,如图 3.68(c)所示。如 A/C 模式应答机收到此询问信号,则只对 P₁ 和 P₃ 译码,而对 P₄ 脉冲不予识别,译码成功后,以 A 模式的 4096 码飞机代号做回答;如果 S 模式应答机接收到此询问信号,从 P₁、P₃ 和 P₄ 脉冲中识别出是 A/S 模式全呼的询问,则 S 模式应答机以带有本飞机离散地址(24 位)的"S 模式全呼回答"。如果收到 P₄ 脉冲的幅值在 P₃ 脉冲幅值 6dB 以下,则这个询问就是 A 模式询问,S 模式应答机对 A 模式询问所响应的回答和上述 A 模式相同。

C 模式/S 模式全呼:该询问信号是在 A/C 模式空管雷达 C 模式询问信号的基础上,在 P₃ 脉冲前沿之后 2μs 增加了一个脉幅为 P₃ 幅值 ±1dB、脉冲宽度为 1.6μs 的 P₄ 脉冲,如图 3.68(d)所示。如 A/C 模式应答机收到此询问信号,则只对 P₁ 和 P₃ 译码,对 P₄ 脉冲不予识别,译码成功后,以 C 模式的高度码做回答;如果 S 模式应答机接收到此询问信号,从 P₁、P₃ 和 P₄ 脉冲中识别出是 C/S 模式全呼的询问,则 S 模式应答机以带有本飞机离散地址(24 位)的"S 模式全呼回答"。如果收到 P₄ 脉冲的幅值在 P₃ 脉冲幅值 6dB 以下,则该询问是 C 模式的询问,S 模式应答机对 C 模式询问所响应的回答和上述的 C 模式相同。

仅 A 模式全呼:该询问信号是在 A/C 模式空管雷达的 A 模式询问信号的基础上,在 P₃ 脉冲前沿之后 2μs 增加了一个脉幅为 P₃ 幅值 ±1dB、脉冲宽度为 0.8μs 的 P₄ 脉冲,如图 3.68(e)所示。"仅 A 模式全呼"询问信号,仅对询问机管辖范围内的全部 A/C 模式应答机做回答,而不要求 S 模式应答机做回答。若是 A/C 模式应答机收到"仅 A 模式全呼"询问,则以各自的 A 模式的 4096 码飞机代号做回答;若是 S 模式应答机收到"仅 A 模式全呼"询问,由于 P₄ 脉冲宽度仅为 0.8μs,它将抑制 S 模式应答机不做回答。如果 P₄ 脉冲在 P₃ 脉冲幅值 6dB 以下,则该 P₄ 脉冲起不到抑制 S 模式应答机的作用,这样 A/C 模式应答机和 S 模式应答机均能响应此询问,以 A 模式的 4096 码飞机代号做回答。

仅 C 模式全呼:这种询问信号是在 A/C 模式空管雷达的 C 模式询问信号的基础上,在 P₃ 脉冲前沿之后 2μs 增加了一个脉幅为 P₃ 幅值 ±1dB、脉冲宽度为 0.8μs 的 P₄ 脉冲,如图 3.68(f)所示。"仅 C 模式全呼"询问信号,仅对询问机管辖范围内的全部 A/C 模式应答机作回答,而不要求引出 S 模式应答机作回答。若是 A/C 模式应答机收到"仅 C 模式全呼"询问,则以各自 C 模式的高度码报告高度来回答;若是 S 模式应答机收到"仅 C 模式全呼"询问,由于 P₄ 的脉冲宽度仅为 0.8μs,它抑制 S 模式应答机不做回答。如果 P₄ 脉冲在 P₃ 脉冲幅值 6dB 以下,则该 P₄ 脉冲起不到抑制 S 模式应答机的作用,这样 A/C 模式应答机和 S 模式应答机均能响应此询问,以 C 模式的飞机高度做回答。

② 差分相移键控询问信号。

S 模式二进制差分相移键控询问信号是一种利用正弦波射频载波询问变化来传送数据的方法,是在"A/C 模式、S 模式全呼"询问之后,地面询问机接收到

S模式应答机的S模式"全呼回答",已获得了该飞机位置(方位、距离和高度)和该飞机地址码,并以带有该飞机地址字段作S模式"点名式"的询问时使用。全部S模式点名询问信号(包括"仅S模式全呼"询问信号)均是二进制差分相移键控信号,其发射频率的精度要求较高,为(1030 ± 0.01)MHz。

S模式二进制差分相移键控询问信号由P_1、P_2和P_6脉冲组成,如图3.69(a)所示。P_6前沿的P_1和P_2脉冲宽度均为0.8μs,且P_1和P_2脉冲幅值相等,这就与A/C模式空管二次雷达系统的旁瓣抑制情况相同。因此,如果是A/C模式应答机,收到S模式点名式的询问时,其询问信号的头两个P_1和P_2脉冲就可以抑制A/C模式应答机并使之在29μs内不做回答,可用于防止由于A/C模式应答机的随机触发而导致的同步串扰。

P_6是在P_1脉冲前沿之后的3.5μs以(1030 ± 0.01)MHz发射的等幅波,经1.25μs后,把等幅波的相位倒相180°。此后0.5μs的倒相等幅波作为第一码元前的起始基准相位。串行的"码元"把信息存在P_6之内,第一码元开始产生在同步倒相之后的0.5μs处。一个"码元"就是一个持续0.25μs的等幅波射频间隔,每一码元应有(257.5 ± 0.0025)Hz。

在P_6之内有56个或112个"码元",在最后一个"码元"之后有一个宽0.5μs的保护间隔。一个码元就是在可能发生倒相位置之后一个持续0.25μs的等幅载波间隔。如果该码元开始没有倒相,即按正弦波继续前进,可视为与前一码元同相,定为逻辑"0";如果该码元开始有倒相,则该码元定为逻辑"1"。如图3.69(c)中,以S模式全呼标志码01011为例,画出了逐个码元的波形图,图中仅以2.5Hz代表257.5Hz的相位关系。

图3.69(b)中的P_5脉冲是S模式旁瓣抑制信号,在任何S模式的询问中,P_5脉冲可能覆盖在离P_5同步倒相位置两边的0.4μs的间隔内。P_6中的同步倒相位置被P_5掩盖时(在所有的仅S模式全呼询问中,当扫掠波束不正对目标时,P_6才可能被P_5所覆盖),在所要求的时间间隔中,应答机将不会在同步倒相位置上识别到此触发信号,因而应答机将不会做回答。

在P_6内的56位短报文或112位长报文中,其最后字段为24位飞机地址和奇偶校验位,其余的位作为信息使用。这些位按照发送次序来编号,开始发射的为第一位。以位的组来编码的数称为字段,发射的头一位称为最高有效位。在各字段中,信息编码至少由一位组成。字段内的二进制编码的记数作为字段功能的指示符。S模式每次点名发送两个基本字段:一个是消息类型描述符,在报文开始的字段,用5位二进制表示,以二进制编码对应的十进制数来记格式号;另一个是报文末尾的24位飞机地址和奇偶字段。

2)S模式的询问消息类型

询问和回答数据块各有相对应的25种(0~24)上行(UF)和下行(DF)格

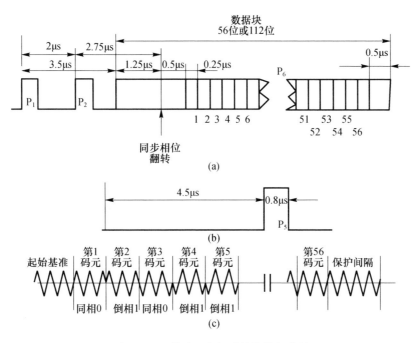

图 3.69　S 模式差分相移键控询问信号

式。目前国际民航组织规定了其中的 8 种,如表 3.11 所列。格式 0 和 16 用于空对空的监视,属于空中防撞系统。格式 11 是 S 模式全呼,基本用于建立航迹文件的初始询问。格式 4、5 与格式 20、21 一样均用于监视,不同点在于格式 20、21 具有地 – 空通信的功能,执行标准长度通信协议。扩展长度信息(ELM)通信的每个询问和回答格式要占据 80 个信息位并可以连续发射 16 次,按照发射的编号进行信息组装,最大信息长度为 1280 位。在每种数据块中,规定用不同的字段表明各自的专用目的。

表 3.11　目前国际民航组织规定的 8 种 S 模式询问和回答格式

上行格式	下行格式	位数	作用
UF = 0	DF = 0	56	短空 – 空监视(ACAS)
UF = 4	DF = 4	56	监视,高度请求(UF)/高度回答(DF)
UF = 5	DF = 5	56	监视,识别请求(UF)/识别回答(DF)
UF = 11	DF = 11	56	仅模式 S 全呼
UF = 16	DF = 16	112	长空 – 空监视(ACAS)
UF = 20	DF = 20	112	Comm – A,高度请求(UF)/Comm – B,高度回答(DF)
UF = 21	DF = 21	112	Comm – A,识别请求(UF)/Comm – B,识别回答(DF)
UF = 24	DF = 21	112	Comm – C,LEM(UF)/Comm – D,LEM(DF)

（1）监视询问。

上行监视格式如表 3.12 所列。短询问格式 UF = 4 和 UF = 5 除监视外，还分别具备请求报告高度和识别的功能。长询问格式 UF = 20 和 UF = 21 除具有 UF = 4 和 UF = 5 功能外，还具备 Comm - A 的数据链功能。

表 3.12　上行监视格式

UF = 4	00100	PC:3	RR:5	DI:3	SD:16	AP:24	
UF = 5	00101	PC:3	RR:5	DI:3	SD:16	AP:24	
UF = 20	01100	PC:3	RR:5	DI:3	SD:16	MA:56	AP:24
UF = 21	01101	PC:3	RR:5	DI:3	SD:16	MA:56	AP:24

监视询问中的 PC 字段主要用来告知各种数据链处理的结果，PC 字段的完整内容如表 3.13 所列。

表 3.13　PC 协议字段(3 位)

PC 代码	含义	PC 代码	含义
0	应答机无活动	4	Comm - B 关闭
1	非选择全呼锁定	5	上行 ELM 关闭
2	未分配	6	下行 ELM 关闭
3	未分配	7	未分配

RR 字段表示要求飞机应答的类型，如表 3.14 所列，这个字段的第一位决定应答是短的(56 位)还是长的(112 位)。

表 3.14　RR(Reply Request)字段(5 位)

RR 代码	回答长度	含义
0 ~ 15	短	请求短监视回答格式 UF = 4 或 UF = 5
16 ~ 31	长	请求回答 Comm - B 格式(DF = 20 或 DF = 21)
16	长	请求传送空中启动 Comm - B
17	长	请求报告数据链能力
18	长	飞机识别请求
19 ~ 31	长	未分配

DI 字段表示标识符识别字段，如表 3.15 所列。

表 3.15　DI(Designator Identification)标识符识别字段(3 位)

DI 代码	含义
0	除 IIS 未对 SD 字段分配
1	指派 SD 字段多站和通信控制信息
2 ~ 6	未对 SD 字段分配
7	指派 SD 字段多站和通信控制信息,扩展数据请求

只有当前值为 DI = 0、DI = 1 和 DI = 7 时,DI 和 SD 字段在一起译码。在 DI = 1 和 DI = 7 两种情况下 SD 字段的含义如表 3.16 所列。

表 3.16　两种情况下 SD 字段的含义

	位置	字段	指定功能	意义
DI = 1	17 ~ 20	IIS	询问器识别	询问站点识别
	21,22	MBS	站点 Comm – B 询问	保留/停止多站点 Comm – B 询问
	23 ~ 25	MES	多站点 ELM	保留/停止多站点 ELM
	26	LOS	关闭	多站点关闭控制
	27,28	RSS	保留状态	保留状态要求
	29 ~ 32	TMS	战术信息	Comm – A 询问连接
DI = 7	17 ~ 20	IIS	询问器识别	询问站点识别
	21 ~ 24	RRS	应答要求	指定 MB 信息 BDS2 编码
	25	—	未指定	
	26	LOS	关闭	多站点关闭控制
	27,28	—	未指定	
	29 ~ 32	TMS	战术信息	Comm – A 询问连接

(2)Comm – A 询问。

Comm – A 询问(UF = 20 和 UF = 21)与监视询问具有相同的功能,通过增加 56bit 来向飞机发送 4 个 Comm – A 询问的连接,可将数据容量扩展到 224bit。SD 字段的 TMS 字段可以用来标识初始部分,也就是第一、第二和第三(如果使用)部分,而且第一部分必须在最后。每个 Comm – A 询问必须得到飞机的应答,否则传感器会重复询问。考虑连接的 Comm – A 询问信息通过几个传感器来发送,所有传感器都在飞机范围之内,那么在 SD 字段的 IIS 区域包括了地面站的地址。IIS 区域具有模式 S 全呼询问的 II 字段相同的内容。利用 Comm – A 信息的连接来发送数据非常有效,这是因为其自动包含了监视作用,初始与结束可以在最小代价下完成。

(3) Comm – C 询问。

Comm – C 询问,也称为扩展长度信息上行连接,信息的最前两个比特位为 11。MC 字段包含了 80bit 数据,2 ~ 16 个 Comm – C 询问可以连接起来,提供长度达到 1280bit 的信息长度。NC 字段标示了发送段的编号(0,…,n − 1)。在初始询问中有最后的部分信息,NC 字段的标示编号为 n − 1。通过这种方式,初始询问告知应答机所有的数据段开始被传送。应答机直到接收最后数据段(RC = 2)才开始应答,应答为 Comm – D 应答。

这种方式可以确认每个数据段被正确接收。如果有必要,传感器可以重复丢失的数据段,直到应答机接收到完整的信息。在监视或者 Comm – A 询问中,通过发送 PC = 5 的信息来结束这个过程。因为 Comm – C 询问不能获得飞机的高度数据,所以不能用于监视。为了完成位置的更新,监视或者 Comm – A 询问可以作为单独的询问发送。如果飞机位于多个 S 模式传感器的范围之内,那么多个传感器可能同时发送多个 Comm – C 询问信息。其结果是应答机可能接收到两个没有关联信息的混合。为了防止发生这种情况,传感器可以保留与应答机的 ELM 活动。保留中包含了先前的监视或者 Comm – A 询问要求的详细信息和做出要求的传感器身份。询问信息包含下面数据:

DI 编码 = 1(多站点 SD);

MES 编码 = 1(上行连接 ELM 保留);

RSS 编码 = 2(UM 的报告上行连接保留状态);

ISS 编码 = 传感器站点地址。

对于应答机的监视或者 Comm – B 应答,在其 UM 字段,针对 ELM 活动的传感器站点地址被保留。只有当站点地址与传感器地址一样时,传感器进行 ELM 处理。

当上行连接 ELM 信息的发送完成后,传感器开始放弃 ELM 活动。通过发送下一个监视或者 Comm – A 询问来完成这项功能,包含下面的数据:

DI 编码 = 1(多站点 SD);

MES 编码 = 2(上行连接 ELM 停止);

IIS 编码 = 传感器站点地址。

所有空中与地面之间的数据传送都通过地面控制。为了控制方便,利用单个 Comm – C 询问来控制多重 Comm – D 应答的下行连接 ELM 信息。

(4) 全呼询问。

全呼询问用于目标的捕获,主要有交互模式的长 P_4 全呼和 S 模式全呼两种方式。对于前者在下次监视或 Comm – A 询问时由于使用非选择全呼锁定(PC = 1)将拒绝其他地面站的全呼捕获,在多站覆盖的情况下应使用 S 模式全呼。它的 24 位地址码完全由二进制的逻辑 1 填充。上行全呼格式如表 3. 17 所列。

表 3. 17 上行全呼格式

UF = 11	01011	PR:4	II:4	CL:3	16	AP:24

表 3. 17 中,II(Interrogator Identifier)是 4 位询问机识别符字段,用于报告地面站的站址。当应答机记录下站址以后,就进行站址锁定,应答机便不再响应被锁定站址询问机的全呼询问,这样可以避免全呼回答时可能的串扰。应答机可以锁定 0 ~ 15 编号的 16 个不同的地面站站址。在多站覆盖情况下地面站不使

用 0 号站址。询问机可以指派多于 1 的识别符(Identifier Code)代码,不同的代码用于不同询问。

PR(Probability of Reply)是应答概率字段。要求应答机通过内部变化的一个随机数,指派出一个应答概率,通过减少应答概率,在串扰的情况下独立地捕获目标。表 3.18 给出了 PR 字段的要求。

表 3.18　PR 字段

PR 代码	含义	PR 代码	含义
0	用概率 1 回答	8	不管是否锁定,用概率 1 回答
1	用概率 1/2 回答	9	不管是否锁定,用概率 1/2 回答
2	用概率 1/4 回答	10	不管是否锁定,用概率 1/4 回答
3	用概率 1/4 回答	11	不管是否锁定,用概率 1/4 回答
4	用概率 1/16 回答	12	不管是否锁定,用概率 1/16 回答
5 ~ 7	未分配	13 ~ 15	未分配

(5)广播询问。

Comm – A 广播信息格式采用 UF 为 20 或 21、24 位 AP 字段全置逻辑 1 作为 Comm – A 广播信息询问。应答机接收到这种询问不予回答,信息的进一步处理取决于 MA 字段的内容和飞机的数据链设备。

Comm – A 的广播信息是把相关消息转移给询问机波束内全部的 S 模式飞机。由于应答机不回答,可以避免同步串扰,但是询问机不能确认这条消息是否被指定的飞机收到。基于这个原因,广播信息应是保证高成功率、周期性发射的信息。

3.5.2.2　S 模式监视雷达应答

1)应答时序

S 模式应答包括报头和脉冲位置调制数据块中的 56 位或 112 位信息,根据脉冲传输的位置,将相应地显示 0 或 1,典型的 S 模式应答机应答时序图如图 3.70 所示[8]。

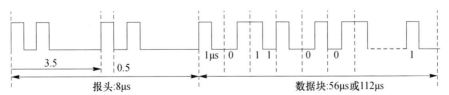

图 3.70　S 模式应答机应答时序图

S模式应答机所发射的应答信号主要有两种(图3.71):若是响应 A/C 模式的询问,则以 A/C 模式的脉码调制回答信号做回答;若是响应 A/C 模式/S 模式全呼、S 模式选址询问或 S 模式全呼,则以 S 模式的脉位调制回答信号做回答。

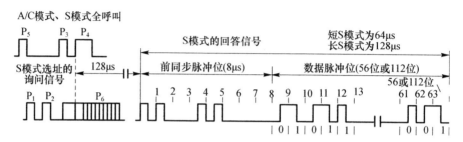

图 3.71　兼容的 S 模式的回答信号

S模式回答的脉位调制信号由前导同步脉冲和数据脉冲组成,如图3.70所示。前同步脉冲由起始的8μs内两组宽0.5μs的脉冲对形成。回答数据是由脉冲位置调制(PPM)编码的,其脉冲位置随调制信息的二进制数而变化,但其脉冲幅度和宽度不变,有 56 位和 112 位两种。在每位 1μs 间隔的前半周 0.5μs 内发射脉冲时,表示逻辑电平"1";而在后半周 0.5μs 内发射脉冲时,表示逻辑电平"0"。图 3.72 中回答数据脉冲对应位的顺序为 01011…001。

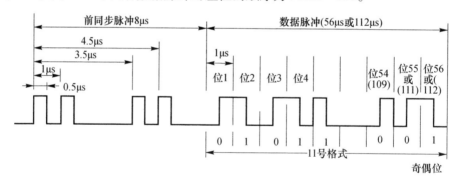

图 3.72　S 模式应答信号

2）S 模式的应答消息类型

与询问格式对应,S 模式的应答数据有 25 种,目前定义并使用的主要包括监视应答、全呼应答、Comm – B 应答、Comm – D 应答等 9 种,每种应答的最后 24 位为地址和校验位。

（1）监视应答。

短应答格式 DF = 4 和 DF = 5 除监视外,分别具备请求报告高度和识别的功能。长询问格式 DF = 20 和 DF = 21 除具有 DF = 4 和 DF = 5 功能外,还具备

Comm – B 的数据链功能。监视应答格式如表 3.19 所列。

表 3.19　监视应答格式

DF = 4	00100	FS:3	DR:5	UM:6	AC:13	AP:24	
DF = 5	00101	FS:3	DR:5	UM:6	ID:13	AP:24	
DF = 20	01100	FS:3	DR:5	UM:6	AC:13	MB:56	AP:24
DF = 21	01101	FS:3	DR:5	UM:6	ID:13	MB:56	AP:24

AC(Altitude code)为高度码,ID(Identity code)为识别码,MB 为(Message Comm – B)信息。FS(Flight Status)协议字段的含义和 DR(Downlink Request)字段的含义分别如表 3.20 和表 3.21 所列。

表 3.20　FS 协议字段(3 位)

FS 代码	含义	PC 代码	含义
0	飞机在空中无告警,无 SPI	4	飞机在空中或地面告警,SPI
1	飞机在地面无告警,无 SPI	5	飞机在空中或地面无告警,SPI
2	飞机在空中告警,无 SPI	6	未定义
3	飞机在地面告警,无 SPI	7	未定义

表 3.21　DR 字段(5 位)

RR 代码	含义	RR 代码	含义
0	无下行请求	5	Comm – B 广播信息 2
1	请求发送通信 – B	6,7	预留 ACAS
2,3	预留 ACAS	8～15	未定义
4	Comm – B 广播信息 1	16～30	下行 ELM 协议

表 3.19 中,UM(Utility Message)表示有效信息字段,用于多站协议,含有应答机通信状态的信息。它分成两个子字段 IIS(Interrogator Identifier Subfield)询问机识别符子字段 4 位和 IDS(Identifier Designator Subfield)识别符标识符子字段 2 位。IDS 识别符标识符字段含义如表 3.22 所列。

表 3.22　IDS 识别符标识符子字段

IDS 代码	含义
0	无信息
1	Comm – B 询问机识别符代码
2	Comm – C 询问机识别符代码
3	Comm – D 询问机识别符代码

大多数 S 模式应答时包含高度数据的监视应答。这种应答的高度数据体现在 DF = 4(或 DF = 20)的 AC 字段中。该字段为 13 位,无框架(帧)脉冲位。位

序仍然是模式 A/C 应答的位序。该字段的第七位相当于模式 A/C 应答位序的 X 位,S 模式定义为 M 位。当 $M=0$ 时,用英尺表示高度。在 S 模式高度码的 D1 定义为 Q 位,$M=0$ 和 $Q=0$ 表示高度码按 100 英尺步进,$Q=1$ 表示按 25 英尺步进。$M=1$ 时,准备未来用公尺表示高度。

当询问机收到告警信息时($FS \neq 0$),要安排一次附加的询问($UF=5$ 或 $UF=21$),从对该询问的应答中读出模式 A 的数值。飞机在正常飞行期间,识别码的改变由管制员控制。一个正常代码的变化都要导致一次告警状态的报告,这种报告依据附件 10 规定为暂时告警,暂时告警经过 18s 后会自动消除。告警状态解除后,监视协议例行地转向提取高度码($UF=4$ 或 $UF=21$)。如果模式 A 应急告警代码是 7500、7600、7700,则将其规定为永久性告警,这种告警无结束计时,一直保持告警状态的申报。

(2) 全呼应答。

全呼应答时应答机响应长 P_4(1.6μs)交互询问和 S 模式全呼询问($UF=11$)。它的应答表明 S 模式飞机的存在,同时给出唯一的 24 位地址码。全呼应答($DF=11$)数据链格式如表 3.23 所列。

表 3.23　全呼应答($DF=11$)数据链格式

DF = 11	01011	CA:3	AA:24	AP:24

表 3.23 是全呼应答($DF=11$)数据链格式。字段 CA(Capability)要求应答机报告数据链能力,如表 3.24 所列。AA 字段报告飞机唯一的 24 位地址,全呼应答所报告的地址与 24 位的奇偶校验组合,地址位的任何错误地面站都不能识别。

表 3.24　CA 能力字段(3 位) DI = 0

CA 代码	含义
0	无数据链能力
1	Comm – A 和 Comm – B
2	Comm – A、Comm – B 和 Comm – C
3	Comm – A、Comm – B、Comm – C 和 Comm – D

一旦地面站捕获到一架飞机并已确定该机的 S 模式地址,地面站就不再要求该机应答全呼询问。但是这种全呼锁定协议同时拒绝覆盖范围内其他询问机对该机的全呼询问。为了克服这种限制,在全呼询问标上询问机的站址($UF=11$,II 字段的询问机识别符),这种指定站址的全呼锁定,只禁止被应答机已锁定站址的询问机全呼询问的应答。

(3) Comm – B 应答。

Comm – B 应答($DF=20$ 或 $DF=21$)与监视应答有相同的功能,但是增加了

56bit 来传送飞机对询问器的数据。所有数据的传送通过传感器来控制,这样对于询问器的特殊要求,飞机只能发送下行数据。对于数据传感器初始发送,需要在监视或者 Comm – A 询问中包含超过 16 的 RR 编码来标示。如果数据没有被询问器正确接收,就需重复要求。

当飞机位于多个传感器的范围之内时,会有多个空中 – 初始化 Comm – B 应答信号等待发送,因此存在重复询问或者应答的可能性。对于以上情况,需要使用多站点协议,初始化监视或者 Comm – A 询问的内容具体如下:

RR 编码 = 16(读取空中 – 初始化 Comm – B);

DI 编码 = 1(多站点 SD 区域);

MBS 编码 = 1(Comm – B 保留);

RSS 编码 = 1(在 UM 中报告 Comm – B 保留状态);

IIS 编码 = 传感器站点地址。

应答机保存需要 Comm – B 数据的第一个站点的地址,在 UM 区域的 ISS 字段包含了这个地址。获得应答信号的初始化站点可以判断该站点或者其他站点是否能够处理信息。当 Comm – B 信息成功发送以后,在下一个监视或者 Comm – A 信息中需要一个确认信息。具体如下:

DI 编码 = 1(多站点 SD 字段);

MBS 编码 = 2(通信 – B 信息停止);

IIS 编码 = 探测器站点地址。

当传感器接收到进一步询问的应答后,应答机清除信息(DR = 0),处理完成。与 Comm – A 询问一样,可以将 4 个 Comm – B 应答连接起来以增加数据容量。

(4) Comm – D 应答。

Comm – D 应答也称为下行连接 ELM,信息的前两比特位为 11。MD 字段包含了 80bit 的数据,2 ~ 16 个 Comm – D 应答可以连接起来以提供总长度达 1280bit 的信息。所有的下行连接信息由地面传感器控制,其跟随一个等待预警或者 Comm – B 应答的标示。对于下行连接 ELM 的情况,监视或者 Comm – B 应答其 DR 编码超过 15,等待传送的 Comm – D 数据段数目由 DR 减去 15 的大小决定。询问器发送单个字段 RC = 3 的 Comm – C 询问信号。在这个询问信号中,MC 字段的前 16bit 需要发送 Comm – D 数据段。飞机对于询问信号的响应就是发送需要的 Comm – D 数据段。Comm – D 应答与应答信号的开始间隔为 136μs,这样询问器可以知道所需响应的持续时间。当这段时间过去,询问器就可以判断所需的响应是否全部被正确接收。进一步的 Comm – C 询问便要求重复选定的丢失数据段,或者标示完整的数据已经发送而中止处理。如果飞机在多个 S 模式传感器的范围之内,那么多个传感器可能在同一时刻进行多个

Comm－D信息。这样在两个传感器之间信息就有偏重。为了防止这种情况,传感器需要保留与应答机的下行连接ELM活动。可以通过先前的监视询问,或者Comm－A询问要求的细节和做出要求的传感器的身份,来完成保留过程。具体如下:

  DI编码＝1(多站点SD);

  MES编码＝3(下行连接ELM保留);

  RSS编码＝3(报告UM中的下行连接保留状态);

  IIS编码＝传感器站点地址。

  应答机的预警或者Comm－B应答的UM字段包含目前保留ELM活动传感器的站点地址。当站点的地址与传感器地址一样时,传感器开始处理ELM过程。当下行连接的ELM信息被完整发送后,传感器必须放弃ELM活动。通过发送下一个监视或者Comm－A询问信息来完成这项功能。具体如下:

  DI编码＝1(多站点SD);

  MES编码＝4(下行连接ELM停止);

  IIS编码＝询问机地址。

  (5)应答级别。

  机载应答机生产于不同年代,性能差异较大,根据应答信息的强弱将应答机分为四个级别:Level1应答机需满足基本的监视要求,能对UF0、UF4、UF5和UF11做出应答,但不具备数据链路功能和扩展长度信息;Level2应答机在Level1的基础上增加了UF16、UF20、UF21的应答要求,包含Comm－A和Comm－B通信,目前机载应答机主要为Level2;Level3应答机能接收Comm－C的询问信息,但不要求做出应答;Level4应答机能进行Comm－D通信,具备一定的空地数据传输能力。

3.5.2.3　S模式监视雷达监视方式

  S模式雷达的监视方式可分为基础型监视(ELS)及增强型监视(EHS),图3.73中展示了S模式监视的信息,由此可见其信息比传统二次雷达信息更丰富。

  基础型监视是空管监视的重要组成部分,是S模式监视的基本功能,它包括航空器传输信息的能力及地面网络处理信息的能力。基础监视的内容包括:24位ICAO地址;航空器识别自动报告(呼号或航班号);应答机能力报告;25英尺步进值的气压高度;航班状态(显示空/地状态)等信息。

  增强型监视是基于基础型监视对下行链路机载参数(DAP)的一种更全面的监视手段,一定程度上提升了空管运行的效率和安全。具体内容包括下行链路机载参数、航空器自动识别报告、指示空速、马赫数、爬升率、滚转角、航迹角、

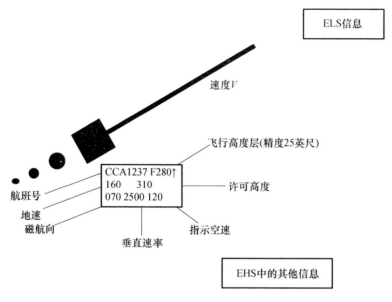

图 3.73　S 模式监视信息

转弯率、真空速、地速、选择高度、气压高度设置等信息。

3.5.2.4　S 模式监视雷达的特点

相对于常规 A/C 模式二次监视雷达,S 模式二次雷达主要有以下特点:

(1) S 模式运行能通过选择消除传统二次雷达模式的同步串扰,防止了当两架或多架飞机距离很近时,雷达覆盖范围内的所有飞机同时应答而引起的系统饱和、混叠现象,规避了错误录取或目标丢失的风险。

(2) S 模式询问提高了检测能力。它给每一个飞机分配唯一的 24 位地址,飞机的识别码数量可达 1677 万个,是现行 A/C 模式的 4000 多倍,足以实现全球飞机一机一码,从而提高了目标检测能力。

(3) S 模式询问消除了来自天线波束范围内其他目标的应答信号,因此大大降低了干扰、应答机占据以及由于反射引起的虚假应答。

(4) S 模式询问较高的飞机数据完整性,得益于 S 模式唯一的地址和较安全的数据传输。当传输期间编码被破坏时,S 模式有更好的编码修复能力。

(5) S 模式选择性询问减少了询问次数从而减少了干扰,最终消除 S 模式运行中 SSR 干扰状态,提高了分辨性能。

(6) 提供通信监视服务,通过利用二进制数据子域报告,除了可以得到目标的 A 模式识别码、步进 25 英尺的高度报告和 24 位地址等信息,还可以得到数据链路性能报告、飞行目标识别、选择垂直意向高度、跟踪报告和速度报告等信息。

（7）S模式数据链是双向（地－空、空－地）数字数据通信。这项功能一般会与对空监视功能相结合，可避免在地面或飞机上安装单独的数据通信收、发信机，从而减少了飞行中的通信负荷，有效地提高了地对空的监视能力。此外，S模式充分利用了询问和应答信号的数据块结构，当应答机与其他机载设备相连后，便可以接纳一整套飞行信息（天气报告、起飞许可、高度许可、新通信频率确定、最低安全高度告警、驾驶员对管制员批准的复诵等），然后以文字形式显示给飞行员，可以减少飞行员的通信联系工作。另外，数据通信的功能还用于空中交通告警与防撞系统、广播式自动相关监视。S模式的下行D17、D18格式的扩展数据链，即1090ES数据链是ICAO推荐使用的用于ADS－B系统的数据链。

3.6 多雷达数据处理系统

多雷达数据处理是对不同雷达探测到的同一目标航迹数据进行融合和跟踪后，在管制自动化系统内形成唯一的目标航迹。多雷达综合航迹信息是整个管制系统的基础信息，供告警计算、计划相关处理、管制扇区移交等各个子模块使用。空管自动化系统能接收多部雷达数据，并对单雷达航迹进行判别和处理，确定这些航迹信息是否属于同一目标。若属于同一目标，则时空对准后采用适当方法进行融合，选出最能表达实际情况的目标态势描述，最终生成新航迹或更新旧航迹，并尽可能保证系统航迹的连续平滑。下面对雷达数据处理系统概述、多雷达航迹生成、航迹相关原理、雷达数据处理系统安全网络、CAT062格式消息解码、国内外空管监视雷达配备标准进行简要介绍。

3.6.1 雷达数据处理系统概述

3.6.1.1 雷达数据处理分类

现代雷达数据处理技术可分成三个层次：

（1）雷达信号处理与目标检测（雷达信息一次处理）。雷达信息一次处理的作用是在杂波、噪声和各种有源或无源干扰的背景中提取有用信息，即提升信号质量，抑制杂波、噪声和干扰，提高信噪比，以较高的概率发现目标。

（2）单部雷达数据处理（雷达信息二次处理）。雷达信息二次处理是对单个雷达一次处理给出的点迹与数据库中的所有航迹进行相关，然后给出外推、滤波等处理，以对目标的状态进行估计并形成单雷达航迹（也称为跟踪），即单雷达数据处理。

（3）多部雷达系统数据融合（雷达信息三次处理）。雷达信息三次处理通常在管制中心的信息处理中心完成,它所实现的是多雷达或多传感器的信息处理,其处理对象是多雷达一次处理后的点迹或二次处理后的航迹,对多部雷达或传感器的点迹或航迹处理通常称为多雷达数据处理或多传感器数据融合。

3.6.1.2　雷达数据处理任务

早期的一些雷达采用模拟式解算装置进行数据处理。现代雷达已采用数字计算机完成这些任务,具体任务有:

1)数据格式化

雷达数据的原始形式是一些模拟量,经接收系统处理后在计算机的输入端已变成数字量。数字化的雷达数据以一定格式编成若干个字段,每一个字段指定接纳某个时刻测量到的雷达数据。雷达数据字段是各种数据处理作业的原始量,处理后即送入计算机存储器内的指定位置。

2)校正

雷达系统的失调会造成设备的非线性和不一致性,使雷达数据产生系统误差,影响目标参数的无偏估计。为保证高质量的雷达数据,可预先把一批校正补偿数据存储于计算机中。在雷达工作时,根据测量值或系统的状态用某种查表公式确定校正量的存储地址,再用插值法对测量值进行校正和补偿,以清除或减少雷达数据的系统误差。

3)坐标变换

雷达数据是在以雷达天线为原点的球坐标系中测出的,为了综合比较由不同雷达或测量设备得到的目标数据,往往需要先把这些球坐标数据变换到某个参考坐标系中(常用笛卡儿坐标系作为参考坐标系)。另外,在球坐标系中观察到的目标速度、加速度等状态参数是一些视在几何分量的合成,不能代表目标在惯性空间的运动特征。若数据处理也在雷达球坐标系中进行,会由于视在角加速度和更高阶导数的存在使数据处理复杂化,或者产生较大的误差。通过适当选择坐标系可以简化目标运动方程,能提高处理效率和数据质量。

4)目标跟踪

跟踪滤波器是雷达数据处理系统的核心,它根据雷达测量值实时估计当前的目标位置、速度等运动参数并推算出下一次观察时目标位置的预报值。这种预报值在跟踪雷达中用来检验下一次观测值的合理性,在搜索雷达中用于航迹相关处理。常用的跟踪滤波器有 $\alpha - \beta$ 滤波器、卡尔曼滤波器和维纳滤波器,可根据拥有的计算资源、被处理的目标数、目标的动态特性、雷达参数和处理系统的精度要求等条件选用上述滤波器。$\alpha - \beta$ 滤波器的优点是算法简单,容易实现。对于非机动飞行的等速运动目标,该算法位置估值和速度估值的平方误差最小,故可对等速运动目标进行最佳滤波。对于机动飞行的目标,由于 $\alpha - \beta$ 滤波器描述的目标运动模型与实际情况存在差异,会产生较大的误差。为此,可采用一种机动检测装置,以便发现目标作机动飞行时能自动调整测量周期或修改 α 值和 β 值,使跟踪误差保持在允许的范围内。与 $\alpha-\beta$ 滤波器不同,卡尔曼滤波器中除装有稳态的目标轨迹模型外,还设有测量误差模型和目标轨迹的随机抖动模型。因此,它对时变和时不变的目标动态系统能做出最佳线性、最小方差的无偏估计。除目标状态的估计外,卡尔曼滤波器还能估计状态估值的误差协方差矩阵,利用误差协方差矩阵可以检测目标机动,调整滤波系数,实现对机动目标的自适应滤波。

5)目标航迹处理

早期的探测雷达由操作员从显示器上判定目标的存在,并逐次报出目标的位置。标图员根据报告的目标数据进行标图,并把图上的点顺序连接,形成目标航迹。这个过程称为目标航迹处理。现代雷达系统的航迹处理已无需人工处理,而主要由计算机来完成。利用计算机进行数据处理的探测雷达,称为边跟踪边扫描雷达系统。

目标航迹处理主要包括如下四个部分:

(1)航迹建立:首先清除杂波的干扰点迹和噪声的虚假点迹。在计算机内事先存有固定的杂波图,若新点迹落入此区内,则作为杂波予以清除,并利用相关逻辑分离出老目标的点迹。对剩余的点迹,先预测其在下次扫描时的目标位置,并围绕这一预测位置建立一定的相关区,再验证是否确有新的相关点迹存在。如果在多次贯序扫描中有一定数目的点迹落入相应的相关区,就登记为一个新的稳定航迹;否则,作为虚假点迹抛去。

(2)航迹相关:目标在不断运动,因而需要相应地更新每条航迹的数据,以实现对目标的跟踪。为此,必须把已有的航迹与新提取的点迹不断地进行相关处理,找到各个目标更新的测量数据,据此进行平滑和预测。常用的相关方法是在外推点周围形成一个波门,只有落在波门内的点迹才能与航迹相关。相关波门的大小根据雷达测量误差、目标速度及其机动情况、天线扫描周期、滤波方法和航迹的质量等因素折中确定。在高密度目标环境下,可能出现一个点迹同时落入几个目标的相关波门之内,或者几个点迹同时落入一个相关波门之中等情况,需要采用多种优化算法解决。

(3)航迹的平滑和预测:点迹与航迹相关之后作为航迹的新的测量数据送入跟踪滤波器,进行实时的平滑和预测。

(4)机动检测逻辑:用以确定目标机动状况。根据机动值的大小,自动的调节跟踪滤波器的参数,使滤波器适应目标的运动规律。机动检测方法是围绕目标的预测位置,形成内、外两个相关区。当目标落入较窄的内相关区时,表示该目标基本上无机动运动,这时可采用深阻尼的跟踪滤波器。当目标落入较宽的外相关区时,表示目标机动超过门限,这时可采用宽带的跟踪滤波器。

3.6.1.3　雷达数据处理系统功能

部分雷达自身具有在线的航迹处理器（如单脉冲雷达和 S 模式雷达），这种在线的航迹处理称为单雷达航迹处理。管制中心的航迹处理器能处理来自多部不同雷达的航迹或点迹，对其进行融合处理，称为多雷达航迹处理。这种航迹处理器是 RDPS 的一个组成部分。

管制中心的 RDPS 不仅能处理二次雷达和一次雷达的数据，也能处理其他监视传感器（如 ADS - C、ADS - B 和多点定位系统等）发来的数据，因此也称为监视数据处理系统（SDPS）。监视数据处理系统与外部系统连接如图 3.74 所示。

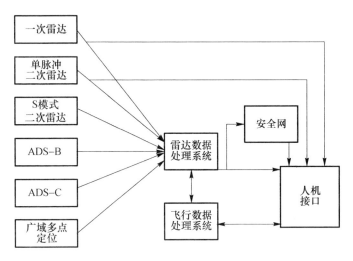

图 3.74　监视数据处理系统与外部系统连接

（1）多传感器航迹生成：处理来自多部雷达及其他监视传感器发来的数据（如 ADS - C、ADS - B、多点定位系统、视频图像等），经过计算获得高精度的航空器位置。

（2）航迹广播：将生成的航迹数据按照规定的标准格式发送给各席位显示系统及其他应用。不同的应用需要不同的参数，不同的格式标准对应着不同的应用。

（3）安全网络：监视数据处理系统能进行短期冲突告警（STCA）。在有些系统中告警功能是监视数据处理系统的组成部分，在有些系统中告警功能与监视数据处理系统独立成为一个专门的模块，称为安全网络。

（4）与飞行计划处理系统相连进行相关处理：主要完成航迹信息与飞行计划信息的关联，为管制员提供丰富的运行信息。

3.6.2 多雷达航迹生成

现代区管中心和终端区的管制员使用的雷达数据均由不同雷达数据源提供的数据融合而成,多雷达系统优化了航空器定位的精度,能够提供无缝航迹追踪,相比普通雷达系统更加安全。多雷达航迹生成过程如图3.75所示。

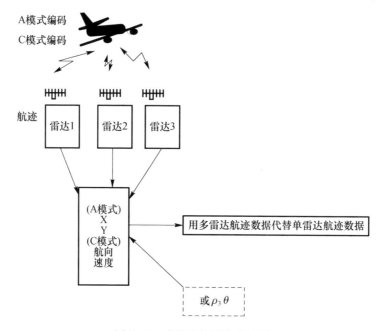

图 3.75　多雷达航迹生成过程

新航迹生成步骤如下:

(1)收到一次雷达的回波或机载应答机的应答后产生目标报告。一次雷达目标信息包括目标斜距和天线方位角;单脉冲二次雷达目标信息包括 A 模式或 C 模式应答代码、目标斜距、天线方位角、目标与天线轴线的偏离角(OBA)。

(2)第一批点迹处理。天线旋转第一圈后,生成第一批点迹,如图3.76所示。一次雷达根据回波数据计算目标与雷达距离的平均值、方位角的均值;单脉冲二次雷达根据应答数据,求解 A 模式或 C 模式应答信息,计算目标与雷达距离的平均值、方位角的均值,生成同步串扰信息。

(3)第二批点迹处理。天线旋转第二圈后,生成第二批点迹,如图3.77所示。第二批点迹包括三种类型:第一批点迹位置更新后生成的点迹;另外一个和点迹1位置靠近的点迹;其他情况生成的点迹。

比较第一批点迹和第二批点迹。一次雷达进行点迹位置连贯性处理,多普

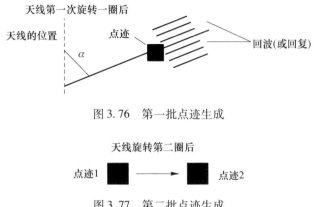

图 3.76　第一批点迹生成

图 3.77　第二批点迹生成

勒速度比较。二次雷达进行点迹位置连贯性处理,比较 A 模式和 C 模式信息,S 模式雷达比较点迹的 24 位地址码。

（4）航迹处理。天线旋转第二圈后已完成对生成点迹的信息处理,以下进行航迹处理。一次雷达判断是否为两个独立点迹或相关的点迹,并根据处理结果进行临时航迹初始化;二次雷达根据 A 模式和 C 模式信息的一致性结论判断是否为同一航空器生成的点迹,如果为同一个航空器,则生成新航迹并进行初始化,如果不是同一个航空器,则生成两个点迹。

天线旋转第三圈后,生成第三批点迹,第三批点迹生成流程如图 3.78 所示。

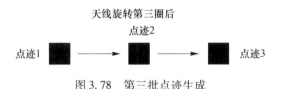

图 3.78　第三批点迹生成

一次雷达航迹如果是三个关联的点迹（第三批点迹中有与前两批点迹相关的点迹）,则生成一个新航迹并初始化,计算速度矢量;二次雷达航迹如果是三个关联的点迹（第三批点迹中有与前两批点迹相关的点迹）,则计算速度矢量。

3.6.3　航迹相关原理

为了在管制雷达上显示更多的信息（进离场点、航路点、航路预计时间等）,需对飞行计划和雷达数据进行相关,其过程由监视数据处理系统（也称为雷达数据处理系统）处理,整个相关过程通过航空器发送的 A 模式编码（应答机编码）完成,雷达航迹与飞行计划相关过程如图 3.79 所示。

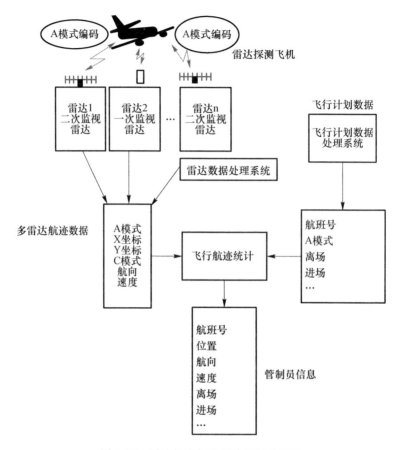

图 3.79　雷达航迹与飞行计划相关流程

3.6.4　雷达数据处理系统安全网络

　　保障空域内航空器飞行活动安全是空中交通管制服务的首要任务和核心目标。空管自动化系统是协助空中交通管制人员完成工作任务的数字化、自动化系统,当空域内飞行活动安全受到威胁或存在威胁时,空管自动化系统向空中交通管制人员以适当的方式发出告警信息,提醒空中交通管制人员对这些影响飞行活动安全的情况进行关注,进而采取相应措施解除这些威胁或潜在威胁。

　　空管自动化系统根据当前所关注空域内的监视信息(如航迹高度、位置、速度、航向等信息)对空域内航空器飞行活动的安全性进行评估计算,判别它们在未来一定时间内位置、高度等指标是否已超出规定的安全范围。如果超出规定的安全范围,则认为两架飞机可能发生潜在冲突,空管自动化系统发出告警信息,提醒空中交通管制人员当前关注空域中存在影响飞行活动安全的威胁或潜在威胁。该功能一般称为空管自动化系统的冲突探测与告警功能。因为冲突探测与告警功能是为了保障航空器的飞行活动安全,因此也将其称为安全网络。

安全网络包括短期冲突告警、最低安全高度告警、区域接近告警、危险区侵入告警、偏航告警和高度偏离告警等。短期冲突告警、最低安全高度告警、区域接近告警可以在监视数据处理系统实现,也可以由单独的安全网络模块实现。偏航告警和高度偏离告警是在飞行数据处理系统中实现。安全网络数据流图如图 3.80 所示。

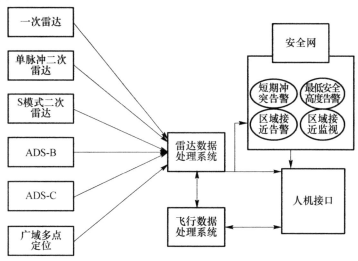

图 3.80　安全网络数据流图

3.6.4.1　短期冲突告警

短期冲突告警又称短期飞行冲突告警,主要具有检测空域内航空器之间产生的冲突并产生告警的功能,可用于避免航空器之间的碰撞。

当空域内两航迹对(Flight - Pair)之间的水平间隔和垂直间隔同时小于安全间隔或在告警时间内将要小于安全间隔时,系统会产生短期冲突告警,如图 3.81 所示。

由于短期冲突告警需要对空域内每个航迹对的飞行姿态进行判断,当空域内航空器的数量为 N 时,航迹对的数量 M 满足以下关系:

$$M = C_N^2 = \frac{N(N-1)}{2}$$

由上式可知,当空域内航空器的数量线性增加时,航迹对的数量将呈平方量级增长,导致实现短期冲突告警的计算量大幅增加。为了解决这个问题,空管自

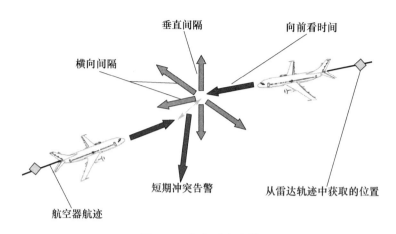

垂直间隔

向前看时间

横向间隔

短期冲突告警

从雷达轨迹中获取的位置

航空器航迹

图 3.81　短期冲突告警

动化系统在实现短期冲突告警功能时采用多种策略降低进行短期冲突告警预测的航迹对数量,这些策略统称为筛选方法。

常用的筛选方法主要包括马赛克方法、粗略筛选方法和精细筛选方法等。一般地,短期冲突告警会顺序使用上述方法对航迹进行筛选。

3.6.4.2　最低安全高度告警

最低安全高度告警(MSAW)用于航空器与地形(障碍物)之间潜在冲突的判断,是防止航空器与地面障碍物之间发生碰撞的监测手段。该告警表示探测到系统航迹已低于或将要低于最低安全高度的设定值。

由于最低安全高度告警对航空器航迹的高度信息非常敏感,因此最低安全高度告警使用航空器上二次雷达的 C 模式下传数据(SSR Mode – C)作为高度信息源。对于不具备 SSR Mode – C 数据或对 SSR Mode – C 数据更新失败的航迹,冲突探测与告警系统将无法进行最低安全高度告警。

最低安全高度告警需要导入所管辖空域内的地形信息,并设置区域内的最低安全高度。一般采用边长相等的正方形马赛克设置区域的最低安全高度参数,选取正方形马赛克内数值最大的安全高度作为整个马赛克的最低安全高度,以简化最低安全高度的计算值。

最低安全高度告警处理同样也可以划分告警抑制区域,由于处于告警抑制区域内的航迹不产生最低安全高度告警,因此在进行最低安全高度告警时,首先对航迹进行筛选,判断其是否处于告警抑制区域内,再对处于非告警抑制区内的航迹进行最低安全高度的判断。最低安全高度告警示意如图 3.82 所示。

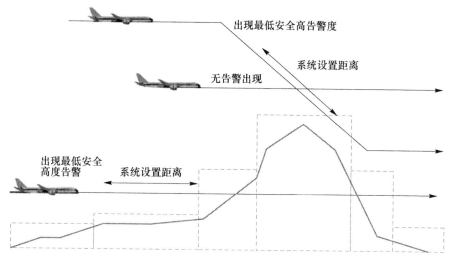

图 3.82　最低安全高度告警示意

3.6.4.3　危险区域入侵告警

区域接近告警(APW)是检测空域中飞行的航空器是否接近或侵入某些特定区域的告警,通常为预先划定范围的区域。

危险区域入侵告警(DAIW)是一种区域接近告警,也是检测空域中飞行的航空器是否接近或侵入某些特定区域的告警,其特定区域包括禁区、危险区等类型,通常为预先划定范围的区域。危险区域入侵告警示意如图 3.83 所示。

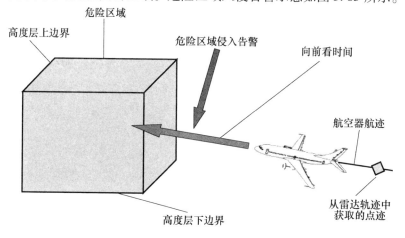

图 3.83　危险区域入侵告警示意

典型的危险区域入侵告警相遇几何图如图 3.84 所示。该例中危险区域为顶面和底面为五边形的柱体区域,图 3.84(a)为相遇几何俯视图,图 3.84(b)为侧视图。

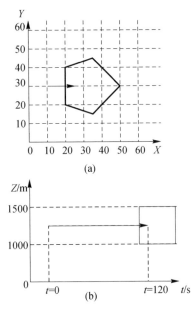

图 3.84　危险区域入侵告警的相遇几何

危险区域通常使用顶面和地面平行的多边形柱体定义。在危险区域入侵告警中,判断航空器航迹是否接近或入侵预先定义的危险区域柱体中。如果与危险区域柱体之间的间隔小于预设的安全间隔,则发出危险区域入侵告警。

3.6.4.4　偏航告警

偏航告警(RAM)表示探测到系统航迹偏离计划航路并超出计划航路的偏离告警的设定值(图 3.85)。当某个航段被两条不同偏离告警参数覆盖时,系统采用小的参数作为告警值。系统对区域内的航迹与对应的计划航路进行比较,航迹必须为系统相关航迹,且处于管制或移交状态。

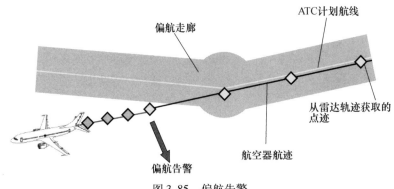

图 3.85　偏航告警

3.6.4.5　许可高度偏离告警

许可高度偏离告警(CLAM)表示探测到系统航迹 C 模式高度与指令高度发生偏离并超出设定值(图 3.86)。系统把航迹的 C 模式高度与指令高度进行比较,航迹必须为系统相关航迹,且处于管制或移交状态。

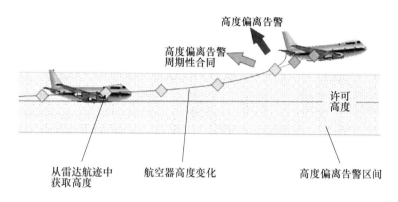

图 3.86　许可高度偏离告警

3.6.4.6　进近航道偏离告警

进近航道偏离告警(APM)表示探测到系统航迹在最后进近过程中偏离下滑道或航向道并超出设定值。系统可以设定使用跑道的告警区域和相应的偏离告警值。系统将告警区域内的航迹与航道进行比较,航迹必须为系统相关航迹,且具备有效的 C 模式高度,且被设定了使用跑道的信息。

3.6.5　CAT062 格式消息解码

在 Asterix Category 062 协议中,一个完整的 S 模式雷达报文包括不同的"数据类型"(Data Category)。每个数据类型下通常包含多个"数据块"(Data Block),每个数据块含有一条或多条"记录"(Record)。记录是附加字段说明的相同类型"数据项"(Data Item)的集合,数据项是每种数据类型中信息的最小基本单元,每个数据项有其特定含义并被规定了次序位置。"数据字段"(Data Field)是传输信息的最小单元,它组成了数据项[12]。

S 模式报文数据块的基本布局如表 3.25 所列,数据类型 CAT = 062 时表示该数据块含有 S 模式报文,长度标识(LEN)表示整个数据块的总长度(字节),其中也包括 LEN 占据的 2B 和 CAT 占据的 1B。在每条记录的数据项之前都有一个用于表示数据字段是否存在的字段说明(FSPEC)。

表 3.25　S 模式报文数据块基本布局

含义	CAT	LEN	FSPEC	FSPEC		FSPEC		
	数据类型	长度表示	第一个记录的字段说明	第一个记录的数据项	第 n 个记录的字段说明	第 n 个记录的数据项	最后一个记录的字段说明	最后一个记录的数据项
大小/B	1	2	—	—	—	—	—	—

Asterix Category 062 协议中针对 S 模式雷达报文传输的标准数据项设置有用户应用规范(UAP)，如表 3.26 所列。此规范限定了标准数据项的排列顺序，并为每个数据项设置了字段参考编号(FRN)。规范中最后一栏表示该数据项的格式长度(Length)，以字节为单位，例如：单独数字"2"表示该数据项为固定长度数据项，占 2 个字节；数字符号组合"1 +"表示该数据项为可变长度数据项，在 1 个字节长度后可以扩展 n 个字节长度。

表 3.26　S 模式雷达报文用户应用规范

FRN	Data Item	Information	Length/B
1	I062/010	Data Source Identification	2
2	–	Spare	–
3	I062/015	Service Identification	1
4	I062/070	Time of Track Information	3
5	I062/105	Calculated Track Position(WGS – 84)	8
6	I062/100	Calculated Track Position(Cartesian)	6
7	I062/185	Calculated Track Velocity(Cartesian)	4
FX	–	Field extension indicator	–
8	I062/210	Calculated Acceleration(Cartesian)	2
9	I062/060	Track Mode 3/A Code	2
10	I062/245	Target Identification	7
11	I062/380	Aircraft Derived Data	1 +
12	I062/040	Track Number	2
13	I062/080	Track Status	1 +
14	I062/290	System Track Update Ages	1 +
FX	–	Field extension indicator	–
15	I062/200	Mode of Movement	1
16	I062/295	Track Data Ages	1 +
17	I062/136	Measured Flight Level	2
18	I062/130	Calculated Track Geometric Altitude	2
19	I062/135	Calculated Track Barometric Altitude	2

（续）

FRN	Data Item	Information	Length/B
20	I062/220	Calculated Rate of Climb/Descent	2
21	I062/390	Flight Plan Related Data	1 +
FX	–	Field extension indicator	–
22	I062/270	Target Size&Orientation	1 +
23	I062/300	Vehicle Fleet Identification	1
24	I062/110	Mode 5 Data Reports&Extended Mode 1 Code	1 +
25	I062/120	Track Mode 2 Code	2
26	I062/510	Composed Track Number	3 +
27	I062/500	Estimated Accuracies	1 +
28	I062/340	Measured Information	1 +
FX	–	Field extension indicator	–
29	–	Spare	–
30	–	Spare	–
31	–	Spare	–
32	–	Spare	–
33	–	Spare	–
34	RE	Reserved Expansion Field	1 +
35	SP	Reserved for Special Purpose Indication	1 +
FX	–	Field extension indicator	–

以下选取几个与空管监视密切相关的数据项,对 S 模式二次雷达报文的解析格式进行详细论述。

3.6.5.1 I062/010 Data Source Identification

定义:数据源识别,用于识别机载系统发送的监视数据。

格式:固定长度数据项,占 2 个字节。Asterix 记录必选项。

结构:见表 3.27 所列。

表 3.27 I062/010 Data Source Identification 数据项结构

Octet	1							2							
Bit	16	15	14	13	12	11	10	9	8	7	6	5	4	3	2	1
含义	SAC 系统区域代码								SIC 系统识别代码							

SAC 系统区域代码清单会在 Eurocontrol 网站公布,表 3.28 为亚太地区的 SAC 系统区域代码清单。

表 3.28　亚太地区 SAC 系统区域代码清单

SAC (Hexad)	Country/ Geographical Area	Binary Representation	SAC (Hexad)	Country/ Geographical Area	Binary Representation
02	American Samoa	0000 0010	50	Mongolia	0101 0000
04	Australia	0000 0100	52	Myanmar	0101 0010
06	Bangladesh	0000 0110	54	Nauru	0101 0100
08	Bhutan	0000 1000	56	Nepal	0101 0110
10	Brunci Darussalam	0000 1010	58	New Caledonia	0101 1000
12	Cambodia	0001 0010	60	New Zealand	0110 0000
16	China	0001 0110	62	Niue Island	0110 0010
18	Hong Kong, China	0001 1000	64	Pakistan	0110 0100
20	Taibei, China	0010 0000	66	Palau	0110 0110
22	Cook Islands	0010 0010	68	Papua New Guinea	0110 1000
24	DPR. Of Korea	0010 0100	72	Philippines	0111 0010
26	Fiji	0010 0110	74	Republic of Korea	0111 0100
28	French Polynesia	0010 1000	76	Samoa	0111 0110
30	India	0011 0000	78	Singapore	0111 1000
32	Indonesia	0011 0010	80	Solomon Islands	1000 0000
34	Japan	0011 0100	82	Siri Lanka	1000 0010
36	Kinbati	0011 0110	84	Thailand	1000 0100
38	Lao PDR.	0011 1000	86	Tonga	1000 0110
40	Macao. China	0100 0000	88	Tuvalu	1000 1000
42	Malaysia	0100 0010	90	United States	1001 0000
44	Maldives	0100 0100	92	Vanuatu	1001 0010
46	Marshall Islands	0100 0110	94	Vietnam	1001 0100
48	Micronesia	0100 1000	96	Wallis Islands	1001 0110

3.6.5.2　I062/380 Aircraft Derived Radar

定义：源于航空器的监视数据

格式：非固定长度数据项，由 1~4 张不等的主表及相应的附表组成。

结构：主表结构如表 3.29 所列，第一附表结构如表 3.30 所列。

1）主表

表 3.29　I062/380 Aircraft Derived Radar 数据项主表

Octet	1							
Bit	32	31	30	29	28	27	26	25
含义	ADR	ID	MHG	IAS	TAS	SAL	FSS	FX
Octet	2							
Bit	24	23	22	21	20	19	18	17
含义	TIS	TID	COM	SAB	ACS	BVR	GVR	FX
Octet	3							
Bit	16	15	14	13	12	11	10	9
含义	RAN	TAR	TAN	GSP	VUN	MET	EMC	FX
Octet	4							
Bit	8	7	6	5	4	3	2	1
含义	POS	GAL	PUN	MB	IAR	MAC	BPS	FX

主表由 4 段八进制位组成,每段八进制位被定义为 8 部分,每部分属性含义不同,下面主要介绍第一附表。

2）第一附表

表 3.30　I062/380 Aircraft Derived Radar 数据项第一附表

Octet	1															
Bit	24	23	22	21	20	19	18	17								
含义	Target Address															
Octet	2								3							
Bit	16	15	14	13	12	11	10	9	8	7	6	5	4	3	2	1
含义	Target Address															

表 3.30 中含 3 个字节共 24 位,代表分配给每个航空器唯一的 24 位 ICAO 地址,为 Asterix 记录必选项。

3.6.5.3　I062/245 Target Identification

定义:目标识别。以 8 个字母表示目标身份识别,此数据项来自目标报告。仅当飞行计划可用时,使用这 8 个方字符来确定目标身份。

格式:固定长度数据项,占 7 个字节。Asterix 记录任选项。

结构:如表 3.31 所列。

表 3.31　I062/245 Target Identification 数据项结构表

Octet	1														
Bit	56	55	54	53	52	51	50	49							
含义	STI	0	0	0	0	0	0								
Octet	2								3							
Bit	48	47	46	45	44	43	42	41	40	39	38	37	36	35	34	33
含义	Character1				Character2						Character3					
Octet	4								5							
Bit	32	31	30	29	28	27	26	25	24	23	22	21	20	19	18	17
含义	Character4							Character5								
Octet	6								7							
Bit	16	15	14	13	12	11	10	9	8	7	6	5	4	3	2	1
含义	Character6				Character7						Character8					

3.6.5.4　I062/136 Measured Flight Level

定义:可用作航迹更新的飞行高度层,可信度较高。

格式:固定长度数据项,占 2 个字节。Asterix 记录任选项。

结构:如表 3.32 所列。

表 3.32　I062/136 Measured Flight Level 数据项结构表

Octet	1															
Bit	16	15	14	13	12	11	10	9	8	7	6	5	4	3	2	1
含义	Measured Flight Level															

备注:

(1) 测量高度层的表示范围为"−15~1500 英尺";在解析过程中需要使用最低有效值 LSB = 0.25 英尺进行计算。

(2) ICAO 规定 C 模式的高度范围为"−10~1267 英尺"。

(3) 该数据项包含了由 ADS−B 传输的气压高度。

3.6.5.5　I062/105 Calculated Position in WGS−84 Co−ordinates

定义:WGS−84 坐标位置,表征在 WGS−84 坐标中的位置。

格式:固定长度数据项,占 8 个字节。Asterix 记录任选项。

结构:如表 3.33 所列。

表 3.33　I062/105 Calculated Position in WGS – 84 Co – ordinates 数据项结构表

Octet	1								2							
bit	64	63	62	61	60	59	58	57	56	55	54	53	52	51	50	49
含义	Latitude in WGS – 84															
Octet	3								4							
bit	48	47	46	45	44	43	42	41	40	39	38	37	36	35	34	33
含义																
Octet	5								6							
bit	32	31	30	29	28	27	26	25	24	23	22	21	20	19	18	17
含义	Longitude in WGS – 84															
Octet	7								8							
bit	16	15	14	13	12	11	10	9	8	7	6	5	4	3	2	1
含义																

表征 WGS – 84 坐标位置的 8 个字节中,1 ~ 32 位表示 WGS – 84 坐标中的经度,表示范围为“ – 180° ~ 180°”,正值表示东经,负值表示西经;33 ~ 64 位以补码的形式表示 WGS – 84 坐标中的纬度,表示范围为“ – 90° ~ 90°”,正值表示北纬,负值表示南纬。纬度和经度坐标均使用补码的表示形式,使用 0.6m 的分辨率,即在解析过程中需要使用最低有效值 LSB = $180/2^{25}$ 进行计算。

3.6.5.6　I062/070 Time of Track Information

定义:ASTERIX 报告 CAT062 格式传输时间,以过去最近的 24 时为起始,以 UTC 世界协调时来表示。

格式:固定长度数据项,占 3 个字节。Asterix 记录任选项。

结构:如表 3.34 所列。

表 3.34　I062/070 Time of Track Information 数据项结构表

Octet	1															
bit	24	23	22	21	20	19	18	17								
含义	Time															
Octet	2								3							
bit	16	15	14	13	12	11	10	9	8	7	6	5	4	3	2	1
含义	of Track Information															

该时间在每天 24 时复位归零,在解析过程中需要使用最低有效值 LSB = 2^{-7}s = 1/128s 进行计算。

3.6.5.7 I062/185 Calculated Track Velocity(Cartesian)

定义:以补码的形式在笛卡儿坐标系中表示修正的航迹速度。

格式:固定长度数据项,占 4 个字节。Asterix 记录任选项。

结构:如表 3.35 所列。

表 3.35 I062/185 Calculated Track Velocity(Cartesian)数据项结构表

Octet	1								2							
bit	32	31	30	29	28	27	26	25	24	23	22	21	20	19	18	17
含义	V_x															
Octet	3								4							
bit	16	15	14	13	12	11	10	9	8	7	6	5	4	3	2	1
含义	V_y															

表示修正速度的 4 个字节中,1~16 位以补码的形式表示笛卡儿坐标中的 Y 轴方向的速度,表示范围为"$-8192 \sim 8191.75 \text{m/s}$",正值表示 Y 轴正方向,负值表示 Y 轴反方向;17~32 位以补码的形式表示笛卡儿坐标中的 X 轴方向的速度,表示范围为"$-8192 \sim 8191.75 \text{m/s}$",正值表示 X 轴正方向,负值表示 X 轴反方向。在解析过程中需要使用最低有效值 LSB $= 0.25 \text{m/s}$ 进行计算。

3.6.6 国内外空管监视雷达配备标准

1)雷达监视的欧洲标准

1997 年 3 月,欧盟委员会采纳了欧洲航行安全组织关于航路和终端区雷达监视标准的文件。该文件规定了雷达的覆盖要求:

(1)二次雷达多重覆盖航路空域;

(2)二次雷达和一次雷达合装台覆盖主要终端区空域。

2)雷达监视的国内标准

2011 年 9 月,民航局航空器适航审定司起草了空中交通管制二次监视雷达设备技术规范。该文件规定了天线的工作频率:天线系统的工作频率应覆盖 1030MHz 和 1090MHz。在 1030MHz 和 1090MHz 工作频率上的带宽应满足询问信号和应答信号的频带和频偏要求。

参考文献

[1] Phil Vabre. Air Traffic Services Surveillance Systems, Including An Explanation of Primary and Secondary Radar. [EB/OL]. [2010 – 04 – 15]. http://www.airwaysmuseum.com/Surveillance.htm.

［2］ Air Traffic Control and Radar. Engineering and Technology History Wiki［EB/OL］.［2015 –
01 – 07］. http://ethw. org/Air_Traffic_Control_and_Radar.

［3］ Birenhede. Advanced – Surface Movement Guidance and Control System（A – SMGCS）. Euro-
control［EB/OL］.［2015 – 08 – 07］. http://www. eurocontrol. int/articles/advanced – sur-
face – movement – guidance – and – control – systems – smgcs.

［4］ 张辉,陈忠先. 国内空管雷达技术发展与建议［J］. 空中交通管理,2006(8):19 – 21.

［5］ 王鑫. 国产空管雷达技术及发展浅析［J］. 电子世界,2014(7):15,16.

［6］ 王小谟,匡永胜,陈忠先,等. 监视雷达技术［M］. 北京:电子工业出版社,2008.

［7］ 张尉,张兴敢,等. 空管一次雷达［M］. 北京:国防工业出版社,2015.

［8］ 卢晓光,李忠,等. 民用航空通信导航监视人员岗前基础教程［M］. 北京:中国民航出版
社,2015.

［9］ 王世锦,王湛,韩松臣. 机载雷达与通信导航设备［M］. 北京:科学出版社,2010.

［10］ 程擎. 通信导航监视设备［M］. 成都:西南交通大学出版社,2016.

［11］ 马存宝. 民机通信导航与雷达［M］. 西安:西北工业大学出版社,2004.

［12］ Doukas D, Berend J, Rees M,et al. Surveillance Data Exchange. Part 12: Category 062［S］.
Asterix, Eurocontrol, 2007.

第 4 章

自动相关监视

随着人类飞行范围的扩大,传统的雷达监视技术在解决跨洋飞行监视、偏远地区监视等方面存在布点难、成本高、精度受限等局限性,因此,国际民用航空组织在 1990 年 4 月成立了自动相关监视专家小组,正式提出了"自动相关监视"的概念,同时在各地区做了大量的试验,并取得了很大进展。本章对自动相关监视进行了详细的阐述:4.1 节介绍自动相关监视中的 ADS – B、ADS – A/C 的发展和特点;4.2 节介绍 ADS – A/C 数据链特性及工作模式特点;4.3 节介绍 ADS – B 数据链特性及工作模式特点;4.4 节讲解 ADS – B 监视报文解析,包括消息类型、下行链路报文解析(DF17 等)、增强的信号解码技术、空管自动化系统中 ADS – B CAT021 编解码流程;4.5 节对比 ADS – B 系统与二次雷达监视系统的可靠性;4.6 节介绍 ADS – B 的星载监视应用及其典型的解码算法。

◥ 4.1 自动相关监视概述

4.1.1 自动相关监视发展及应用

ADS 是目标主动报告自身位置等信息,供监视者对航空器进行监视的一种监视方式。ADS 是卫星导航定位技术和地 – 空数据链技术发展的结果,是由国际民用航空组织提出并倡导的一种新型监视技术,主要用于空中交通管理中对航空器飞行动态的跟踪监视。

ADS 根据工作模式主要分为 ADS – A/C 和 ADS – B。ADS – A 和 ADS – C 概念比较类似,是在监视方和被监视方建立合约的基础上,由被监视方根据合约内容主动向监视方提供自身位置及所需信息的一种监视方式,它所实现的是一种端对端的按需监视。而 ADS – B 则是目标周期性广播自身位置及相关信息,供外界对其进行监视的一种监视方式,其目标的信息广播完全自主,监视方通常不对其进行干预和控制。上述模式的自动相关监视系统在控制方式、信息内容、传输规程、监视效果以及使用场合等方面有一些差异。作为国际民航组织推荐的标准模式,在一些国家和地区均已有不同程度的推广应用。因为 ADS – A 与 ADS – C 功能相近,在后面的介绍中统一用 ADS – C 表示 ADS – A/C。

根据 ICAO 对 ADS 的定义和设计,将其组成、特点、在空管中的应用归纳如下[1]:

4.1.1.1　自动相关监视的组成

(1)地面空中交通管制员席位上的操纵和显示设备。

(2)具有自动相关监视功能的飞行数据处理系统。

(3)传输地 – 空数据链的陆基通信网。

(4)地 – 空数据链。

(5)飞机机载电子设备。

(6)具有 ADS 功能的机载显示控制设备。

4.1.1.2　自动相关监视的特点

(1)在非雷达环境条件下,如海洋、沙漠、高原等地区 ADS 将向空中交通管制提供有效的、近似雷达监视的手段,从而显著增加此地区的流量。

(2)可给出精确的位置报告,并且可提供风速、温度等信息[2]。

(3)减少陆空通话次数,由飞机自动发送位置报告,减轻管制员和飞行员的工作负担。

(4)时刻向管制员提供飞机实时位置,可使管制员掌握飞机与飞机之间的位置关系,以缩小飞机间隔,提高空域利用率。

(5)通过改进四维导航能力和增加位置报告率,提供飞机精确的四维位置,从而选择最佳飞行剖面和径直航线飞行,改变沿袭的点与点的飞行方法,可灵活指挥飞机沿最佳飞行路线飞行。

(6)由于自动相关监视通过卫星来传递通信、监视信息,因此设立管制中心将不受地点和数目限制。

(7)与雷达设施相比,自动相关监视建设成本低,可节省大量投资[3]。

4.1.1.3　ADS 在空中交通服务中的应用

通过可靠的数据链通信和精确的飞机导航实现的 ADS,能够为空中交通管理提供航空器位置、地速、测向偏离、高度变化、爬升率变化、意图等信息。利用这些 ADS 信息能在不同的区域帮助空中交通管制系统实现对航空器的动态监视。

1)在雷达覆盖区外的应用

在非雷达覆盖区域,传统的管制方法是飞行员通过无线电通信链路报告飞机的位置。但由于气象变化、飞机地速的变化、管制员的推算误差和飞行员、管制员的口语等方面的原因,将造成飞机位置存在较大的误差。另外,高频通信通常存在盲区且易受到干扰,导致飞行员与管制员联络不上的情况,给飞行造成很大的安全隐患。而 ADS 采用飞机定位系统(GPS、IRS 等)获取飞机位置,加上广域增强系统(WAAS)、局域增强系统(LAAS)等增强数据链措施,其定位精度高。这样,在非雷达区域可利用 ADS 获取更加精确的飞机定位数据,不仅增强了飞行安全,也减轻了管制员的负荷。目前,在我国的西部地区、澳大利亚大部分地区主要采用 ADS 监视。

2)在雷达覆盖区内的应用

在雷达覆盖区域,采用 A/C 模式或 S 模式二次雷达为管制员提供飞机位置、识别标志、飞行高度、速度等信息,能够很好地对飞机实行监视。为了提高监视精度,可以将 ADS 与 SSR 的数据合成(ADS/SSR),ADS/SSR 数据集成对监视功能可以提供以下改进:

(1)利用 ADS 数据链传送的飞行计划和扩展投影剖面(EPP)信息可以了解飞机的预计航迹,从而帮助管制员识别出潜在的飞行冲突。

(2)当雷达性能受到限制,如雷达天线的机械旋转受限制,产生同步串扰或异步干扰时,监视数据仍可使用。

(3)飞机高度数据和由地速矢量或空速矢量以及垂直速率提供的数据,将改善 ATC 监视和在垂直剖面内飞机轨迹的预测能力。

(4)当雷达数据本身受视线传播限制时,如地形遮掩、地球曲率、低高度飞行等,监视数据仍可以使用。

(5)ADS 可以填补雷达覆盖的盲区,从而可减少填补单覆盖所需要的 SSR 数量,降低投入成本。

(6)ATC 可自动获取飞机的唯一标识,克服了当前 SSR 码重复使用的问题。

通过上述分析可知,在非雷达覆盖区域,与传统的程序管制相比,ADS 监视可以缩小飞行间隔,增加空域容量;可用于无 SSR 信号覆盖的区域;能提供 ATM 所需的数据,如预计航路、性能因数、事件报告等。此外,由于 ADS 具有双向通信数据链功能,机组不再单独依靠话音通信报告飞机位置。在雷达覆盖区域,ADS 可与 SSR 数据融合,使监视得到大大增强,从而大大增强了飞行安全[4]。

4.1.2 自动相关监视现状

4.1.2.1 ADS – B 现状

1)国外现状

(1)美国。美国民航局早在 1978 年便开始对 ADS 技术进行研究。1994 年年初,FAA 在 Boston Logan 机场对 ADS-B 的地对地通信进行了试验[5],结果证明了 ADS-B 的地面监视能力;1999 年,美国 FAA 与阿拉斯加的一家通用航空公司合作,在其 100 多架小型飞机上安装了 UAT 模式的 ADS-B 设备进行了试验飞行,并取得了良好效果;2000 年 10 月,FAA 对 ADS-B 进行了第二次操作评估,此次评估的目的为修正航电设备与空管程序[6],2003 年,RTCA 对 ADS-B 技术进行发展和改进后,2005 年,FAA 官方将 ADS-B 确定为未来空中交通管制的基础;截止到 2014 年,美国已建成 400 个 ADS-B 地面基站,实现了 ADS-B 在美国空域内的全覆盖。

美国运输航空和通用航空目前采用 1090ES 数据链和 UAT 数据链两种 ADS-B 模式。FAA 将 ADS-B 项目发展和管理规划列入中长期计划范畴。该计划 2007—2025 年共分为四个阶段开展,在引入 ADS-B IN 技术并验证成熟实现空-空监视之后,最终淘汰 TIS-B。图 4.1 为 ADS-B 在美国 A、C 类空域的覆盖情况(图中蓝色代表 A 类空域,绿色代表 C 类空域)。

图 4.1　ADS-B 在美国空域的覆盖情况[7](见彩图)

(2)澳大利亚。澳大利亚东部地区有较好的全航路雷达覆盖,在中西部地区雷达数量较少,没有实现全航路雷达覆盖,所以澳大利亚积极推进了 ADS-B 技术的实施。澳大利亚在 2012 年完成了全部 39 个地面台站的建设,强制实施 ADS-B 监视。通过使用 ADS-B,澳大利亚将原来的航空器最小间隔标准由程序管制下的 80n mile 缩小到 5n mile,大大增加了空域容量,实现了主动监视,提高了运行安全水平。

(3)加拿大。加拿大计划在不具备雷达覆盖的哈德森湾进行了 ADS-B

OUT 运行试验,要求从 2008 年起,飞跃哈德森湾地区的飞机必须安装 ADS – B OUT 设备。该试验采用 1090ES 数据链,飞行高度层为 FL330 至 FL370,将来扩展到 FL290 以上。使用 ADS – B 技术后,有望将程序管制间隔标准缩小为使用 ADS – B 的 5n mile 的最小间隔标准。不具备 ADS – B 能力的营运人可能会被限制使用最佳飞行路线或高度。

(4)欧洲。EASA 于 2008 年 5 月发布了 AMC20—24《关于在无雷达区域应用 ADS – B 监视的 1090ES 合格审定》,目的是为了明确 ED126 规定的无雷达区域 ADS – B 应用,并解决不同供应商之间的地面设备差异问题。Eurocontrol 计划在完成适航批准阶段后进行运行应用试验[8]。

同时,因为欧洲境内有较好的地基雷达管制覆盖,所以前期欧洲主要考虑在机场场面监视中加入 ADS – B 系统应用。主要包括在图卢兹机场开展了 ADS – B 试验、地中海空域开展基于 1090ES 的 ADS – B 系统建设,同时将其加入部分重点机场的先进场面活动引导和控制系统(A – SMGCS)中。2010—2015 年,部署了 ADS – B 和保持类似雷达监视的 WAM 的规模;2016 年完成了 ADS – B 建设,类似雷达监视的 WAM 只用于辅助监视。Eurocontrol 还特别开展了 ADS – B 与现行"欧洲猫"雷达管制自动化系统的数据融合研究,采用的方法有优选法和融合法等。

2)国内现状

我国一直在研究和跟踪 ADS – B 技术发展。2004 年,我国在北京、上海、广州三大区域管制中心配备了 ADS 技术设备并具备航迹处理显示功能;在 2005 年,民航飞行学院在 200 架飞机上改装了 UAT 数据链 ADS – B 系统,实现了对教练机的实时监控,同时也实现了教练机之间的信息共享,大大提高了训练的安全性与可靠性;2006 年 5 月,我国在成都九寨机场开始进行 S 模式的 ADS – B 监视应用研究;2011 年 5 月 18 日,成都 – 拉萨航路开始实施 ADS – B 试验运行,从此彻底结束了 46 年来没有雷达覆盖、没有监视手段的历史。截止到 2016 年 3 月份,国内 70% 的民航飞机已装备 ADS – B 设备,在 2020 年后所有高性能飞行器将会被强制安装 ADS – B 设备。

2016 年 11 月 8 日,中国民用航空局空管局副局长李其国在会上表示,中国民航积极响应国际民航组织在 ADS – B 方面的倡导,积极开展 ADS – B 技术研究和工程试验工作。2016 年,中国全面启动了 ADS – B 建设工程,在全国部署 308 个 ADS – B 地面站设备及多级的 ADS – B 数据处理中心,预计 2018 年年底完成全部工程的建设工作,开始初试运行。2017 年 4 月 28 日,中国民航首次 ADS – B IN 演示验证飞行在虹桥机场获得圆满成功。

我国 ADS – B 技术发展规划如表 4.1 所列。

表 4.1　我国 ADS－B 技术发展规划

时间	事件
2006 年 1 月—2006 年 7 月	制定中国 ADS－B 技术政策
2006 年 7 月—2007 年 12 月	实施 ADS－B 实验评估工程
2007 年 7 月—2008 年 6 月	ADS－B 地－空应用的安全评估
2008 年 1 月—2008 年 6 月	制定 ADS－B 管制间隔标准
2008 年 7 月—2008 年 12 月	确定实施 ADS－B 空域
2009 年 1 月—2009 年 12 月	进行支持 ADS－B 地空应用的基础设施建设
2009 年 7 月—2010 年 6 月	ATC 系统升级改造
2010 年 7 月—2011 年 6 月	培训 ATC 管制员使用含 ADS－B 的管制程序 培训飞行员使用包含 ADS－B 的飞行程序
2011 年 7 月—2012 年 12 月	测试包含 ADS－B 的管制程序 测试包含 ADS－B 的飞行程序
2013 年 1 月—2015 年 12 月	TIS－B/FIS－B 功能试验 ADS－B 场面监视应用试验 终端区 ADS－B 地空应用试验 ADS－B 空空应用试验
2016 年—2020 年	引入北斗卫星导航系统作为 ADS－B 定位数据源，推进 ADS－B IN 技术应用

4.1.2.2　ADS－C 现状

1）国外发展现状

2012 年 2 月 6 日国际民用航空组织采取了商用飞机 15min 跟踪标准(民航所有飞机的飞行员都必须每 15min 报告飞机的位置之后,国际海事卫星组织便开始与澳大利亚空中服务局、澳洲航空等行业内单位进行合作,在澳大利亚海洋区域使用了 ADS－C 卫星技术。国际海事卫星组织提供的 ADS－C 数据链服务能够为空中交通管制员实时更新监视图片,从而提高了管制员的工作效率,保障了澳大利亚航班在洋区的飞行安全。目前,大约有 11000 架商业客机已经配备了国际海事卫星组织的 ADS－C 卫星连接,占世界长途商业飞机的 90% 以上。

2015 年 6 月 2 日,在美国阿拉斯加州举行的非正式太平洋空中交通管制协调小组供应商会议上,日本民用航空局(JCAB)提供了福冈 RNP 4 飞机上的 ADS－C 周期性位置报告间隔信息。目前,ADS－C 的间隔时间为 10min,但根据安全评估将延长至 14min。

2015 年 8 月 4 日,澳大利亚航空服务公司与新西兰航空公司合作,对ADS – C 的航班跟踪效果进行了评估,根据评估结果新西兰航空公司决定通过 ADS – C 实施 14min 的报告间隔。同样,美国联邦航空局也选择在洛杉矶(北太平洋)和奥克兰(南太平洋)采取 14min 的报告间隔。虽然 14min 报告和 30 英里的间隔标准现已在世界许多地区得到实施,国际海事卫星组织依然在寻求进一步减少分离标准的新一代设备,希望 ADS – C 报告间隔减少到 10min,而不是 14min。

2) 国内发展现状

1998 年为了促进我国西部地区航空业的快速发展,我国首次建立了以 ADS – C 技术为基础的 L888 航路,该航路除了具备自动相关监视能力外,还兼有 ACARS 数据链能力,实现了对西部高山、沙漠和无人区的空域监视。

由于我国使用的 ADS – C/CPDLC 工作站是美国 ARINC 公司的产品,且大多于 2000 年投产使用,软、硬件存在大量问题。针对以上问题北京民航天宇科技发展有限公司对原有系统进行了升级,将其改造成为了新一代的 ADS – C/CPDLC 工作站。新系统增添的功能包括:①增加了网络授时,具有 NTP 时间源状态查看功能,能查看 NTP 授时是否正确;②增加了 Z800 主机的硬盘镜像查看、FASTBACK 备份查看功能;③增加了监控客户端,能对服务相关状态进行监控;④增设了总线 – 星型局域网结构;⑤为防止将报文错发给其他航班,在每条上下行报文前都增加了航班号,其可提醒用户正在和哪架航班交互[9]。

目前,西部航路所用的新系统硬件上采用了主流服务器配置,使用高速大容量磁盘阵列来存储数据,确保系统运行的稳定性。记录与回放方式改为大容量磁盘阵列模式,淘汰了用磁带存储记录数据,使得数据记录更为可靠,回放数据无需输入冗长的命令,改为快捷的操作界面。此外,我国还将 ADS – C 技术引入场面飞机辅助监视系统以及相对应的航迹管理系统中,解决由地面数据网传输所带来的延迟问题。

4.2 ADS – A/C 数据链技术

ADS – A/C 是一种端对端的基于飞机发送位置报文、地面接收报文的 ADS 连接。ADS – A/C 使用一种端对端寻址式双向数据链,提供 ADS 信息的飞机和希望接收 ADS 报告的地面站之间建立一一对应关系,这不仅用于空对地的下行数据链路,下传飞机位置报告,并且能实现 CPDLC 双向数据通信。ADS – A/C 的组成框图如图4.2 所示。

ADS – A 与 ADS – C 的区别在于建立地 – 空数据链通信之后,该航空器向下通信报告的方式不同。ADS – A 模式是根据契约约定好的事项向下发送报告信息,这个契约可以是一定的时间间隔或过特定航路点等,在这些契约满足时就

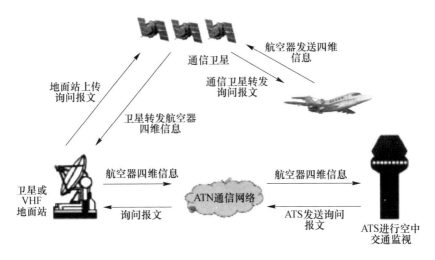

图 4.2　ADS – A/C 的组成框图

能自动下行传输信息。ADS – C 模式传输信息是根据地面管制单位的询问来进行下传相关信息。

　　ADS – A/C 通信链路方式主要有甚高频数据链(VDL)、高频数据链和卫星通信数据链(SATCOM)。通常,在不同的空域会应用不同的数据链:在海洋空域,一般使用卫星通信数据链;在陆地空域,一般使用甚高频数据链;在极地附近,则一般使用高频数据链。由于第 2 章中已经对以上四种数据链作了详细介绍,在此不再赘述。

4.2.1　ADS – C 实现流程

4.2.1.1　ADS – C 登录[10]

　　用户登录是 ADS – C 流程中的第一步,航空用户登录后便可接入到 ADS – C 数据链上,通过 ADS – C 数据链与 ATSU(空管单位)建立联系,从而实现机组成员与 ATSU 之间的通信。

　　不同飞机的登录步骤是不同的。以通航飞机 Gulfstream G450/G550 为例,在 ADS – C 登录时以 CPDLC 登录为前提,在确保其他所有项目正确实施后,CP-DLC FIR 区域代码将输入到飞机 MCDU 的 ATC 登录状态页面,信息被发送并被接收后,MCDU 暂存区将显示"ADS ESTABLISHED",ADS ARMED 条目将更改为 ADS ACTIVE。装备 ADS – C 数据链的 G450/G550MCDU 如图 4.3 所示。

4.2.1.2　ADS – C 连接[10]

　　当 ATS 地面系统接收到登录请求消息后,ATSU 立即向飞机发送一个 ADS

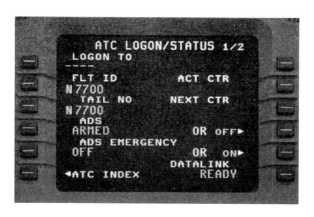

图 4.3　装备 ADS – C 数据链的 G450/G550 MCDU[10]

合同请求,与 ADS – C 数据链建立初始化连接。由于 ADS – C 应用程序在为通航用户分配 ADS – C 连接时没有技术优先级顺序,因此,正在进行管制的 ATSU 可能不知道与飞机建立了连接。只有当地面系统许可后,ATSU 才按照 ADS – C 连接优先级的顺序进行初始化地址转发。地址转发的优先级顺序如下:

（1）下一管制单位。

（2）正在请求 ADS – C 连接的 ATSU。

（3）剩余的连接。

如图 4.4 所示,ATSU2 请求 ADS 合同以监控飞机进程,ATSU1 为了保证飞

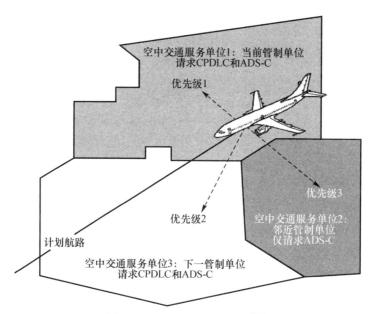

图 4.4　ADS – C 连接优先级[10]

机在下一个管制单位具有 ADS – C 连接的优先级,ATSU1 应该先将初始化地址转发给 ATSU3,因此 ATSU3 优先级高于 ATSU2。

当所有可用的 ADS – C 都与飞机之间建立联系后,其他 ATSU 再试图与飞机连接时,将会接收到一个断开连接请求(DIS),提示"原因代码"("reason code")为 1,即当前连接拥塞,如图 4.5 所示。

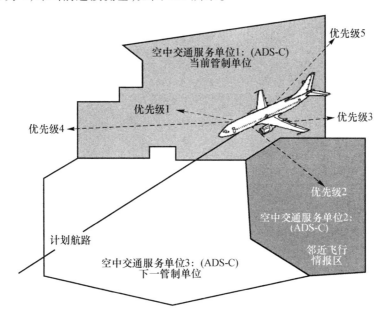

图 4.5　由于拥塞而造成的 ADS – C 连接不可用[10]

4.2.2　ADS 合同

为满足 ADS 空 – 地之间的通信协议,在飞机上的 ADS 接口组件(ADSU)和地面 ATC 单位的 FDPS 之间可以有一个或一组合同。这些合同规定,在什么情况下将开始 ADS 报告,报告中将包含哪些信息。ADS – C 包含周期性合同、事件性合同和需求性合同三种基本合同类型。[11]

4.2.2.1　周期性合同

周期性合同规定了航空电子系统下行所需信息的报告速率,并以固定报告速率提供 ADS 报告,以便支持对飞机进程和飞行计划符合性的监督。在任何时段,尽管一个飞机有可能与多个地面系统建立独立合同,但一个单独的地面系统与特定的飞机之间只能建立一个定期的合同(B747 – 400 最多可以连接 4 个地面系统,其余飞机最多可以连接 5 个地面系统)。周期性合同一旦建立,它将维持到该合同撤销或用另一个周期性合同替代为止。

周期性合同要求空中交通服务单位确定以下信息：

（1）航空器发送 ADS - C 报告的时间间隔。

（2）不同交通密度流下的报告发送频率。

（3）ADS - C 报告组与周期性合同组之间的组合次序。

ADS - C 支持紧急告警。其告警方式是以 ADS - C 紧急报告形式向 ATC 报告紧急情况。机组成员可通过如下三种方式触发 ADS - C 紧急报告：

（1）手动方式，通过选择 ADS - C 紧急功能实施紧急报告。

（2）非直接方式，通过触发另外一种紧急告警系统类型（如发送 CPDLC 位置报告或者选择 SSR 紧急码）。

（3）秘密方式。ADS - C 紧急报告是一种周期性报告，一旦被触发，航空电子系统将周期性地向外播报 ADS - C 紧急报告，直至机组成员取消选择 ADS - C 紧急功能。当机组成员取消 ADS - C 紧急报告时，下一个 ADS - C 周期性报告将向外播报"ADS - C 紧急情况取消"报告。ADS - C 紧急报告的取消时间取决于 ADS - C 周期性报告间隔，通常要等 20 ~ 30min，机组成员才会真正取消紧急情况。其过程如图 4.6 所示。

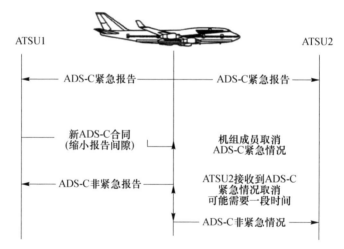

图 4.6　ADS - C 紧急与非紧急报告序列

一个空中交通服务单位在一段时间内只能建立一次周期性合同，并且大多数空中交通服务单位可以自主搭建合同并制定规范。航空器通过图 4.7 所示的流程来响应 ADS - C 新的周期性合同。

4.2.2.2　事件性合同[10]

地面系统和特定飞机之间可以建立多个事件性合同。当发生下面类型的事件时，将按照如下流程（图 4.8）起始下行链路 ADS - C 事件报告：

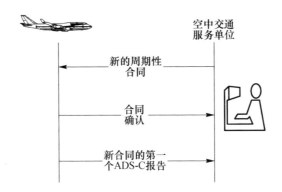

图 4.7　ADS‒C 周期性合同报告流程

（1）垂直速率改变事件。
（2）侧向偏离事件。
（3）高度范围改变事件。
（4）航路点改变事件。

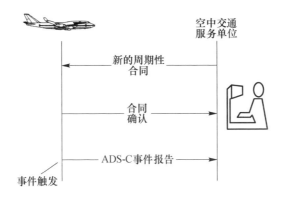

图 4.8　ADS‒C 事件性合同报告流程

　　当飞机的垂直速率（爬升或下降速率）大于或小于合同要求中定义的参数时，将立即触发垂直速率改变事件。在法航 447 号事故发生之后，国际民航组织建议所有空中导航服务提供商均执行此事件：对于所有飞机均包含一个垂直速率阈值为‒5000 英尺/min 的合同（下降率增加的情况则为 5000 英尺/min，此意图是用最小数量的虚警识别不受控制的下降。

　　垂直速率改变事件可以由两种方式触发：（1）正垂直速率，飞机的爬升速率大于垂直率门限；（2）负垂直速率，飞机的下降速率大于垂直率门限。

　　当航空器的实际位置超过航空器在合同要求中定义的预期位置横向距离参数时，将触发侧向偏离事件。在飞行管理计算机内创建的偏置路径超出距离参数的情况下，此时飞行管理计算机认为自己已经位于偏离路径上，因此航空电子设备将在偏置执行时发送侧向偏离报告。然而在这种情况下,很多地面系统在检查报告中根据基本组收到的坐标,并不能确定飞机目前处在偏移走廊之外。如图 4.9 所示,飞机距离航路两边的侧向偏离最大值通常定义为 5n mile。

图 4.9　ADS－C 侧向偏离事件

当飞机距离航路两边的侧向偏离大于 5n mile 时,侧向偏离事件将被触发,如图 4.10 所示。

图 4.10　ADS－C 侧向偏离事件报告

当飞机的高度超过合同要求中定义的高度上限或下限时,将触发高度层范围偏离事件。ATSU 通过定义高度层范围的最高和最低限定值(如, ± 200 英尺)来指定高度层范围偏离事件。如图 4.11 所示,高度层范围偏离事件被限制在 FL368－FL372 的范围内。

图 4.11　ADS－C 高度层范围偏离事件

上述的每个事件合同生命周期内只有一个事件。当指定的事件被触发时,指定事件合同必须由地面系统重新初始化。

航路点改变事件由下一个或下下一个航路点改变而触发。这种变化通常是由于 FMS 的正常航路点排序而造成的。下一个或下下一个航路点可以为 ATS 航点或者飞行员插入的航点。航路点改变事件报告包含基本组和预测航路组。

如图 4.12 所示,当飞机按顺序到达 MICKY 时,FMS 中包含的下一个和下下一个航路点在发生变化后,此时将会向所有与此架飞机建立事件合同的 ATSU 发送航路点改变事件报告。

	下一个	下下一个
按照顺序在MICKY之前	MICKY	PLUTO
按照顺序在MICKY之后	PLUTO	MINNY

图 4.12　ADS－C 航路点改变事件

以下事件也可能导致飞机系统发送航路点改变事件报告:

(1) 机组成员执行一个直接到达航路点的许可,导致下一个航路点被改变。

(2) 机组成员插入一个航路点导致下一个或下下一个航路点变化。

(3) 机组成员执行一个侧向偏置导致下一个航路点变化。

4.2.2.3　需求性合同

需求性合同允许空中交通服务单位请求单一的 ADS－C 报告,需求性合同无法退出或修改任何可能影响航空器的 ADS 合同。

4.2.3　ADS－C 数据组

ADS－C 报告中包含不同的数据组,机载系统通过 ADS－C 数据组向外发送相关数据,每个 ADS－C 数据组包含不同类型的飞机数据,ADS－C 事件报告仅仅包含一些固定的数据组,而 ADS－C 周期性报告包含 ATSU 在合同请求中指定的 ADS－C 数据组。

ADS－C 数据组包含内容如表 4.2 所列。

表 4.2　ADS－C 数据组内容[12]

ADS－C 报告	内容
飞机识别号	呼号
基本 ADS－C 数据	经、纬度
	高度
	时间
	品质因数
空中引导	航向
	马赫数或指示空速
	爬升或下降率
地面引导	航迹
	地速
	爬升或下降率

（续）

扩展投影剖面	下一个航路点 下一个航路点的预计高度 下一个航路点的预计时间 下下一个航路点 下下一个航路点的预计高度 下下一个航路点的预计时间……
气象信息	风速 风向 温度 湍流和湿度(如果有)
短期意图	投影意图点的经、纬度 投影意图点的高度 投影时间 预计航空器当前位置与投影意图点之间可能出现的高度、航迹或速度变化,应提供如下附加信息:当前点与改变点之间的距离;从当前点到改变点的航迹;改变点的高度;到改变点的预计时间
扩展投影剖面	下一个航路点 下一个航路点的预计高度 下一个航路点的预计时间 下下一个航路点 下下一个航路点的预计高度 下下一个航路点的预计时间……

4.2.4 ADS – C 报文解码

ADS – C 合同报告是采用二进制进行编码,然后转换为十六进制,通过 ACARS 进行传输。ARINC – 745 文件详细描述了 ADS – C 的解码步骤。下面以一个 ADS – C 消息为例(如图 4.13)进行介绍[13]:

图 4.13 ADS – C 消息

首先把消息分成 8 个部分,解码如下:

（1）IATA 目的地地址(MELCAYA 为 Melbourne Centre)

（2）应用类型（ADS 为 ADS - C message follow）

（3）飞机注册号（9V - SRM 为新加坡航空波音 777 -212ER）

（4）基本报告：

① 位置为 -25. 039215°,113. 754673°（在 37000 英尺处）

② 时间戳为[HH]:37:35

③ 品质因数为两个或多个导航单位正在运行以指示准确度,TCAS 正在提供有效数据,准确度小于 0. 25n mile/h

（5）预测航路组

① 下一个航路点位置为 -29. 208870°,116. 023521°（在 37000 英尺处）

② 航路点的预计到达时间为 2028s

③ 下下一个航路点位置为 -30. 553493°,116. 631718°（23508 英尺处）

（6）地面参考组：真航向为 154°;地速为 489. 5n mile/h(906 km/h);垂直速率为 16 英尺/分钟

（7）天气组:风速为 13n mile/h(25km/h);风向为 240°(South West);温度为 -43℃

（8）CRC(循环冗余检验)

4.2.5　ADS - C 的 4D 航迹应用

4.2.5.1　4D 航迹数据链应用概述

四维航迹数据链(4DTRAD)服务支持按照约定的四维航迹移交飞机,同时支持飞行中非关键时间通信时段内的动态需求、容量平衡以及流量排序。

4DTRAD 服务能够协调和同步地面和空中系统的航迹数据。这些数据包括四维许可的交换以及意图信息,如侧向信息、垂直信息、时间或者速度等。

空管单位和航空器之间使用 CPDLC 链路实现四维许可的请求,使用 ADS - C 链路实现航迹数据的发送与接收。

4DTRAD 服务支持以下内容:

（1）空 - 地同步;

（2）RTA 和速度计划许可;

（3）四维航路修正(通过 ATC 许可);

（4）许可请求;

（5）四维航迹意图一致性监控。

4.2.5.2　ADS - C 的四维航迹运行方法

4DTRAD 信息交换过程如图 4.14 所示。

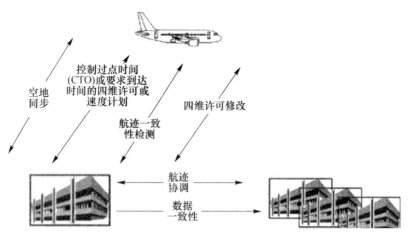

图 4.14   4DTRAD 信息交换过程

空 – 地同步过程是为了确保飞机与空管单位同步。飞机运行 4DTRAD 空 – 地同步操作方法如表 4.3 所列。

表 4.3   空 – 地同步操作方法

步骤	操作方法
1	当需要时,空管单位会上发一个 ADS – C 合同,请求 EPP 数据
2	当航空器接受请求时,其系统会下发所需的 EPP 数据
3	空管单位将飞机数据与地面轨迹数据进行融合,为飞机创建一个同步轨迹
4	当请求 4DTRAD 航路许可时,C – ATSU 会将该请求上发到航空器
5	当航空器接收到许可后,会通知机组成员
6	机组成员可以回复 DM2 STANDB
7	当 C – ATSU 接收到 DM2 STANDBY 时,会通知管制员
8W	当机组确认他们能够服从接收到的航路许可时,机组回应 WILCO
9W	当 C – ATSU 接收到 DM0WILCO,会通知管制员
8U	当机组成员确定他们不能接受接收到的航路许可,机组成员以 DM1 UNABLE 回复
9U	当 C – ATSU 接收到 DM1 UNABLE,会通知管制员

图 4.15 提供了相应的运行方法,表示了空 – 地同步所使用的消息(图中标有的数字与表 4.3 中的步骤相符合)。

航迹意图监控的目的是尽可能早地检测到下行四维航迹意图和 4DTRAD 许可之间的差异。飞机和 ATSU 之间运行四维航迹意图一致性监控方法如

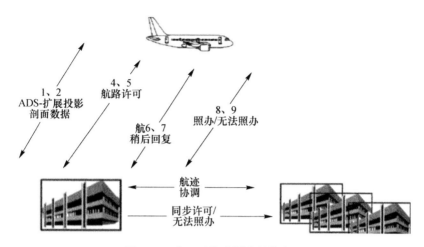

图 4.15　空 - 地航迹同步操作方法

表 4.4 所列。

表 4.4　四维航迹意图一致性监控操作方法

步骤	操作方法
1	当需要时,空管单位会上发一个 ADS - C 合同以请求 EPP 数据
2	当航空器接受请求时,飞机将发送下行请求的 EPP 数据
3	空管单位监测到飞机不能执行 4DTRAD 许可

图 4.16 提供了四维许可意图一致性监控的运行方法,图中的步骤对应表 4.4 中的步骤。

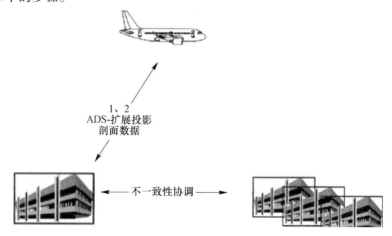

图 4.16　四维航迹意图一致性监控运行方法

🔳 4.3 ADS－B技术

4.3.1 ADS－B组成原理

4.3.1.1 技术原理

ADS－B原理的核心在于自动、相关和广播。自动代表ADS－B数据的获取和信息的发送可以不需机组操作干预,从而大大降低了机组的操作负荷。相关是指ADS－B的位置等监视信息来自于机载GNSS等设备,机载ADS－B设备通过机载的导航设备(目前主要依靠GPS和GNSS等卫星导航设备)来获得本机的精确位置信息(以及精密时间基准UTC),通过飞行管理计算机和机载惯导、大气计算机等系统来获得飞机的速度、高度和航姿等信息。广播代表ADS－B设备发送信息的全向广播方式。在ADS－B发射系统有效作用距离内的其他飞机收到这个广播后,可以解析并显示出该机的当前信息,计算与该机是否存在潜在的飞行冲突。在ADS－B发射系统有效作用距离内的地面航空管制单位收到这个广播后,可以将该机的航迹信息与地面监控雷达的航迹进行融合或筛选,并提供给管制员。

ADS－B的工作原理如图4.17~图4.19所示。图4.17为具有同类设备飞机之间的相互监视以及地对空监视的工作原理。从图4.1可以看出,ADS－B广播信息主要包括飞机标识、飞机类别、三维位置、三维速度(南北速度、东西速度、垂直速度)以及紧急状态、航迹角、航迹拐点等附加信息。

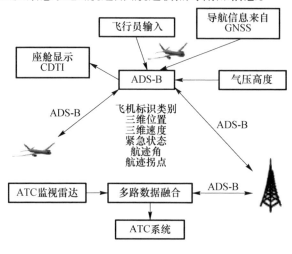

图4.17 ADS－B空空监视原理

1）ADS – B 下行信息

以飞机为参考,ADS – B 的下行信息也称为 ADS – B OUT,这里的"OUT"表示 ADS – B 信息传递的方向是从机内向机外,也就是"发射",它是 ADS – B 的基本功能。图 4.18 为 ADS – B 下行信息传播原理。

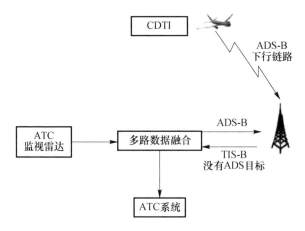

图 4.18　ADS – B 下行信息传播原理

机载 ADS – B 发射设备按规定周期向机外发送本机的标识、类别、位置、速度以及其他附加信息。地面管制单位通过收到这些广播信息来监视当前空域中的交通状况。图 4.18 还表示了雷达监控航迹与根据飞机发送 ADS – B 信息获得航迹之间的多路数据融合,并将融合后的空域目标信息送至空中交通管制单位的过程。

2）ADS – B 上行信息

以飞机为参考,ADS – B 的上行信息也称为 ADS – B IN,这里的"IN"表示了 ADS – B 信息传递的方向是从机外向机内,也就是"接收"。即机载 ADS – B 接收设备接收的两类信息:

临近的其他飞机发射的"ADS – B OUT"信息和地面管制单位发送的监控信息。

ADS – B 地面站向飞机发送两类上行广播信息:交通信息服务广播(TIS – B)信息和飞行信息服务广播(FIS – B)信息。图 4.19 表示地面站点通过 ADS – B 方式向空中广播 FIS – B 信息的工作原理。

接收到这些信息后,机载 ADS – B 设备将临近的其他飞机的飞行状况实时显示在机组的座舱显示器(如 CDTI)上,使机组获得如同肉眼所见一般的当前空域的交通信息。

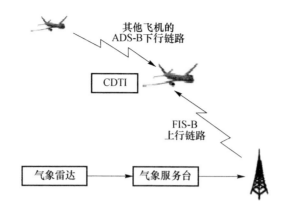

图4.19　ADS‑B地对空广播飞行情报服务

4.3.1.2　ADS‑B的组成

1）ADS‑B机载系统

机载ADS‑B系统包括以下三个部分[15]：GPS/GNSS卫星导航接收设备；用于处理收发ADS‑B信息的收发讯机（包括L波段全向天线）；驾驶舱交通信息显示设备。

卫星导航接收设备用于提供本机的精确位置数据，如GPS可以提供飞机的经度、纬度、高度、速度等信息。由于民航飞机使用大气计算机提供气压高度（低空或进近着陆阶段也使用无线电高度表提供的无线电测量高度）和空速，因此机载ADS‑B收发讯机仍然采用大气计算机提供的高度、速度数据。ADS‑B收发讯机将这些位置、高度、速度，以及从飞行管理计算机获得的飞机航姿和状态等信息，通过一定的协议进行组包发送，向机外广播。

驾驶舱交通信息显示器用于向飞行员和机组提供周边空域内（通常为5～20n mile）航空器的位置信息。CDTI的显示方式与空中交通预警及防撞系统相似。

2）ADS‑B地面系统

在实施空‑空监视的情况下，一般只需要空中飞行的航空器安装ADS‑B机载设备即可，不需要专门建立ADS‑B的地面设施。

在已经具备雷达监控的地面航空管制单位中架设ADS‑B地面设备，可以实现ADS‑B上行报文的发送和机载下行报文的接收，对ATC监视雷达获取的航迹目标信息和飞机ADS‑B报文航迹信息进行融合，对空域的飞行进行类似雷达监控的监视。另外，地面设备还可以与机载ADS‑B设备之间通过广播来共享气象信息。

4.3.2　ADS－B 数据链技术

目前,国际上 ADS－B 技术数据链主要采用 1090ES、UAT 和 VDL MODE4 三种数据链[16],下面对三种数据链作简要介绍。

4.3.2.1　1090ES 数据链通信协议

S 模式最初是用于飞机回答地面二次雷达的询问信号,数据传输采用 PPM (Pulse Position Modulation)编码方式,飞机应答地面雷达的频率为 1090MHz, 常称为 1090 ES 协议。S 模式 ADS－B 是利用机载的 S 模式应答机来完成广播工作。SSR S 模式是一种用于 ATC 的协作式地基雷达监视系统,除常规的模式 A/C 功能外,主要功能在于它能提供独立的监视能力,能实现双向地空数据通信,并且与 ATN 完全兼容。SSR S 模式系统由地面基站和机载应答机组成,其工作频率与传统的 SSR 系统工作频率(上行 1030MHz、下行 1090MHz)相同。S 模式采用选择性询问(24bit 飞机地址代码)、双向数据通信等先进技术,该技术已成为 SSR 的发展应用方向,已在美国、欧洲等国家和地区得到广泛应用。同时,由于 S 模式数据链所具有的特殊性能,它又在 TCAS 中得到成功应用[17]。

第 11 次国际航行会议已将 S 模式 1090 ES 作为 ADS－B 的主要链路技术, 以实现在全球的相互操作性,并支持初始的 ADS－B 应用服务。ICAO 在附件 10 中已制定了 S 模式数据链的相关协议和标准,美国 FAA 强力支持下行信号 DF17 ES(Downlink Format 17 Extended Squitter)作为 ADS－B 系统实现的重要核心技术并将其推广应用。DF17 ES 是一种间发性信号格式,无需任何地面/机载询问触发就自动报告其相关飞行信息[18]。

1090ES 信号格式与 S 模式应答机发射信号格式类同,采用 SSR 系统工作频率(上行 1030MHz、下行 1090MHz)。其脉位调制信号由前同步脉冲和数据脉冲组成,如图 4.20 所示。前同步脉冲由起始的 8μs 内两组宽 0.5μs 的脉冲对组成。数据脉冲是脉冲位置调制的,其脉位位置随调制信息的二进制数而变化,所有脉冲幅度和宽度不变。每位 1μs 间隔的前半周 0.5μs 内有脉冲时,逻辑电平为"1";每位的后半周 0.5μs 内有脉冲时,逻辑电平为"0"[19]。

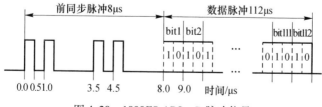

图 4.20　1090ES ADS－B 脉冲信号

1090ES 采用 DF17 格式,共有 5 个主要字段(下一节将详细介绍,如表 4.5 所列;第一字段是 5bit 格式描述符,1090ES 固定值为 17(十进制数);第二字段是 3 bit 设备能力(CA),描述了该设备所具备的数据传输能力;第三字段是 24 bit 设备唯一地址码(AA),第四字段为 56 bit 报文信息(ME),它为设备的位置、速度、呼号等信息;第五字段为 24 bit PI 信息,提供奇偶及 CRC 检验,用于检错,DF17 格式中该字段通常为全 0[20]。

表 4.5　DF17 长报文格式

DF = 17	CA	AA	ME	PI
5bit	3bit	24bit	56bit	24bit

S 模式地面接收站可分为三种:

(1) 对地监视地面站:使用高约 1m 的商用天线与经由修改的 TCAS 发射机/接收器来接收机场附近飞机的广播信号。

(2) 全方位对空监视站:使用经过修正的 TCAS 装备,加上测距装置(DME)的全方位天线,可以接收 50 ~ 100n mile 的广播信号,该监视站适用于终端管制区与巡航航路。

(3) 六段式对空监视站:使用分离的 6 个偶极天线,形成一柱状六段式定向天线,此类型地面站采用 6 个独立的接收器与 1 个共享的传送机,它能涵盖约 200n mile 范围内的广播信号,其适合运用于巡航航路或密度较高的繁忙终端管制区。

4.3.2.2　UAT 数据链通信协议

通用访问收发机(UAT)系统是美国 MITRE/CAASD IR&D 从 1995 年开始研制的多用途(包括 ADS - B、TIS - B、FIS - B)新型宽带数据链,以适应 ADS - B 的功能性需求。UAT 运行在一个单一宽带信道上,具备高速上传信道,其特点是简单和健壮。它所带来的益处已得到美国和国际组织的高度关注,已成为相关备选技术方案[21]。

UAT 工作在特定的 978MHz 公共宽带信道上,频宽为 1 ~ 2MHz,采用二进制连续相位频移键控(CP - FSK),调制速率为 1.041667Mb/s。机载 UAT 设备以约每秒一次的广播 ADS - B 消息对外转达其状态矢量及其他信息。UAT 的 ADS - B 消息可在给定时间内根据所发射信息的多少分为 UAT ADS - B 基本消息和 UAT ADS - B 长消息两种格式。UAT 地面站可以通过发送 UAT 帧的 ADS - B 字符段中的 ADS - B 消息来支持交通情报服务广播 TIS - B 业务。

UAT 传输的消息格式如表 4.6 所示:

表 4.6　UAT 传输信号格式

单位：bit

4	36	8	125 或 256	24	48	4
报头	同步	长度	实际数据	循环校验	前项纠错	报尾

UAT 帧信息传输具有周期性和非周期性特点,设计每秒时长为一帧,帧始于每个 UAT(或 GPS)秒。UAT 的最小时间度量单位是 MSO,每个 MSO 时长为 250μs,一帧共 4000 个 MSO。每帧分为两段:前 188ms 是第一段,有 32 个时隙,固定分配给地面广播信息,可传输 464B 数据;余下的 812ms 为第二段,用于移动(空中或地面车辆)用户的发送。这样就允许一个机载固定调谐收发机支持完全的空-空、地-地、地-空广播应用。地面站最小信息传输单位是时隙,一个时隙有 22 个 MSO。ADS-B 段前后各有 48 个 MSO 的保护时间,用于克服时间漂移。一个时隙有 4196 位数据,占 4.028ms,而一个时隙长 5.5ms,有 1.7ms 的保护时间可以用于 235n mile 的传输延迟。移动用户使用第二段的 3200 个 MSO 进行传输。UAT 也可以采取随机选择的方式以一定的频谱效率为代价换取简单性和健壮性。UAT 时隙分配如图 4.21 所示。

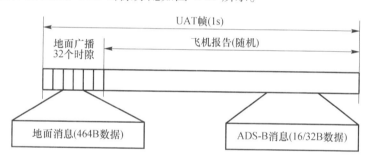

图 4.21　UAT 时隙分配

4.3.2.3　VDL 模式 4 数据链通信协议

VDL 模式 4(VDL-4)最早起源于 20 世纪 80 年代的瑞典,目前,VDL 模式 4 是由 ICAO 和欧洲电信标准化协会推荐的规范化 VHF 数据链技术,它基于 OSI 参考模型,要求严格的时间同步,工作在 VHF 航空频段 117.975～136.975MHz,采用两个独立的 25kHz 全域标示信道,高密度区域可使用一个附加信道(本地信号通道 LSC),采用高斯滤波频移键控(GFSK)调制,信号传输速率为 19.2kb/s。在机载的发送机和接收器部分根据需要可调整到任何 25kHz 的频道宽度,为 112.000～136.975MHz;地面部分,运作频率为 108.000～136.975MHz。TDMA 将 VHF 通信信道分为若干帧,再将帧分为众多的时隙。TDMA 在每个时隙的起始都会给予任何一个平台(飞机、地面、车辆)一次利用整个信道发射数据的机会,所以各平台按此方法竞争时隙必须实现全系统的精密时间同步。建立在

SOTDMA 协议基础之上的 VDL 模式 4,其时隙必须与 UTC 严格同步[22]。

VDL-4 用户在选择了合适的时隙后传输一个超帧。超帧通常由 4500 个时隙组成,跨度 1min,每个时隙 13.33ms,每秒 75 个时隙。每个时隙都可由任何飞机或地面电台作为接收和发送来占用,每个用户可以同时占用多个时隙。VDL-4 数据链时隙的大小可容纳一个 ADS-B 报告。每个时隙的传输可分为发送功率建立、同步、数据突发帧和保护时间间隔四个阶段,如图 4.22 所示。多时隙传输也包含四个阶段,只是数据突发帧跨越时间更长,其余三个阶段和单时隙长度相同。因此,传输占用时隙越多传输效率越高,但是传输数据越长,受到的干扰越大。在实际的应用中应该根据具体情况选择合适的传输数据长度[23]。

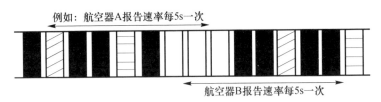

图 4.22　VDL-4 时隙分配示意

每个时隙均可由一个无线收发信机来发送数据信息。系统内所有的移动平台和固定站的时间参考信息均来自 GNSS,这样时隙的准确同步以及计划时隙的发射对所有用户来说都是互相知道的,这样数据链信道便可以高效利用,用户也不会同时发射。数据链主要的特点在于信道预约访问协议。VDL-4 可高效地交换短重复信息和支持适时应用,有效的传输时间分为大量的短时隙与 UTC 同步,每一个时隙可用于一个无线电应答机传输数据。它使用自组织时分多址(SOTDMA)的接入方式,使 VDL-4 的运行不需要任何地面设施,能支持空-空和空-地的通信和应用。

4.3.2.4　ADS-B 数据链特性分析

在第 11 次国际航行会议上,通过对三种数据链的性能分析得出了以下结论:

UAT 数据链在空域飞行高密度和低密度的情况下,空-空数据链路的性能总体上优于其他两种数据链;空-地数据链路中,UAT 数据链在 150n mile 的距离内使用 1 副天线,能达到更新频率的标准要求。另外,由于 VHF 波段的良好传播特性,使 VDL 模式 4 数据链给机场的场面监视带来很大的好处。

在相关标准方面,国际民航组织将 1090 ES 和 VDL 模式 4 的标准和建议措施都纳入到附件 10 中,并且相关的技术规范也在不断地更新和完善中[24]。

三种数据链技术都有着各自的优、缺点,各国对建立统一的数据链也是在不断探讨中,三种 ADS - B 技术比较如表 4.7 所列。目前从各国对这些数据链的研究情况来看,澳大利亚将选择继续发展 1090 ES 数据链,而美国将同时采用 1090 ES 数据链和 UAT 数据链,欧洲同时采用 1090 ES 数据链和 VDL Mode 4 数据链。

表 4.7　三种 ADS - B 技术比较

	1090MHz ES	UAT	VDL MODE4
使用频率	1090MHz	978MHz	118 ~ 137 MHz
码速率	1Mb/s	1Mb/s	19.2kb/s
信道访问方式	随机访问	下行:有分配 ADS - B 块的随机方式 上行:固定分配	自组织时隙:时隙由 GPS 同步
覆盖范围	较小	中等	最大
ICAO 标准	S 模式 SARPS Annex 10 Amendment 77 via SCRSP	不是 ICAO 标准	Annex 10 via AMCP
主要文件	DO260,DO260A,DO181C,ED73A,ED86	DO282	EUROCAE ED108
实施方法	升级现有的应答机软件,使用现有的天线;没有 S 模式应答机的航空器需要加装新的机载设备	加载新的机载电子设备、收发信机、天线	加载新的机载电子设备、收发信机、天线
自组织组网	不支持	不支持	支持
位置精度	95% 位置误差小于 4.4m	95% 位置误差小于 10.97m	95% 位置误差小于 6.34m
丢包率	较高	较高	低
资金投入	相对较少	相对较少	相对较多

1090ES 数据链在一些非技术要素的对比中有众多优点,如 ICAO 对 1090MHz ES 的数据链支持力度最大,标准也最完善,并且 1090MHz ES 模式 ADS - B 系统资金投入相对较小,更适用于商用航空和通用航空。UAT 数据链和 VDL 模式 4 数据链主要适用于通用航空,而且目前 1090 ES 数据链技术发展的最规范,存在许多可以借鉴的实例,它同时支持 TCAS、多点定位系统、SSR 等多项业务。考虑到目前国内航空状况主要为商用航空,通用航空还未发展起来,特别是近年来国家开始开放 3000m 以下空域,1090ES 数据链也将在该空域中广泛使用,因此选择 1090ES 数据链最适合我国空管技术的发展[25]。

4.4　ADS - B 监视报文解析

由于 1090ES 数据链较其他两种数据链应用更广泛,因此本节只针对

1090ES 数据链的 ADS – B 监视报文解析进行介绍。

4.4.1　ADS – B 消息类型及结构

4.4.1.1　ADS – B 消息类型

ADS – B 消息报告类型主要分为状态矢量(SV)报告、模式状态(MS)报告、目标状态(TS)报告和对空参考速度(ARV)报告四类。

状态矢量报告主要包含飞机当前运动状态及矢量参数,更新频率最快,广播频率最高,是必须广播的一种报告类型。

模式状态报告主要包含航空器当前运行信息,包括航空器呼号、地址等,更新频率低,广播频率低,是必须广播的报告类型。

目标状态报告主要包含飞机水平意向信息、垂直意向信息等,是一种条件触发报,不是必须广播的报告类型。

对空参考速度报告主要包括对空参考速度以及对地参考速度,该报告不是必须广播的报告类型。

4.4.1.2　ADS – B 消息基本结构

ADS – B 消息包括 4 个前导脉冲和 112bit 长报文(或 56bit 短报文)消息脉冲序列。消息的编解码及结构在 RTCA DO – 260B 中做了详细定义。前五个比特为 DF 域,即 bit 1 ~ bit 5;接下来三个比特,即 bit 6 ~ bit 8 为,当 DF = 17 时,为 CA 域;当 DF = 18 时,为 CF 域;DF = 19 时,为 AF 域;bit9 到 bit32 总共 24 个比特位为 AA 域(即 24 位 ICAO 地址码);bit 33 ~ bit 88 总共 56 个比特位为 ADS – B 消息域 ME(短报文没有此消息域);最后 24 比特位校验域 PI。

ADS – B 消息格式基本结构如表 4.8 所列:

DF = 17 格式用于 S 模式应答机发射的 ADS – B 消息。若 DF = 17,CA 字段表征 S 模式应答机的能力;AA 字段为应答机 24bit ICAO 地址;ME 为 ADS – B 消息;PI 字段为奇偶校验位。

DF = 18 格式用于非 S 模式应答机发射的 ADS – B 消息或 TIS – B 消息。若 DF = 18,CF 字段表明 ME 字段是含有 ADS – B 消息或者 TIS – B 消息。对于 DF = 18 传输格式,当 CF 为 0 或 1 时,此传输格式传输的是 ADS – B 消息。此外,对于 DF = 18 传输格式,CF 字段也明确了 AA 字段所包含的地址类型。ADS – B 消息使用的传输格式为:DF = 17,DF = 18 且 CF 为 0 或 1,DF = 19 且 AF = 0。DF = 19 格式预留为军事应用,非军事应用的 ADS – B 系统不应使用此格式。

表 4.8 ADS – B 消息基本结构

比特位	1 ~ 5	6 ~ 8	9 ~ 32	33 ~ 88	89 ~ 112
DF17 的字段分配	DF = 17	CA	AA(地址域)	ME(ADS – B 消息域)	PI
DF18 的字段分配	DF = 18	CF = 0	AA(ICAO)	ME(ADS – B 消息域)	PI
		CF = 1	AA(非 ICAO)		PI
		CF = 2	AA(ICAO)	ME(TIS – B 消息域)	PI
		CF = 3			PI
		CF = 4	保留为 TIS – B 管理消息		PI
		CF = 5	AA(非 ICAO)	ME(TIS – B 消息域)	PI
		CF = 6	预留		PI
		CF = 7			PI
DF19 的字段分配	DF = 19	AF = 0	AA(ICAO)	ME(ADS – B 消息域)	PI
		AF = 1 ~ 7	预留(军事)		PI
	MSB ~ LSB	MSB ~ LSB	MSB ~ LSB	MSB ~ LSB	MSB ~ LSB

4.4.2 ADS – B 下行链路解码

4.4.2.1 ADS – B 消息字段[26]

1)DF 字段

根据 RTCA 标准 DO – 181C,前导脉冲后面紧接着的前五个消息比特为 DF 格式字段,该字段是 ADS – B 接收机编码的传输描述符。基于 1090MHz ES 的 ADS – B 发射机 DF 应设置为 17,非 S 模式应答机发射设备发射的全部 ADS – B 消息,DF 设置为 18,军事应用 DF 设置为 19。

2)CA 字段(DF17)

CA(发射机能力域)字段用于报告基于 1090ES 的 ADS – B 发射机能力,表示是否有 Comm – A 或者 Comm – B 通信能力。

3)CF 字段(DF18)

DF = 18 消息的 CF 字段用于非 S 模式应答机的 ADS – B 或 TIS – B 传输设备。

4)AF 字段(DF19)

AF 字段用于军事应用系统发射设备所发送的 ADS – B 消息。

5)AA 字段 – 地址域

AA 字段长 24bit,表示发射机的地址,该地址为全球唯一的 ICAO 地址。

6）ME 字段（扩展断续振荡消息域）

ME 字段长 56bit，为 1090MHz ADS-B 消息体。ME 字段中，前 5 个比特位为消息类型字段，紧接着的 3 个比特位为消息子类型，剩余 48 个比特位为消息具体内容。ME 字段结构如表 4.9 所列。

7）PI 字段-校验/识别域

PI 字段长 24bit，是除 DF 字段以外其余字段的 CRC 校验位。

表 4.9　ADS-B 消息"ME"字段域含义[27]

TYPE"ME" bit1~5	SUBTYPE"ME" bit6~8	消息类型	TYPE"ME" bit1~5	SUBTYPE"ME" bit6~8	消息类型
0	无	空中位置或地面位置	24	无	地面系统状态
1~4	无	飞机 ID 和类型	25~26	无	保留
5~8	无	地面位置	27	无	轨迹改变
9~18	无	空中位置	28	0	保留
19	0	保留	28	1	扩展断续振荡飞机状态
19	1~4	空中速度	28	2~7	保留
19	5~7	保留	29	0	目标状态
20~22	无	空中位置	29	1~3	保留
23	0	测试信息	30	0~7	保留
23	1~6	保留	31	0~1	飞机运行状态
23	7	测试信息	31	2~7	保留

4.4.2.1　ADS-B 消息内容

1）ADS-B 空中位置信息

空中位置信息包括编码后的经、纬度和高度信息，由于是实时（误差最大 200ms）的位置信息，所以需要发送实时时间信息才能有效确定目标位置。空中位置信息的 TYPE 字段值只能是十进制 0、9~18、20~22。SUBTYPE CODE（子类字段）用于指示监视状态，飞机的告警信息，同时子类型字段还联合飞机运行状况，在报告中附加 NIC 字段，完成 NIC（导航完备性类别）编码，用于指示导航精度和用以区别是否有高度信息，以及高度信息是来自于 GNSS 的几何高度信息还是来自全静压系统的气压高度信息。经、纬度采用紧凑位置报告（CPR）格式编码,具体解码算法见后面介绍。空中位置消息"ME"字段域含义如表 4.10 所列。

表 4.10　空中位置消息"ME"字段域含义[27]

ME 中比特位置	1~5	6~7	8	9~20	21	22	23~39	40~56
名称	TYPE	监视状态	是否单天线	高度	时间指示	CPR 编码格式	编码纬度	编码经度

高度编码格式:高度字段总长 12bit,在"ME"字段域中为 bit9~bit20,bit16 为单位指示比特位 Q,当 Q=0 时,编码单位为 100 英尺,bit9~bit15,bit17~bit20 依次对应 ModeA/C 的 C1、A1、C2、A2、C4、A4、B1、B2、D2、B4、D4,对应关系如表 4.11 所列。Q=1,编码单位为 25 英尺,此时采用二进制编码。Q=1 时子字段中的 MSB(Most Significant Bit)为 bit9,它表示高度的固编码范围为 −1000~+50175 英尺。超过 +50175 英尺的高度时采用 Q=0 的十进制编码规则。如果高度数据不可获得,则所有高度子代码位置值等于 0。

表 4.11　空中位置消息高度子代码 Q=0[27]

ME 中比特位置	9	10	11	12	13	14	15	16	17	18	19	20
代码名称	C1	A1	C2	A2	C4	A4	B1	Q	B2	D2	B4	D4

时间指示 T 位于"ME"字段的 bit21,该字段表示空中位置消息中水平位置消息是否同步于 0.2s UTC 时间点,T=1 表示同步,T=0 表示不同步[26]。

CPR 格式 F 字段位于"ME"字段 bit22,该字段用于指出 CPR 格式,编码的飞机经、纬度信息是"偶"或"奇"编码,详细算法参考后面介绍。F=1 时,表示"奇"编码。F=0 表示"偶"编码。一个"偶 0.2s UTC 时间点"用 UTC 时间刻度度量的时刻来定义,其定义为在起始时刻的整数部分 UTC 秒后,小数部分以 200ms 的偶数倍出现。同样地,一个"奇 0.2s UTC 时间点"用 UTC 时间刻度度量的时刻来定义,其定义为在起始时刻的整数部分 UTC 秒后,小数部分以 200ms 的奇数倍出现。例如:偶 0.2 秒时间点是指 12.0s、12.4s、12.8s、13.2s、13.4s 等;奇 0.2s 时间点是指 12.2s、12.6s、13.0s、13.4s、13.8s 等。

虽然空中位置消息寄存器可以以高于每秒 5 次/s 的频率更新,但仅当载入寄存器数据可适用时间点在"奇"或"偶"0.2s UTC 时间点时,"CPR 格式"(F)子字段才在"0"与"1"之间交替出现。

ADS−B 编码纬度位于"ME"字段的 bit23~bit39,总长 17bit;编码经度位于"ME"字段的 bit40~bit56,总长 17bit,即编码长度 Nb=17。按照 RTCA DO−260B 文档,经纬度 CPR 位置解码算法如下[27]。

算法中使用到的函数变量说明如下:

(1)取整函数 floor(x),表示对 x 取整,且其值为小于等于 x 的最大整数值。

(2) 取模函数 $\mathrm{MOD}(x,y)$，表示为 $\mathrm{MOD}(x,y) = x - y \times \mathrm{floor}[x/y]$，$y \neq 0$。在下面的 CPR 算法中 y 值总是正的。当 x 非负时，$\mathrm{MOD}(x,y)$ 等于 x 除以 y 时的余数。当 x 是负值时，$\mathrm{MOD}(x,y)$ 为 $(x + 360°)$ 除以 y 的余数。

(3) 纬度 x 的经度区域函数 $\mathrm{NL}(\mathrm{lat})$，其值域范围为 $1 \sim 59$，定义公式如下：

$$
\mathrm{NL}(\mathrm{lat}) = \begin{cases}
59 & ,\mathrm{lat} = 0° \\
1 & ,\mathrm{lat} > 87° \\
1 & ,\mathrm{lat} < -87° \\
2 & ,\mathrm{lat} = 87° \\
2 & ,\mathrm{lat} = -87° \\
\mathrm{floor}\left\{ 2\pi \left[\arccon \left(1 - \dfrac{1 - \cos(\pi/(2 \times \mathrm{NZ}))}{\cos^2(|\mathrm{lat}| \times \pi/180°)} \right) \right] \right\}, & 其他
\end{cases}
$$

$$(4.1)$$

CPR 位置解码算法过程可分为以下 6 个步骤：

ADS - B 接收机接收到"偶"格式位置编码对 $(\mathrm{XZ}_0, \mathrm{YZ}_0)$ 与"奇"格式位置编码对 $(\mathrm{XZ}_1; \mathrm{YZ}_1)$ 就能确定被监视目标的纬度 Rlat 与经度 Rlon。空中目标最大允许间隔为 3nmile，而如果目标的飞行速度为 1850km/h，在 10s 内能飞行 5.1km（2.75nmile）的距离，所以要求收到一对偶格式和奇格式位置编码的时间间隔不能超过 10s。

步骤 1：分别计算 $i = 0$ 和 $i = 1$ 的南北向纬度区域大小 $\mathrm{Dlat}_i = 360°/(4 \times \mathrm{NZ} - i)$。

步骤 2：计算纬度索引号 $j = \mathrm{floor}\left(\dfrac{59\mathrm{YZ}_0 - 60\mathrm{YZ}_1}{2^{Nb}} + \dfrac{1}{2} \right)$。

步骤 3：计算 $i = 0$ 和 $i = 1$ 时的纬度解码解 $\mathrm{Rlat}_i = \mathrm{Dlat}_i \times \left[\mathrm{MOD}(j, 60-i) + \dfrac{\mathrm{YZ}_i}{2^{Nb}} \right]$。

根据式（4.1）判断 $\mathrm{NL}(\mathrm{Rlat}_0)$ 和 $\mathrm{NL}(\mathrm{Rlat}_1)$ 是否相等，如果不相等，意味着存在纬度区域跨越，继续等待，直到收到一对不存在纬度跨越的奇偶对编码，继续步骤 4。

步骤 4：若 $\mathrm{NL}(\mathrm{Rlat}_0)$ 等于 $\mathrm{NL}(\mathrm{Rlat}_1)$ 根据最近接收的空中位置是用偶格式（$i = 0$）或奇格式（$i = 1$）编码。计算 Dlon_i：

$$N_i = \max(1, \mathrm{NL} \times \mathrm{Rlat}_i - i) \tag{4.2}$$

$$\mathrm{Dlon}_i = \frac{360°}{N_i} \tag{4.3}$$

步骤 5：计算经度索引号 m。

$$\mathrm{NL} = \mathrm{NL}(\mathrm{Rlat}_i)$$

$$m = \text{floor}\left[\frac{XZ_0(NL-1) - XZ_1 \times NL}{2^{Nb}} + \frac{1}{2}\right] \tag{4.4}$$

步骤 6：根据最近收到的编码格式的奇偶性，即根据 i 的值，确定经度编码值 Rlon_1 或 Rlon_0。

$$\text{Rlon}_i = \text{Dlon}_i\left[\text{MOD}(m, N_i) + \frac{XZ_i}{2^{Nb}}\right] \tag{4.5}$$

如果是地面坐标，公式为

$$\text{Rlon}_i = \text{Rlon}_i + 90 \tag{4.6}$$

得出的经度坐标可能为负值，如果为负值需要进行修正，修理公式为 $\text{Rlon}_i = \text{MOD}(\text{Rlon}_i + 360, 360)$。

2）ADS-B 地面位置信息

地面位置信息包括编码后的经/纬度信息、飞机/车辆运动状况信息、朝向/地面航迹信息，但是没有高度信息，由于是实时（误差最大 200ms）的位置信息，所以同样需要发送时的时间信息。地面位置信息的 TYPE 字段值只能是 5、6、7、8，不同的 TYPE 字段表示不同的导航精度，即半径容限。地面位置信息内容包括飞机/车辆的运动速度和运动朝向，以及飞机经、纬度信息。地面经、纬度也采用 CPR 格式编码。地面位置消息"ME"字段域含义如表 4.12 所列。

表 4.12　地面位置消息"ME"字段域含义[26]

ME 中比特位置	1~5	6~12	13	14~20	21	22	23~39	40~56
名称	TYPE	运动状态	朝向/地面航迹角指示	朝向/地面航迹角	时间指示	CPR编码格式	编码纬度	编码经度

运动状态字段总长 7bit，位于"ME"字段的 bit6~bit12。采用非线性编码，即不同的编码范围的编码单位不同，编码值越大，编码单位越大，表示飞机/车辆速度的动态范围变宽。运动信息解码如表 4.13 所列。

表 4.13　运动信息解码[27]

代码值（十进制）	含义	注（步长）
0	没有可获得的运动信息	
1	空速（地速=0）	
2	0<地速≤0.2315 km/h(0.125n mile/h)	
3~8	0.2315 km/h(0.125n mile/h)<地速≤1.852 km/h(1n mile/h)	0.2700833 km/h
9~12	1.852 km/h(1n mile/h)<地速≤3.704 km/h(2n mile/h)	0.463km/h(0.25n mile/h)
13~38	3.704 km/h(2n mile/h)<地速≤27.78 km/h(15n mile/h)	0.926 km/h(0.50n mile/h)

(续)

代码值 (十进制)	含义	注(步长)
39 ~ 93	27.78 km/h(15n mile/h) < 地速 ≤ 129.64 km/h(70n mile/h)	1.852 km/h(1.00n mile/h)
94 ~ 108	129.64 km/h(70n mile/h) < 地速 ≤ 185.2 km/h(100n mile/h)	3.704 km/h(2.00n mile/h)
109 ~ 123	185.2 km/h(100n mile/h) < 地速 ≤ 324.1 km/h(175n mile/h)	9.26 km/h(5.00n mile/h)
124	324.1 km/h(175n mile/h) < 地速	
125	保留	
126	保留	
127	保留	

朝向/地面航迹角指示位子字段位于"ME"字段的 bit13,表明紧接着的 7 个比特(bit14 ~ bit20)朝向/地面航迹角数据是否有效,值"1"表明有效,值"0"表明无效。朝向/地面航迹用以广播飞机/车辆的方位。方位以正北方向为 0°,顺时针方向编码,编码单位为 2.8125°。如表 4.14 所列。

表 4.14　朝向/地面航迹角解码[27]

代码		朝向/地面航迹角/(°)
二进制	十进制	
000 0000	0	0
000 0001	1	2.8125
000 0010	2	5.6250
000 0011	3	8.4375
...	...	...
011 1111	63	177.1875
100 0000	64	180.00
100 0001	65	182.8125
...	...	...
111 1111	127	357.1875

时间指示、CPR 编码格式以及编码经纬度与空中位置信息类似,这里不再赘述。

3) ADS – B 飞机识别和类型消息

ADS – B 飞机识别和类型消息包括发射机类别识别和身份类别识别。飞机识别和类型信息"ME"字段域含义如表 4.15 所列。

表 4.15　飞行识别和类型消息"ME"字段域含义[27]

ME 中比特位置	1~5	6~8	9~14	15~20	21~26	27~32	33~44	45~50	51~56
名称	TYPE	发射机类型	身份字符	身份字符	身份字符	身份字符	身份字符	身份字符	身份字符

　　ADS－B 飞机识别和类型信息 TYPE 值只能是 1、2、3、4,分别对应 D、C、B、A 类发射机。发射机类型编码,可以识别 D、C、B、A 四类发射机中对应的特定飞机类型、身份和类型识别码共 8 个字符,表明飞机航班号等身份识别码。

　　ADS－B 发射机类别子项是一个 3B 的代码,如果 ADS－B 发射子系统无法获得 ADS－B 发射机类型,设备将把 0 输入航空器识别消息和分类消息中的 ADS－B 发射机类别子项。ADS－B 发射机类别设置如表 4.16 所列。

表 4.16　ADS－B 发射机类型设置[27]

	编码	含义
A 类	0	没有 ADS－B 发射机类别信息
	1	Light(<15500 磅)
	2	Small(15500 到 75000 磅)
	3	Large(75000 到 300000 磅)
	4	High－Vortex Large(如 B－757)
	5	Heavy(大于 300000 磅)
	6	High Performance(大于 5g 加速度,大于 400kn)
	7	旋翼机
B 类	0	没有 ADS－B 发射机类别信息
	1	滑翔机
	2	轻于空气
	3	跳伞者
	4	超轻型的/悬挂式滑翔机/翼伞飞行器
	5	保留
	6	无人驾驶飞行器
	7	跨大气层飞行器
C 类	0	没有 ADS－B 发射机类别信息
	1	地面车辆－(紧急车辆)
	2	地面车辆－(服务车辆)
	3	点障碍(包括系留气球)
	4	集群障碍
	5	线障碍
	6,7	保留

注:1 磅 =0.454kg。

4）ADS – B 空中速度消息

ADS – B 空中速度信息格式有两种：一种用于飞机能够知道自身水平运动速度，此时又用子类型来区别是否为超声速速度报告，子类 1 表示亚声速，子类 2 则表示超声速；另一种用于飞机不能获得自身水平速度时广播的速度报告，同样用子类区分是否超声速飞行，子类 3 表示亚声速，子类 4 表示超声速[26]。两种报告格式分别如表 4.17 和表 4.18 所列。

表 4.17 空中速度消息子类 1 和子类 2 "ME" 字段域含义[27]

位置	名称	位置	名称
1 ~ 5	TYPE	26 ~ 35	南/北速度
6 ~ 8	子类型	36	垂直速度来源
9	意图变更标志	37	垂直速度符号
10	IFR 能力标志	38 ~ 46	垂直速度
11 ~ 13	导航精度 NACv	47 ~ 48	预留
14	东/西向标志	49	气压高度差标志
15 ~ 24	东/西速度	50 ~ 56	气压高度表
25	南/北向标志		

表 4.18 空中速度消息子类 3 和子类 4 "ME" 字段域含义[27]

位置	名称	位置	名称
1 ~ 5	TYPE	26 ~ 35	空速
6 ~ 8	子类型	36	垂直速度来源
9	意图变更标志	37	垂直速度符号
10	IFR 能力标志	38 ~ 46	垂直速度
11 ~ 13	导航精度 NACv	47 ~ 48	预留
14	航向状况标志	49	气压高度差标志
15 ~ 24	航向	50 ~ 56	气压高度表
25	空速类型		

意图变更标志：用于指示飞行意图（是否要下降，是否要转弯等）是否改变。值 "1" 表示意图改变。

IFR 能力标志：表明飞机是否有仪表飞行能力，值 "1" 表明飞机装备有 "A1" 或更高级别的 ADS – B 设备。

速度导航精度 NACv：导航精度指示，最大值 4，最小值 0。NACv = 0，导航精度最高，水平速度最佳数值（HFOMR）< 0.3m/s，垂直速度最佳数值（VFOMR）< 0.46m/s；NACv = 4，导航精度最差，HFOMR > 10m/s，VFOMR > 15.24m/s。

东/西向标志：在消息子类 1 与 2 中表明随后的东/西速度矢量是东向还是

西向速度,值"0"代表东向。

东/西速度:在空中速度报告消息子类 1 中,这 10bit 编码用于报告飞机水平机动速度,当空中速度报告消息子类型为"1",即亚声速时,编码单位为 kn,值"0"表明无可用东/西速度,值"1"表明飞机速度为 0kn,依次类推,值 1022 表明飞机速度为 1021kn,最大值 1023 表明飞机速度大于 1021.5kn;当空中速度报告消息子类型为 2,即超声速时,编码单位 4kn,值"0"表明无可用东/西速度,值"1"表明飞机速度为 0kn,依次类推,值 1022 表明飞机速度为 4084kn,最大值 1023 表明飞机速度大于 4086kn,如表 4.19、表 4.20 所列。

表 4.19　子类消息 1 中的东/西速度解码[27]

编码	含义
0	没有可获得速度信息
1	飞机速度为 0kn
2	飞机速度为 1kn
3	飞机速度为 2kn
…	…
1022	飞机速度为 1021kn
1023	飞机速度大于 1021.5kn

表 4.20　子类消息 2 中的东/西速度解码[27]

编码	含义
0	没有可获得速度信息
1	飞机速度为 4kn
2	飞机速度为 8kn
3	飞机速度为 16kn
…	…
1022	飞机速度为 4086kn
1023	飞机速度大于 4086kn

南/北向标志:在消息子类 1 与 2 中,值"0"代表北向。南/北速度含义和东/西速度类似,不再赘述。

垂直速度来源:在消息子类 1、2、3、4 中,指示垂直速度来源,值"0"表明垂直速度来源于 GNSS,"1"表明来源于全静压系统。

垂直速度符号:在消息子类 1、2、3、4 中,指示飞机垂直机动的方向是向上还是下,值"0"代表向上。

垂直速度:在消息子类 1、2、3、4 中,这 9 个比特位编码用于报告飞机垂直速度,无论飞机机动速度是否超过声速,编码单位为 64 英尺/min,值"0"表明无可用垂直速度,值"1"表明飞机速度为 0 英尺/min,依次类推,值 510 表明飞机速度为 32576 英尺/min,最大值 511 表明飞机速度大于 32608 英尺/min。垂直速度解码如表 4.21 所列。

表 4.21　垂直速度解码

编码	含义
0	没有可获得垂直速度信息
1	飞机速度为 0 英尺/min
2	飞机速度为 64 英尺/min
3	飞机速度为 128 英尺/min
⋮	⋮
510	飞机速度为 32576 英尺/min
511	飞机速度为 32608 英尺/min

航向状态标志:指示航向数据是否可用,"0"表示航向数据不可用,"1"表示航向数据可用。

航向:在消息子类 3、4 中,该字段用于广播 ADS – B 子系统的航向,以正北方向为 0°参考方向,顺时针方向编码,编码单位为 0.3515625°。"0"表示航向为 0°,"1"表示航向为 0.3515625°,"2"表示航向为 0.703125°,"3"表示航向为 1.0546875°,以此类推,值 1022 表示航向为 359.296875°,最大值 1023 表示航向为 359.6484375°。航向解码如表 4.22 所列。

表 4.22　航向解码

编码	含义
0	航向为 0°
1	航向为 0.3515625°
2	航向为 0.703125°
3	航向为 1.0546875°
⋮	⋮
511	航向为 179.6484375°
512	航向为 180.0°
⋮	⋮
1023	航向为 359.6484375°

空速类型:在消息子类 3、4 中,该字段指示紧邻的空速字段是飞机表速还是真空速。"0"代表表速,"1"代表飞机的真空速。

空速:在消息子类 3、4 中,这 10 个比特位编码用于报告飞机机动速度,当空中速度报告消息子类型为 3,即亚声速时,编码单位为 kn。值"0"表明无可用东/西速度,值"1"表明飞机速度为 0kn,依次类推,值 1022 表明飞机速度为 1021kn,最大值 1023 表明飞机速度大于 1021.5kn;当空中速度报告消息子类型为"4",即超声速时,编码单位 4kn,值 0 表明无可用东/西速度,值"1"表明飞机速度为 0kn,依次类推,值 1022 表明飞机速度为 4084kn,最大值 1023 表明飞机速度大于 4086kn。空速解码规则如表 4.23 所列[27]。

表 4.23　空速解码

编码	含义
0	没有可获得空速信息
1	飞机速度为 0kn
2	飞机速度为 1kn
3	飞机速度为 2kn
⋮	⋮
1022	飞机速度为 1021kn
1023	飞机速度大于 1021.5kn

气压高度差标志:在消息子类 1、2、3、4 中,指示 GNSS 高度是否大于大气压高度,"0"代表大于大气压高度,"1"代表小于大气压高度。

气压高度差:在消息子类 1、2、3、4 中,广播气压高度差值。编码单位为 25 英尺。"0"表示无可用 GNSS 高度,固不能得到具体高度差值。"1"表示高度差为 0 英尺,"2"表示高度差 25 英尺,以此类推,"126"表示高度差为 3125 英尺,最大值"127"表示高度差大于 3137.5 英尺。气压高度解码如表 4.24 所示。

表 4.24　气压高度差解码[27]

编码	含义
0	没有可获得的气压高度差信息
1	高度差为 0 英尺
2	高度差为 25 英尺
3	高度差为 50 英尺
⋮	⋮
126	高度差为 3125 英尺
127	高度差大于 3137.5 英尺

5)ADS – B 事件驱动消息

ADS – B 事件驱动消息不是必定发送的消息,当且仅当装备相应系统(如 TCAS)且有可用数据才会广播。

(1)ADS – B 目标状况与状态消息。ADS – B 目标状况与状态消息用于提供飞机在飞向预设轨迹时,飞机当前的状态信息和来自于 TCAS 的导航数据。

该消息传送的内容包括飞机目标状况消息(目标朝向,目标经、纬度)、ADS-B导航数据、飞机TCAS的状况。目标状况与状态消息"ME"字段域含义如表4.25所列。

表4.25 目标状况与状态消息"ME"字段域含义[27]

ME 比特位置	1~5	6~7	21~26
名称	TYPE	SUBTYPE	意向/状态消息

TYPE 即 ADS-B 消息类型码为29。SUBTYPE 即目标状况与状态消息子类型码。目前,只实现 SUBTYPE=0。

意向状态消息"ME"字段域含义如表4.26所列。

表4.26 意向状态消息"ME"字段域含义[27]

ME 比特位置	名称	ME 比特位置	名称
8,9	垂直数据有效 & 数据源有效标志	37	目标朝向/航迹指示
10	目标高度类型标志	38,39	水平模式指示
11	向下兼容标志	40~43	位置导航精度(NACp)指示
12,13	目标高度报告能力指示	44	气压高度信息有效性(NIC$_{BARO}$)指示
14,15	垂直模式指示	45,46	监视等级(SIL)
16~25	目标高度	47~51	保留
26~27	水平数据有效 & 数据源有效标志	52,53	能力/模式编码
28~36	目标朝向/航迹角	54~56	紧急/优先

垂直数据有效和数据源有效标志:指示飞机是否能广播高度信息和指示子字段"目标高度"信息是否有效。各个取值代表的含义:"0"表示无可用有效的目标状态数据;"1"表示可选择的自动驾驶类型;"2"表示保持高度;"3"表示FMS/RNAV系统。

目标高度类型标志:指示高度信息的参考,"0"表示高度参考为地面,"1"表示标准大气压高度,参考面为海平面。

后向兼容标志:由于具备1090ES ADS-B的飞机操作信息还未完全规整化,故提供后向兼容能力。"0"表示含义未定,"1"表示无效消息(放弃完整目标与状态消息)。

目标高度报告能力指示:指示飞机报告高度数据能力。各编码值含义:"0"表示仅有报告高度保持;"1"表示报告高度保持或者自动驾驶的类型;"2"表示报告高度保持、自动驾驶类型FMS/RNAV调整平面高度。

垂直模式指示:指示获取高度信息状态,"获取"表明飞机正向目标高度上升或下降,高度信息正在获取中。"捕获"表明已获得高度信息,意味着此时目标高度信息是有效的。"保持"表明已经获得高度信息,且目标高度未发生变化。该字段各编码值含义:"0"表示无法获得目标高度信息;"1"表示获取阶段;"2"表示捕获和保持;"3"表示保留。

目标高度:当飞机上升或下降时,该字段指示下一个轨迹改变点的高度,当飞机保持高度飞行时,指示飞机飞行高度。该字段编码单位为 100 英尺,值"0"代表 - 1000 英尺,"1"则代表 - 900 英尺,以此类推,值"1010"代表最大编码高度 100000 英尺,其余为无效编码值。

"ME"字段中 bit26 ~ bit39 水平目标状态和上述垂直模式类似,不再赘述。

位置导航精度(NACP)指示:导航数据的误差半径。

气压高度信息有效性(NICBARO)指示:报告高度导航数据的误差半径。

监视等级(SIL)指示:导航误差半径的有效度。

能力/模式编码指示:TCAS 状态。

紧急/优先指示:是否有紧急状态以及紧急类型。

(2)ADS - B 飞机操作状态消息。"飞机工作状况消息"用于报告飞机当前的状况。比如,飞机运行状况数据,是否具有空中参考速度报告,飞机机载设备情况,是否兼容 TCAS,是否有 CDTI 显示能力等。具体信息格式参见 DO - 260B。

(3)ADS - B 测试消息。TYPE 23 ADS - B 消息用于测试用途,"测试"消息是专用于支持 1090MHz ADS - B 系统平台或认证测试中的信息广播,或仅专用于局部 ADS - B 地面应用信息的广播。"测试"消息广播不会导致任何其他装有 ADS - B 机载设备产生 ADS - B 报告,特定消息也不会包括在要求编写为国际通用标准的"测试"消息中。

6)ADS - B 消息更新速率

ADS - B 消息发射频率最大不会超出每秒 6.2 个消息,平均每秒 2 个空中位置、2 个空中速度、0.2 个身份以及 2 个事件消息。

消息更新的基本条件:ADS - B 发射的消息内容包括空中位置、地面位置、飞机身份与类型、速度、目标状态与状况、飞机工作状况,当且仅当这些数据有效,且能组织成前述某些消息时,才具备被发射条件。各种消息的发射都是独立的,与其余消息无关。空中位置消息中的高度数据是唯一例外,仅有高度消息时是不能发射空中位置消息的,必须收到有效水平数据后,空中位置消息才具备被发射的初始条件。

空中位置消息的广播速率:具备消息发射的基本条件后,消息就会被广播,广播速率相对于前一条空中位置消息,下一条消息广播时间应均匀分布在0.4 ~ 0.6s 之间。

地面位置消息广播速率:该类消息有两种广播速率,高速率模式和低速率模式,当在一定时间 T(一般设定 30s)内位置变化小于 L(一般设定 10m)时,为低速广播模式,广播速率相对于前一条地面位置消息,下一条消息广播时间应均匀分布在4.8~5.2s之间。其余情况则为高速广播模式,广播速率相对于前一条地面位置消息,下一条消息广播时间应均匀分布在0.4~0.6s之间。

飞机识别与类型消息广播速率:当飞机处于空中或者处于地面高速模式(定义和地面位置消息广播的高速/低速模式一样),空中飞机识别消息广播速率为4.8~5.2s均匀分布。飞机处于地面低速模式时,消息广播速率为9.8~10.2s均匀分布。

速度消息广播速率:具备消息发射的基本条件后,消息就会被广播,广播速率相对于前一条飞机速度消息,下一条消息广播时间应均匀分布在0.4~0.6s之间。

事件驱动消息广播速率:当相应驱动事件满足后,只要满足下述要求,消息就应被广播。

(1)同一时刻只能发送一条事件驱动消息,其余消息延迟发送。

(2)时间驱动消息发射速率不超过2次/s。

4.4.3 增强的信号解码技术

由于ADS-B数据链采用UHF频段广播数据,不可避免会受到多径效应、天线遮蔽、周围电磁环境等因素影响,造成信号传输产生错误。为了提高ADS-B接收机的解码率,人们提出了多种增强的信号解码技术,本节对典型的误差探测纠错技术、报头检测算法、数据位和置信度拾取算法进行了介绍。

4.4.3.1 误差探测纠错技术

当A/C模式杂波对S模式信号产生干扰时,可能出现部分脉冲代码相重叠的情况。目前的S模式误差纠偏算法主要通过定位存在低置信度的时间窗实现,也称为滑动时间窗技术。该技术提取第89~112位的ADS-B消息,依次测试24位时间窗[27]。当侦测到时间窗的置信度过低时,滑动时间窗技术将纠正对应的二进制位(此处不考虑对超过12个低置信位的时间窗纠错)。

4.4.3.2 报头检测算法

在接收端两个S模式报文报头相交时,可能出现部分的脉冲代码交叠或完全交叠,可采用报头检测算法进行处理,总体流程如图4.23所示,报头检测算法首先检测出标准时序的四脉冲报头,然后进行交叠测试、参考电平检测和DF验证,最后进行再触发检测以确定报头的有效性[27]。

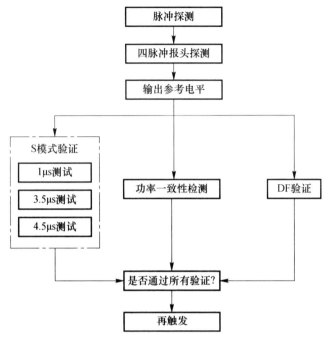

图 4.23　报头探测流程

1）有效脉冲位置的提取算法

ADS – B 信号的报头由四个固定位置的脉冲组成,在解码的过程中比对有效脉冲位置(VPP)与报头固定格式脉冲进行对比。如果有一段输入信号的功率值高于设定的门限值,而且这个信号可以在一段时间内保持在门限值之上,则此处存在一个有效脉冲位置。即当某个数据采样点的值高于门限值且在此采样点后的 N 个采样点的值都高于门限值时,那么此采样点为一个有效脉冲位置。一般地,当输入数据的采样频率为 10MHz 时, $N=3$,也就是说在这种情况下有效位置处必须有连续的四个采样点的数据值大于门限。

2）上升沿和下降沿提取算法

上升沿和下降沿的提取算法是将当前时刻采样点的幅值与前一个采样点和后一个采样点做幅值比较,若符合相应的算法,则存在上升沿或下降沿。对于上升沿来说,若信号某处的采样点的值比前一个采样点的值有大幅度的增加,其增值超过一个门限,那么信号在此点有一个上升沿。值得注意的是,这个上升沿处的采样点不能是一个过渡点也不能是一个尖峰脉冲[28]。

如图 4.24 所示,点 B 为一个过渡位置点,点 E 为一个尖峰脉冲点,虽然它们满足在短时间内的数值激增,但是它们都不是上升沿位置。只有点 A、C、D 是上升沿位置。

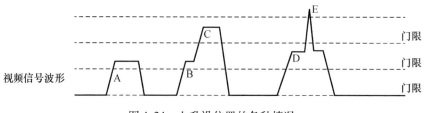

图 4.24 上升沿位置的各种情况

如图 4.25 所示,点 B 为一个过渡位置点,点 D 为一个尖峰脉冲点,虽然它们满足在短时间内的数值激减,但是它们都不是下降沿位置。只有点 A、C、E 是下降沿位置。

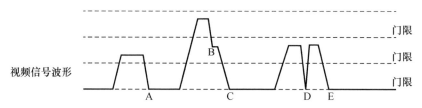

图 4.25 下降沿位置的各种情况

总体说来,若一个采样点是一个上升沿或下降沿位置,那么此点的值与前一个采样点的值相比,其差值大于门限值。同时,此点的值与后一个采样点相比,其差值小于门限值,则此点为一个上升沿或下降沿位置。

在实际处理的过程中,设计 3 个相邻的采样点 S_{i-1}、S_i、S_{i+1},当满足

$$\begin{cases} S_i - S_{i-1} > \text{门限} \\ |S_i - S_{i+1}| < \text{门限} \end{cases} \tag{4.7}$$

时,点 S_i 为一个上升沿位置。

当满足

$$\begin{cases} S_i - S_{i+1} > \text{门限} \\ |S_i - S_{i-1}| < \text{门限} \end{cases} \tag{4.8}$$

时,点 S_i 为一个下降沿位置。

3) 4 脉冲报头初始检测算法

模式 S 报头的时序由 4 个固定格式的脉冲组成,要确定报头是否正确,首先要通过 4 脉冲报头初始检测算法的验证。该算法是对有效脉冲位置、上升沿位置(LEP)进行判断,判断标准如下:

(1) 在 $0\mu s$、$1\mu s$、$3.5\mu s$、$4.5\mu s$ 四个位置上有四个 VPP 标志。

(2) 在 $0\mu s$、$1\mu s$、$3.5\mu s$、$4.5\mu s$ 四个位置上至少有两个 LEP 标志。

若输入信号在同一时间满足以上两条判定标准,则此报头通过四脉冲报头检测算法。值得注意的是,在检验 VPP 和 LEP 位置是否符合标准时,允许有一个微小的误差范围,否则可能失去一些因干扰而无法完全匹配标准位置的报头。一般来说这个误差范围为一个数据位。

4)参考电平检测算法

在信号通过 4 脉冲报头初始检测后,必须检测出一个参考电平值。这个参考电平值将在再触发过程和后续数字信号处理(DSP)解码算法中使用。

信道传输信号中可能存在噪声或其他信号的干扰,使最后得到的基带采样数据中有不准确的采样值,不准确的采样值会在很大程度上影响最后得出的参考电平的数值,从而影响报头检测的正确性,所以在设计计算参考电平的算法时,要求算法具有一定的抗干扰能力。参考功率检测算法可以分为 3 步进行,具体的过程如下:

(1)正常情况下,S 模式 ADS-B 信号的报头拥有 4 个脉冲,每个脉冲的起始端应存在一个上升沿位置。以上升沿所在位置的采样点作为每个脉冲的第一个采样点,在 10MHz 的采样频率下每个脉冲采样 5 次。除去每个脉冲 5 个采样点中的第一个和最后一个,选择中间的 3 个采样点的数值,作为参考电平计算的可用采样点。满足 4 报头脉冲的上升沿位置可能有 2 ~ 4 个不等,这些可用采样点集合记录 $S = S_i (i = 1 , \cdots , 3N , N = 2 , 3 , 4)$。

(2)对于任意一个可用采样点 S_i,检测其幅度值并计算在其幅度 ±1dB 范围内的采样点的数目,存取 ±1dB 范围内的采样点数最多的幅值。在所有的采样点中,若在幅度 ±1dB 范围内拥有最大数目采样点个数的采样点只有一个,那么此采样点的幅值就被作为参考功率值。

(3)如果产生这个最大值的采样点不唯一,应首先在这些采样点的集合中找出功率值最小那个采样点 S_{min},其次把集合中大于 S_{min} 且功率值大于 2dB 的采样点除去,最后求出剩余的采样点的功率的平均值,将此平均值作为参考功率值[29]。

5)再触发检测算法

在对 ADS-B 信号进行数据处理时,需要进行大量的数学计算。根据报头算法的定义,在信息数据位也有可能出现符合报头格式的情况。如果每一次出现符合报头标准时序的输入波形就丢弃前一个报头并处理后一报头,系统将无法检测到正确的信息。因此,当在一定时间间隔内(理论算法中此时间间隔为 13μs),若检测到两个报头存在的情况,则采用再触发机制,决定是否处理新的报头。具体的算法如下:

(1)当输入的信号幅值满足 4 脉冲报头初始检测的要求时,则通过参考功率检测算法并记录下此报头的参考功率值 power_old。

（2）在检测到第一个报头的 13μs 内，如果检测到另一段时序也符合报头标准时序，则记录下此报头的参考功率值 power_new。将 power_new 与 power_old 的数值相减，若 power_new 比 power_old 的功率值大 S_{zengyi}，则终止上一个报头的数据处理转而进行新报头的数据处理。

（3）若 power_new 的功率值小于 power_old 与 S_{zengyi} 的和，则丢弃新报头，继续进行旧信号的数据处理。

6）交叠测试算法

当两个模式 S 信号间隔为 1μs、3.5μs 或 4.5μs，且后续信号幅度较高时，会出现两个 S 模式报头的交叠现象，使前一个报头的功率值变大，进而无法准确的识别后一个 S 模式报头。因此可引用了一种交叠测试的算法机制来解决这个问题。

对于 1μs 的交叠检测，可以 0μs 的脉冲上升沿作为基准，检测 1μs 后的脉冲幅度，如果在 1μs 出现交叠的情况，如图 4.26 所示，灰色为第一个报文的报头，白色为 1μs 后出现的下个报文的报头，在 1μs 和第 4.5μs 上形成了交叠，导致脉冲功率值变大，这样通过检测在与它相对时间间隔为 1μs 和 4.5μs 处是否有突变的脉冲来判定第二个可能报头存在与否[30]。

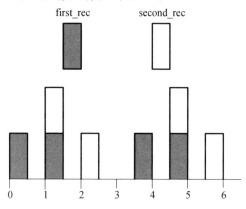

图 4.26　1μs 交叠报头情况

在检测出交叠的报头后，比较 1μs、2μs、4.5μs、5.5μs 的脉冲幅度，得出最小的幅度值 power_min，即是 second_rec 中的报头脉冲最小值；再找出剩下的 0μs 和 3.5μs 的最大值 power_max，fisrt_rec 中报头脉冲最大值。当 second_rec 中的报头脉冲最小值大于 fisrt_rec 中的报头脉冲最大值 3 个 dB 值时，就丢弃第一个报头及后续报文，保留 second_rec 的报文。

同样对于在 3.5μs 出现的形成交叠的报文，如图 4.27 所示，报头 fisrt_rec 和 second_rec 有交叠，在 3.5μs 和 4.5μs 上，脉冲幅度加倍。因此通过检测在 fisrt_rec 与它相对应的时间间隔为 3.5μs 和 4.5μs 处是否有突变的脉冲来判定第二个可能报头存在与否。检测出 3.5μs 的交叠后,同 lμs 交叠一样,通过比较 0μs,lμs 的脉冲最小值 power_max 和 3.5μs、4.5μs、7μs、8μs 的 power_min,当 power_min − power_max > 3dB,就丢弃第一个报头来保留第二个报头及后续报文。

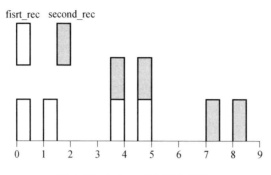

图 4.27　3.5μs 交叠报头图示

4.5μs 报文检测时,在 4.5μs 出现的报文交叠情况如图 4.28 所示。同理,在 4.5μs 通过检测是否有脉冲突变来判断交叠,当出现 4.5μs 交叠时,通过比较 0μs、1μs、3.5μs 的脉冲最小值 power_max 和 4.5μs、5.5μs、8μs、9μs 的 power_min,如果 Power_min − power_ max > 3dB,就丢弃第一个报头,并保留第二个报头及后续报文。

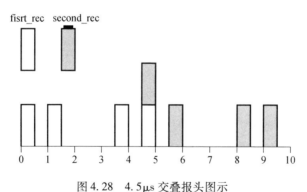

图 4.28　4.5μs 交叠报头图示

7)功率一致性算法

当检测到符合标准时序的报头的 4 个脉冲时,需要检测此报头的各个采样点的幅度特征。若报头的采样点的幅度值差异过大,认为其报头受到的噪声干扰过于严重,其跟随在报头后的数据位部分很难正确的传输信息,因此这样的报头将作丢弃处理。功率一致性检测的算法如下:

(1)计算报头 4 个脉冲中各个脉冲采样点的平均值 $Average\_power_i$,每个脉冲有 5 个采样点,取后 4 个采样点的值做平均,如下式所示:

$$\text{Average\_power}_i = (S_{i1} + S_{i2} + S_{i3} + S_{i4})/4, i = 1,2,3,4 \qquad (4.9)$$

（2）将参考功率值分别与这 4 个脉冲的平均功率值做比较,如果在报头的 4 个脉冲中有多于 2 个脉冲满足

$$|\text{Average\_power}_i - \text{power}| \leqslant 3\text{dB} \qquad (4.10)$$

则可认为采样点的功率值差异不大,可以继续进行下一步处理,否则视为干扰过大,停止此报头的处理。

8）DF 检测算法

在完成以上的各种检测后,为了进一步确定报头的正确性,对数据位的前 5 位数据进行 DF 检测处理,在 10MHz 的采样频率下这 5 位数据中将会有 50 个采样点,每 10 个采样点表示一位数据。因为 S 模式 ADS – B 信号采用的编码方式是脉冲位置调制,所以每位数据应该由两个脉冲组成,每个脉冲持续 $0.5\mu s$,其中一个为高电平,另一个为低电平,所以可以用 VPP 信号来确定数据是否存在。检测每一位中的脉冲的幅度峰值,若这些峰值与参考功率值大小相似,则此报头通过,否则舍弃。DF 具体的认证算法如下（10MHz 采样率）:

（1）以报头的第一个脉冲上升沿为时间零点,数据位的前 5 位的起始时间为 $8\mu s$、$9\mu s$、$10\mu s$、$11\mu s$、$12\mu s$ 处。检测 $8\mu s$ 处和 $8.5\mu s$ 处是否存在 VPP。同理检测其他 4 个数据位的起始点和中间点位置是否存在有效脉冲位置。当 4 个或 4 个以上的数据位存在有效脉冲位置时进入（2）。

（2）检测出每一位数据 10 个采样点中的最大值 S_{MAX},将 S_{MAX} 与参考功率做比较,若其差值的绝对值小于门限值则此数据位通过检测。在前 5 位数据位中,若通过的位数大于或等于 4,则该报头确认通过,开始进入数据处理进程。

4.4.3.3 数据位和置信度拾取算法

报头的检测与确认只是解决了 S 模式信号存在性的问题,而其核心是对数据信息的拾取。现有的提取比特算法通过对 ADS – B 数字信息进行形状分析得出代码位和代码位置信度来实现。ADS – B 的代码拾取和置信度分析算法较多,下面介绍几种比较常见的算法。

1）振幅比较法

以下采用的振幅比较法,通过比较每个脉冲前后两个信号的振幅来判定比特位和置信度的大小。振幅比较法可分为中心振幅采样和多点振幅采样。中心振幅采样利用每个脉冲的中心采样点来判断比特位和置信度,而多点振幅采样是充分利用每个比特周期的 10 个采样点。

中心振幅采样如图 4.29 所示[27],参考电平正负 3dB 的范围视为一个窗口。两个中心点的位置有三种情况:只有一个点在窗内;有两个点在窗内;没有一个

点在窗内。利用每个比特位的两个脉冲中的两个中心采样点值来判断比特位的值和置信度。但是这种方法在由 A/C 模式信号叠加到 S 模式时,会造成比特位振幅的增强,可能存在误判比特位的现象[31,32]。

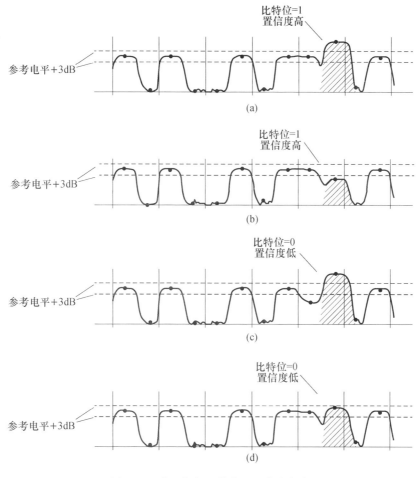

图 4.29　中心振幅比特位和置信度判定

鉴于多振幅采样点分析算法对 ADS - B 数据位拾取和置信度分析的精确度更高,以下对该算法详细讨论。该算法把每一个数据位的 10 个采样值都充分利用起来(10MHz 的采样频率,每一个脉冲就会有 5 个采样点,采样点示意如图 4.30 所示。),利用 10 个采样值的信息与报头的参考功率值之间的关系来确定数据位和数据位的置信度。

本节采用的算法如下:

(1)每个比特的 10 个采样点用 S_0、S_1、S_2、S_3、S_4、S_5、S_6、S_7、S_8、S_9 来表示。用 chip1 和 chip0 表示比特位,chip1 包含比特的前五个采样点,记为 $S_{chip1} = S_0$、

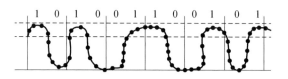

图 4.30　ADS-B 消息振幅多点采样图

S_1、S_2、S_3、S_4、chip0 包含比特位后 5 个采样点,记为 $S_{chip0}=S_5$、S_6、S_7、S_8、S_9。

（2）对每个比特的 10 个采样点,依次求出采样点幅度值在参考功率值正负 3dB 范围内的点集合,chip0 中的点用 CHIP0_A 表示,chip1 中的点用 CHIP1_A 表示,即

$$CHIP0\_A = S_i, |S_i - power\_ref| \leqslant 3dB, S_i \in S_{chip0} \qquad (4.11)$$

$$CHIP1\_A = S_i, |S_i - power\_ref| \leqslant 3dB, S_i \in S_{chip1} \qquad (4.12)$$

（3）对同样的采样点集合,求出采样点幅度值比参考功率值小 6dB 以上的点集合,CHIP0 中的点用 CHIP0_B 表示,CHIP1 中的点用 CHIP1_B 表示,即

$$CHIP0\_B = S_i, power\_ref - S_i > 6dB, S_i \in S_{chip0} \qquad (4.13)$$

$$CHIP1\_B = S_i, power\_ref - S_i > 6dB, S_i \in S_{chip1} \qquad (4.14)$$

（4）对 CHIP1_A、CHIP0_A、CHIP1_B、CHIP0_B 这 4 个集合中的点进行加权运算,其中点 S_0、S_4、S_5、S_9 的权重为 1（由于在每一个脉冲的边缘,权重较小）,点 S_1、S_2、S_3、S_6、S_7、S_8 的权重为 2。例如:若 CHIP1_A 中的元素包含 S_0、S_1、S_3,则 CHIP1_A 集合的权重为 $w\_chip1\_A = 1 \times 1 + 2 \times 2 = 5$。这样得到的四个权重累加值分别为 w_chip1_A、w_chip0_A、w_chip1_B、w_chip0_B。

（5）计算代码为 0 或 1 的可能值,分别记为 $score_0$ 和 $score_1$,即

$$score_0 = w\_chip0\_A - w\_chip1\_A + w\_chip1\_B - w\_chip0\_B \qquad (4.15)$$

$$score_1 = w\_chip1\_A - w\_chip0\_A + w\_chip0\_B - w\_chip1\_B \qquad (4.16)$$

（6）推断比特位和置信度的大小。比特位推断:比较 $score_0$ 和 $score_1$ 的大小,如果 $score_1$ 大于 $score_0$ 则该代码位的值为'1';否则,该代码的值为'0'。比特位置信度判断:如果 $score_0$ 和 $score_1$ 的差大于或等于 3,则推断该位代码的置信度较高,记为"1";否则,为较低的置信度,记为"0"。至此,每个信息位的 10 个采样点均可对应一位代码值和该值置信度的大小,数据和置信度提取流程如图 4.31 所示[33]。

2）保守纠偏技术

滑动时间窗技术仅适用于旋转波束天线（探测距离长,波束窄）或 TCAS 天线（全向,探测距离短）的低串扰环境。由于纠偏能力有限,滑动时间窗技术不适用于长距离空空监视的混扰环境。保守纠偏技术适用于 24 位时间窗,且低置

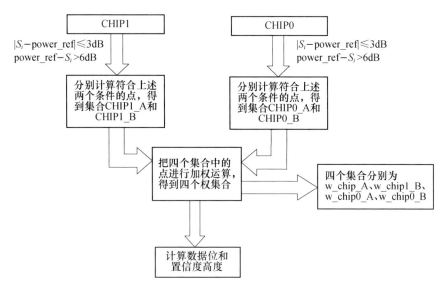

图 4.31　数据和置信度提取流程

信度比特位不得超过 12 位,这限制了对单个强 A/C 模式异步干扰信号的纠错应用。与滑动时间窗技术相比,该技术的限制因素更多,且无法对多目标 A/C 模式重叠实现纠错。

3) 全信息误差检测与纠错技术

针对保守纠偏技术的上述缺陷,全信息误差检测与纠错技术可同时处理 5 个异步干扰信号。低置信度的纠偏率大小取决于对 S 模式应答机形成干扰的 A/C 模式异步干扰是否有足够的振幅:若 A/C 模式异步干扰强于 S 模式信号,则所有低置信度比特位都将出现目标交叠现象;若 S 模式信号强于 A/C 模式异步干扰,则所有低置信度比特位都不会出现目标交叠现象。由此,基于全信息误差检测与纠错技术,做如下假设:在给定的 A/C 模式干扰区域中,低置信度比特位不是都发生目标交叠就是都不发生目标交叠。当然上述假设还需满足以下三点:

(1) S 模式信号与 A/C 模式异步干扰的功率相同。

(2) A/C 模式异步干扰的脉冲宽度大于 $0.5\mu s$(上限为 $0.55\mu s$,个别应答机可超出此限制)。

(3) S 模式信号与 A/C 模式异步干扰足够近。

全信息误差检测与纠错技术首先计算 S 模式消息是否存在误差,再将存在误差的 S 模式消息划分为 24 位区域,将所有可能的误差类型与 24 位区域匹配,若有且只有一种误差类型与该 S 模式报文匹配,则对相关比特位进行异或处理。全信息误差检测与纠错技术流程如图 4.32 所示[33]。

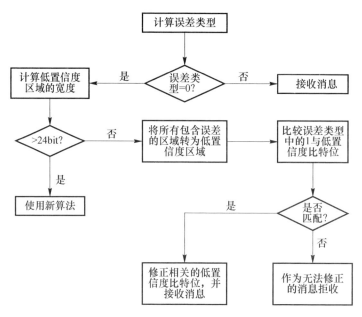

图 4.32　全信息误差检测与纠错技术流程

4）蛮力纠错算法

（1）循环冗余校验算法简介。

CRC 编码是一种常用的冗余编码,是在二进制通信系统中常用的差错检测方法。CRC 校验的基本原理:利用线性编码理论,在发送方向根据要传输的 k 位二进制序列,以一定的规则产生 r 位校验用的监督码（CRC 码）,并附在信息位之后,构成一个新的二进制代码序列共 $n = k + r$ 位。在接收方则根据信息码和 CRC 码之间的规则进行校验,以确定传输中是否出现错误。发送方和接收方事先约定一个生成多项式 $G(x)$,该生成多项式作为除数多项式,给定消息为 $M(x)$,经过 CRC 除法算法得到校验码 $R(x)$,即

$$R(x) = M(x) \bmod G(x) \tag{4.17}$$

式中:mod 表示模二求余运算[34]。

发送方发送码字 $S(x)$ 表示为

$$S(x) = M(x) x^{n-k} - R(x) \tag{4.18}$$

式中:n、k 分别是码字和消息对应的二进制序列的比特数,即发送码字 $S(x)$ 由 k 比特消息码后的 $n - k$ 位 CRC 码组成。

在接收端接收码字 $S'(x)$ 经相同 CRC 除法算法计算校验码 $R'(x)$:

$$R'(x) = S'(x) \bmod G(x) \tag{4.19}$$

判断 $R'(x)$ 是否为 0：若 $R'(x)=0$，则说明传输信息过程中未发生错误；若 $R'(x)\neq0$，则传输中一定发生错误。常用的生成多项式有以下几种：

$$CRC-4G(x)=x^4+x+1 \tag{4.20}$$

$$CRC-12G(x)=x^{12}+x^{11}+x^3+x^2+x+1 \tag{4.21}$$

$$CRC-16G(x)=x^{16}+x^{15}+x^2+1 \tag{4.22}$$

$$CRC-32G(x)=x^{32}+x^{26}+x^{23}+x^{22}+x^{16}+x^{12}+x^{11}+$$
$$x^{10}+x^8+x^7+x^5+x^4+x^2+x+1 \tag{4.23}$$

在 ADS-B 系统中，S 模式下行数据链路采用如下 $G'(x)$ 生成多项式，该生成多项式的循环冗余校验码为 $(112,88)(n=112,k=88)$。此生成多项式可以检验出任何突发长度小于或等于 $n-k=24$ 的突发错误。

$$G'(x)=x^{24}+x^{23}+x^{22}+x^{21}+x^{20}+x^{19}+x^{18}+x^{17}+x^{16}+$$
$$x^{15}+x^{14}+x^{13}+x^{12}+x^{10}+x^3+1 \tag{4.24}$$

（2）蛮力纠错算法设计。如果已经正确地完成置信度判定算法，那么数据中所有可能的错误应该只出现在低置信度位上。基于处理时间和未检错率的考虑，蛮力技术限定要处理的低置信度位数的最大值为 $d-1$（d 为 CRC 码的汉明距离，指两个码字的对应位取值不同的个数）。例如，10 001 001 与 10 110 001，中间 3 位不一样，所以 $d=3$。$(112,88)$ CRC 编码的汉明距离是 6，这意味着如果错误比特数小于或等于 5，就能够检测到数据中的任何错误。

循环冗余校验码的每一个错误比特位有唯一的 CRC 校正子相对应。当对某个单个位校正子进行异或运算后，得到相对应组合的一个校正子（以下" + "代表模二和，R_i 为单个位的校正子，E_i 为单个位错误的位校正子）。

$E=E_1+E_2+\cdots;$

设 $E_1\bmod G=R_1,E_2\bmod G=R_2,$

若 $E_1\neq E_2\neq\cdots,$ 则 $R_1\neq R_2\neq\cdots,$

$$E\bmod G=\{E_1+E_2+\cdots\}\bmod G=E_1\bmod G+E_2\bmod G+\cdots$$
$$=R_1+R_2+\cdots \tag{4.25}$$

每个 S 模式代码唯一地对应一个位校正子。位校正子即是某一个数字串（数字串中只有一位 1，其他位都为 0）通过 CRC 算法后的余数。在 FPGA 的 RAM 里存放了验证了的单个位校正子，一串位流通过 CRC 解码算法以后，得到一个错误校正子。如将某几个位对应的位校正子进行异或相加运算，则得到一个组合校正子，等同于将那些位进行组合（这几位设为 1，其他位都为 0，通过 CRC 解码算法产生的错误校正子）。例如，如果第一个比特是唯一判为出错的位,在接收机的错误校正子将是3935EA(16进制数,具体见表4.27),同理,第31位的位校正子是FDB444,第111位的位校正子是000002。这样,如果这三个位都判为出错,则错误校正子就是C481AC。将所有低置信度位对应的校正子都尝试结合,然后接受与错误校正子匹配的那一个组合(假设只有一个成功匹配的),把这个组合对应的那些低置信度位取反即完成纠错[35]。组合和比较的最大次数是$C_5^1 + C_5^2 + C_5^3 + C_5^4 + C_5^5 = 31$(次)。

(3)信号纠错检错处理流程图设计。纠错检错具体流程(图4.33)具体如下:

对接收端接收到的广播数据经CRC校验算法,得到相应数据的错误校正子。如果该错误校正子结果为0,则表示应答数据中没有错误位(也有可能是错误个数超过了5个);如果不为0,则找出所有低置信度对应的数据位,根据蛮力纠错算法描述,尝试所有低置信度位的位校正子的组合校正子(低置信度个数超过5,则丢弃该应答数据,处理下一帧数据)。

从FPGA的RAM里读出置信度信息,找出所有的低置信度位,从RAM里读出事先存放的与它们对应的位校正子[33](表4.27),再把它们模二和,得到一个

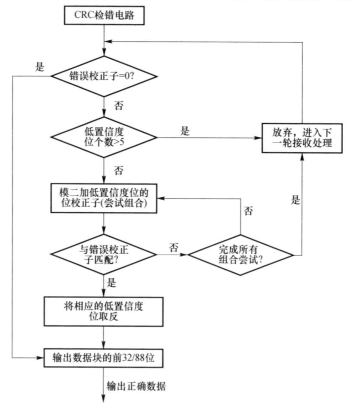

图4.33 纠错检错具体流程

组合校正子 i，将它与错误校正子比较，如果两者不匹配，那么继续尝试低置信度位的其他组合，并计算得到另一个组合校正子 $i+1$，将它与错误校正子比较，直到找到一个成功匹配的组合校正子 Y，这种低置信度位的组合就是错误图案。组合和比较的最大次数是 $C_5^1 + C_5^2 + C_5^3 + C_5^4 + C_5^5 = 31$ 次。

把这些组合校正子与错误校正子相比对，当两者相等时，则将产生该组合校正子对应的所有低置信度位取反，即完成纠错功能，然后输出正确的数据[36]。

表 4.27　CRC 码的单个位校正子

比特位	位校正子	比特位	位校正子	比特位	位校正子	比特位	位校正子
1	3935EA	29	093902	57	018567	85	00706C
2	1C9AF5	30	049C81	58	FF38B7	86	003836
3	F1B77E	31	FDB444	59	80665F	87	001C1B
4	78DBBF	32	7EDA22	60	BFC92B	88	FFF409
5	C397DB	33	3F6D11	61	A01E91	89	800000
6	9E31E9	34	E04C8C	62	AFF54C	90	400000
7	B0E2F0	35	702646	63	57FAA6	91	200000
8	587178	36	381323	64	2BFD53	92	100000
9	2C38BC	37	E3F395	65	EA04AD	93	080000
10	161C5E	38	8E03CE	66	8AF852	94	040000
11	0B0E2F	39	4701E7	67	457C29	95	020000
12	FA7D13	40	DC7AF7	68	DD4410	96	010000
13	82C48D	41	91C77F	69	6EA208	97	008000
14	BE9842	42	B719BB	70	375104	98	004000
15	5F4C21	43	A476D9	71	1BA882	99	002000
16	D05C14	44	ADC168	72	0DD441	100	001000
17	682E0A	45	56E0B4	73	F91024	101	000800
18	341705	46	2B705A	74	7C8812	102	000400
19	E5F186	47	15B82D	75	3E4409	103	000200
20	72F8C3	48	F52612	76	E0D800	104	000100
21	C68665	49	7A9309	77	706C00	105	000080
22	9CB936	50	C2B380	78	383600	106	000040
23	4E5C9B	51	6159C0	79	1C1B00	107	000020
24	D8D449	52	30ACE0	80	0E0D80	108	000010
25	939020	53	185670	81	0706C0	109	000008
26	49C810	54	0C2B38	82	038360	110	000004
27	24E408	55	06159C	83	01C1B0	111	000002
28	127204	56	030ACE	84	00E0D8	112	000001

4.4.4　CAT021 报文解码

DF = 17 类型的 ADS – B 消息报文通过 1090ES 数据链,以脉冲位置编码的数据格式发送到 ADS – B 接收机,接收机将按照 RTCA DO – 260B 标准进行解码,并翻译成原始的 ADS – B 明文信息。原始的 ADS – B 明文信息需要与空管自动化监视系统相兼容,才能在空管应用中发挥其应有的效能。因此,这就要求 ADS – B 报文在不同系统之间传输时要保持统一的解析标准。为了实现解析标准的统一,ADS – B 明文信息应用首要前提是先将报文标准化。当前管制自动化系统中应用较为广泛的 ADS – B 信息标准协议是 Eurocontrol 制定推出的 Asterix Category 021(简称 CAT021)协议,利用 Asterix Category 021 协议可将 ADS – B 解码成明文飞行数据信息。在工程应用中,引接管制自动化系统中的 ADS – B 数据时,自动化系统会按照 CAT021 格式进行发送,CAT021 格式的 ADS – B 数据解码成明文信息的总体流程如图 4.34 所示。

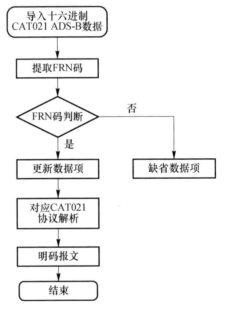

图 4.34　CAT021 报文解码总体流程图

在 CAT021 协议中,一个完整的 ADS – B 报文包括不同的"数据类型"(Data Category),每个数据类型下通常包含多个"数据块"(Data Block),每个数据块含有一条或多条"记录"(Record)。记录是附加字段,它是相同类型的"数据项"(Data Item)的集合,数据项是数据类型中最小的基本单元,每个数据项都有其特定的含义,在数据类型中都被规定了次序位置。"数据字段"(Data Field)是信息传输的最小单元,它组成了数据项。

数据块的基本布局如表 4.28 所列,数据类型 CAT = 021,表示该数据块含有 ADS - B 报文;长度标识(LEN)表示整个数据块的总长度字节数,其中也包括 LEN 占据的 2B 和 CAT 占据的 1B。在每条记录的数据项之前都有一个用于表示数据字段是否存在的字段说明(FSPEC)。

表 4.28　ADS - B CAT021 报文数据块基本结构

含义	CAT	LEN	FSPEC					
	数据类型	长度表示	第一个记录的字段说明	第一个记录的数据项	第 n 个记录的字段说明	第 n 个记录的数据项	最后一个记录的字段说明	最后一个记录的数据项
大小/B	1	2	/	/	/	/	/	/

针对 ADS - B 报文传输的标准数据项,Asterix Category 021 在协议中设置了用户应用规范(UAP),如表 4.29 所列。此规范限定了标准数据项的排列顺序,并为每个数据项设置了字段参考编号(FRN)。规范中最后一栏表示该数据项的格式长度(Length),以 B 为单位,如单独数字"2"表示该数据项为固定长度数据项,占 2B;数字符号组合"1 +"表示该数据项为可变长度数据项,在 1B 长度后可以扩展 n 字节长度。

表 4.29　ADS - B CAT021 报文用户应用规范

FRN	Data Item	Information	Length
1	I021/010	Data Source Identification	2
2	I021/040	Target Report Descriptor	1 +
3	I021/161	Track Number	2
4	I021/015	Service Identification	1
5	I021/071	Time of Applicability for Position	3
6	I021/130	Position in WGS - 84 co - ordinates	6
7	I021/131	Position in WGS - 84 co - ordinates, high res.	8
FX	–	Field extension indicator	–
8	I021/072	Time of Applicability for Velocity	3
9	I021/150	Air Speed	2
10	I021/151	True Air Speed	2
11	I021/080	Target Address	3
12	I021/073	Time of Message Reception of Position	3
13	I021/074	Time of Message Reception of Position – High Precision	4

FRN	Data Item	Information	Length
14	I021/075	Time of Message Reception of Velocity	3
FX	–	Field extension indicator	–
15	I021/076	Time of Message Reception of Velocity – High Precision	4
16	I021/140	Geometric Height	2
17	I021/090	Quality Indicators	1 +
18	I021/210	MOPS Version	1
19	I021/070	Mode 3/A Code	2
20	I021/230	Roll Angle	2
21	I021/145	Flight Level	2
FX	–	Field extension indicator	–
22	I021/152	Magnetic Heading	2
23	I021/200	Target Status	1
24	I021/155	Barometric Vertical Rate	2
25	I021/157	Geometric Vertical Rate	2
26	I021/160	Airborne Ground Vector	4
27	I021/165	Track Angle Rate	2
28	I021/077	Time of Report Transmission	3
FX	–	Field extension indicator	–
29	I021/170	Target Identification	6
30	I021/020	Emitter Category	1
31	I021/220	Met Information	1 +
32	I021/146	Selected Altitude	2
33	I021/148	Final State Selected Altitude	2
34	I021/110	Trajectory Intent	1 +
35	I021/016	Service Management	1
FX	–	Field extension indicator	–
36	I021/008	Aircraft Operational Status	1
37	I021/271	Surface Capabilities and Characteristics	1 +
38	I021/132	Message Amplitude	1
39	I021/250	Mode S MB Data	$1 + N * 8$
40	I021/260	ACAS Resolution Advisory Report	7

（续）

FRN	Data Item	Information	Length
41	I021/400	Receiver ID	1
42	I021/295	Data Ages	1 +
FX	–	Field extension indicator	–
43	–	Not Used	–
44	–	Not Used	–
45	–	Not Used	–
46	–	Not Used	–
47	–	Not Used	–
48	RE	Reserved Expansion Field	1 +
49	SP	Special Purpose Field	1 +
FX	–	Field extension indicator	–

　　在此选取几个与空管监视应用密切相关的数据项,对 ADS – B 报文标准数据项的传输格式进行详细论述。

4.4.4.1　数据源识别

　　定义:数据源识别(I021/010 , Data Source Identification),用于识别接收 ADS – B 信息的区域,如 ADS – B 基站所在地。

　　格式:固定长度数据项,占 2 个字节,Asterix 记录必选项。

　　结构:如图 4.35 所示。

Octet	1								2							
bit	16	15	14	13	12	11	10	9	8	7	6	5	4	3	2	1
	SAC系统区域代码								SIC系统识别代码							

图 4.35　I021/010 Data Source Identification 数据项结构

　　SAC 系统区域代码清单会在 Eurocontrol 网站公布,表 4.30 为亚太地区的 SAC 系统区域代码清单。

表 4.30　亚太地区 SAC 系统区域代码清单

SAC	Country/ Geographical Area	Binary Representation	SAC	Country/ Geographical Area	Binary Representation
02	American Samoa	0000 0010	08	Bhutan	0000 1000
04	Australia	0000 0100	10	Brunei Darussalam	0000 1010
06	Bangladesh	0000 0110	12	Cambodia	0001 0010

SAC	Country/ Geographical Area	Binary Representation	SAC	Country/ Geographical Area	Binary Representation
16	China	0001 0110	58	New Caledonia	0101 1000
18	Hong Kong,China	0001 1000	60	New Zealand	0110 0000
20	Taibei,China	0010 0000	62	Niue Island	0110 0010
22	Cook Islands	0010 0010	64	Pakistan	0110 0100
24	DPR. Of Korea	0010 0100	66	Palau	0110 0110
26	Fiji	0010 0110	68	Papua New	0110 1000
28	French Polynesia	0010 1000	72	Guinea	0111 0010
30	India	0011 0000	74	Philippines	0111 0100
32	Indonesia	0011 0010	76	Republic of Korea	0111 0110
34	Japan	0011 0100	78	Samoa	0111 1000
36	Kinbati	0011 0110	80	Singapore	1000 0000
38	Lao PDR.	0011 1000	82	Solomon Islands	1000 0010
40	Macao. China	0100 0000	84	Sri Lanka	1000 0100
42	Malaysia	0100 0010	86	Thailand	1000 0110
44	Maldives	0100 0100	88	Tonga	1000 1000
46	Marshall Islands	0100 0110	90	Tuvalu	1001 0000
48	Micronesia	0100 1000	92	United States	1001 0010
50	Mongolia	0101 0000	94	Vanuatu	1001 0100
52	Myanmar	0101 0010	96	Vietnam	1001 0110
54	Nauru	0101 0100		Wallis Islands	
56	Nepal	0101 0110			

4.4.4.2　目标地址

定义：目标地址（I021/080 Target Address），表示每个目标被分配一个 24 位目标地址，即发射机标识。

格式：固定长度数据项，占 3 个字节，Asterix 记录必选项。

结构：如图 4.36 所示。

780CB4 对应的目标地址即为 780CB4。

Octet	1							
bit	24	23	22	21	20	19	18	17
含义	Target							

Octet	2								3							
bit	16	15	14	13	12	11	10	9	8	7	6	5	4	3	2	1
含义	Address															

图 4.36   I021/080 Target Address 数据项结构

4.4.4.3   磁航向

定义:磁航向(I021/152 Magnetic Heading)。

格式:固定长度数据项,占 2 个字节,Asterix 记录任选项。

结构:如图 4.37 所示。

Octet	1								2							
bit	16	15	14	13	12	11	10	9	8	7	6	5	4	3	2	1
含义	Magnetic Heading															

图 4.37   I021/152 Magnetic Heading 数据项结构

在解析过程中需要使用最低有效值 LSB $= 360°/2^{16}$ 进行计算。例如,十六进制编码 5555 对应的十进制为 21845,$21845 \times 360°/2^{16} = 120°$,因此该条编码表示的磁航迹即为 120°。

4.4.4.4   目标报告描述符

定义:目标报告描述符(I021/040 Target Report Descriptor),用以表征传输数据的类型和特性。

格式:可变长度的数据项,包括一个主要字节和至少一个字节的扩展,Asterix 记录必选项。

结构:如图 4.38 所示。

Octet	主要字节							
bit	8	7	6	5	4	3	2	1
含义	APT			ARC		RC	RAB	FX

图 4.38   I021/040 Target Report Descriptor 数据项主要字节结构

(1)主要字节。主要字节的八位被定义为五段,分别表征该记录的地址类型、高度报告能力、范围检查、报告类型、扩展域 5 个属性。每种属性的具体赋值含义如表 4.31 所列。

表 4.31　I021/040 Target Report Descriptor 主要字节赋值含义

字节段	赋值	含义
ATP （地址类型）	=0	24 位 ICAO 地址
	=1	重复地址
	=2	地面车辆地址
	=3	匿名地址
	=4～7	预留
ARC （高度报告能力）	=0	25 英尺
	=1	100 英尺
	=2	未知
	=3	无效
RC （范围检查）	=0	缺省
	=1	范围检查完成，CPR 校验待定
RAB （报告类型）	=0	目标应答机报告
	=1	场面监视报告（固定应答机）
FX （扩展域）	=0	结束项
	=1	连接有第一个扩展项

（2）第一扩展项

目标报告描述符的第一扩展项如图 4.39 所示。

Octet	第一扩展项							
bit	8	7	6	5	4	3	2	1
含义	DCR	GBS	SIM	TST	SAA	CL		FX

图 4.39　I021/040 Target Report Descriptor 数据项扩展字节结构

第一扩展字节的八位则被定义为七段，分别表征该记录的差动修正、地面点设置、模拟目标、测试目标、可用高度、可信度、扩展域 7 个属性。这一扩展字节为必有的扩展项，其属性的具体赋值含义如表 4.32 所列。

表 4.32　I021/040 Target Report Descriptor 第一扩展字节赋值含义

字节段	赋值	含义
DCR （偏差修正）	=0	无偏差修正
	=1	偏差修正
GBS 地面点的设置	=0	无地面点设置
	=1	有地面点设置

（续）

字节段	赋值	含义
SIM	=0	实际目标报告
（模拟目标）	=1	模拟目标报告
TST	=0	缺省
（测试目标）	=1	测试目标
SAA	=0	设备能够提供选定高度
（可用高度）	=1	设备不能提供选定高度
CL	=0	报告有效
可信度	=1	报告不可信
	=2	无信息
	=3	预留
FX	=0	结束项
（扩展域）	=1	连接有第二个扩展项

4.4.4.5　目标状态

定义：目标状态（I021/200 Target Status），表征目标所处状态。

格式：固定长度数据项，1 个字节，Asterix 记录任选项。

结构：如图 4.40 所列。

Octet	1							
bit	8	7	6	5	4	3	2	1
含义	ICF	LNAV	ME	PS			SS	

图 4.40　I021/200 Target Status 数据项结构

第一字节的八位被定义为五段，其具体属性如表 4.33 所列。

表 4.33　I021/200 目标状态

字节段	赋值	含义
ICF	=0	无意向更改
（意向更改标识）	=1	意向更改标识出现
LNAV	=0	采用 LNAV 模式
（LNAV 模式）	=1	不采用 LNAV 模式
ME	=0	无军事应急
	=1	军事应急

字节段	赋值	含义
PS （优先级）	=0	无紧急情况/无报告
	=1	一般紧急情况
	=2	救生/医疗紧急情况
	=3	最低消耗
	=4	无通信
	=5	非法干扰
	=6	"下降的"飞机
SS （监视状态）	=0	无状态报告
	=1	永久性警报（紧急情况）
	=2	临时警报（更改紧急情况 3/A 模式以外的代码）
	=3	SPI 设置

注：当意图变化标识 ICF = 1 时，表示新的信息模式 GICB 寄存器为 40、41 或 42

4.4.4.6　目标识别

定义：目标识别（I021/170 Target Identification）。以 8 个字符表示目标身份识别，此数据项来自目标报告。

格式：固定长度数据项，占 6 个字节，Asterix 记录任选项。

结构：如图 4.41 所示。

Octet	1								2							
bit	48	47	46	45	44	43	42	41	40	39	38	37	36	35	34	33
含义	字母1						字母2						字母3			

Octet	3								4							
bit	32	31	30	29	28	27	26	25	24	23	22	21	20	19	18	17
含义	字母4						字母5									

Octet	5								6							
bit	16	15	14	13	12	11	10	9	8	7	6	5	4	3	2	1
含义	字母6				字母7				字母8							

图 4.41　I021/170 Target Identification 数据项结构

仅当飞行计划可用时，使用这 8 个方字符来确定目标身份。例如：十六进制编码 C030C1C75C31，转换为二进制编码为 110000 000011 000011 000001 110001 110101 110000 110001，根据如表 4.34 所列的 ICAO 发布的目标地址（呼号)解析字母对照表,由"b6→b5→b4→b3→b2→b1"的顺序读取。二进制编码"000001"对应"A","000011"对应"C","110000"对应"0","110001"对应"1","110101"对应"5",因此上述十六进制编码表示的呼号为"CCA1501",即国航1501 航班。

表 4.34　地址(呼号)解析字母对照

				b6	0	0	1	1
				b5	0	1	0	1
b4	b3	b2	b1					
0	0	0	0			P	SP	0
0	0	0	1		A	Q		1
0	0	1	0		B	R		2
0	0	1	1		C	S		3
0	1	0	0		D	T		4
0	1	0	1		E	U		5
0	1	1	0		F	V		6
0	1	1	1		G	W		7
1	0	0	0		H	X		8
1	0	0	1		I	Y		9
1	0	1	0		J	Z		
1	0	1	1		K			
1	1	0	0		L			
1	1	0	1		M			
1	1	1	0		N			
1	1	1	1		O			

4.4.4.7　真空速

定义:真空速(I021/151 True Airspeed)。

格式:固定长度数据项,占 2 个字节,Asterix 记录任选项。

结构:如图 4.42 所列。

Octet	1								2							
bit	16	15	14	13	12	11	10	9	8	7	6	5	4	3	2	1
含义	True Airspeed															

图 4.42　I021/151 True Airspeed 数据项结构

真空速的 2 个字节共 16 位,1 ~ 15 位表征真空速,在解析过程中需要使用最低有效值 LSB = 1 kn;第 16 位为超出范围(RE)指标,指示报告数值超出该特定数据项定义的范围。配合 RE 指标的使用,真空速的表示范围大于真空速位的数值范围最大值。例,十六进制编码 00AA 对应的十进制为 170,因此,此编码表示飞机的真空速为 170kn。

4.4.4.8 几何高度

定义:几何高度(I021/140 Geometric Height),WGS - 84 坐标确定的飞机到地面的最小垂直距离,表示为补码。

格式:固定长度数据项,占 2 个字节,Asterix 记录任选项。

结构:如图 4.43 所列。

Octet	1								2							
bit	16	15	14	13	12	11	10	9	8	7	6	5	4	3	2	1
含义	Geometric Height															

图 4.43 I021/140 Geometric Height 数据项结构

几何高度的 2 个字节中使用 WGS - 84 坐标补码的表示形式,表示范围为" - 1500 英尺≤几何高度≤150000 英尺";在解析过程中需要使用最低有效值 LSB = 6.25 英尺进行计算。当报告高度超出可表示的范围时,显示为"0111111111111111"。

例如,十六进制编码 03E8 对应的二进制为 0000 0011 1110 1000,由于左起第一位为 0,因此该编码表示的几何高度为正值,该编码对应的十进制为 1000,$1000 \times 6.25 = 6250$ 英尺,因此该编码对应的几何高度为 6250 英尺。

4.4.4.9 WGS - 84 坐标位置

定义:WGS - 84 坐标位置(I021/130 Position in WGS - 84 Co - ordinates),表征在 WGS - 84 坐标中的位置。

格式:固定长度数据项,占 6 个字节,Asterix 记录任选项。

结构如图 4.44 所示。

表征 WGS - 84 坐标位置的 6 个字节中,bit1 ~ bit24 位表示 WGS - 84 坐标中的经度,其表示范围为" - 180°≤经度≤180°",正值表示东经,负值表示西经。bit25 ~ bit48 表示以补码的形式表示 WGS - 84 坐标中的纬度,其表示范围为" - 90°≤纬度≤90°",正值表示北纬,负值表示南纬。纬度和经度坐标均使用补码的表示形式,使用 2.4m 的分辨力,即在解析过程中需要使用最低有效值 $LSB = 180/2^{23}$ 度进行计算。

例如,十六进制 B1C71C4E38E4 首先分为纬度和经度部分,纬度部分

Octet	1								2							
bit	48	47	46	45	44	43	42	41	40	39	38	37	36	35	34	33
含义	维度坐标(1~3B)															
Octet	3								4							
bit	32	31	30	29	28	27	26	25	24	23	22	21	20	19	18	17
含义																
Octet	5								6							
bit	16	15	14	13	12	11	10	9	8	7	6	5	4	3	2	1
含义	经度坐标(4~6B)															

图 4.44　I021/130 Position in WGS – 84 Co – ordinates 数据项结构

B1C71C 对应的二进制为 1011 0001 1100 0111 0001 1100,由于左起第一位为 1,因此纬度为负值。当经、纬度为负值时,需要对二进制位取反加 1 进行解析。二进制位取反加 1 得 0100 1110 0011 1000 1110 0011,再转换为十进制为 110,因此飞机的纬度值为 – 110°,经度部分的十六进制编码为 4E38E4,对应的二进制为 0100 1110 0011 1000 1110 0011,由于左起第一位为 0,因此经度为正值。将上述二进制转换为十进制为 110,因此飞机的经度值为 110°。

4.4.4.10　ASTERIX 报告传输时间

定义:ASTERIX 报告 CAT021 格式传输时间(I021/030 , Time of ASTERIX Report Transmission) ,以 24 时为起始,以 UTC 世界协调时来表示。

格式:固定长度数据项,占 3 个字节,Asterix 记录任选项。

结构:如图 4.45 所示。

Octet	1							
bit	24	23	22	21	20	19	18	17
含义								
Octet	2								3							
bit	16	15	14	13	12	11	10	9	8	7	6	5	4	3	2	1
含义	Time of ASTERIX Report Transmission															

图 4.45　I021/030　ASTERIX 报告传输时间数据项结构

此时间在每天 24 时复位归零。在解析过程中需要使用最低有效值 LSB = 2^{-7} s = 1/128 s 进行计算。

例如,十六进制编码 138800,对应的十进制为 1280000,1280000/128 = 10000,因此该条报文记录的时间为当日 24 时后第 10000s。

4.4.4.11　发射机类别

定义:发射机类别(I021/020 Emitter Category),表征 ADS – B 发射机的类别特性。

格式:固定长度数据项,1 个字节,Asterix 记录任选项。

结构:如图 4.46 和表 4.35 所示。

Octet	1							
bit	8	7	6	5	4	3	2	1
含义	ECAT							

图 4.46　I021/020 发射机类别(Emitter Category)数据项结构

表 4.35　I021/020 发射机类别对照

ECAT =	类别
0	No ADS – B Emitter Category Information
1	light aircraft < = 15500 lbs
2	15500 lbs < small aircraft <75000 lbs
3	75000 lbs < medium a/c < 300000 lbs
4	High Vortex Large
5	300000 lbs < = heavy aircraft
6	highly manoeuvrable(5g acceleration)and high speed(>400knots)
7 ~ 9	reserved
10	rotocraft
11	glider/sailplane
12	lighter – than – air
13	unmanned aerial vehicle
14	space/transatmospheric vehicle
15	ultralight/handglider/paraglider
16	parachutist/skydiver
17 ~ 19	reserved
20	surface emergency vehicle
21	surface service vehicle
22	fixed ground or tethered obstruction
23	cluster obstacle
24	line obstacle

4.5　ADS－B 与二次雷达可靠性评估

自动相关监视系统和二次监视雷达都是国际民航组织推荐使用的空中交通管理监视系统。ADS 主要分为 ADS－A/C 和 ADS－B 系统,目前 ADS－A/C 系统主要用于航路航线飞行监视,其通过通信卫星链路和地面 RGS 站进行信号转发,实现地对空的监视。ADS－B 系统主要用于通用航空的空空之间、空地之间的局域监视,必须在地面建设多个 RGS 站,形成地面网络,才可实现全方位的监视。ADS－B 的通信链路主要为 ICAO 推荐使用 VDL 链路和 SSR 的 S 模式数据链,而美国通用航空和民航飞行学院购置的 ADS－B 系统采用 UAT 模式数据链。

ICAO 目前对 SSR 的技术指标有相关的规定,无论哪家公司生产的 SSR 系统均需符合相关的规定指标。由于 ADS 和 SSR 系统的工作原理不同,所以两系统之间存在明显的差异。对两类系统进行分析评估,主要应从导航精度比较评估、可靠性比较评估、信息内容比较评估、系统设备成本和运行效益比较评估五个方面着手。

4.5.1　导航精度比较评估

ADS－B 系统导航传感器是机载 GNSS 接收机,目前主要是 GPS。对于民用航空而言,目前在美国取消 SA 干扰的情况下,导航定位水平精度可以达到十几米左右,该精度能完全满足航路导航的需要。如果采用 WAAS 或者 LAAS 进行修正,导航精度会更高,可以达到几米左右。而 SSR 采用询问应答方式进行定位,定位精度相应会低一些,其距离精度主要取决于信号脉冲宽度,方位精度主要取决于波束的宽度和应答延迟。目前看来精度在几百米左右。

由于 ADS－B 采用 GPS 进行定位,采用 WGS－84 坐标系。如果航图采用 WGS－84 坐标系进行绘制,则不存在由于坐标系差异带来的误差。而 SSR 则需要从相对坐标系到绝对坐标系进行转换,在转换的过程中会引入坐标误差。

另外,GPS 接收机的数据率为 1Hz,比 SSR 定位数据率高 10～15 倍,所以,ADS－B 系统监视飞机的位置分辨力更高、航迹更平滑。

4.5.2　可靠性比较评估

ADS－B 的广播数据在水平方向采用全向发射,而 SSR 地面询问信号采用波束扫描询问。当飞机作机动飞行(如转弯)时,SSR 天线信号容易被遮挡,导致飞机信号丢失。从这个意义上说,ADS－B 系统更为可靠。

另外,ADS - B 数据链携带的是飞机的位置信息,而 SSR 是通过询问和应答信号来进行方位和距离测定,所以容易受到多路径干扰和旁瓣干扰。因此,ADS - B 系统所确定的位置比 SSR 更可靠。

采用 UAT/VDL/AMSS 模式与采用 SSR 的 S 模式数据链相比较,UAT/VDL/AMSS 数据链需要在地面建设 RGS 站,而 S 模式则不需要,只要地面的 SSR 支持 S 模式即可。相比而言,S 模式更为灵活。

由于 ADS - B 的导航定位信息通过数据链传送,所以要求数据链必须要有更高的抗干扰能力,否则会导致误码使定位信息出错。而 SSR 则没有这一问题,相比较而言,其抗干扰能力更强。

从作用距离来看,SSR 询问和应答信号作用在 L 波段,与 ADS - B 的频段接近,所以对于安装在地面同一位置(位置接近)的地面站而言,两类系统作用距离相同。当然,该作用距离主要取决于飞机的飞行高度和地面站天线架设高度。

从作用范围来看,由于受到脉冲宽度的影响 SSR 有一个最小作用距离,其通常不安装在塔台,而是选择安装在机场附近的高地。同时,受天线垂直扫描角的影响,SSR 有顶空盲区,所以,一般机场要能很好进行覆盖必须安装两套 SSR 系统。而 ADS - B 则没有以上两个问题,其作用范围主要与飞行高度有关,只要安装位置合适,可以覆盖整个机场终端。

4.5.3 信息内容比较评估

ADS - B 所传递的信息内容更为丰富,根据需要可以进行定制。航空器的水平位置、速度等基本信息来源于 GPS 接收机,而高度信息则与 SSR 一样,均来源于编码式气压高度表。其他信息,如飞机代码、机组信息及与飞机相关的信息,则可以进行定制。而 SSR 目前能提供的信息只有飞机的位置、方位、高度编码,与 ADS - B 相比其内容信息不够丰富。

ADS - B 除对飞机实施监视之外,还可以对机场终端的相关车辆等移动目标进行监视,并且其移动端设备具有成本低、加装方便等优点。

4.5.4 成本和运行效益比较

要实现 SSR 监视,飞机上必须加装 SSR 应答机,地面安装询问机。比较结果表明,覆盖相同区域,SSR 投入的成本是 ADS - B 的 10 倍以上。

从另一个角度来看,由于 S 模式询问机与应答机安装数量和覆盖范围还很有限,所以 SSR 如果采用 A/C 模式(最多 4096 个应答机编码),其将会受到应答机代码数量不够的限制。相比之下,ADS - B 则不会受到代码数量的限制,其应用更为灵活。

4.6 星载 ADS – B 监视技术

4.6.1 星载 ADS – B 概述

4.6.1.1 星载 ADS – B 国内外的发展

星载 ADS – B 监视技术是将 ADS – B 接收机搭载在太空中的卫星载荷上，接收现有机载 1090ES 或 UAT 数据链路上的 ADS – B 信号，经过处理后通过卫星链路传输到地面中心。星载 ADS – B 能够有效地解决地面 ADS – B 监视系统存在的监视盲区问题，可实现监控范围覆盖全球的监视。此外，星载 ADS – B 监视系统与当前的 ADS – C 监视服务相比，成本更低、抗干扰性更强、可靠度更高，且能与当前的 ADS – B 地面设施兼容[37]，从而大大提高了全球的空管监视范围。为了实现星载 ADS – B 技术广泛应用，国内外学者对其进行了深入探索：

2014 年 4 月，加拿大利用 LEO 卫星搭载的星载 ADS – B 系统对降低飞机间的最小间隔进行了试验，试验结果表明星载 ADS – B 系统可有效降低飞机间的最小间隔。同时，通过星载 ADS – B 系统获得的 ADS – B 数据可以为北美和西欧一些城市在对交通流量进行管理、排序、合并和平衡时提供相关帮助，而且可以为航空公司的调度和飞行计划系统提供信息的共享和协作，从而使航空公司各个部门安全、高效运行。基于 LEO 卫星的星载 ADS – B 航线如图 4.47 所示。

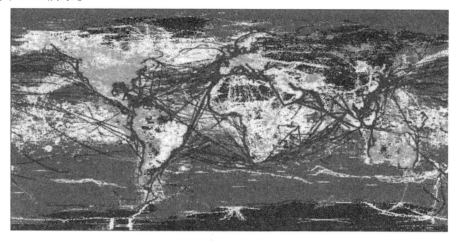

○ M2M数据传输　　● 语音通话　　● 高速数据通信

图 4.47　基于 LEO 卫星的星载 ADS – B 航线

2014 年 9 月 12 日，Paolo Noschese、Silvia Porfili 和 Sergio Di Girolamo 在 *ADS - B via Iridium NEXT satellites* 一文中提出在保证铱星服务连续性的条件下将铱星 NEXT 搭载 ADS - B 接收机，取代铱星公司当前的卫星。铱星 NEXT 由在南北极 6 个轨道平面相交的 66 个 LEO 小卫星组成，如图 4.48 所示[38]。

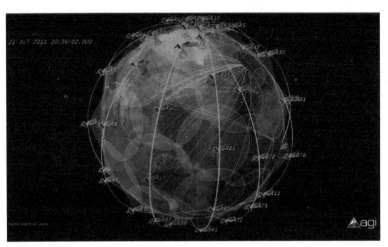

图 4.48   6 个轨道平面相交的 66 个 LEO 卫星[25]

2015 年 3 月 11 日，德国宇航中心 PROBA - V 卫星试验表明搭载 ADS - B 接收机的星座能提供空基备份，可以从空间上不间断地对飞机进行探测，实现了对航空器的持续监控，从而保证了航空器安全有效的运行[39]。即便飞机失联，星载 ADS - B 系统也能更好地搜救到航空器的位置。PROBA - V 卫星实物如图 4.49 所示，基于 PROBA - V 卫星的 ADS - B 航线如图 4.50 所示。

图 4.49   PROBA - V 卫星实物图[40]

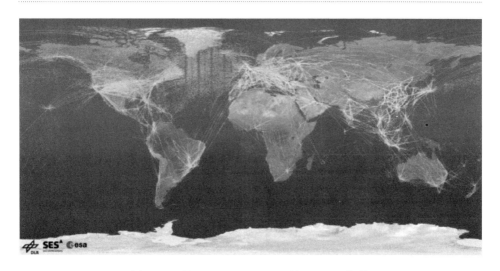

图 4.50 基于 PROBA – V 卫星的 ADS – B 航线

2015 年 10 月 13 日,搭载 ADS – B 接收机的"天拓"三号卫星突破了一系列关键技术,建立了单个卫星 ADS – B 接收站,使星载 ADS – B 系统具有精度高、可靠性强、覆盖范围广和高效等优势,其监视技术性能已达到国际领先水平。

4.6.1.2 星载 ADS – B 在空管中的应用

(1)在传统监视雷达未覆盖的地区,不增加雷达设备的情况下,只需要通过卫星上的星载 ADS – B 接收器就可以监控到航空器飞行的全过程,这大大提高了空域监视能力。

(2)利用星载 ADS – B 监视技术的 UPLINK 广播,可以为运行的航空器提供实时的天气信息,管制员可通过绕飞,盘旋来避免飞机进入危险天气区域,从而保证了航空器更加安全的运行。

(3)利用星载 ADS – B 监视技术航空器可以实现航空器间的相互监视。由于 ADS – B 的位置报告是自发性的,航空器之间不需要进行沟通就可以接收和处理临近航空器的位置报告,这有效地提高了航空器之间的协同能力,从而减小航空器之间的运行间隔,增加空域的利用率,为未来航空器实现"自由飞行"奠定了基础。

(4)利用星载 ADS – B 技术,管制员可以更好地对起降航空器进行排序和优化,减少飞机在跑道上的滞留时间,从而减轻了管制员的工作负荷,提高了管制员的工作效率,同时提高了机场的利用率,增加了机场的起落架次。

(5)利用星载 ADS – B 系统,可实现航线高度的分层和航路间距的优化,从而更好地支持航线规划和航路优化。

4.6.2 星载 ADS－B 典型算法

星载 ADS－B 系统最大的优点是可实现全球覆盖,然而为实现这一技术优势目前还存在以下技术难题:

(1)信号重叠严重,数据链路负荷大。星载 ADS－B 系统是单天线覆盖系统,可覆盖的区域范围很广,覆盖的航空器数量很多,因此产生的数据包更大,信号重叠更为严重。

(2)信号电平小。由于机载发射机对星载 ADS－B 系统的兼容性较差,卫星接收到的信号功率较小,因此需要设计一种适配星载 ADS－B 系统的信号解码算法。

(3)信号时延问题严重。星载 ADS－B 接收机在接收到 ADS－B 信号后,通过添加时间戳和解析报文,将数据下传至地面数据处理中心,数据中心然后将数据传输给用户,整个过程环节较多,时延难以保证。若要将数据应用到管制等实时性要求高的领域,必须解决信号时延问题。

针对上述问题,部分学者提出了下述算法:

4.6.2.1 迭代投影算法[38]

星载 ADS－B 技术使用卫星接收 ADS－B 信号,实现了对全球航空器的实时监视,它拥有很多传统地基 ADS－B 无法达到的新特性,如覆盖率高、信噪比低、信道间功率差异低等。这些特性在一定程度上导致了接收机端的 ADS－B 信号重叠更为严重,针对上述情况,介绍了一种精度更高、兼容性更强的迭代投影算法(IPA)[25]。

1)信道模式

1090ES 信道降频到中频,并以 $1/T_s$ 的频率采样,单个独立的数据源如下式所示:

$$s[n] = b[n]\exp(j2\pi nfT_s) \tag{4.26}$$

式中:$b[n]$ 为代码要素序列;f 为残留频偏;d 个独立的 1090ES 数据源信号会对 m 个天线阵列产生影响,输出信号为 m 行的矩阵。

$$X = MS + N \tag{4.27}$$

式中:X 为 $m \times N$ 的矩阵,m 行代表阵列天线的 m 次输出;S 为 $d \times N$ 的矩阵,d 行代表 d 种独立的数据源,N 为取样点的数量;M 代表阵列天线应答和阵列特征,是一个未知的 $m \times d$ 矩阵;N 为等价噪声矩阵。

式(4.24)为一种典型的阵列信号处理等式。虽然天线应答的精确度并不重要,但天线参数对算法性能影响较大。

假设天线为线性阵列,Δk 为第 $k(1 \leqslant k \leqslant m)$ 种阵列天线与第一种间的距离,f_i 为第 i 类数据源的频率。$M = AG$。A 包含矢量 $a(\theta_i)$,$1 \leqslant i \leqslant d$,是 $m \times d$ 的控

制矩阵。G 为 $d \times d$ 的对角矩阵。矢量 $\boldsymbol{a}(\theta_i)$ 表示如下：

$$\boldsymbol{a}(\theta_i) = \begin{bmatrix} 1 \\ \exp\left(j\dfrac{2\pi f_i}{c}\Delta_2\sin\theta_i\right) \\ \vdots \\ \exp\left(j\dfrac{2\pi f_i}{c}\Delta_m\sin\theta_i\right) \end{bmatrix} \qquad (4.28)$$

2）迭代投影过程

O_2 信道分化态势，如图 4.51 所示。O_2 信道可划分为多段 (t_1,t_2)、(t_2,t_3)、(t_3,t_4)、(t_4,t_5)、(t_5,t_6)，每段均接收到了一定的信号。以 O_2 信道为例，IPA 首先使用 (t_1,t_2) 预测阵列天线的部分参数，并限制第一信道的影响，将重叠信道转化为 O_1 信道，重复上述过程直到收到最后一条信号，上述方法可避免首次输出信号受到重叠干扰。当禁止使用 (t_5,t_6) 限制最后一条信号时，信道就转化为 O_1 信道，可通过管理 O_1 信道分离出所有信号。

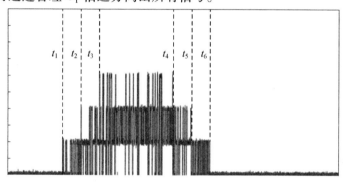

图 4.51　O_2 信道分化态势

使用奇异值分解等测试算法可完成时段分离。使用持续 $4\mu s$ 的滑动窗分离接收信号并分解每个窗体奇异值的过程如图 4.52 所示。

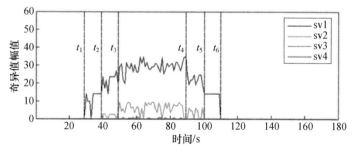

图 4.52　滑动窗格的奇异值（见彩图）

由于 (t_1,t_2) 时段只有一个信号,该时段式(4.23)可简化为式(4.25)。$X_{(1)}$ 是 P 在 (t_1,t_2) 时段的分段数据,m_1、m_d 可通过分解该列数据预测:

$$X_{(1)} = MS + N = [m_1,m_2,\cdots,m_d]\begin{bmatrix} s_1 \\ 0 \\ \vdots \\ 0 \end{bmatrix} + N \tag{4.29}$$

$$= m_1 s_1 + N$$

m_1 通过与构造矩阵 P 正交完成预测,P 矩阵的每个列矢量满足欧几里得范数,即 $w_i^H m_1 = 0$。

$$P = [w_1,w_2,\cdots,w_{d-1}] \tag{4.30}$$

$$X' = P^H X = P^H(MS + N)$$

$$= \begin{bmatrix} w_1^H \\ w_2^H \\ \vdots \\ w_{m-1}^H \end{bmatrix} [m_1,m_2,\cdots,m_d] \begin{bmatrix} s_1 \\ s_2 \\ \vdots \\ s_d \end{bmatrix} + N'$$

$$= \begin{bmatrix} 0 & w_1^H m_2 & \cdots & w_1^H m_d \\ 0 & w_2^H m_2 & \cdots & w_2^H m_d \\ \vdots & \vdots & \cdots & \vdots \\ 0 & w_{m-1}^H m_2 & \cdots & w_{m-1}^H m_d \end{bmatrix} \begin{bmatrix} s_1 \\ s_2 \\ \vdots \\ s_d \end{bmatrix} + N' \tag{4.31}$$

$$= [0,m'_1,\cdots,m'_{d-1}] \begin{bmatrix} s_1 \\ s_2 \\ \vdots \\ s_d \end{bmatrix} + N'$$

$$= M'S' + N'$$

新矩阵 X' 有 $(m-1)$ 行,每行代表一个新的天线阵列输出。式(4.27)预测 m 次,输出与输入信号相关的上一个信号。M' 为 $m \times (d-1)$ 的天线应答矩阵。S' 为只包含 s_2 到 s_d 的 $(d-1)$ 行矩阵。N' 为等效噪声矩阵,s_d 的消除过程与 s_1 相同。

IPA 非常适用于硬件实现,整个结构包含奇异值计算、P 矩阵构造和矩阵乘法三个主要的计算部分。流程控制的精确度可通过使用状态机的硬件实现提升,状态转换如图 4.53 所示。

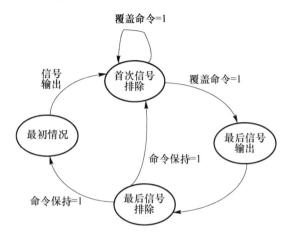

图 4.53　IPA 状态转换

4.6.2.2　星载 ADS – B 接收机基带算法

1) 最大似然准则

ADS – B 信号接收的关键是识别有效的脉冲探测和位置,一般使用最大后验估计作为判定依据。

在二元检测中,假设两种不同的情况。当关联脉冲 B_0 出现,B_1 不出现时,假设 x 为观测值,可求得假设概率 $P(B_i|x)(i=0,1)$。若 $P(B_0|x)>P(B_1|x)$,则无法探测到脉冲。假设 $P(B_0)=\pi_0$,$P(B_1)=\pi_1$,利用贝叶斯定理可得

$$\frac{p(x|B_1)}{p(x|B_0)}>\frac{D_1}{D_0}\cdot\frac{\pi_0}{\pi_1} \tag{4.32}$$

似然比可用下式表示:

$$L(x)=\frac{p(x|B_1)}{p(x|B_0)} \tag{4.33}$$

由于脉冲的先验概率未知,定义 $\tau=\pi_0/\pi_1$。当 $\tau=1$ 时,称 $L(x)$ 为门限为 1 时的最大似然准则。假设 B_i 下的观测信号为

$$x=v_i+y \tag{4.34}$$

式中:v_i 为假设的相应复杂值;y 为 k 个次级零均值高斯变量的集合,y 的属性可用联合概率密度表示,即

$$p(y=\frac{1}{(2\pi)^k\det(M)}\exp\left(-\frac{1}{2}y^T M^{-1}y^*\right) \tag{4.35}$$

M 为复数协方差,可定义为

$$M = \frac{1}{2}E\{\boldsymbol{y}^*\boldsymbol{y}^T\} \tag{4.36}$$

简化后,计算了 x 的对数,将式(4.31)简化为

$$D_1 < \mathrm{Re}\{\boldsymbol{x}^T\boldsymbol{h}^*\} < D_0$$

$$\tau = \tau_0 + \frac{1}{2}\boldsymbol{v}_1^T\boldsymbol{M}^{-1} - \frac{1}{2}\boldsymbol{v}_0^T\boldsymbol{M}^{-1}\boldsymbol{v}_0^* \tag{4.37}$$

式中:τ 为全局阈值:

$$\boldsymbol{h}^* = \boldsymbol{M}^{-1}(\boldsymbol{v}_1^* - \boldsymbol{v}_0^*) \tag{4.38}$$

对于 ADS – B 的头脉冲:

$$\boldsymbol{v}_0 = 0 \tag{4.39}$$

全局优化探测如图 4.54 所示。

图 4.54　全局优化探测

脉冲探测的一般思想:输入基带的信号与本地脉冲滑动窗关联,关联结果的最大峰值即为该位置的有效脉冲[41]。

2) 星载 ADS – B 系统基带接收机模块处理流程

根据最大似然准则,能找到有效脉冲位置(VPP),以便于发现最终有效脉冲位置(FVPP)。基带接收机模块处理流程如图 4.55 所示。

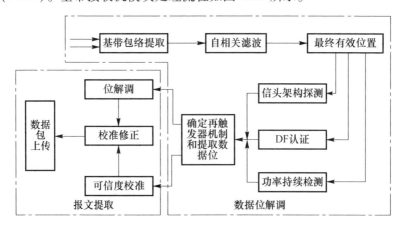

图 4.55　基带接收机模块处理流程

整个流程分为信头提取和数据位调解两部分。用有效的方法得出了脉冲、DF 认证、架构调整和功率持续性准则。使用此种新方法处理基带信号仅需基于 VPP 提取 FVPP。

3）基于两种正交信号的基带包络提取

模/数转换器（ADC）给出了两种正交基带信号，若想得到基带包络，还需要更为深入的处理。调制的 ADS‑B 信号为

$$x(t)\cos(2\pi fct + \varphi) = x(t)\cos\varphi\cos2\pi fct - x(t)\sin\varphi\sin2\pi fct \qquad (4.40)$$

混合本地振荡信号 1090MHz 和低通滤波后，得到两个正交信号 I 和 Q：

$$I(t) = x(t)\cos\varphi \qquad (4.41)$$

$$Q(t) = x(t)\sin\varphi \qquad (4.42)$$

因此若想求出基带信号包络，需要先找到 I 和 Q 的平方根：

$$x(t) = \sqrt{I(t)^2 + Q(t)^2} \qquad (4.43)$$

$x(t)$ 即为所求的基带包络。

4）基于相关有效脉冲位置的提取算法

引入最大似然准则后，可通过寻找关联的峰值位置求得 FVPP，提取 FVPP 的步骤如下：

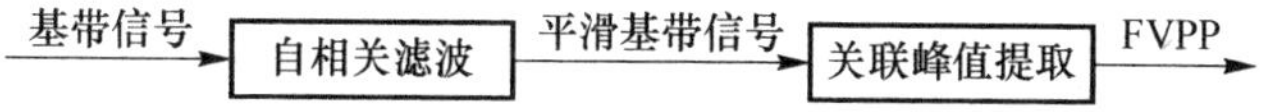

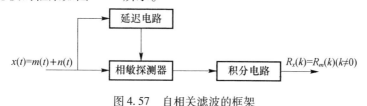

图 4.56　FVPP 提取步骤

（1）自相关滤波。自相关滤波函数反映了不同时刻的信号长度。使用自相关处理信号并选择合适的参数，有助于提升信噪比，抑制混合信号的噪声[27]。自相关滤波的框架如图 4.57 所示。

图 4.57　自相关滤波的框架

输入信号为

$$x(t) = m(t) + n(t) \qquad (4.44)$$

式中：$m(t)$ 为 ADS‑B 的基带信号；$n(t)$ 为附加的零均值高斯白噪声。

$x(t)$ 的自相关函数为

$$R_x(k) = E\{x(t)x(t+k)\} \qquad (4.45)$$

整合式(4.40)与式(4.41),最终得到自相关函数为

$$R_x(k) = R_m(k) + R_n(k) + 2M_m M_n \tag{4.46}$$

当 $k \neq 0$ 时,可得

$$R_x(k) = R_m(k) \quad (k \neq 0) \tag{4.47}$$

由式(4.43)可以发现,自相关滤波有效消除了高斯白噪声,达到了平滑波形的目的[42]。

(2)通过滑动时间窗提取 FVPP。基带信号使用自相关滤波处理之后,形成了与本地脉冲相关的波形和信号,这些信号可通过寻找关联峰值提取有效脉冲位置。互关联过程如图 4.58 所示。

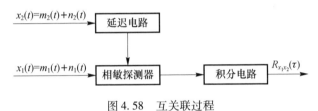

图 4.58 互关联过程

假设互关联信号为 $x_1(t)$,本地关联序列为 $x_2(t)$,自相关表达式为

$$R_{x_1 x_2}(\tau) = E(x_1(t) x_2(t-\tau)) = \lim_{T \to \infty} \frac{1}{T} \int_{-T/2}^{T/2} x_1(t) x_2(t-\tau) \mathrm{d}t \tag{4.48}$$

$$= R_{x_1 n_1}(\tau) + R_{x_2 n_2}(\tau)$$

当信号和噪声不相关时,$R_{x_1 n_1}(\tau) = 0$,此时可通过提取峰值位置求出 FVPP[43]。在提取 FVPP 时,应避免伪相关峰值的干扰,在此做以下假设提取有效脉冲位置:

① 设 x_{-3}、x_{-2}、x_{-1}、x_0、x_1、x_2、x_3 是滑动窗中的 7 个样本点。

② $x_0 \geqslant x_1 \geqslant x_2 \geqslant x_3$ 且 $x_0 \geqslant x_{-1} \geqslant x_{-2} \geqslant x_{-3}$。

③ $x_0/x_3 \geqslant 1.5$ 或 $x_0/x_{-3} \geqslant 1.5$。

④ $x_0 \geqslant Th$。

满足上述公式之后,可通过 x_0 求得有效脉冲位置。

参考文献

[1] 罗云飞. 新航行系统的广播式自动相关监视技术研究[D]. 成都:电子科技大学,2011.

[2] Adriana Mattos. Implementation of ADS – C & Cpdlc Services[R]. SITA:ICAO AUTO/ SWIM Workshop, 2014.

[3] 刘长华. 自动相关监视与防撞系统[D]. 成都:西南交通大学,2003.

[4] 程擎. 新航行系统与飞行安全研究[D]. 成都:西南交通大学,2003.

［5］　Capstone. ADS－B Evaluation Report［R/OL］. ［2000－12－15］. https：//www. faa. gov/nextgen/programs/adsb/Archival/media/auareport. pdf.

［6］　John Scardina. Enhansced ADS－B cooperative Research and Demonstration Project［R］. NASA Glenn and Sensis Corporation，2006.

［7］　Equip ADS－B［EB/OL］. ［2016－03－30］. https：//www. faa. gov/nextgen/equipadsb/airspace/.

［8］　广播式自动相关监视在飞行运行中的应用［Z］. 中国民用航空局飞行标准司，2008.

［9］　李桂芬. 浅析 ADS－C/CPDLC 在西部航路运行中存在的问题及升级改造后的评估［J］. 科技创新与应用，2016(20)：64－65.

［10］　International Civil Aviation Organization. Global Operational Data Link Document［S］. 2013.

［11］　程擎. 通信导航监视设施：第 2 版［M］. 成都：西南交通大学出版社，2016.

［12］　International Civil Aviation Organization. DOC 4444. Air Traffic Management［S］. 2001.

［13］　https：//forum. flightradar24. com/threads/9894－Can－anyone－help－decode－these－messages.

［14］　RTCA. Do 350：Safety and Peformance Standard for Baseline2 ATS Data Communications［S］. 2014.

［15］　周其焕. 自动相关监视及其数据链的标准［J］. 天津：中国民航大学学报，1995(3)：70－85.

［16］　李珂. 1090ES 和 UAT 模式下 ADS－B 信号数字接收机的关键技术研究［D］. 哈尔滨：哈尔滨工程大学，2014.

［17］　江志浩，李迅. 1090ES 模式 ADS－B 信号自适应门限检测算法［J］. 无线电通信技术，2016(1)：51－53.

［18］　张彭. ADS－B 在空中交通管制中的应用［J］. 内蒙古电大学刊，2008(4)：54－55.

［19］　徐君. S 模式机载应答机信号处理系统研究［D］. 成都：西南交通大学，2012.

［20］　何进. 基于 1090ES 的机载 ADS－B 设备总体设计［J］. 电讯技术，2011，51(7)：25－29.

［21］　戴超成. 广播式自动相关监视(ADS－B)关键技术及仿真研究［D］. 上海：上海交通大学，2011.

［22］　胡俊. 1090ES ADS－B 接收机嵌入式软件设计［D］. 成都：电子科技大学，2010.

［23］　何桂萍，徐亚军. ADS－B 数据链的比较及特性研究［J］. 中国民航飞行学院学报，2010，21(4)：3－6.

［24］　李德胜，冯涛，刘志刚，等. ADS－B 数据链系统的建设与应用［J］. 中国科技博览，2014(18)：121，122.

［25］　黄良玮. 基于 1090MHz＋ES 数据链 ADS－B 系统研究［J］. 中国科技博览，2013(36)：38－39.

［26］　王菲. 基于 1090MHz ES 数据链 ADS－B 关键技术研究［D］. 成都：电子科技大学，2009.

［27］　RTCA. DO－260B：Minimum Operational Performance Standards for 1090 MHZ Extended

Squitter Automatic Dpendent Surveillance – Broadcast（ADS – B）and Traffic Information Services Broadcast（TIS – B）［S］. 2013.

［28］王飞. 基于 FPGA 的 ADS – B 信号报头检测系统设计［D］. 哈尔滨:哈尔滨工程大学,2013.

［29］Mode S Elementary & Enhanced Surveillance Information Notice［S］. European Organization for the Safety of Air Navigation, 2004.

［30］李耀. 基于模式 S 的 ADS – B 系统研究［D］. 成都:电子科技大学,2008.

［31］朱芸. 模式 S 应答接收机数字处理系统设计［D］. 成都:电子科技大学,2006.

［32］Emily chang, etal. The story of Mode S:An Air Traffic control Dat a – Link Technology［Z］. 2000.

［33］刘晓斌. 基于模式 S 的 ADS – B 接收机系统算法研究［D］. 成都:电子科技大学,2011.

［34］张青竹,张军,刘伟,等. 民航空管应用 ADS – B 的关键问题分析［J］. 电子技术应用, 2007,33(9):72 – 74.

［35］刘小汇,王飞雪. 任意长度信息序列的 CRC 快速算法［J］. 单片机与嵌入式系统应用, 2003,3(10):74,75.

［36］吴厚航. 深入浅出玩转 FPGA［M］. 北京:北京航空航天大学出版社,2013.

［37］What is Space – Based ADS – B?［EB/OL］. http://www. ads – b. com/space – based. htm.

［38］Liu K,Zhang T,Ding Y. Blind Signal Separation Algorithm for Space – based ADS – B［C］// International Conference on Mechatronics Engineering and Information Technology, 2016.

［39］Delovski T, Werner K,Rawlik T,et al. ADS – B over Satellite The world's first ADS – B receiver in Space［C］//Small Satellites Systems and Services Symposium. DLR,2014.

［40］ADS – B over satellite – first aircraft tracking from space.［EB/OL］.［2013 – 06 – 13］. http://www. dlr. de/dlr/presse/en/desktopdefault. aspx/tabid – 10307/470 _ read – 7318/ year – all/#/gallery/9760.

［41］Li Xiaofeng. The Communication Theory［M］. Beijing:Tsinghua University Press,2008, 199 – 213.

［42］Guo Tao. The Key Technology Research Of ADS – B System Based On Transmission And Reception Which Are In An Entirety In Mode S［D］. Chengdu:University Of Electronic Science And Technology,2013.

［43］Xu Xiao, Li Yuan. MATLAB Object – oriented Programming – From Entry To Design Mode ［M］. Beijing:Beijing University Of Aeronautics And Astronautics Press,2014,67 – 98.

第**5**章
多点定位系统

传统的场面雷达监视系统存在信号容易受到干扰、监视存在盲区、对车辆无法识别等问题,已无法适应大流量运行的现状,因此民航相关单位提出了众多新型的监视技术,其中就包括多点定位系统。多点定位技术是未来场面监视的核心技术,它使用飞机上现有机载应答机发射的 1090MHz 应答机信号实现对飞机的定位,其优点在于无须对已有的监视设备和机载设备进行改造,也不需要在航空器上加装任何额外的设备。本章将对多点定位系统的发展、原理、算法、监视应用进行阐述。

◢ 5.1 多点定位系统概述

5.1.1 多点定位系统发展

多点定位系统通过采集来自机载应答机的 A/C/S/ES/TCAS 等多种应答信号,计算应答信号到达地面接收机的时间差来实现飞机的精准定位,并且根据应答信号中的地址码对目标进行识别。系统工作简图如图 5.1 所示。在同一时刻内,至少有 3 个地面站对接收到同一目标的应答信号进行解码,并将数据送达目

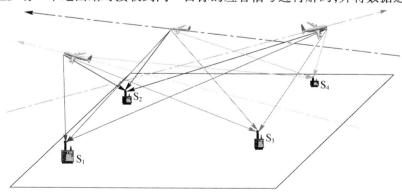

图 5.1 MLAT 系统工作简图(见彩图)

标处理器处理,从而计算得出目标位置,并通过高刷新率来确定其运行轨迹。

　　MLAT 概念最初应用于军事监视,随着民航业的发展,MLAT 开始在机场场面监视方面得到广泛应用,场面 MLAT 地面站监视如图 5.2 所示,在复杂天气情况下也可提供机场场面的清晰视图,从而能够大大提高目标识别的精度。与 SMR 相比,多点定位的主要优点是可以集成到 A - SMGCS 中,对场面上的车辆进行唯一 ID 精确定位,能够有效防止车辆与航空器之间冲突。A - SMGCS 平台使用的多点定位技术已成为全球行业标准并已经在世界上的繁忙机场运行,它有效降低了日益增长的场面拥塞而引起的跑道入侵风险。

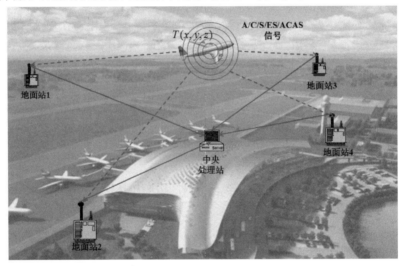

图 5.2　场面 MLAT 地面站监视[1](见彩图)

　　随着多点定位系统的大量应用,多点定位也面临着一些待解决的问题:

　　(1)系统抗干扰问题。在大流量的机场和区域,大量飞机若以每秒几十个脉冲同时发射应答信号,多点定位接收机采用的全向天线将全部接收到这些信号,再加上多径效应、电磁环境等干扰,如果不采用抗干扰措施,多点定位系统将无法工作。干扰对定位和解码的破坏性作用,严重影响多点定位系统的效能。

　　(2)询问发射问题。主动式多点定位系统涉及询问和发射脉冲,如何控制询问发射、处理好与二次雷达、ADS - B 之间的相互干扰是需要考虑解决的问题。

　　(3)台站选址问题。多点定位实现场面监视需要在场面建设多个远端接收基站,特别针对大型机场,台站数量较多,台站位置选址成为关键问题。台址选址涉及相关的众多单位,如机场、航空公司、空管等,另外也影响系统的精度。

　　(4)数据传输问题。多点定位系统由于采用多站分布式布局方式,站点可能建在机场及其周围的建筑物上,需要考虑保障站点与中心站的数据通信问题,特别是没有专用有线传输的情况,如何解决数据传输时延成为待解决的难点问题。

为应对上述问题,国内外相关机构对 MLAT 进行了深入研究:

1999 年,Carl A. Evers[2]提出了一种在雷达监视系统中用于提高监视覆盖范围和目标识别能力的方法和装置。系统使用位置线技术来确定航空器的位置,可作为非协同监视系统的补充。

2005 年,G. Galati 等人[3]讨论了 ICAO 标准 S 模式信号的应用,尤其是在1090MHz 下行数据链信道进行了深入研究,在使用 MLAT 系统和广域 MLAT 系统的终端区或航线中,用于定位和识别协同目标。

2009 年,吴宏刚等人[4]提出了一种机场场面多点定位远端站优选方法,基于平滑滤波与偏差统计判决策略,可在短时间内快速地确定发生故障的站点。

2010 年,白敏[5]设计了一种采用二次雷达应答信号为信号辐射源的陆基多点时差定位系统,并对基于到达时间差的定位方法进行了深入研究。提出在实现侦收基站几何结构优化的前提下,使用改进的时差定位解算方法可以实现高精度的定位。

2011 年,宫峰勋等人[6]研究了多点定位系统原理,并建立了定位精度模型,针对时差定位算法,以倒三角形布站和星形布站为基础,分析视距情况中影响定位精度的各种因素,并采用计算机仿真和模拟具体覆盖范围数据探讨各因素对定位误差的影响,得到了机场场面最优的布站形式。同年,王洪、刘昌忠[7]等人通过设定参考站和利用公式变换,将非线性到达时间(TOA)方程组转化为线性到达时间差(TDOA)方程组,提出了一种两步求解目标位置的闭式算法。该算法首先忽略了 TDOA 测量误差,求得目标位置的初始解,在初始解的基础上做泰勒级数展开,从而克服了未知量不独立对精度的影响,最后再采用最优线性无偏(BLUE)估计算法,得到精确的目标位置。

2012 年,陈庆国[8]提出了基于 Chan 算法的约束初值高精度迭代目标定位算法,相对于之前的经典算法提高了定位精度。同年,李恒等人[9]将数据关联算法应用于广域多点定位系统中,可以在定位站点数和目标附加信息不能满足定位算法要求时,采用一种适合的关联方式,使得在定位前尽可能多地获取目标信息,从而提高了目标点的迹连续性和定位精度。

2014 年,Mz Siergiejczyk 等人[10]分析了空管监视系统,强调了以 MLAT 系统替换雷达系统的可能性。研究结果表明,安装和维修 MLAT 系统的成本和难度相对于二次雷达而言很低,且飞机的导航精度得到了显著提升。

2015 年,孔金凤等人[11]对影响多点定位系统定位精度的因素进行了分析,并结合浦东机场的机场布局特点,提出了采用倒三角形和星形布站构型相结合的布站方案,仿真结果表明不存在盲区,且所有区域的监视精度可满足机场场面监视精度 10m 的要求。

2016 年,马广亮等人利用 Chan 算法、泰勒级数展开法、自适应卡尔曼滤波算法联合进行位置解算,提出了一种用于多点定位系统的实时高精度位置解算方法,可以确保多点定位系统中心处理单元的结算速度和结算精度;陈涛[12]以昆明长水机场为例,对双跑道运行模式下的多点定位系统建设问题进行了初步的探讨。

ICAO 全球 ATM 运行概念(ICAO Doc 9854)描述了 2025 年及以后全球交通管理系统运行所需的服务。运行概念涉及提高用户的灵活性和最大化运行效率,以期在空中未来交通管理系统中提高系统容量和安全水平。Doc 9854 文件中,ICAO 将无源多点定位监视系统作为空管系统中新的监视技术。多点定位系统在西方多个国家和地区已被用于场面、进近区域的监视。如国外的 Sensis、Rannoch、奥姆尼等公司研发的 MDS 系统早已投入运行[13]。MLAT 技术将加强 ATM 的应用,包括从"雷达式"空中交通管制到场面活动态势感知等多种应用。MLAT 系统可以在其他监视系统(如雷达)不可用的情况下发挥作用,还可以与其他监视系统(如雷达、ADS – B)相结合,增强监视能力[14]。

5.1.2 多点定位系统的特点

多点定位是一种针对航路、航线、终端区域以及机场场面的新型监视技术。该技术具有价格相对便宜、定位精度高、设计安装方便快捷、自动化控制等优点,对机场场面的待测目标(飞机和车辆)进行定位和识别,增强了对活动目标的监视能力,使得机场运行的安全性得到提高。具体特点可概括如下:

(1)目标识别。多点定位系统接收的是目标应答机信号,应答信号中包含飞机的高度、速度等识别信息,通过解码这些信息便可对目标进行识别,而不需要人工匹配或与二次雷达相关联。

(2)兼容性强。多点定位技术最大的特点在于完全利用机载现有标准应答机,无需加装其他机载导航设备完成定位监视,可以支持多种机载应答机,兼容 A/C 模式、S 模式,并与 ADS – B 技术相兼容。

(3)高刷新率。MLAT 系统采用非旋转天线,并且可以人工设置扫描速率,每秒数据更新 1 次,而二次雷达至少 4s 1 次。

(4)监视精度高、覆盖范围广。由于采用到达时差进行定位,定位精度取决于时间精度,因此只要时间基准精度足够高,就可以得到合适的精度。由于它的定位精度高,因此可以实现广域空中定位精度 20m 以内,地面精度 7m 以内。多点定位覆盖广、容量大,可以通过在盲区增加接收机,消除盲区,理论上可以实现 100% 全面覆盖,并且可以同时监视处理多达 500 个目标以上。

(5)抗干扰性强,可以全天候工作。多点定位系统不需要发射信号,因此对其他系统干扰小。由于具有体积小、站点配置灵活、系统监视覆盖范围适应性强等特点,只需在车辆上安装相应的应答机,便可对场面上所有飞机、车辆进行实时监视,最终可以提供冲撞告警、区域侵入告警、跑道侵入告警、滑行道或停机坪侵入告警及相应解决方案等应用。

5.1.3 多点定位系统的组成与分类

5.1.3.1 系统的组成

MLAT 系统,由远端站、校标机、中心处理站、发射机和显示终端组成如图 5.3 所示。远端站主要用于接收信号、解码信号、到达时间标定、选择接收信号传输。校标机用于提供可靠的系统同步测试和系统内部测试。中心处理站用于综合远端站信息、进行多径处理、计算目标位置以及进行目标跟踪等。发射机主要用于发射询问信号。显示终端主要用于软件显示、系统状态监控、系统启动、系统控制等[15]。

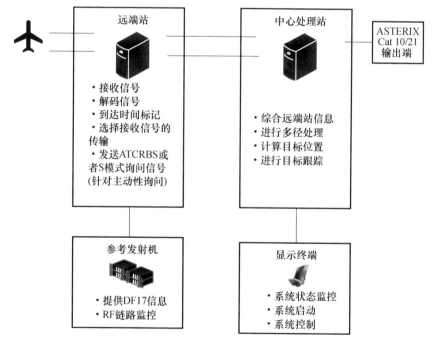

图 5.3 MLAT 系统结构

5.1.3.2 系统的分类

1)按监视范围分类

(1)广域多点定位(WAM)系统。广域多点定位可以实现对所有配置了模式 A/C/S 应答机飞机的覆盖,并且无需新的航空电子设备,具有高精度、升级率大、覆盖好、可靠性高以及极低成本等优势。广域多点定位系统可用于航路和终端进近阶段,依据现在的设备性能,在航路飞行阶段其可以为管制实施最小安全间隔 5n mile 提供技术支撑,在终端进近阶段其可以为管制实施最小安全间隔 3n mile 提供技术支撑。作为一个独立的协同监视系统,广域多点定位是 ATC 监视的重要元素。

由于多点定位系统的设备采用模块化设计,且没有复杂的机械结构,对配套设施和人员的要求极低,使得其对各类地形的适应性极强。对于不具备安装二次雷达条件或者自然条件恶劣的地区,优势十分明显。如在英国北海、美国哈德逊湾等地,由于在航路附近无法建设雷达站,导致航班流量增长受到限制,多点定位技术的应用则很好地解决了这一问题。

在配备有本地二次雷达的区域内,多点定位系统可直接配置为无源系统,在提供增强的监视功能的同时,降低对电磁环境的干扰,也可以适当部署一定数量的发射机,避免在二次雷达故障或检修期间,因为没有询问信号造成系统不可用。一般广域多点定位系统因为其各个终端站之间的距离和传输条件的限制,往往采用分布式授时系统,以降低系统对传输时延的要求。

(2)局域多点定位(LAM)系统。局域多点定位系统应用于机场场面活动监视时,可以采用两种使用方式:一是利用分 A – SMGCS 功能中的多点定位系统,直接为管制和机场运行提供支持;二是作为独立的数据源和其他场面监视传感器一起为 ATM 等系统提供监视数据。

A – SMGCS 要求对场面目标提供位置信息的同时,还要有相应标识信息,并且实现识别可能存在的冲突风险等功能,3 级以上的 A – SMGCS 甚至要求具备自动路由和引导功能,具有提高安全性、增加机场吞吐量、提高效率等优势。为实现这些功能,并保证在可见度受限或降低的条件下依然能够见到和识别场面目标,并有较高的精度,在目前已有的场面监视设备中,场面多点定位系统在这方面具有无可比拟的优势。

2)按是否发射询问信号分类

有源和无源两种多点定位系统区别主要体现在:无源系统仅仅由接收器组成,而有源系统具有一个或多个发送设备,以便自主对装备有应答机的飞机等目标进行询问。

(1)无源多点定位系统。无源多点定位系统有两个主要优点:一是系统自身并不产生射频信号,其安装和使用所需的许可证和审批流程相对简单;二是系统不会对现有的电磁环境造成额外干扰,尤其是对飞机应答机和现有二次雷达。然而,无源系统接收到的应答信号,除 ADS – B 是广播信号外,S 模式以及 A/C 模式信号均是由周边的二次雷达询问信号产生,其询问频率并不规律,系统所接收的应答信号不受控。

（2）有源多点定位系统。由于二次雷达存在天线仰角以及覆盖盲区的问题，场面多点定位系统常设计为有源系统，以自主发射询问脉冲，同时有源系统也有利于系统利用复合定位方式实现更高的目标定位精度。由于机场的配套设施相对完备，传输条件较好，系统的同步架构可根据实际情况选择中央授时和分布式授时两种方式[13]。

有源多点定位系统具备询问功能，该功能通过发射机来实现，发射机结构如图 5.4 所示。其中发射信号的模式一般由中央处理站控制。

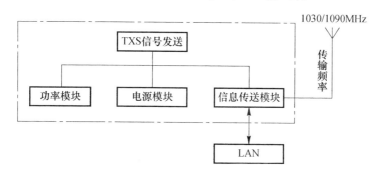

图 5.4　发射机结构

发射机可用于发射 1030MHz 的询问脉冲和 1090MHz 的应答脉冲，其中 1030MHz 的询问脉冲主要用于模式 A/C 和模式 S 询问，如询问频率、询问模式交替方式等配置，并可以根据实际情况自行配置。1090MHz 的应答脉冲一般仅用于发射下行链路格式为 DF = 17 的 S 模式扩展报文。

有源系统因为对外发射脉冲信号，会对现有的电磁环境产生影响，主要体现在对目标上的应答机和周边的二次雷达的信号处理产生影响，需要谨慎地进行发射参数的设置。目前多点定位系统 1030MHz 有两种类型的发射信号，分别为 S 模式的选择性询问和 A/C 模式询问。S 模式选择性询问在设计之初就是为了解决应答信号之间相互干扰的问题，所以该模式的询问并不会干扰现有的二次雷达的信号处理。但是 A/C 模式询问采用广播形式，会与现有的二次雷达信号直接产生干扰，具体的情况有：目标应答机接收到的多点定位系统和二次雷达的 A/C 模式询问次数较多，因为应答机"寂静时间"的存在，可能导致应答机对部分询问信号不做应答；较多的询问脉冲使得应答机的应答频率增加，空中应答信号发生干扰的情况增加，可能造成二次雷达和多点定位系统无法解码或者解码错误，严重时会导致询问周期内的脉冲同步错误，形成虚假目标。目前，多点定位系统往往采用两种方式来降低可能产生的干扰：降低 A/C 模式的询问频率，以减少对周边电磁环境可能造成的影响，一般会采用每秒 2～8 个询问的频率，此询问频率相较于二次雷达的几百询问频率要小很多,对周边二次雷达和目标应答机的影响较小;对于装备有 S 模式的应答机,在其对 S 模式的询问产生应答后,并不需要其再对 A/C 模式的询问产生应答,此时可以使用短 P_4 脉冲的模式 A/C 询问,从而抑制 S 模式应答机对 A/C 模式的应答,从而在一定程度上降低空间电磁环境的复杂性和目标应答机的应答频率[13]。

5.1.4 多点定位的关键技术

多点定位系统需要记录不同位置的远端站接收到相同信号的到达时间,通过计算得到若干个到达时间差(TDOA)的测量值。而对信号到达时间差准确测量的关键技术是需要各个远端站的时钟实现同步,目前主要有中央授时(CT)(同步系统)和分布式授时(DT)(异步系统)两种方法实现时间同步。

5.1.4.1 中央授时(同步系统)

中央授时是由中心处理站对各个远端站接收到的信号统一标记时间戳,结构如图 5.5 所示。

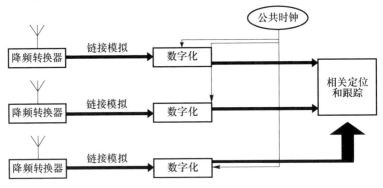

图 5.5 多点定位系统中央授时结构

中央授时架构的系统中,降频转换器接收信号并输出带有所需定时信息的信号,在中央处理站对接收到的信号统一标记时间戳后,进行后续的信号处理工作。其主要优势在于地面站相对简单,主要由连接天线的接收机组成。

但是中央同步架构的多点定位系统要求从每个接收器至中央处理站的信号传输延迟必须为已知数并且是常数,以便系统利用该延迟来计算目标信号到达各个远端站的初始时间,因此其对传输网络的延迟和稳定性有较高的要求。目前有三种链路可以用于此架构多点定位系统的传输,分别是专用微波链路、专用光纤链路和专用同轴链路(仅适于短距离)。其中光纤链路是最适合的选择,尤其在多点定位系统各远端站的站址已经配备有光纤传输设备的情况。绝大部分机场的基础配套设施中,均安装有光纤传输设备,若光纤不可用,也可使用一套微波链路。

5.1.4.2 分布式授时(异步系统)

分布式授时是由各个远端站分别对各自接收到的信号标记时间戳,结构如图5.6所示。

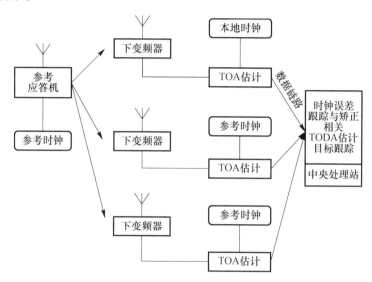

图5.6 多点定位系统分布式授时结构

在分布式授时系统中,地面站接收信号经过降频转换器、模/数转换实现解码,同时标记时间戳,以便将信号传输至中央处理站进行 TDOA 计算和相关处理。这增加了地面站结构的复杂性,但是其优势在于对网络传输的要求并不苛刻。

分布式授时系统的难度在于如何保证各个地面站的时钟系统保持相对的一致性,即每个地面站必须包含准确的时钟和确定各个地面站时钟间相对时间的方法,目前普遍使用内部时钟和 GPS 时钟相结合的方式。

在分布式授时系统中,由各个地面站对接收到的信号标记时间戳,中心处理机处理的则是各站接收到相同信号的时间差,该时间差的计算不仅需要时间戳,还需要各站时钟系统之间的时间差。也就是各站之间的时钟同步。目前主要有三种时钟同步方式:基于参考应答机的同步方式、基于 GNSS 共视的同步方式和基于原子时钟的同步方式。

基于参考应答机进行时钟同步的多点定位系统结构如图5.6所示,由参考应答机发射参考时钟信息,被各站接收后估计本地时钟与参考时钟的时间差异,对到达信号的时间进行估计,形成 TOA 信息,发送至中心处理机进行 TDOA 估计。

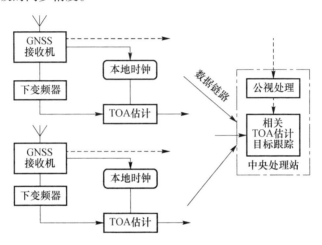

基于全 GNSS 的同步方式,简单来说就是依靠卫星授时来实现各站的时钟同步,目前基于 GNSS 实现同步的多点定位系统往往采用共视技术来实现高精度时间同步,其结构如图 5.7 所示,其基本原理是每一个地面站可以接收到来自多个 GNSS 的卫星信号,当每个地面站从同一个卫星接收信号(共视)时,大部分的系统误差互相抵消,因此使各个地面站时钟信号高精度同步,该方法可以达到时间亚纳秒级的同步精度。

图 5.7　基于 GNSS 的同步方式结构

基于原子钟的时钟同步方式,主要是指各地面站依靠高精度的原子钟获得高精度的本地时钟信号,同时通过数据网络动态校准远端单元的同步时钟[13],可将系统的时间精度统一做到纳秒级,结构如图 5.8 所示。

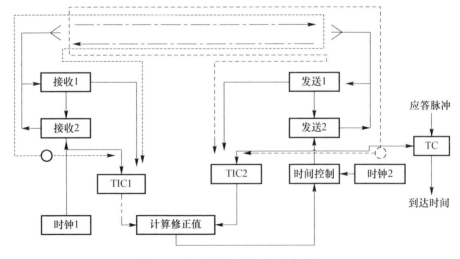

图 5.8　基于原子钟的同步方式结构

基于参考应答机的时钟同步技术和基于 GNSS 共视的时钟同步技术,都需要在中心处理站进行远端站之间时间偏差的计算和补偿。考虑的误差来源有:

(1) 系统自身因素对同步造成的误差,如,电缆时延、解调器时延、接收天线时延等。

(2) 外界因素对时钟同步造成的误差,如,电离层干扰、对流层干扰、传播路径时延、周边电磁干扰等。

对基于原子时钟的同步方式,在机场场面环境下,飞机引起的振动、场面复杂的电磁环境、户外温度的变化等多种因素都会对远端站的本地频率源造成干扰,引起时钟抖动。

5.1.5　多点定位系统在监视中的应用

5.1.5.1　机场场面监视

机场场面多点定位系统通过计算移动目标发射信号到达主站和基站的时间差(TDOA)来估算其空间位置,故可以精确地对机场场面和周围地区移动或静止的目标进行监视。MLAT 在场面监视方面有很大优势。它对一次场面监视雷达有很好的补充,只要在盲区附近增加单元接收机基站就可以解决该盲区的覆盖,且其接收机的成本低。MLAT 与 ADS – B 联合使用可以完全脱离航管二次雷达。此外,MLAT 还具有高刷新率、自动离港挂牌、升级方便等优势。MLAT 定位系统与一次雷达相比具有明显的优势,但一次雷达独立监视的特点在管制监视中仍将不可替代。因此,在场面监视体系的发展过程中,单一手段进行场面监视的局面一时难以出现,多种监视技术将长期共存,相辅相成,共同为机场场面交通安全、高效运行提供有力的保障。

目前,多点定位系统已经在多数大型机场中安装,例如,美国达拉斯机场、底特律都会机场、法兰克福机场,奥地利因斯布鲁克机场,英国维也纳机场、英国伦敦希斯罗机场,分别包含 12 个、9 个、19 个、8 个、15 个、15 个站。我国在北京、上海、广州等大型机场也部署了相应的 MLAT 系统。

广州白云国际机场使用的场面监视雷达处理系统是挪威的 NOVA 9000 系列,有一些地方不适宜进行雷达设备的安装。通过部署 MLAT 解决了监视设备选址的问题,提高了白云机场监视的精度。

北京机场部署的多点定位系统(MSS – A PEK)在 2008 年正式运行,系统部署如图 5.9 所示。为了多边询问地面或空中目标,在北京机场内或机场周围均部署有地面站。系统具体配置如下:共 27 个地面站(GS),其中包括简单接收站(RXS)、接收/发射站(RXTXS)、双接收站(DRXS)、监控应答器(RMTR)[16]。

简单接收站包括 SSR 接收天线、SSR 接收器、数据通信单元、CPS、电源

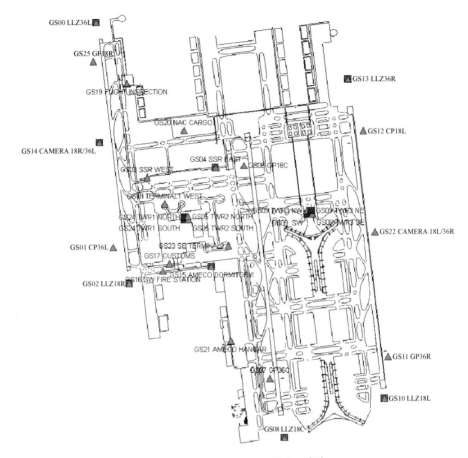

图 5.9　MSS – A PEK 系统部署[16]

和 UP。

接收/发射站包括简单的 RXS 加 SSR 发射天线、SSR 询问器/发射机。

双接收站由两个单一接收站组成。

RMTR 由 SSR 发射天线、COTS SSR 发射机应答器、电源和 UPS 组成。双重 RMTR 站由两个单一 RMTR 组成。

系统还配备了远程管理终端,以便能够远程访问 MSS – A 管理系统。该终端允许维护工程师对整个系统进行监控、控制和管理。

5.1.5.2　航路监视

多点定位技术的实施通常需要建立多个地面基站,把这些基站按照一定的规律布置在监视航路所在的地面,就可以对该区域内航空器的运行态势进行监视。多点定位在航路监视中的应用可以成为广域多点定位,在世界各地得到了广泛应用。

奥地利的因斯布鲁克机场四周群山环抱,空中交通监视面临严峻的挑战。特别是在狭窄的机场,离场和降落均需要高精度的监视系统,采用传统的雷达监视则必须将雷达安装在高山的两侧和顶部,且雷达的布局还必须满足对整个空域的监视需求,采用雷达监视航路和进近区域显然不现实。于是奥地利决定采用多点定位技术,实施该技术所需要的小接收基站不仅成本较低,而且可以非常方便地安装在雷达系统无法安装的地方,能够对雷达监视进行补充,还能对整个监视系统进行备份。

美国联邦航空局是多点定位技术的早期应用者之一,以科罗拉多州(美国冬季主要度假目的地之一)为例。在监视系统的选择中考虑了以下两个方面:

(1)性能角度:性能不佳的雷达监视要求进近的飞机需要保持30nmile 的间隔,导致过多的航班延误或者取消。多点定位系统的运用,改善了 10 个山地机场及进近航路的空中交通管制情况。

(2)经济角度:部署传统的雷达监视系统初步测算需要约 700 万美元/套,如要全面覆盖所有机场,不包含雷达系统的安装和维护共计需要约 7000 万美元。而使用小巧、高精度的多点定位系统来覆盖监视机场和航路,在保证安全间隔情况下,只需要约 1500 万美元。

新西兰 Queenstown 地区,由于气候条件恶劣,不具备装二次雷达的条件,便采用了高精度的多点定位系统对航路进行监视,如图 5.10 所示:

图 5.10　新西兰 Queenstown 广域多点定位系统的应用[13]

5.1.5.3 航空器高度保持性能监视

航空器高度保持性能反映了航空器对所指定飞行高度层的符合性能力,通过总垂直偏差(TVE)、测高学系统误差(ASE)和指定高度偏差(AAD)来描述,高度保持性能监视描述如图 5.11 所示。目前,美国和欧洲的 RVSM 空域,航空器高度保持监视基本采用了较低成本的多点定位系统。多点定位利用几何多点定位方法,通过机载应答机所发信号至各个接收站的到达时间差(TDOA)来计算目标的三维坐标,从而准确地测量出航空器的实际飞行几何高度。

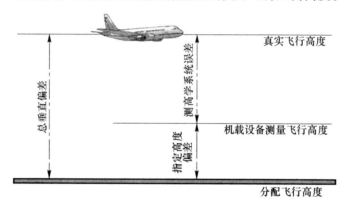

图 5.11　航空器高度保持性能监视描述[17]

针对欧洲的 RVSM 空域监视要求,Eurocontrol 按照国际民航组织的要求,20 世纪 90 年代末,在欧洲分别采用英国 Roke 公司和捷克 ERA 公司的设备,建立了 5 套多点定位的固定 HMU(Height Monitoring Unit)系统,其中:2 套分别建在英国威尔士的 Strumble 和纽芬兰的 Gander,可以对北大西洋(NAT)区域绝大部分航空器进行监视;3 套位于欧洲大陆,即林茨、日内瓦和德国的莱茵兰－普法尔茨,这 3 套 HMU 站点实现了对欧洲上空大部分航空器的高度保持性能监视。

AGHME 是美国 2004 年自行研制的一种地面多点精确监视系统,它是一种可移动的设备,设备装备在一辆拖车内,安装地点要求能够容纳一辆长 10 英尺的拖车、高 15 英尺的天线,有电源和数据传输线。一套 AGHME 站点由一个中心 AGHME 单元和四个 AGHME 分单元组成,通常以菱形的方式排列。AGHME 通过测量航空器 S 模式应答信号从航空器到达不同地面站点的时间,采用多点定位技术计算出航空器的几何高度,其数据采用事后处理,测试数据交由 FAA 进行分析处理。目前北美地面监视系统都采用 AGHME,在美国目前有 5 个站点,分别位于新泽西州的大西洋城、堪萨斯州的 WICHITA 和俄亥俄州的克里夫兰、凤凰城及西北部某一地点。

根据国外的经验,我国至少需要在北京、上海和广州三个空中交通枢纽区域建设多套地基区域监视站点,才能满足对我国 70% 以上的航班进行高度保持监视和性能评估,保障我国 RVSM 安全、有效的运行[8]。

5.1.5.4　环境及机场管理

目前,许多机场对航空器的噪声消减程序都有严格要求,附近居民区对噪声的投诉是机场管理者非常关心的问题。然而,识别是哪一架飞机引起的投诉是非常困难的。多点定位技术的一个早期应用就是解决噪声投诉问题。该系统可以记录每一架到港及离港的航空器,以及具体的飞行航路和过航路任一点的时间。这些数据信息可以作为法律证据,用于解决噪声投诉问题。随着其他环保法规的生效,多点定位系统可以为机场管理者提供快速、有效的噪声及飞行操作数据信息。

机场需要实时对场面航空器及其他车辆监视,这样可以有效地提高机场运营管理的效率。多点定位系统可以为航空公司及机场管理者提供实时共享的情景意识,还可以对机场资源提供协同决策式管理,从而有效改善登机管理及安排登机舷梯的使用。通常机场都依赖航空公司报告各类费用,如起降费、除冰费及登机费。毫无疑问这将有可能导致费用的偏差,如果没有方法检查其正确性,就有可能导致收入损失。而多点定位系统可以把航空器实时追踪及识别信息提供给机场管理者,从而可以有效地提高机场的经济效益[8]。

5.2　多点定位系统原理

5.2.1　多点定位方法

一般来说,民用多点定位系统可以按设备配置及作用范围进行分类。民用多点定位系统按设备配置分为主动式和被动式。主动式多点定位系统是指在系统中配置发射机,由发射机进行询问,通过增加询问数量,系统得到航班标牌(地址码)、高度等信息。被动式多点定位系统是指在系统中不配备发射机,得到航班标牌(地址码)、高度等信息。多点定位系统按作用范围分为机场场面多点定位系统和广域多点定位系统[8]。

5.2.1.1　基于到达时间 TOA 的定位方法

在多点定位系统中,假设待定位目标的位置坐标为(x,y),侦收基站的位置坐标为$(x_i,y_i)(i=1,2,3,\cdots)$。这里侦收基站的地理坐标是确定的,由存储数据库提供。则待定位目标到侦收基站的距离为

$$R_i = \sqrt{(x_i - x)^2 + (y_i - y)^2} \tag{5.1}$$

通过时间测量可以得到目标发射的应答信号到达侦收基站接收机的时间为 $t_i(i=1,2,3,\cdots)$，可得出目标到侦收基站的距离是电磁波信号传播的距离，即 $R_i = ct_i$，由式（5.1）可得

$$ct_i = \sqrt{(x_i - x)^2 + (y_i - y)^2} \tag{5.2}$$

当参与测量的侦收基站数目为 2 时，由方程组 $ct_i = \sqrt{(x_i - x)^2 + (y_i - y)^2}$ $(i=1,2)$ 可以得到目标的两个位置 T、T'，这里就产生了定位模糊解的问题。因此，要完成定位，必须再增加一个侦收测量基站来消除不符合条件的估计位置 T'。所以，在基于 TOA 的定位方法中，至少需要三个测量基站才能实现对待定位目标的定位。如果测量得到三个侦收基站接收到应答信号的 TOA 值分别为 t_1、t_2、t_3，则得到如下方程组：

$$\begin{cases} ct_1 = \sqrt{(x_1 - x)^2 + (y_1 - y)^2} \\ ct_2 = \sqrt{(x_2 - x)^2 + (y_2 - y)^2} \\ ct_3 = \sqrt{(x_3 - x)^2 + (y_3 - y)^2} \end{cases} \tag{5.3}$$

解此方程组即可获得目标的位置坐标 (x,y)。

5.2.1.2 基于 AOA 的定位方法

AOA 定位是通过侦收基站中接收机天线或天线阵列测出应答信号电磁波的到达角度，即入射角，进而根据从目标应答机到基站接收机的方位连线，在利用两个或者两个以上的接收机提供出的 AOA 测量值的条件下，确定多条方位线的交点。解算这些方程，就可以得到待定位目标的估计位置。

同样，假设待定位目标位置坐标为 (x,y)，侦收基站的位置坐标为 (x_i,y_i)，$(i=1,2,3,\cdots)$。两个侦收基站中接收机 Receiver1 和 Receiver2 测量得到待定位目标发出的应答信号的到达角度为 θ_1 和 θ_2，则由三角公式可以得出

$$\tan\theta_i = \frac{x - x_i}{y - y_i} (i=1,2) \tag{5.4}$$

求解式（5.4），就可以得到待定位目标的坐标 (x,y)。

5.2.1.3 混合多点定位方法

根据不同的应用背景、网络环境以及信道格式，基于角度、时间、时间差的定位方法在一定程度上都有着不同的误差统计特性。为了实现在不同环境都能有

较好的定位结果,通常采用混合多点定位方法。

在混合定位算法中,定位过程利用了多个定位信息量,综合了不同定位信息量的特点,常用的混合定位有 TOA/AOA、TOA/TDOA、AOA/TDOA 等。如待定位目标位置坐标为 (x,y),其中一个侦收基站的位置坐标为 (x_1,y_1)。侦收基站的接收机接收到应答信号的到达时间 t_1 和到达角度 θ_1。通过解算方程组

$$\begin{cases} ct_1 = \sqrt{(x_1-x)^2+(y_1-y)^2} \\ \tan\theta_1 = (x-x_1)/(y-y_1) \end{cases} \tag{5.5}$$

即可得到待定位目标位置[5]。

5.2.1.4　TDOA 定位方法

1985 年,S. Bancroft 提出了 Bancroft 算法,TOA 算法首次应用于监视定位中。该算法原理为 GPS 伪距单点定位原理。其优点是计算量小,但对远、近距离的定位目标不能保证相同的定位精度。

通过在地面部署多部接收机,根据时间基准,在接收到飞机信号后估计出信号的 TOA,将 TOA 传送到中心站,解算出飞机位置,并传送到空中交通管制的监视系统。飞机位置的解算本质上是从超定、非线性和包含多维接收机测量噪声的方程组中估计目标最优位置的问题。而 TDOA 算法是对 TOA 算法的改进,它不是直接利用信号到达时间,而是用多个基站接收到信号的时间差来确定移动台位置,与 TOA 算法相比它不需要加入专门的时间戳,定位精度也有所提高,所以目前采用 TDOA 算法。

基于 TDOA 来进行定位,是利用三个或三个以上已知位置的接收机接收来自某一个未知位置信号源的信号,进而确定该信号源的位置。根据定位需求的不同,TDOA 定位可以分为二维空间双曲线定位和三维空间双曲面定位。二者的基本思想是利用两个接收机采集到的信号到达时间差确定一对双曲线或双曲面,多个双曲线或双曲面相交就可以得到目标的位置,因此 TDOA 定位方法又称为双曲定位法。

1)二维定位

下面给出双曲线时差定位的基本方程组。设应答信号在应答机与侦收基站之间信号传播时间为 t,则两者之间的距离 $R_i = ct_i$,$(i=1,2,3,\cdots)$,其中 c 为电磁波在空中的传播速度。而应答信号分别到达两个侦收基站 1 站、2 站的距离差 $R_{12} = |R_1 - R_2|$。这时可以得出,待定位目标必位于以此两个侦收基站为焦点、以两个焦点间距离差为长轴的双曲线上,如图 5.12 中所示的实线双曲线上。同时,应答信号到达侦收基站 1 站、3 站的距离差 $R_{13} = |R_1 - R_3|$,可同样得到待定位目标必在以此两个基站为焦点、以两焦点间距离差为长轴的另外一组双曲

线上,即图 5.12 中所示的虚线双曲线上。两组双曲线的交点位置就是待定位目标所处的位置。

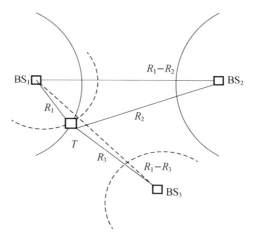

图 5.12　二维定位原理

在 TDOA 定位中假设待定位目标位置坐标为(x,y),侦收基站的位置坐标为(x_i,y_i),$(i=1,2,3,\cdots)$,则由距离差公式可得

$$\begin{cases} \left| \sqrt{(x-x_1)^2+(y-y_1)^2} - \sqrt{(x-x_2)^2+(y-y_2)^2} \right| = R_{12} \\ \left| \sqrt{(x-x_1)^2+(y-y_1)^2} - \sqrt{(x-x_3)^2+(y-y_3)^2} \right| = R_{13} \end{cases} \tag{5.6}$$

可以求得两组解。由于两组解当中只有一组解为待定位目标位置,另一组为定位模糊解,所以需要其他信息或算法来帮助消除模糊位置。

2) 三维定位

陆基多点定位系统中的三维时差定位方法主要是通过接收来自空中目标的应答信号来实现定位。在三维空间中,两个侦收基站可以确定一个双曲面,需要四站才能对目标进行空间定位,如图 5.13 所示。假设定位系统的侦收基站由一个主站及三个副站构成,各站的空间位置坐标为(x_i,y_i,z_i),$i=1,2,3,$ 4,其中$i=1$ 表示主侦收基站,$i=2,3,4$ 表示三个副侦收基站。假设待定位目标的坐标为(x,y,z),$R_{i,1}$表示目标到达主站与第 i 个副站之间的距离差,用方程表示为

$$R_{i,1} = \sqrt{(x-x_i)^2+(y-y_i)^2+(z-z_i)^2} - \\ \sqrt{(x-x_1)^2+(y-y_1)^2+(z-z_1)^2} = ct_{i,1} \tag{5.7}$$

式中:c 为电波传播速度;(x,y,z)为所求目标位置;(x_i,y_i,z_i)为已知地面站位置;$t_{i,1}$为定位目标到达第 i 个地面基站的时间与到达第 1 个(主站)地面基站的

时间之差。

因为存在多个侦收基站,所以会得到一组对于待定位目标源位置坐标(x, y, z)的非线性方程组,可使用泰勒级数展开法或 Chan 算法来求解该方程组。

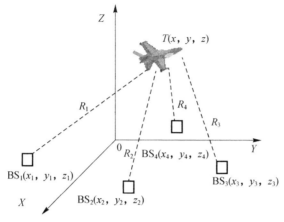

图 5.13 三维空间 TDOA 定位结构

5.2.2 多点定位相关算法

5.2.2.1 泰勒级数展开法

泰勒算法是迭代性的求解算法,泰勒算法在每一次迭代之后都会将所得的定位误差用到下一次迭代中,从而改进估计位置。具体求解步骤如下[18]:

首先设定一个定位目标的初始位置值 $P_0(x_0, y_0, z_0)^{\mathrm{T}}$ 及迭代条件,即门限值 ε,将式(5.7)在 P_0 处进行泰勒展开,即

$$R_{i,1} = ct_{i,1}$$

$$= R_i - R_1 + \Delta x\left(\frac{x_0 - x_i}{R_i} - \frac{x_0 - x_1}{R_1}\right) +$$

$$\Delta y\left(\frac{y_0 - y_i}{R_i} - \frac{y_0 - y_1}{R_1}\right) + \Delta z\left(\frac{z_0 - z_i}{R_i} - \frac{z_0 - z_1}{R_1}\right) \tag{5.8}$$

令 $\boldsymbol{\delta} = [\Delta x, \Delta y, \Delta z]^{\mathrm{T}}$

$$\boldsymbol{H} = \begin{bmatrix} R_{2,1} - R_2 + R_1 \\ \vdots \\ R_{M,1} - R_M + R_1 \end{bmatrix}, \boldsymbol{G} = \begin{bmatrix} \dfrac{x_0 - x_2}{R_2} - \dfrac{x_0 - x_1}{R_1} & \dfrac{y_0 - y_2}{R_2} - \dfrac{y_0 - y_1}{R_1} & \dfrac{z_0 - z_2}{R_2} - \dfrac{z_0 - z_1}{R_1} \\ \vdots & \vdots & \vdots \\ \dfrac{x_0 - x_M}{R_M} - \dfrac{x_0 - x_1}{R_1} & \dfrac{y_0 - y_M}{R_M} - \dfrac{y_0 - y_1}{R_1} & \dfrac{z_0 - z_M}{R_M} - \dfrac{z_0 - z_1}{R_1} \end{bmatrix}$$

则式(5.8)写成矩阵形式,即

$$\boldsymbol{\psi} = \boldsymbol{H} - \boldsymbol{G}\boldsymbol{\delta} \tag{5.9}$$

式(5.9)的加权最小二乘解为

$$\boldsymbol{\delta} = (\boldsymbol{G}'\boldsymbol{Q}^{-1}\boldsymbol{G})^{-1}\boldsymbol{G}'\boldsymbol{Q}^{-1}\boldsymbol{H} \tag{5.10}$$

式中:$\boldsymbol{Q}$ 为距离测量值的协方差矩阵,表示各基站中时间测量单元引入的相对误差。

将式(5.10)得到的位置估计误差 $\boldsymbol{\delta} = [\Delta x, \Delta y, \Delta z]^{\mathrm{T}}$ 用于下一次迭代中,改进下一次迭代的位置初始值:

$$x_0 = x_0 + \Delta x, y_0 = y_0 + \Delta y, z_0 = z_0 + \Delta z \tag{5.11}$$

重复以上迭代过程直到满足门限要求:

$$|\Delta x| + |\Delta y| + |\Delta z| < \varepsilon \tag{5.12}$$

泰勒算法计算流程可归纳为图 5.14 所示[19]。

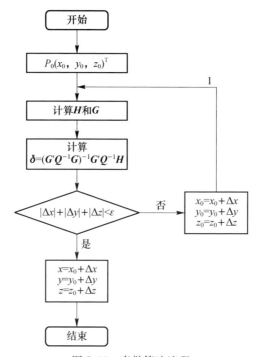

图 5.14　泰勒算法流程

5.2.2.2　Chan 算法

泰勒级数展开法的主要思想是将定位函数线性化并采用迭代方法求解目标位置,而 Chan 方法是通过引入中间变量,消去目标位置坐标的二次项,从而直接求解目标位置,使用 Chan 算法求解双曲线方程得到的解具有一个解析表达式。该算法的优点是计算量小,无需知道待定位目标的初始位置,并且估计结果可以更好地接近 CRLB 下界。缺点是该算法是在较高的信噪比及理想高斯白噪声的前提下完成的,在多径效应和非视距情况下效果较差。

Chan 算法的计算过程如下:

首先,将式(5.7)表示为:

$$\begin{cases} R_1 = \sqrt{(x_1 - x)^2 + (y_1 - y)^2 + (z_1 - z)^2} \\ R_i = \sqrt{(x_i - x)^2 + (y_i - y)^2 + (z_i - z)^2} \\ R_{i,1} = (R_i - R_1) = ct_{i,1} \end{cases} \tag{5.13}$$

将式(5.13)中的 $R_{i,1} = R_i - R_1$ 表示为

$$R_i^2 = (R_{i,1} + R_1)^2 \tag{5.14}$$

结合式(5.13)将式(5.14)展开为

$$R_1^2 + 2R_1 R_{i,1} + R_{i,1}^2 = x^2 + y^2 + z^2 - 2x_i x - 2y_i y - 2z_i z + K_i \tag{5.15}$$

式中 $K_i = x_i^2 + y_i^2 + z_i^2 (i = 1,2,3,4)$

则

$$K_1 = x_1^2 + y_1^2 + z_1^2$$

式(5.15)可变为

$$R_{i,1}^2 + 2R_{i,1} R_1 = K_i - 2x(x_1 - x_i) - 2y(y_1 - y_i) - 2z(z_1 - z_i) - K_1 \tag{5.16}$$

式(5.16)中将 x、y、z、R_1 作为未知数,那么变为线性方程组求解,对该线性方程组求解可以得到待定位目标的位置坐标。

当系统具有 4 个地面基站时,就可以得到 3 对时差测量值,在假设 R_1 已知的基础上,式(5.16)可表示为

$$(x_i - x_1)x + (y_i - y_1)y + (z_i - z_1)z = k_i + R_1 R_{i,1} \tag{5.17}$$

式中

$$k_i = \frac{1}{2}\left[R_{i,1}^2 + K_1 - K_i \right]$$

则可以得到矩阵表达式为

$$AX = F \tag{5.18}$$

式中

$$A = \begin{bmatrix} x_2 - x_1 & y_2 - y_1 & z_2 - z_1 \\ x_3 - x_1 & y_3 - y_1 & z_3 - z_1 \\ x_4 - x_1 & y_4 - y_1 & z_4 - z_1 \end{bmatrix}, X = \begin{bmatrix} x \\ y \\ z \end{bmatrix}, F = \begin{bmatrix} k_1 + R_1 \cdot R_{2,0} \\ k_2 + R_1 \cdot R_{3,0} \\ k_3 + R_1 \cdot R_{4,0} \end{bmatrix}$$

那么,当 $\text{rank}(A)=3$ 时,可以求得待定位目标的位置估计值[20]:

$$\hat{X}=(A^{\text{T}}A)^{-1}A^{\text{T}}F \tag{5.19}$$

5.2.2.3 基于目标气压高度的算法

多点定位系统应用于广域目标定位时,由于精度几何弱化因子的影响,采用三维定位算法直接进行目标定位的精度比较差,甚至有发散的可能。由于用于定位的民航机载二次应答机所发送的部分应答信号中含有目标的气压高度信息,利用该气压高度信息对三维定位算法进行修正,降低定位方程的维度,可提高定位精度。

设需定位目标的位置坐标为 (x,y,z),目标与远端站 (x_i,y_i,z_i) 的距离平方和为

$$r_i^2=(x_i-x)^2+(y_i-y)^2+(z_i-z)^2(i=1,2,\cdots,M) \tag{5.20}$$

设目标信号到达远端站 i 的时间为 d_i,则以 1 号远端站为参考的目标信号 TDOA 为

$$d_{i,1}=d_i-d_1(i=2,3,\cdots,M) \tag{5.21}$$

若 c 为无线电信号传播速度,则可得以 1 号远端站为参考的距离差公式,即

$$r_{i,1}=cd_{i,1}=r_i-r_1(i=2,3,\cdots,M) \tag{5.22}$$

求解式(5.22)目标位置 (x,y,z) 的非线性方程组,解出 (x,y,z) 即可定出目标位置。若已知目标高度信息,则可得到目标位置 z 的坐标值。令 $R_1=(z_i-z)^2$,由式(5.20)可得

$$r_i^2=(x_i-x)^2+(y_i-y)^2+(z_i-z)^2=(x_i-x)^2+(y_i-y)^2+R_i$$
$$=K_i-2x_ix-2y_iy+x^2+y^2+R_i(i=1,2,\cdots,M) \tag{5.23}$$

式中

$$K_i=x_i^2+y_i^2$$

由式(5.22)得 $r_i^2=(r_{i,1}+r_1)^2$,代入式(5.23)并化简,可得

$$r_{i,1}^2+2r_{i,1}r_1+r_1^2=K_i-2x_ix-2y_iy+x^2+y^2+R_i(i=1,2,\cdots,M) \tag{5.24}$$

当 $i=1$ 时,式(5.23)变为

$$r_1^2=K_i-2x_ix-2y_iy+x^2+y^2+R_1 \tag{5.25}$$

将式(5.25)代入式(5.24),可得

$$r_{i,1}^2+2r_{i,1}r_1=-2x_ix-2y_iy+K_i-k_1+R_i-R_1(i=1,2,\cdots,M) \tag{5.26}$$

设 $x_{i,1}=x_i-x_1$,$y_{i,1}=y_i-y_1$,下面对三个及三个以上远端地面站多点定位求

解情况进行分析：

（1）三个远端站定位情况。只有三个远端站进行目标定位时，由式（5.26）
解出

$$\begin{bmatrix} x \\ y \end{bmatrix} = - \begin{bmatrix} x_{2,1} & y_{2,1} \\ x_{3,1} & y_{3,1} \end{bmatrix}^{-1} \left\{ \begin{bmatrix} r_{2,1} \\ r_{3,1} \end{bmatrix} r_1 + \frac{1}{2} \begin{bmatrix} r_{2,1}^2 - K_2 + K_1 - R_2 + R_1 \\ r_{3,1}^2 - K_3 + K_1 - R_3 + R_1 \end{bmatrix} \right\} \quad (5.27)$$

代入式（5.25），解出 r_1，再将 r_1 代入式（5.27）即可解出目标位置。由于式
（5.25）是 r_1 的二次方程，存在双解，因此将解出的 r_1 代入式（5.27）解得的目标
位置也存在双解，实际当中需要选择合适的解。

（2）四个以上远端站定位情况。当有四个以上远端站进行目标定位时，令

$$h = \frac{1}{2} \begin{bmatrix} r_{2,1}^2 - K_2 + K_1 - R_2 + R_1 \\ r_{M,1}^2 - K_M + K_1 - R_M + R_1 \end{bmatrix}$$

$$G_a = - \begin{bmatrix} x_{2,1} & y_{2,1} & r_{2,1} \\ \vdots & \vdots & \vdots \\ x_{M,1} & y_{M,1} & r_{M,1} \end{bmatrix}$$

$$z_a = [z_p^T, r_1]^T$$

$$z_p = [x, y]^T$$

则式（5.26）可以表示为

$$G_a z_a = h \quad (5.28)$$

这是求解目标位置坐标的超定方程组，为推导简单起见，假设各远端站的
TOA 测量误差具有相同概率分布，直接求得式（5.28）的最小二乘解为

$$z_a = (G_a^T G_a)^{-1} G_a^T h \quad (5.29)$$

注意到 x、y、r_1 是由式（5.20）当 $i = 1$ 时得到的，即若令[21]

$$h' = \begin{bmatrix} (z_{a,1} - x_1)^2 \\ (z_{a,2} - y_1)^2 \\ z_{a,3}^2 - R_1 \end{bmatrix}, G'_a = \begin{bmatrix} 1 & 0 \\ 0 & 1 \\ 1 & 1 \end{bmatrix}, z'_a = \begin{bmatrix} (x - x_2)^2 \\ (y - y_1)^2 \end{bmatrix}$$

有方程

$$G_a z'a = h' \quad (5.30)$$

其最小二乘解为

$$z'_a = (G_a'^T G_a')^{-1} G_a'^T h' \quad (5.31)$$

最后由 z'_a 得到目标位置坐标为

$$\begin{bmatrix} x \\ y \end{bmatrix} = \pm \sqrt{z'_a} + \begin{bmatrix} x_1 \\ y_1 \end{bmatrix} \qquad (5.32)$$

根据实际监视区域从式(5.32)选择合适的解得到目标位置[22]。

5.2.2.4 其他定位算法

除了上面提到的多点定位经典算法法外,还有 Fang 算法、SI 算法、SX 算法、Friedlander 算法、DAC 算法等。

Fang 算法和 Chan 算法类似,都具有解析表达式解。Fang 算法利用三个地面基站对目标进行二维定位,该算法不需要已知 TDOA 测量误差的先验信息、算法简单明确,能得到基于 TDOA 测量数据的最优解,但是该算法不能利用冗余的 TDOA 信息提高定位精度,因此如果 TDOA 测量误差过大,会严重影响 Fang 算法的定位性能。

SI 算法和 SX 算法都是首先假设已知目标到第一个接收站的距离 R_1,利用最小二乘法求解出目标的位置。SI 算法是通过加权最小二乘法计算出目标的位置,而 SX 算法是利用 R_1 与其坐标 (X, Y) 间的关系建立二次方程,从而解出最终的目标位置。对 SI 及 SX 算法进行分析比较可以得出,SI 算法的抗噪声性能要比 SX 算法好很多,但 SI 算法最大的缺陷是当未知量的个数与基于 TDOA 测量值方程数相等时,该算法可能无解。此外,SI 及 SX 两种算法都是假设 (X, Y) 与目标到第一个接收站距离的数学表达式相互独立,忽略了它们之间存在的关系,因此求得的位置解不是最优的。

Friedlander 算法主要是通过对矩阵的奇异值分解消除未知参数 R_1,再利用最小二乘法或加权最小二乘法求出目标的估计位置,这种方法可以有效降低算法的计算复杂度。但是,该算法未考虑变量彼此之间存在的相互关系,因此不能得到最优解。

DAC 算法不仅要求每组的 TDOA 测量值的长度等于未知参数的数目,而且各组 TDOA 的测量值互不相关,这可以有效降低算法的计算复杂度。该算法的主要缺陷:TDOA 测量误差必须较小,而且服从零均值的高斯分布,这在实际应用中是不现实的;该算法需要通过 TDOA 误差确定加权矩阵。

5.2.3 多点定位优化算法

5.2.3.1 混合定位算法

通过前面两个小节的推导可知,泰勒级数展开法是一种基于泰勒级数展开公式的加权最小二乘估计迭代算法。其主要思想:首先,在待定位目标位置的初始估计点利用泰勒级数展开,并忽略高阶项,将非线性方程变为线性方程,采用最小二乘法对偏移量进行估计;然后,利用估计的偏移量修正估计的目标位置,并不断迭代,最终使得估计的目标位置逐渐逼近真实位置,从而得到对目标位置的最优估计。该算法关键的地方就是需要提供一个目标的初始估计位置,但如果初始估计位置与目标的真实位置偏差过大,算法就会不收敛[16]。总的来看,泰勒级数展开算法由于具有精度高和健壮性强等特点,在求解非线性定位方程组当中应用广泛。而 Chan 算法是一种具有解析表达式的非递归方程组解法,在 TDOA 测量误差满足零均值高斯分布的情况下能提供次最优解,但随着 TDOA 测量值误差的增大,其定位性能显著下降。同时 Chan 算法是一种基于二重 WLS 算法的求解过程,在实际使用代码实现时计算量较大[17]。

综上分析,可以提出一种将泰勒级数展开法和 Chan 算法协同起来的混合定位算法,该算法首先通过 Chan 算法得到一个相对准确的初始估计值,如式(5.19)所示;然后把它作为初值代入泰勒级数展开算法,即将泰勒中的初始位置值 $P_0[x_0, y_0, z_0]^T$ 换为式(5.19)计算得到的 $\hat{X}$,进而求解得到目标位置坐标估计。这种协同混合定位的算法,可以达到比 Chan 算法更精确的定位效果,又解决了泰勒级数展开法因为需要较准确的初始估计值而不能收敛的问题,同时对求解运算量的降低也大有帮助。泰勒 – Chan 算法协同混合定位流程如图5.15所示[23]。

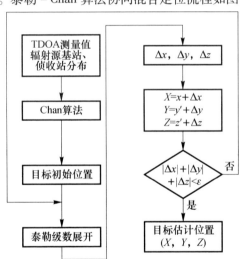

图 5.15　泰勒 – Chan 算法协同混合定位流程

5.2.3.2　正则化优化算法

正则化是在数学理论中解决不适定问题的一种方法。适定问题的解是存在的、唯一的并且连续依赖初始值条件。不适定问题的解不满足以上三个条件或者其中的某些条件。利用正则化解决不适定问题的原理：如果原问题是一个不适定问题，那么求原不适定问题的解时可利用一组与原问题相近的适定问题的解去逼近原问题的解。正则化最初由 Tikhonov 提出，用于许多工程和自然科学应用中解决求逆问题，它的主要思想是根据最终解的样式和平滑度整理出先验信息，这个先验信息是半范数形式的。通常来说，Tikhonov 正则化不仅仅有最小二乘法的作用，即将残差平方最小化，并且也将残差平方和最终平方的权值最小化[24-25]，即

$$\boldsymbol{P}_{sim} = \arg\ \min\left\{\ \|\boldsymbol{AP} - \boldsymbol{R}_m\|^2 + \lambda^2\ \|\boldsymbol{LP}\|^2\right\} \tag{5.33}$$

式中：$\boldsymbol{P}$ 为最终解，即定位目标的实际位置；$\boldsymbol{A}$ 为系数矩阵；λ 为正则参数，它控制着正则式 $\|\boldsymbol{LP}\|$ 的最小化程度，正则式 $\|\boldsymbol{LP}\|$ 也是一种离散平滑范数；$\boldsymbol{L}\epsilon P^{m \times n}$ 为正则矩阵；$\boldsymbol{R}_m$ 为距离差的测量值，即无线电波速度和 TDOA 测量值的乘积。

求解式(5.33)时，假设为高斯噪声并且为无偏估计，则式(5.33)的似然方程为

$$\Lambda(p) = \frac{1}{(2\pi)^{\frac{M-1}{2}}\det(Q)^{\frac{1}{2}}}\exp\left(-\frac{1}{2}\left\{(\boldsymbol{R}_m - \boldsymbol{R}_d)^{\mathrm{T}}\right\}\right.$$
$$\left.\boldsymbol{Q}^{-1}(\boldsymbol{R}_m - \boldsymbol{R}_d)^{\mathrm{T}} + \lambda^2(\boldsymbol{LP})^{\mathrm{T}}(\boldsymbol{LP})\right\}\right) \tag{5.34}$$

式中：$\boldsymbol{Q}$ 为测量噪声的协方差矩阵，Rd 为真实距离差，$\boldsymbol{R}_d = [\ R_2 - R_1 \cdots R_M - R_1\ ]^{\mathrm{T}}$，其中，$R_1 \cdots R_M$ 为定位目标与第 $1\cdots M$ 个基站的距离。

要想求解式(5.33)，即要将正则化似然函数式(5.34)最大化，也就是将见式最小化：

$$f(\boldsymbol{P}) = (\boldsymbol{R}_m - R_d)^{\mathrm{T}}\boldsymbol{Q}^{-1}(\boldsymbol{R}_m - R_d) + \lambda^2(\boldsymbol{LP})^{\mathrm{T}}(\boldsymbol{LP}) \tag{5.35}$$

由于 $\boldsymbol{R}_d$ 是一个与 P 有关的非线性方程，式(5.35)是一个非线性方程。因此要先将 $\boldsymbol{R}_d$ 线性化，用泰勒方法展开，先设定一个位置初始值 P_0：

$$\boldsymbol{R}_d(\boldsymbol{P}) = \boldsymbol{R}_d(\boldsymbol{P}_0) + \boldsymbol{G}(\boldsymbol{P} - \boldsymbol{P}_0) \tag{5.36}$$

式中：$\boldsymbol{G}$ 为雅可比矩阵，且有

$$\boldsymbol{G} = \begin{bmatrix} \dfrac{x_0 - x_2}{R_2} - \dfrac{x_0 - x_1}{R_1} & \dfrac{y_0 - y_2}{R_2} - \dfrac{y_0 - y_1}{R_1} & \dfrac{z_0 - z_2}{R_2} - \dfrac{z_0 - z_1}{R_1} \\ \dfrac{x_0 - x_M}{R_M} - \dfrac{x_0 - x_1}{R_1} & \dfrac{y_0 - y_M}{R_M} - \dfrac{y_0 - y_1}{R_1} & \dfrac{z_0 - z_M}{R_M} - \dfrac{z_0 - z_1}{R_1} \end{bmatrix}$$

假设 $\boldsymbol{R}_\Delta = \boldsymbol{R}_m - \boldsymbol{R}_d(\boldsymbol{P}_0)$，$\Delta\boldsymbol{P} = \boldsymbol{P} - \boldsymbol{P}_0$，将式(5.36)代入式(5.35)中，则有

$$f(\Delta\boldsymbol{P}) = (\boldsymbol{R}_\Delta - \boldsymbol{G}\Delta\boldsymbol{P})^{\mathrm{T}}\boldsymbol{Q}^{-1}(\boldsymbol{R}_\Delta - \boldsymbol{G}\Delta\boldsymbol{P})^{\mathrm{T}} + \lambda^2(\boldsymbol{L}\Delta\boldsymbol{P})^{\mathrm{T}}(\boldsymbol{L}\Delta\boldsymbol{P}) \tag{5.37}$$

式(5.37)是式(5.35)的衍生方程式,最小化式(5.35)即为求解 ΔP 使得式(5.37)最小化令

$$\frac{\partial f(\Delta P)}{\partial \Delta P}\bigg|_{\Delta P = \Delta P_{sim}} = -G^{T}Q^{-1}\Delta P_{sim} + G^{T}Q^{-1}\Delta P_{sim} + \lambda^{2}L^{T}L\Delta P_{sim} = 0 \quad (5.38)$$

则

$$\Delta P_{sim} = (G^{T}Q^{-1} + \lambda^{2}L^{T}L)^{-1}G^{T}Q^{-1}R_{\Delta} \quad (5.39)$$

假设算法计算 K 次,每次计算得出的 ΔP_{sim_k} 用于下一次计算时初值的优化,最终得到的目标位置估计值为

$$P_{sim} = \Delta P_{sim_K} + P_{0_K} \quad (5.40)$$

在式 $\Delta P_{sim_k} = (G^{T}Q^{-1}G + \lambda_k^{2}L_k^{T}L_k)^{-1}G^{T}Q^{-1}R_{\Delta}$ 中 λ_K、L_K 分别为正则参数和正则矩阵,本节取 $L_K = L = I_{3\times3}$ 为一个单位矩阵,λ_K 的取值与 G_k 有关,假设 σ_1^k、σ_2^k、σ_3^k 是 G_k 的三个特征值,并且 $\sigma_1 > \sigma_2 > \sigma_3$,则 λ_k 的取值为

$$\lambda_k = \sigma_3^k + w(\sigma_2^k - \sigma_3^k) \quad (5.41)$$

式中:w 为权值(可调整),一般而言 $w = 0.3$。

5.2.4   算法评价指标

在多点定位系统中,评估 TDOA 时差定位算法性能的指标[23],主要包括几何精度因子(GDOP)、均方差(MSE)和均方根误差(RMSE)。

5.2.4.1   几何精度因子

对于二维双曲线定位,几何精度因子(图 5.16)GDOP $= \sqrt{\sigma_x^2 + \sigma_y^2}/\sigma_s$;对于三维双曲面定位,GDOP $= \sqrt{\sigma_x^2 + \sigma_y^2 + \sigma_z^2}/\sigma_s$,其中 σ_s 为测量距离的均方误差,σ_x^2、σ_y^2、σ_z^2 分别为目标位置坐标估计在 x、y、z 轴上误差的均方值。

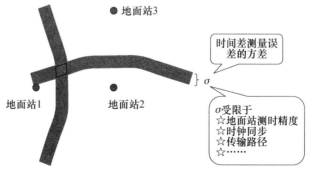

图 5.16   几何精度因子

5.2.4.2　均方差和均方根误差

在二维定位估计中计算位置估计均方差的方法为

$$\text{MSE} = E\big[\,(x - x')^2 + (y - y')^2\,\big] \tag{5.42}$$

式中：(x,y) 为待定位目标的真实位置坐标；(x',y') 为求得的估计坐标。均方差反映了测量估计误差分布的稳定度。

均方根误差为

$$\text{RMSE} = \sqrt{E\big[\,(x - x')^2 + (y - y')^2\,\big]} \tag{5.43}$$

在三维定位估计中，对于均方差、均方根误差，有下式成立：

$$\text{MSE} = E\big[\,(x - \hat{x})^2 + (y - \hat{y})^2 + (z - \hat{z})^2\,\big] \tag{5.44}$$

$$\text{RMSE} = \sqrt{E\big[\,(x - \hat{x})^2 + (y - \hat{y})^2 + (z - \hat{z})^2\,\big]} \tag{5.45}$$

式中：(x,y,z) 为目标实际位置坐标；$(\hat{x},\hat{y},\hat{z})$ 为估计位置坐标。

▧ 5.3　定位精度分析

多点定位系统的定位误差主要包括测量误差和基站选择误差，下面对这两种误差进行分析。

5.3.1　测量误差分析

对式(5.13)中的 $R_{i,1} = R_i - R_1$ 两边求微分，可得

$$\mathrm{d}\Delta R_{i,1} = \left(\frac{x - x_1}{R_1} - \frac{x - x_i}{R_i}\right)\mathrm{d}x + \left(\frac{y - y_1}{R_1} - \frac{y - y_i}{R_i}\right)\mathrm{d}y +$$

$$\left(\frac{z - z_1}{R_0} - \frac{z - z_i}{R_i}\right)\mathrm{d}z\,(i = 1,2,3,4) \tag{5.46}$$

把式(5.46)写成矩阵形式：

$$\boldsymbol{F} = \boldsymbol{H} \cdot \boldsymbol{X} \tag{5.47}$$

式中

$$\boldsymbol{H} = \begin{bmatrix} \dfrac{x - x_1}{R_1} - \dfrac{x - x_2}{R_2} & \dfrac{y - y_1}{R_1} - \dfrac{y - y_2}{R_2} & \dfrac{z - z_1}{R_1} - \dfrac{z - z_2}{R_2} \\[4mm] \dfrac{x - x_1}{R_1} - \dfrac{x - x_3}{R_3} & \dfrac{y - y_1}{R_1} - \dfrac{y - y_3}{R_3} & \dfrac{z - z_1}{R_1} - \dfrac{z - z_3}{R_3} \\[4mm] \dfrac{x - x_1}{R_1} - \dfrac{x - x_4}{R_4} & \dfrac{y - y_1}{R_1} - \dfrac{y - y_4}{R_4} & \dfrac{z - z_1}{R_1} - \dfrac{z - z_4}{R_4} \end{bmatrix}$$

$$\boldsymbol{X} = \begin{bmatrix} \mathrm{d}x \\ \mathrm{d}y \\ \mathrm{d}z \end{bmatrix}$$

$$\boldsymbol{F} = \begin{bmatrix} \mathrm{d}\Delta R_2 \\ \mathrm{d}\Delta R_3 \\ \mathrm{d}\Delta R_4 \end{bmatrix}$$

用伪逆法求解目标定位误差估计值为

$$\boldsymbol{X} = (\boldsymbol{H}^{\mathrm{T}}\boldsymbol{H})^{-1}\boldsymbol{H}^{\mathrm{T}}\boldsymbol{F} \tag{5.48}$$

令 $(\boldsymbol{H}^{\mathrm{T}}\boldsymbol{H})^{-1}\boldsymbol{H}^{\mathrm{T}} = \boldsymbol{B} = [b_{ij}]_{3 \times n}$，定位误差协方差为

$$\boldsymbol{P}_X = E[\boldsymbol{X}, \boldsymbol{X}^{\mathrm{T}}] = \boldsymbol{B}\{E[\mathrm{d}\Delta\boldsymbol{R}, \mathrm{d}\Delta\boldsymbol{R}^{\mathrm{T}}]\}B^{\mathrm{T}} \tag{5.49}$$

设误差协方差为

$$\boldsymbol{P}_F = E[\mathrm{d}\Delta\boldsymbol{R}, \mathrm{d}\Delta\boldsymbol{R}^{\mathrm{T}}] = \begin{bmatrix} \sigma_{\Delta R_2}^2 & \eta_{23}\sigma_{\Delta R_2}\sigma_{\Delta R_3} & \cdots & \eta_{2n}\sigma_{\Delta R_2}\sigma_{\Delta R_n} \\ \eta_{23}\sigma_{\Delta R_2}\sigma_{\Delta R_3} & \sigma_{\Delta R_3} & \cdots & \eta_{3n}\sigma_{\Delta R_3}\sigma_{\Delta R_n} \\ \vdots & \vdots & & \vdots \\ \eta_{2n}\sigma_{\Delta R_2}\sigma_{\Delta R_n} & \eta_{3n}\sigma_{\Delta R_3}\sigma_{\Delta R_n} & \cdots & \sigma_{\Delta R_n}^2 \end{bmatrix} \tag{5.50}$$

式中：$\sigma_{\Delta R_i}$ 为第 i 站与主站之间距离差测量误差的标准差；η_{ij} 为 ΔR_i 与 ΔR_j 间的相关系数，且有

$$\eta_{ij} = \frac{\mathrm{cov}(\Delta R_i, \Delta R_j)}{\sigma_{\Delta R_i}\sigma_{\Delta R_j}} \tag{5.51}$$

在此，令

$$\boldsymbol{P}_F = [\sigma_{ij}]_{m \times n}, \boldsymbol{P}_X = [m_{lh}]_{3 \times 3}$$

式中

$$\sigma_{ij} = \begin{cases} \sigma_{\Delta R_i}^2 (i = j) \\ \eta_{ij}\sigma_{\Delta R_i}\sigma_{\Delta R_j} (i \neq j) \end{cases}$$

$$m_{lh} = \sum_{i=2}^{n}\sum_{j=2}^{n} b_{li}b_{hj}\sigma_{ij} (l,h = 1,2,3)$$

因此，可得定位误差在 x、y、z 轴方向的方差分别为

$$\sigma_x^2 = m_{11} = \sum_{i=2}^{n}\sum_{j=2}^{n} b_{1i}b_{1j}\sigma_{ij}$$

$$\sigma_y^2 = m_{22} = \sum_{i=2}^{n}\sum_{j=2}^{n} b_{2i}b_{2j}\sigma_{ij} \tag{5.52}$$

$$\sigma_z^2 = m_{33} = \sum_{i=2}^{n}\sum_{j=2}^{n} b_{3i}b_{3j}\sigma_{ij}$$

则 GDOP 为

$$\begin{aligned} \text{GDOP} &= \sqrt{\sigma_x^2 + \sigma_y^2 + \sigma_z^2} \\ &= \sqrt{\sum_{i=2}^{n} \sum_{j=2}^{n} (b_{1i}b_{1j} + b_{2i}b_{2j} + b_{3i}b_{3j})\sigma_{ij}} \end{aligned} \quad (5.53)$$

GDOP 值实际表示移动目标与各站之间的几何位置关系,在时间测量精度一定的情况下,最终定位解的相对偏差可表示为时间测量相对偏差和 GDOP 值之积,因此 GDOP 值越小,定位精度越高。

5.3.2 基站选择误差分析

地面接收站的选择是多点定位系统中非常重要的技术问题。虽然从理论上讲,多点定位技术只需要三个或四个地面接收站就可以确定监视目标的位置,但是在实际应用中考虑到遮蔽、冗余度以及探测成功率等多方面的问题,接收站的数量一般要更多,如英国希斯罗机场使用 15 个接收站,德国法兰克福机场使用了 19 个接收站。但是在机场场面上某些开阔区域,如果能够接收应答信号的接收站较多,那么进行定位求解所需的计算量也会较大,而且存在大量的信息冗余。

多点定位系统的定位精度与基站的几何精度因子密切相关。一般来说,增加新的地面基站会减小几何精度因子,从而提高定位精度。

地面基站的几何分布及基站间的距离误差都会影响多点定位系统的定位精度。距离误差通常视为均值为零的独立高斯随机变量,其方差由距离误差每一部分的方差总和决定。关于几何精度因子有下面等式成立[26]:

$$\sqrt{\sigma_x^2 + \sigma_y^2} = \text{GDOP} \times \sigma_r \quad (5.54)$$

式中:σ_x、σ_y 为 x、y 坐标的方差;σ_r 为测量距离的均方误差。

由于 Dong – Ho Shin[27] 等人证明了 $\text{GDOP}_{\text{TDOA}} = \text{GDOP}_{\text{TOA}}$,则可以用 GDOP_{TOA} 代替 $\text{GDOP}_{\text{TDOA}}$。根据几何精度因子 GDOP 的定义[28],有

$$\text{GDOP} = \sqrt{\text{trace}\left\{\left[(\boldsymbol{H}^{\text{T}}\boldsymbol{H})^{-1}\right]_{2\times 2}\right\}}$$

式中:$[\ \cdot\ ]_{2\times 2}$ 为上三角子矩阵,且

$$\boldsymbol{H} = \begin{pmatrix} h_{11} & h_{12} & 1 \\ h_{21} & h_{22} & 1 \\ \vdots & \vdots & \vdots \\ h_{N1} & h_{N2} & 1 \end{pmatrix}, h_{i1} = \frac{x_a - x_i}{r_i}, h_{i2} = \frac{y_a - y_i}{r_i}, r_i = \sqrt{(x_a - x_i)^2 + (y_a - y_i)^2}$$

目前关于几何精度因子的研究,国内外已经有了很多相关的分析和仿真,研究表明由基站构成的多边形,其内部 GDOP 远低于外部 GDOP。因此,多点定位系统的有效区域被设计在多边形内部。

如图 5.16 所设计的多边形,则第 i 个基站的坐标为

$$s_i = \begin{pmatrix} r_i \cos\left(\sum_{k=1}^{i} \theta_k \right) \\ r_i \sin\left(\sum_{k=1}^{i} \theta_k \right) \end{pmatrix}$$

式中:r_i 为第 i 个地面基站到航空器的距离;θ_i 为第 i 个基站与 $i-1$ 基站的夹角。

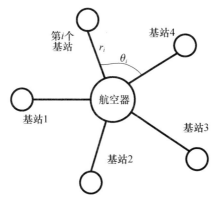

图 5.16　基站分布

那么,有下式成立:

$$H = \begin{pmatrix} \cos\theta_1 & \sin\theta_1 & 1 \\ \cos\left(\sum_{k=1}^{2} \theta_k \right) & \sin\left(\sum_{k=1}^{2} \theta_k \right) & 1 \\ \vdots & \vdots & \vdots \\ \cos\left(\sum_{k=1}^{N} \theta_k \right) & \sin\left(\sum_{k=1}^{N} \theta_k \right) & 1 \end{pmatrix} \tag{5.55}$$

$$G = H^{\mathrm{T}}H = \begin{bmatrix} \sum_{i=1}^{N} \cos^2\left(\sum_{k=1}^{i} \theta_i \right) & \sum_{i=1}^{N} \sin\left(\sum_{k=1}^{i} \theta_i \right)\cos\left(\sum_{k=1}^{i} \theta_i \right) & \sum_{i=1}^{N} \cos\left(\sum_{k=1}^{i} \theta_i \right) \\ \sum_{i=1}^{N} \sin\left(\sum_{k=1}^{i} \theta_i \right)\cos\left(\sum_{k=1}^{i} \theta_i \right) & \sum_{i=1}^{N} \sin^2\left(\sum_{k=1}^{i} \theta_i \right) & \sum_{i=1}^{N} \sin\left(\sum_{k=1}^{i} \theta_i \right) \\ \sum_{i=1}^{N} \cos\left(\sum_{k=1}^{i} \theta_i \right) & \sum_{i=1}^{N} \sin\left(\sum_{k=1}^{i} \theta_i \right) & N \end{bmatrix}$$

分析可知

$$\text{GDOP}_N^2 = \text{trace}\left\{\left[\boldsymbol{G}^{-1}\right]_{2\times 2}\right\} \geqslant \frac{1}{g_{11}} + \frac{1}{g_{22}}$$

又 $g_{11} + g_{22} = N$，可得 $\min\left\{\text{GDOP}_N^2\right\} = \dfrac{4}{N}$（当各个基站间的夹角 θ_i 相等时，GDOP 值最小）。

当 g_{11}、g_{22} 近似为 N 或 0 时（θ_i 近似 π 或 0），GDOP 最差。此时 $\boldsymbol{G}$ 可能为奇异矩阵，等式是不稳定的，因此在布站时应当避免发生这种情况。在 TOA 数量一定的情况下，多边形内部的 GDOP 值变化从零到无穷不等。也就是说，当基站分布均匀时，GDOP 值会很小。

根据上面的分析，如果基站分布不均，那么多边形内部的 GDOP 会较差。下面针对增加一个基站对 GDOP 值的影响进行了分析。

假设增加一个新的基站，则会有下式成立：

$$\boldsymbol{H}_{N+1} = \begin{bmatrix} H_N \\ h_{N+1} \end{bmatrix}$$

式中

$$\boldsymbol{h}_{N+1} = \begin{bmatrix} h_{(N+1)_1} & h_{(N+1)_2} & 1 \end{bmatrix} \tag{5.56}$$

由式（5.56）可得

$$\boldsymbol{H}_{N+1}^{\text{T}}\boldsymbol{H}_{N+1} = \begin{bmatrix} \boldsymbol{H}_N^{\text{T}} & \boldsymbol{h}_{N+1}^{\text{T}} \end{bmatrix} \begin{bmatrix} \boldsymbol{H}_N \\ \boldsymbol{h}_{N+1} \end{bmatrix} = \boldsymbol{H}_N^{\text{T}}\boldsymbol{H}_N + \boldsymbol{h}_{N+1}^{\text{T}}\boldsymbol{h}_{N+1} \tag{5.57}$$

$$(\boldsymbol{H}_{N+1}^{\text{T}}\boldsymbol{H}_{N+1})^{-1} = (\boldsymbol{H}_N^{\text{T}}\boldsymbol{H}_N)^{-1} - \alpha\left[\boldsymbol{h}_{N+1}(\boldsymbol{H}_N^{\text{T}}\boldsymbol{H}_N)^{-1}\right]^{\text{T}}\left[\boldsymbol{h}_{N+1}(\boldsymbol{H}_N^{\text{T}}\boldsymbol{H}_N)^{-1}\right] \tag{5.58}$$

因此

$$\boldsymbol{\alpha} = \left[1 + \boldsymbol{h}_{N+1}(\boldsymbol{H}_N^{\text{T}}\boldsymbol{H}_N)^{-1}\boldsymbol{h}_{N+1}^{\text{T}}\right]^{-1} \tag{5.59}$$

令 $\boldsymbol{\varPhi} = \left[\boldsymbol{h}_{N+1}(\boldsymbol{H}_N^{\text{T}}\boldsymbol{H}_N)^{-1}\right]^{\text{T}}$，则有

$$\text{GDOP}_{N+1}^2 = \text{trace}\left\{\left[(\boldsymbol{H}_{N+1}^{\text{T}}\boldsymbol{H}_{N+1})^{-1}\right]_{2\times 2}\right\}$$

$$= \text{trace}\left\{\left[(\boldsymbol{H}_N^{\text{T}}\boldsymbol{H}_N)^{-1}\right]_{2\times 2}\right\} - \text{trace}\left\{\left[\alpha\boldsymbol{\varPhi}\boldsymbol{\varPhi}^{\text{T}}\right]_{2\times 2}\right\}$$

$$\text{GDOP}_N^2 = \text{trace}\left\{\left[(\boldsymbol{H}_N^{\text{T}}\boldsymbol{H}_N)^{-1}\right]_{2\times 2}\right\}$$

$$\text{GDOP}_{N+1}^2 < \text{GDOP}_N^2$$

从上式可以看出，地面基站越多，GDOP 越小。且

$$\Delta p_{N+1} = \text{GDOP}_N^2 - \text{GDOP}_{N+1}^2 = \text{trace}\left\{\left[\alpha\boldsymbol{\varPhi}\boldsymbol{\varPhi}^{\text{T}}\right]_{2\times 2}\right\}$$

参考文献

[1] Lee H B. Accuracy Limitations of Hyperbolic MultilaterationSystems[J]. IEEE Transactions on Aerospace &Electronic Systems,1975,AES - 11(1):16 - 29.

[2] Evers C A. Method and apparatus for improving the surveillance coverage and target identification in a radar based surveillance system：US, US 5999116 A[P]. 1999.

[3] Galati G,Leonardi M,Magaro P,et al. Wide area surveillance using SSR mode S multilateration：advantages and limitations[C]//Radar Conference, 2005. EURAD 2005. European. IEEE,2005:225 - 229.

[4] 吴宏刚,刘昌忠,黄忠涛. 机场场面多点定位系统远端站优选方法[J]. 电讯技术,2009.

[5] 白敏. 基于 TDOA 的陆基多点定位系统设计与定位算法研究[D]. 重庆:重庆大学, 2010.

[6] 宫峰勋,雷艳萍,许跃. 机场场面多点定位系统定位精度研究[J]. 计算机工程,2011,37(15):276 - 278.

[7] 王洪,刘昌忠,汪学刚,等. 一种多点定位的目标位置精确解算方法[J]. 航空学报, 2011,32(7):1269 - 1274.

[8] 陈庆国. 多点定位系统的定位算法比较研究[D]. 广汉:中国民用航空飞行学院,2012.

[9] 李恒,徐自励,金立杰. 数据关联方法在多点定位系统中的应用[J]. 中国测试,2012,38(3):69 - 71.

[10] Siergiejczyk M,Krzykowska K,Rosiński A. Reliability Assessment of Cooperation and Replacement of Surveillance Systems in Air Traffic[M]. Switzerland：Springer International Publishing,2014.

[11] 孔金凤,丁德俊,程擎. 浦东机场场面多点定位系统布站方案研究[J]. 计算机仿真, 2015,32(3):63 - 67.

[12] 陈涛. 多点定位系统(MLAT)在昆明长水双跑道机场运用方案初探[J]. 工程技术, 2016(6)129,130.

[13] 陈京华. 机场场面多点定位系统的研究与应用[D]. 上海:上海交通大学,2014.

[14] ICAO. Multilateration(MLAT)Concept of Use[M]. 2007.

[15] 王韬. 浅析多点定位(MLAT)场面监视系统[J]. 科技创新与生产力,2014(2):71 - 73.

[16] 郝晓爽. 机场 MLAT 系统监视性能评估[D]. 天津:中国民航大学,2015.

[17] 高度保持性能监控背景介绍[EB/OL]. http://www. chinarma. cn/heightLevelCtrl/index. jhtml.

[18] 廖海军. 多站无源定位精度分析及相关技术研究[D]. 成都:电子科技大学,2008.

[19] 田梅. MLAT 系统及定位算法优化仿真研究[D]. 天津:中国民航大学,2014.

[20] 周建红. 基于 MDS 系统的定位算法与同步技术研究[D]. 成都:电子科技大学,2012.

[21] Lee H K,Kim H S,Shim J Y,et al. Analytic equivalence of iterated TOA and TDOA techniques under structured measurement characteristics[J]. Multidimensional Systems and Signal Processing,2011,22(4):361 - 377.

[22] 徐自励,刘昌忠,何东林,等. 利用目标气压高度的多点定位算法[J]. 通信技术,2011, 44(1):55-57.

[23] 白敏. 基于 TDOA 的陆基多点定位系统设计与定位算法研究[D]. 重庆:重庆大学,2010.

[24] Mantilla - Gaviria I A,Leonardi M,Galati G,et al. Time - difference - of - arri val regularised location estimator for multilateration systems[J]. Iet Radar Sonar Navigation,2013,8 (5):479-489.

[25] Ho K C,Xu W. An Accurate Algebraic Solution for Moving Source Location Using TDOA and FDOA Measurements[J]. IEEE Transactions on Signal Processing,2004,52(9):2453-2463.

[26] Bard J D,Ham F M. Time difference of arrival dilution of precision and applications[J]. IEEE Transactions on Signal Processing,1999,47(2):521-523.

[27] Shin D H,Sung T K. Comparisons of error characteristics between TOA and TDOA positioning [J]. Aerospace &Electronic Systems IEEE Transactions on,2009,38(1):307-311.

[28] Yarlagadda R,Ali I,Al - Dhahir N,et al. GPS GDOP metric[J]. Radar, Sonar and Navigation,IEE Proceedings,2000,147(5):259-264.

第 **6** 章
高级场面监视系统

随着航空运输量的增加,大型机场愈加繁忙。截止到 2015 年,北京首都机场、上海浦东机场、广州白云机场的飞机年起降架次分别达到 590199 架次、449171 架次和 409679 架次,均已经远远超过 ICAO 规定的每年起降 160000 架次的高密度交通流量标准。截止到 2016 年底,全国所有通航机场中,年旅客吞吐量在 1000 万人次以上的达到 28 个。随着民航运输业的快速发展,机场交通流量持续增长,在保障安全的前提下,如何提高机场场面运行效率是民航业面临的重要问题之一。

机场场面移动目标监视技术是保障机场内航空器和车辆安全运行和高效运行的基础技术。大型、繁忙机场,地面运行环境复杂,飞机起降密度高,又要在全天候的天气条件下保持机场的正常运行,机场运行过程中不可避免地会存在飞机与飞机、飞机与车辆之间的冲突。可能出现的地面交通的拥挤混乱将导致安全保障水平和机场运行效率下降。此外,由于天气、目视条件等因素在机场运行过程中变化频繁,在低能见度和视线被遮挡的情况下,塔台和机坪的管制指挥工作仅依靠目视进行指挥和管理将变得十分困难。

1974 年,ICAO 首次提出了较为全面的场面引导和控制系统(SMGCS)的概念和运行需求。它主要依靠场面监视雷达为管制员提供机场活动区域飞机、车辆等移动目标的监视信息,飞行员和车辆驾驶员通过目视监视以及与管制员的话音通信等方法管制飞机和车辆按照规定的路径运行。但该系统并非每次都能为航空器运行提供支持。尤其是在低能见度条件下,很难保障机场运行所需的容量和安全性。因此,急切需要一种可以根据特定的天气条件、交通密度和机场布局等提供足够的运行容量与安全性的系统来满足日益繁忙的机场安全高效运行的需求。随着计算机、网络技术和监视设备技术的发展,能够整合处理各类空管和机场飞行数据,向管制员、飞行员提供监视、告警、管制、路径选择和引导等功能的全新概念的先进的场面引导和控制系统应运而生,也称为高级场面移动引导和控制系统。本章将对其发展及应用、功能组成、分级进行介绍。

◪ 6.1　A‐SMGCS 发展及应用

6.1.1　A‐SMGCS 发展历程

SMGCS 于 1974 年由 ICAO 在第八次空中导航会议上首次提出。该会议上定义了 SMGCS 的概念和运行需求。1979 年,ICAO 在发布了 148 号通告场面活动引导与控制系统(ICAO Circular 148 "SMGCS"),涵盖了设计与运行指南。1986 年,ICAO 正式发布了 ICAO Doc‐9476 号文件,即《场面引导和控制系统手册(SMGCS Manual)》,详细说明了 SMGCS 的功能和性能需求。

一开始,SMGCS 建立在管制员、飞行员、车辆驾驶员通过目视"看见与被看见的"原则进行导航,即所有的管制活动都是在管制人员的目视观察下,对活动区内的场面活动目标下达各种指令,飞机驾驶员根据管制指令并参照目视助航设备滑行,而各种服务车辆则是以避让飞机为原则,按照规定的路线行驶。在此原则下,各种交通工具之间的相对位置及距离均由目视估计得到,准确性不能得到保证。且随着机场布局的复杂化、交通密度的增加,安全性也不能得到保证。

随着弊端的显露以及科技的发展,SMGCS 发展到基于场面监视雷达进行导航。场面监视雷达是一种用于监视机场场面上的航空器与车辆的特殊一次雷达,可以通过显示器使得管制员能够掌握目标在场面上的位置。在一定程度上,场面监视雷达还具有目标识别、冲突探测和告警功能。但这些系统只是通过在车辆上安装基于雷达或 GPS 的模块,用于向场面监控中心发送目标的位置信息,造成只能在监控中心实现一定的监视功能,而各个移动车辆之间不能看到相对位置信息的窘况。随着航空业的发展、飞行量的不断增长,机场的结构和运行环境也变得日益复杂,在此情况下 ICAO Doc‐9476 号文件中所描述的 SMGCS 已经不能适应在全天候条件下保障机场的运行效率和安全水平的要求,SMGCS 存在的问题归纳如下[1]:

(1)现有的 SMGCS 主要采用一次雷达对跑道、滑行道和机坪等场面活动进行监视。而一次雷达是通过对移动对象的雷达回波分析计算来探测对象的具体位置,受地形、杂波、天气等外界因素影响较大,在坏天气的情况下可能会受到干扰,而且不可避免地存在监视盲区,如被候机楼、廊桥等遮挡的区域,使得现有系统在低能见度或场面复杂情况下易发生停航、延误以及事故等。

(2)随着低能见度条件下运行的需求日益增加,如果机场管制员仅通过使用纸质航图导航,通过目视来监视和引导整个机场场面中飞机的运行,不同程度上降低了机场容量,极易造成延误。

基于上述弊端,自 20 世纪 90 年代以来,ICAO Doc‐9476 号文件中所描述的 SMGCS 已经不能适应在全天候条件下保持机场的运行效率和安全水平的要求。2004 年,国际民航组织发布了 ICAO Doc – 9830 号文件《先进的场面引导和控制系统手册》(A – SMGCS Manual),对 A – SMGCS 的概念、运行、性能要求及实施注意事项等进行了详细阐述。该系统不仅仅局限于在低能见度条件下保障机场的安全运行,而是在任何机场运行条件下对场面飞行区的交通状况进行监控。作为一种能够在确保安全的同时增加机场的容量,提高机场运行效率的先进系统,A – SMGCS 已成为现代大型机场安全、高效运行中必不可少的系统[2,3]。A – SMGCS 框架如图 6.1 所示。

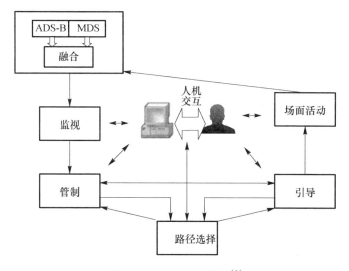

图 6.1　A – SMGCS 框架[3]

世界各地的相关组织、机场、空管、航空公司、科研院所等对 A – SMGCS 开展了大量的研究工作:

1999 年,A. Nelson 等人[4]对于 EUROCONTROL 开发的 A – SMGCS 地面辅助工具高等级成本效益分析(CBA)做了总结,包括研究范围和方法,以及在不同情境下实施的 CBA 结果。根据研究结果,采取了一系列的行动,为欧洲 A – SMGCS 的实施计划和政策做出了一定贡献。

2003 年,A. Farina 等人[5]介绍了一种使用机场地图数据,基于变结构交互式多模型(VS – IMM),应用场面监视雷达(SMR)数据的新型跟踪方法,与经典跟踪算法相比在效率管理、准确性方面有所提升。

2005 年,J. García 等人[6]在马德里巴拉哈斯机场通过自动道面检测系统(ASDE)、毫米波传感器(MWS)、机场监视雷达(ASR)、S 模式多点定位等传感器获取数据,在数据融合的实施层面上,实现了一个 A – SMGCS 的原型系统,可以进行场面监视、冲突检测。在考虑了机场构型的情况下,模拟结果显示了系统的准确度和鲁棒性。

2010 年,汤新民等人[7]首次提出了离散事件动态系统建模和规划方法,探讨了场面状况动态变化,定义了场面活动控制规范,研究了以滑行时间最短为目标的路径优化问题,将静态预选路径作可行解对滑行路径进行了动态优化。实例结果表明,此方法可以避免滑行冲突发生,减少航空器等待时间,并提高场面交通容量。

2011 年,朱新平等人[8]采用 Petri 网对滑行道运行过程进行建模,并重点研究对头冲突预测和避免控制问题,提出了适合于实时控制的对头冲突预测与解脱控制策略和算法。此方法弥补了目前所采用的开环控制模式的不足,提出了可控滑行路段概念,有效地降低了对应算法的复杂度,对实时性要求很高的场面运行控制可以起到重要的作用。

2012 年,宫淑丽等人[9]根据机场地形信息和运动目标的运动模型,研究了将 VS – IMM 算法应用于机场场面监视雷达的目标跟踪,并将其与固定结构交互式多模型(FS – IMM)进行了仿真比较。结果表明,VS – IMM 算法在跟踪精度及模型选择方面均优于 FS – IMM 算法,可以更加有效改善机场场面监视能力,提高场面安全性。

2013 年,卢宇等人[10]针对 A – SMGCS 下的多传感器航迹关联融合问题,结合机场运行规范及场面监视传感器特性,提出一种联邦卡尔曼架构控制下的稳定快速关联方法。此方法可以构成一种稳定可靠的系统结构,并结合场面监视传感器特性,达到效率与精度的平衡。仿真试验结果表明,该关联方法是有效可行的,且具有较高的精度和处理效率。

2014 年,Y. Tang 等人[11]建立了一个有色的面向滑行道的 Petri 网模型,并提出了一种飞机滑行路径调整的方法,将滑行路线抽象为路径上飞机的访问优先级,提出了飞机无冲突滑行的充分条件和优先级改变策略。

2015 年,Hong S. B. 等人[12]在韩国实施 A – SMGCS IV 级的背景下,为确保系统的安全性,进行了安全评估,包括功能风险性评估、初步系统安全评估和系统安全评估。最终,确定了 A – SMGCS IV 级 29 种风险类型,并作为评估风险严重程度的重要数据。

2016 年,J. Li 等人[13]提出了一种新型跑道入侵检测方法,其中提出了一个多重保护区域,可以降低入侵判断预处理的复杂性;设计了一个飞行状态器,可以从一个飞行状态转换到另外一个。此外,为了验证跑道入侵检测方法,设计了由中国民航第二研究所自主开发的人机界面,可以通过早期检测和报警而显著减少跑道入侵,提高安全性。

A – SMGCS 作为一种新的机场场面运行控制系统,集成了场面监视雷达、进近雷达、多点定位系统、ADS – B 等多种监视信息和各种管理系统信息,综合利用多种传感器技术获取场面目标的精确位置及标识信息,实现场面交通环境在场面及飞机驾驶舱的实时显示;自动进行场面活动冲突探测,并提供解脱策略以及最优运行路径建议;通过控制场面助航灯光系统,引导场面活动对象运行。由于采用计算机自动控制,该系统的实施可以将传统由管制员对飞机/车辆的指挥方式,转变为系统对场面活动目标的自动引导与控制,很大程度上降低了管制员、飞行员和车辆驾驶员对目视观察的依赖,保证了机场场面的运行安全,提高了机场场面运行效率。A–SMGCS 成为目前世界上最先进的机场场面运行控制系统的发展方向。

6.1.2　A–SMGCS 应用现状

欧洲对 A–SMGCS 的研究和开发一直处于世界前列。从20 世纪90 年代开始,EUROCONTROL 先后从运行效益分析、实施技术、模拟测试、实地测试等方面对 A–SMGCS 展开了研究,并向国际民航组织提出了 A–SMGCS 实施建议和规范,制定了相应的实施方案,为 ICAO Doc–9830 文件的发布做出了重要贡献[14]。欧盟委员会先后支持开展了机场活动管理示范设备(DEFAMM,1995—1999)、A–SMGCS 的仿真运行程序测试(ATOP,1999—2000)、A–SMGCS 测试的收益评估(BETA,2000—2004)、欧洲 A–SMGCS 机场活动管理(EMMA I/II,2004—2008)等研究项目。其中,DEFAMM 属于欧洲在 A–SMGCS 方面的早期研究。该项目实现了场面活动监视和冲突控制,支持在路径和引导方法上的研究开发,并在意大利的贝加莫机场,德国的布伦瑞克机场、科隆波恩机场,法国的巴黎奥利机场等进行了展示运行。ATOP 明确了机场实施 A–SMGCS 的益处和可能的运行程序,并开发了驾驶舱仿真器、塔台仿真器、核心 A–SMGCS 仿真器。BETA 通过在机场(布拉格机场、汉堡机场)实际部署 A–SMGCS 原型系统,对实施 A–SMGCS 的效益进行评估,并总结了 A–SMGCS 实施条件下影响场面运行安全、效率和容量的滑行道、跑道和机坪限制因素,配合仿真平台对其可行性和有效性进行验证。EMMA 力图使 A–SMGCS 不断成熟并成为一个综合的空地系统,无缝嵌入到空中交通管理(ATM)系统中。该项目第一阶段实现监视和冲突告警功能,第二阶段实现引导和路径规划,已在欧洲的 Prague Ruzyne、Milano Malpensa、Toulouse Blagnac 三个中小机场进行性能测试,主要协助管制员进行常规的机场交通管理。EMMA 项目在每个测试机场都至少装配了一部非协同传感器(ASR、SMR)与一部协同传感器(MLAT),尤其在 Prague 和 Toulouse 两个机场还装配了基于 ADS–B 技术的协同传感器,所有传感器的融合数据经由管制员工作席位的人机交互界面向管制员发送并显示[15]。此外,欧洲广泛研究了 A–SMGCS 的内容和规范,基于已完成的工作情况,制定了一套实施 A–SMGCS 的方案。方案分为四个阶段完成,前两个阶段重点用来提高安全性,后两个阶段则解决场面移动目标的运行效率问题,监视功能是整个系统的核心功能。其中:第一个阶段至 2005 年底,目标是实现基本的监视功能,提供机场移动目标的位置和确认信息;第二阶段至 2008 年底,目标是实现控制和引导功能;第三阶段至 2011 年,目标是通过类似 ADS – B 技术,使其监视功能达到使飞行员和车辆驾驶员能够共享目标信息的水平;第四阶段至 2015 年,功能与第三阶段相同,是它的进一步完善。

美国从 2000 年左右开始,先后开展了国家空域系统(NAS)、终端区域性能提升项目(TAP)、先进的滑行道引导系统、跑道入侵减少项目(RIRP)、跑道感知和报告系统(RAAS)等多个与 A – SMGCS 相关的研究项目。其中,国家空域系统项目主要关注低能见度运行条件下,管制员和飞行员对场面环境的感知、滑行排队与间隔保持、自动化冲突探测与解脱。在该项目中,先后开发了场面活动报告(SMA)、场面管理系统(SMS)以及机场活动区域安全系统(AMASS)决策工具。TAP 关注通过机舱的装备开发,支持低能见度下的航空器场面滑行,利用驾驶舱内的电子移动地图(EMM)和平视显示器(HUD)引导飞行员控制航空器滑行,最终形成了滑行导航态势感知系统(T – NASA),并利用 B757 飞机在亚特兰大机场测试了该系统。

美国近年来将提升其航空运输整体水平的下一代航空运输系统(NextGen)作为工作的重点,其中与机场相关的是机场集成系统国家计划(NPIAS)及为其提供资金资助的机场改进计划(AIP)。在这些计划中,增强机场运行中飞行员、管制员的环境感知能力,仍然是其强调的重点,采用的技术手段主要是 ADS – B 和广域增强系统(WAAS),在 2013 年实现全国范围的 ADS – B 覆盖,同时依赖于星基导航实现基于性能的导航(PBN),使得机场能在低能见度条件和复杂地形条件下的运行,减少对地基导航的依赖。

提高场面运行效率与安全也是美国联邦航空局(FAA)提出的 NextGen 的重要研究内容之一。美国的研究力图在现有基础上通过低风险的技术升级来提升安全水平,因此在 A – SMGCS 运行概念及其与塔台环境的集成关注较少,而专注于通过开发决策支持工具提高运行战术决策水平,且对大型机场和小型机场的 A – SMGCS 实施都有研究[3]。

国内对 A – SMGCS 的研究还处于起步阶段,各高校及研究机构持续对 A – SMGCS 的系统设计、运行过程、硬件平台等技术进行研究。莱斯公司研发的机场场面监视系统是目前国内比较成熟的一种 A – SMGCS 原型,它集成了场面监视雷达、进近雷达、多点定位系统、ADS – B 等多种监视信息和各种管理系统信息,能够为管制员提供动态的、清晰的场面运动目标态势图和飞行数据列表,当可能发生跑道入侵、滑行道冲突、停机坪占用等非法活动时,系统能够及时发出提示或告警。但是有关跑道入侵和冲突检测仍然是跑道安全监视(RSM)方法的延续,需要在引导、控制和路径功能上作进一步的研究和拓展。中国民航局第二研究所从 2008 年开始组织专门的技术团队,跟踪研究 A - SMGCS 技术,通过几年技术攻关,突破了一批关键技术;2010 年底,中国民航局第二研究所成功研制开发出 SCS - I 型高级场面活动引导与控制样机系统,并在桂林两江机场和成都双流机场进行验证测试,于 2014 年 9 月 28 日顺利通过专家评审,标志着我国空管监视领域又一自主知识产权的关键装备得到民航行业认可。中国民航新一代空中交通管理发展总体框架已经确定,随着卫星导航技术的不断发展,未来的A - SMGCS 将由机载卫星导航设备、数据链、数字化机场电子地图和D - GNSS地面设备等组成,达到 V 级功能标准,对飞机和车辆实现更精确、更安全和更高效率的全天候管理。

6.1.3　A - SMGCS 应用案例

2007 年,Transtech 公司设计和开发的先进的智能机场系统已经成功地在英国伦敦卢顿机场使用,它是目前世界上技术最先进的 A - SMGCS 之一。该系统集成了机场地面和低空警戒监视、助航灯光监控、指定路径、地面滑行引导和自动化控制等功能,采用其独特的全天候工作的分布式毫米波传感器和光学识别传感器,率先实现对飞行区、停机坪和其他关键区域的全面覆盖,进行无盲点的地面警戒监控,从而减少跑道侵入和地面交通事故,例如智能机场系统中的外来物检测系统(FODD)可调用系统内部的雷达与摄像机,在极端天气与低能见度下实现对道面障碍物的实时监测,系统运行实景如图 6.2 所示。同时,智能机场系统还可与机场其他监控系统如进近雷达、场面监视雷达、航班飞行计划、机场数据库管理系统、灯光监控系统、车辆管理系统等进行数据交换和数据融接,通过先进的软件技术,综合显示并监控飞行区和关键区域的各种飞机、车辆、灯光、标记牌等的动态运行状态,为场面管制员和地面指挥中心提供了清晰、准确、可靠的实时监控图像。

法国 Thales 公司研制的 STREAMS 如图 6.3 所示,通过与其他一些系统接口来获取信息实现运行,从而提高场面管理效率。它与二次雷达接口相连接,得到飞机的识别信息,然后对飞机自动挂牌。与飞行管理系统连接,得到机场上车辆和障碍物的位置信息,使管制员能够全面地掌握机场场面的交通状况。STREAMS 与机场的其他系统相连如图 6.4 所示,这些系统包括 Surface Movement Radar、MAGS(MLAT/ADS - B)、Eurocat - T、Eurocat - S、Mosquito、FODetect、Video Gap Filler Sensor。STREAMS 利用软件进行数据融合,使多个系统能够协调运行。它是目前先进的机场监视管理系统,已经有多套投入到机场实际使用中,如法兰克福机场、里昂机场、斯图加特机场、瓦赛机场等。相对于传统的A - SMGCS 系统,STREAMS 除了拥有可对机动区的潜在冲突进行预警的安全网

图 6.2　系统运行场景[16]

络,该系统还通过关联关键信息与集成显示环境,提高了管制员在极端天气条件下的情景意识,并减小了管制负荷。

图 6.3　Thales 公司研制的 A - SMGCS

美国 SAAB 公司研制的 A3000 A - SMGCS 是目前世界上最广泛应用的机场场面安全系统之一。作为一个 Ⅱ 级 A - SMGCS,它的基础功能包括监视、冲突探测、预警和人机交互界面,为管制员提供了跑道、滑行道的重要态势感知。[17]这使得管制员在任何天气情况下,甚至是夜晚可以看见机场的交通情况,并对其

图 6.4　STREAMS 组成

进行管理。此外,冲突检测和告警软件为提高机场安全性提供了跑道侵入预防措施。目前,A3000 系统作为机场场面安全系统,在欧洲(芬兰、爱尔兰、荷兰、瑞典、土耳其)、亚洲(中国、印度)和南美洲(巴西)的多个机场投入使用。图 6.5为印度使用的 A3000 A – SMGCS 运行实景。

图 6.5　印度使用的 A3000 A – SMGCS[18]

国内对于 A – SMGCS 的应用还在起步阶段。国内少数几个国际枢纽机场(首都机场、浦东机场以及广州新白云机场等)已部署了 II 级 A – SMGCS,但地面飞行员和驾驶员仍不能通过该系统直接感知机场场面的运行情况,也不能实现自动相关监视;在建的场面监视雷达,主要用于跑道、滑行道和机场场面移动目标的活动监视及引导。由于场面监视雷达为一次雷达,主要依靠雷达对移动目标雷达回波的分析计算来探测目标的具体位置,因此对地形、障碍物、天气等外界因素有较高的要求。同时,为达到尽可能大的覆盖范围,减小覆盖盲区,需要在适当位置建立多个场面监视雷达,天线位置也需要一定的高度,通常将场面监视雷达安装于机场管制塔台的顶部。即便是这样的布局也不可避免地存在盲区,如被候机楼、廊桥等遮挡的区域。此外,系统需要知道二次雷达和飞行计划的数据,才能获得飞机的标识,而对于场面车辆则无法获得标识。

A – SMGCS 将发展成为低能见度条件下,机场场面高密度、大容量和安全运行的最基本手段,A – SMGCS 是未来 7 ~ 10 年机场面临的主要改革[15]。目前处于建设阶段的北京新机场,将建成包括场面监视雷达(SMR)系统、多点定位监视(MLAT)系统、一/二次监视雷达、ADS – B、航管自动化系统、气象自动观测系统(AWOS)、航班信息显示系统(FIPS)、助航灯光系统、停机位分配系统和泊位引导系统等设施,这些设施是 A – SMGCS 的主要信息源。A – SMGCS 将对这些离散外部信息源系统进行引接、处理、集成,并对融合的目标进行路径规划和滑行引导,在目标滑行过程中,实时反映各目标的动态信息,并对其进行冲突探测和解脱处理。构建 IV 级标准的 A – SMGCS,可以为管制员提供友好、方便的人机操作界面,以实现对机场场面活动监视、控制、路径规划、灯光引导等自动化管理,避免跑道入侵和冲突的发生[19,20]。

6.2　A – SMGCS 功能及组成

国际民航组织在 ICAO Doc – 9830 号文件中提出了 A – SMGCS 系统的监视、控制、路径规划和引导四大基本功能。

A – SMGCS 各种服务之间的关系如图 6.6 所示。

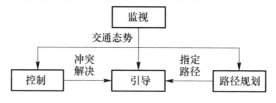

图 6.6　A – SMGCS 各项服务关系

A – SMGCS 的具体功能如图 6.7 所示。

6.2.1　监视功能

场面监视系统主要用来监视场面飞机和各类地勤车辆的运行轨迹,提高场面运行的保障能力和经济效益,是 A – SMGCS 实现其他功能的基础。其基本思想是将各种监视及定位系统所产生的信息经过多传感器信息融合处理,生成实时的场面飞机、车辆及各种运动目标的动态信息,并将这些信息发送给管制员、飞行员及车辆驾驶员等。

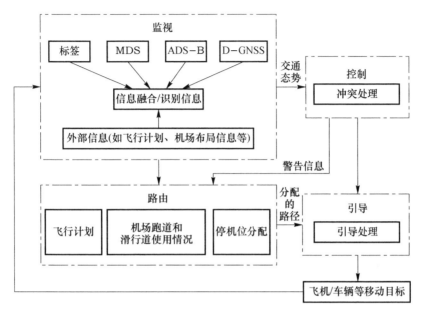

图 6.7　A – SMGCS 功能[20]

A – SMGCS 的监视功能用于向管制员提供机场飞行区域内地面活动目标的情况,以补充或替代目视观察。其服务对象是塔台管制人员和机场现场指挥员。监视功能对于机场飞行区域内的所有目标必须能够及时探测和精确定位,并自动识别所有相关的飞机和车辆。

ICAO Doc – 9830 文件中对 A – SMGCS 的监视功能有以下要求[21]:

（1）为在活动区域内的所有活动目标提供准确位置信息;

（2）为准许的活动提供识别及标记;

（3）在监视功能覆盖区域内管理移动和静止的航空器和车辆;

（4）能够更新满足航空器和车辆路径引导和控制需求所需的时间和位置数据;

（5）运行时不受天气条件和地形等因素的影响。

监视系统的实现技术主要分为协同监视和相关监视。协同监视以多基站测量定位系统(MDS)和场面监视雷达(SMR)为代表,相关监视以 ADS – B 监视为代表。监视设备包括机场的进近雷达(SSR/PSR)、场面监视雷达(SMR),以及多基站测量定位系统(MDS)、移动交换子系统(MSS)等新型监视设备。来自监视设备的目标航迹经航迹数据处理系统的融合处理,系统将航迹与飞行计划数据、停机位信息和机场进近雷达航迹等信息进行相关,实现对进离港飞机的自动识别,并自动识别安装车载设备的车辆,为已识别的目标挂上含有目标信息的标牌,对无法自动识别的目标实行人工识别挂标牌。在监视终端上以清晰的数字视频向管制员提供实时的机场飞行区域的地面交通状况。

6.2.2　控制功能

　　A – SMGCS 的控制功能是在监视功能实现的前提下,防止地面交通冲突、跑道和限制区的侵入,能够确保地面交通安全、迅速、有效地活动。控制功能可以通过一系列既相互独立又相互关联的冲突预测、告警等安全模块,对地面交通状况中的各类冲突、危险及侵入进行探测和告警。

　　A – SMGCS 控制功能包括:

　　(1) 跑道冲突和侵入的探测和告警。

　　(2) 滑行道冲突和侵入的探测和告警。

　　(3) 滑行间隔冲突的探测和告警。

　　(4) 路径选择冲突和偏离的探测和告警。

　　(5) 限制区的侵入探测和告警。

　　(6) 停机坪、停机位和登机桥冲突的探测和告警。

　　ICAO Doc – 9830 文件中对 A – SMGCS 的控制功能有以下要求[21]:

　　(1) 具有足够的容量用于准许的最大活动速率(动态容量)。

　　(2) 具有足够的容量用于机场规划要求的连续 1h 的活动(静态容量)。

　　(3) 检测冲突并提供解决方案。

　　(4) 能够为预定值(如速度、相对方向、航空器尺寸、尾流影响、人与系统响应时间、制动性能)提供纵向间隔。

　　(5) 为跑道入侵提供警示并启动保护装置(如停止牌、警报器等)。

　　(6) 为滑行道入侵提供警示并启动保护装置(如停止牌、警报器等)。

　　(7) 为无线电导航助航设备的关键和敏感区域入侵提供告警。

　　(8) 为紧急区域入侵提供告警。

　　(9) 能够与计算机辅助管理工具相结合。

　　(10) 保持管制员、飞行员和车辆驾驶员处于决策环中。

　　(11) 考虑到活动的类型,将其控制在一定速度范围内,以覆盖在任何需求情况下的运行。

　　(12) 能够在低于机场能见度运行等级(AVOL)的任何能见度条件下持续运行。

　　(13) 能够为管制活动分配优先权。

　　A – SMGCS 的控制功能是建立在监视功能在对目标的正确识别和精确监视基础上,综合各类空管和机场信息,其软件功能结合冲突判断算法和告警功能,实现 A – SMGCS 对各类冲突、侵入的探测、判断和告警。在塔台管制员工作席位上以声音和特殊显示符号向管制员及时提供告警信息。对于 V 级 A – SMGCS,还具备将告警信息直接经数据链点对点地发送给装备有数据链设备的相关飞机或车辆的能力,直接向飞行员和车辆驾驶员提供告警信息。A – SMGCS 还可预设各类限制区域,当有目标进入这些限制区域,限制区域侵入告警则开始工作。对于飞行计划中潜在的停机位和登机桥的冲突,可通过电子进程单形式提示管制员,以便及时进行协调。当发生飞机滑行航迹不符合预定的滑行路线或偏离正常的滑行路径,飞机与飞机、飞机与车辆之间冲突等情况时,系统能够进行告警。

6.2.3 路径选择功能

A – SMGCS 的路径选择功能是指管制员在该系统的帮助下,为飞机的滑行安排出最合适的滑行路径。为活动区内的飞机和车辆提供安全高效的路径选择和计划功能。

ICAO Doc – 9830 文件中对 A – SMGCS 的路径选择功能有以下要求[21]:

(1)能够为在活动区域范围之内的每个航空器或者车辆指派路线。

(2)随时允许改变目的地。

(3)允许改变路线。

(4)能够满足复杂机场密集交通的需求。

(5)不限制着陆后飞行员对于跑道出口的选择。

A – SMGCS 的路径选择功能分为人工路径选择和自动路径选择,其中自动路径选择又分为自动和半自动。

人工路径选择是指塔台管制员在管制员工作席位上,从 A – SMGCS 预先设置的机场标准滑行路径中,根据具体情况为滑行的飞机人工选择适合的最短距离、无冲突的滑行路径。管制员能够通过菜单选择预先定义的预设路径,或者简单地通过选择起点、中间点和终点来生成所需的滑行路径。

半自动路径选择是指 A – SMGCS 软件功能中的路径选择算法根据外部接口收到的飞行计划信息,自动产生建议的滑行路径,经管制员修改、确认后正式生成滑行路径。

自动路径选择是指 A – SMGCS 在半自动路径选择功能的基础上,增加路径计划的算法,根据飞行计划信息、滑行道布局、交叉口通过次序、流量预测和实际交通状况,A – SMGCS 自动生成一个合适的滑行路径,并提供相应的时间信息。管制员能够方便地通过点击该飞机的标牌来自动生成进离港航班的滑行路径。如果进港飞机的飞行计划信息中包含有停机位编号,或者离港飞机的飞行计划信息中包含起飞跑道编号,A – SMGCS 就能提供很多先进的路径选择功能,自动生成进港飞机到达指定停机位或者离港飞机从停机位到达起飞跑道的路径。

6.2.4 引导功能

A – SMGCS 的引导功能是在路径选择功能的基础上,将编制完成的路径安排提供给引导功能模块用以准确控制助航灯光,为飞行员或车辆驾驶员提供引导。引导功能模块与飞行区灯光控制系统(ALCS)相结合,管制员可以通过人工或自动方式控制飞行区域内的助航灯光系统对飞机的滑行进行明确、连续可靠的引导,以确保飞机或车辆按照分配的路径行驶。

ICAO Doc – 9830 文件中对 A – SMGCS 的引导功能有以下要求[21]:

(1) 为任何准许的活动提供必要的引导,所有可能的路径选择均可以使用;

(2) 为飞行员和车辆驾驶员提供清晰的指示,允许他们沿着指定的路径前进;

(3) 使得所有飞行员和车辆驾驶员能够对于其指定路径上的位置保持态势感知;

(4) 能够接受随时的路径改变;

(5) 能够显示受限制的或者不可用的路径和区域;

(6) 允许对所有引导辅助设备的运行状态进行监控;

(7) 在引导辅助设备为响应路径和控制需求而选择性切换的情况下,提供带有告警的在线监控。

A – SMGCS 的引导功能分为人工引导和自动引导。

人工引导是指管制员通过塔台现有的飞行区灯光控制系统控制终端或已经集成此功能的塔台管制员工作席位,人工选择开关滑行路径上的滑行道中心线灯、停止排灯和指示标记牌等助航灯光设备,对飞机的滑行和地面交通进行引导。管制员可以方便地选择打开滑行路径所需要的灯光组,用以引导进港飞机从跑道脱离到停机位,或者引导离港飞机从停机位进入跑道。

自动引导功能指的是 A – SMGCS 依据路径选择功能生成滑行路径,通过飞行区灯光控制系统自动控制滑行路径上的滑行道中心线灯、停止排灯和指示标记牌等助航灯光设备,实现对滑行飞机和地面交通的自动引导。例如,路径选择功能能够为已知停机位编号、可识别的进港飞机自动生成建议的从跑道至停机位的滑行路径。在此进港飞机航迹被探测到后,系统建议路径的跑道出口的灯光会自动打开,当飞机着陆且选择一个跑道出口后,从该出口到正确停机位的引导灯光会自动打开。当飞机到达停机位后,该滑行路径的灯光会自动关闭。

此外,系统可以控制灯光系统根据实时的能见度变化自动或人工地启动不同的模式,灯光的亮度可以设定为不同的等级。在不同的能见度情况下,系统会自动相应打开预先设置定义的灯光组、跑道停止线灯等。

6.3　A - SMGCS 分级

根据 ICAO Doc - 9830 文件的建议,机场依照相应的运行条件,即机场交通密度、机场布局的复杂性、机场能见度条件的组合来决定 A - SMGCS 的建设级别。

其中,机场交通密度以独立于能见度条件的平均繁忙时间来衡量。交通密度分为以下三种:

(1) 轻度(L):每条跑道有不多于 15 个活动,或机场活动总数少于 20 个。

(2) 中度(M):每条跑道有 16 ~ 25 个活动,或机场活动总数在 20 ~ 35 之间。

(3) 重度(H):每条跑道有多于 26 个活动,或机场活动总数大于 35 个。

对于机场布局,以三个等级评估:

(1) 基本布局(B):机场含有一条跑道、一条通向一个机坪区域的滑行道。

(2) 简易布局(S):机场含有一条跑道、多于一个的滑行道,通向一个或多个机坪区域。

(3) 复杂布局(C):机场含有多于一条跑道、多条滑行道,通向一个或多个机坪区域。

机场能见度条件被划分为四类,均适用于白天和夜间的运行。定义如下:

(1) 能见度条件 1:能见度足够用于飞行员滑行、以目视参考避免与其余在滑行道上和交叉点上的交通工具相撞,使得运行控制单位的人员以基础的目视监视对所有交通进行管制。

(2) 能见度条件 2:能见度足够用于飞行员滑行、以目视参考避免与其余在滑行道上和交叉点上的交通工具相撞,但不足以使得运行控制单位的人员以基础的目视监视对所有交通进行管制。

(3) 能见度条件 3:能见度足够用于飞行员滑行,但不足以使用目视参考避免与其余在滑行道上和交叉点上的交通工具相撞,也不足以使得运行控制单位的人员以基础的目视监视对所有交通进行管制。对于滑行来说,通常,能见度等效于大于 75m 但小于 400m 的跑道视程。

(4) 能见度条件 4:能见度仅足够用于飞行员滑行。通常,能见度等效于小于 75m 的跑道视程。

根据给出的基于机场能见度条件、机场交通密度和机场布局的分类标准,

ICAO Doc – 9830 文件给出了 36 种可能的机场类型标准组合,4 种功能标准(监视、控制、路径和引导)和 3 类用户群组(管制员,飞行员/车辆驾驶员和系统)。但是,给出的选项数目较大,对定义已知机场的实施等级的任务很难提供实质性的帮助。因此,给出表 6.1,按照这些功能将 A – SMGCS 分成为 5 个级别,包含了所有情况,并规定了相应的系统要求。

表 6.1　A – SMGCS 实施等级标准

机场类型	用户	监视	控制			路径	引导					级别
			冲突预测和/或检测	冲突分析	冲突解脱		地面				飞机上	
							*1	*2	*3	*4		
T-1: 1:(B)(L)	管制员	×	×	×	×	×						I
T-2: 1:(B)(M) T-3: 1:(B)(H)	飞行员/驾驶员		×	×	×		×					
T-4: 1:(S)(L)	系统											
T-5: 1:(S)(M)	管制员	×	×	×	×	×						II
T-6: 1:(S)(H) T-7: 1:(C)(L) T-10: 2:(B)(L)	飞行员/驾驶员		×	×	×		×	×				
T-11: 2:(B)(M) T-13: 2:(S)(L)	系统	×	×									
T-8: 1:(C)(M) T-12: 2:(B)(H)	管制员		×	×	×				×			III
T-14: 2:(S)(M) T-16: 2:(C)(L) T-19: 3:(B)(L)	飞行员/驾驶员		×	×	×		×					
T-20: 3:(B)(M) T-22: 3:(S)(L)	系统	×	×	×	×	×						
T-9: 1:(C)(H) T-15: 2:(S)(H) T-17: 2:(C)(M)	管制员		×	×	×							IV
T-18: 2:(C)(H) T-21: 3:(B)(H) T-23: 3:(S)(M) T-24: 3:(S)(H)	飞行员/驾驶员		×	×	×		×					
T-25: 3:(C)(L) T-26: 3:(C)(M) T-27: 3:(C)(H)	系统	×	×	×	×	×			×			

（续）

机场类型	用户	监视	控制			路径	引导		级别
T-28：　4:(B)(L) T-29：　4:(B)(M) T-30：　4:(B)(H)	管制员		×	×	×				V
T-31：　4:(S)(L) T-32：　4:(S)(M) T-33：　4:(S)(H)	飞行员/驾驶员						×		
T-34：　4:(C)(L) T-35：　4:(C)(M) T-36：　4:(C)(H)	系统	×	×	×	×	×		×	

＊1. 着色中心线和滑行道引导标志　　　　　　注1:对能见度条件 3 不适用

＊2. 固定的中心线照明　　　　　　　　　　　×:表示具备某项功能

＊3. 手动切换的中心线照明

＊4. 自动切换的中心线照明

A – SMGCS 系统的 5 个级别如下[2]：

I 级:监视——管制员目视监视飞机和车辆的位置,人工指定滑行路径;冲突的预测和告警依靠管制员和飞行员的目视观察;地面引导采用油漆中心线和滑行引导牌;没有场面监视雷达;没有助航灯光系统。

II 级:告警——管制员通过场面监视雷达监视飞机和车辆;冲突的预测和告警由管制员通过场面监视雷达系统及管制员和飞行员的目视观察完成;管制员人工指定滑行路径;地面引导采用油漆中心线、滑行引导牌和固定的中线灯。

III 级:自动路径选择——场面监视雷达系统自动监视飞机和车辆,并由系统自动计划和安排滑行路径;冲突的预测和告警由系统、管制员和飞行员共同完成;地面引导采用油漆中心线、滑行引导牌和中线灯,但中线灯由管制员人工控制。

IV 级:自动引导——在 III 级的基础上,中线灯及助航灯光由系统自动控制,实现对飞机和车辆的自动滑行引导。

V 级:V 级标准适用于在 RVR≤75m 的低能见度条件下。V 级系统在IV级的基础上,要求在飞机和车辆上装载相关设备和相应的地 – 空数据链。A – SMGCS 能够向飞机进行数据传输。

对大型机场而言,机场运行条件具有以下三个特征:通常跑道的每小时起降量大于 26 架次的高交通密度标准;具有一条以上甚至多条跑道的复杂机场结构;又需要在低能见度下保持运行。三项机场运行条件均处于很高的等级,因此,大型机场建设的 A – SMGCS 一般适用于IV级甚至以上级别。随着航空事业的快速发展,大型机场可根据 A – SMGCS 的分级概念来建设。

参考文献

[1] Klein K. EMMA (European Airport Movement Management by A – SMGCS) [C]//Workshop：European Guidance Material on Aerodrome Operations under Limited Visibility Conditions，Brussels. DLR，2004：195 – 205.

[2] 吕小平. A – SMGCS 技术和应用介绍[J]. 空中交通管理，2006(8)：7 – 15.

[3] 唐勇. A – SMGCS 航空器滑行路由规划及三维仿真研究[D]. 南京：南京航空航天大学，2015.

[4] Nelson A，Eckermann A，Kugler D，et al. Results of the Eurocontrol sponsored A – SMGCS ground assistance tools for Europe (AGATE) Cost Benefit Analysis (CBA) [C]. Digital Avionics Systems Conference，1999. Proceedings. 18th，1999.

[5] Farina A，Ferranti L，Golino G. Constrained tracking filters for A – SMGCS [C]//Information Fusion，2003. Proceedings of the Sixth International Conference of. IEEE，2005：414 – 421.

[6] Garcia J，Molina J M，Miguel G D，et al. Design of an A – SMGCS prototype at Barajas airport：data fusion algorithms[C]//International Conference on Information Fusion. IEEE，2006：8.

[7] 汤新民，王玉婷，韩松臣. 基于 DEDS 的 A – SMGCS 航空器动态滑行路径规划[J]. 系统工程与电子技术，2010，32(12)：2669 – 2675.

[8] 朱新平，汤新民，韩松臣. A – SMGCS 滑行道冲突预测与避免控制[J]. 南京航空航天大学学报，2011，43(4)：504 – 510.

[9] 宫淑丽，陶诚，王帮峰，等. 基于 VS – IMM 算法的 A – SMGCS 场面运动目标跟踪[J]. 南京航空航天大学学报，2012，44(1)：118 – 123.

[10] 卢宇，吴宏刚，朱盼. A – SMGCS 中的航迹关联设计与实现[J]. 计算机工程，2013(6)：223 – 226.

[11] Tang Y，Hu M，Huang R，et al. Real – time adjustment strategy of aircraft taxiing routes for A – SMGCS[J]. Journal of Southwest Jiaotong University，2014，49(4)：734 – 740.

[12] Hong S B，Choi S H，Choi Y C. A Study on the Hazard Identification for the Implementation of A – SMGCS[J]. IL Nuovo Cimento D，2015，19(1)：41 – 47.

[13] Li J，Wang G Q，Zhu P，et al. A Runway Incursion Detection Approach Based on Multiple Protected Area and Flight Status Machine for A – SMGCS[C]. MATEC Web of conferences，v44，March8，2016，2016 International conference on Electronic，Information and Computer Engineering，ICEICE. 2016：01084.

[14] D. APT，Definition of A – SMGCS Implementation Levels：Edition. 1. 2 [M]. EUROCONTROL. 2003.

[15] 陶诚. 高级场面运动引导控制及仿真平台研究[D]. 南京航空航天大学，2011.

[16] Airport Technology and the Terminals of Tomorrow[Z/OL]. [2016 – 03 – 04]. https://www. leidos. com/intelligent – airports.

[17] A – SMGCS A3000 Airport Safety and Efficiency Under Allconditions[Z/OL]. [2017 – 10 – 11]. http://saab. com/security/air – traffic – management/air – traffic – management/A –

SMGCS – A3000.

［18］ Airports Authority of India Selects SAAB Systems for Fiveairports［Z/OL］. ［2014 – 10 – 22］. http：//www. airport – world. com/news/general – news/4564 – airports – authority – of – india – selects – saab – systems – for – five – airports. html.

［19］ 赵爱卿. 北京新机场高级地面引导控制系统的设计应用［J］. 网络安全技术与应用，2016(8):106 – 107.

［20］ 宫淑丽. 机场场面移动目标监视系统关键技术研究［D］. 南京:南京航空航天大学,2012.

［21］ Organization I C A. Advances surface movement guidance and control systems(A – SMGCS) manual［M］. International Civil Aviation Organization,2004.

第 7 章

机场场面航空器视频监视技术

　　机场是民航交通运输系统的基础运营设施,承担着飞机的起飞、着陆及地面活动。随着飞机起降架次的增多,机场场面运行的飞机数量也不断增多,在机场场面极易发生拥堵,造成机场容量瓶颈和安全隐患。

　　国内外为了应对大型机场日益增长的航班架次,除改扩建机场外,先后使用了高级的场面交通管理系统,如 A – SMGCS、CDM 协同决策等。这些系统在保证安全监视的前提下,充分地利用运行时隙,优化跑道利用率,有效地缓解场面拥堵,提高场面运行效率,降低管制员的工作负荷。高级的机场场面交通管理系统是以航管雷达、机场场面监视雷达为主的监视系统。这些监视设备在保障安全方面发挥着重大作用的同时,暴露出造价高、不易普及等问题。这些高级场面交通管理系统主要服务于各国大型枢纽机场。目前大多数中小型机场以及通航机场仍是依靠管制人员目视指挥。

　　近年来,SMR 凭借非协作的交互方式和较高的监视精度,在大型民航机场得到了广泛应用。然而 SMR 成本较高、安装位置难确定、推广难度较大,尤其在通航机场等中小型机场实施较困难。相比之下,随着图像技术的快速发展,视频监视作为一种成本较低的新型监视设备,相应的图像检测分析算法也逐渐发展成熟,已经满足在机场场面对飞机起飞图像跟踪和着陆跟踪监视的需求[1]。

　　视频监视作为一种低成本的监视手段,也能提供较好的非协作监视。与场面监视雷达相似,视频监视技术不仅无需在探测物体上安装相应的协同监视设备,而且可输出直观的视频序列,以便进一步分析处理。此外,由于视频监视具有大量部署的可能性,突破了场面监视雷达的监视区域限制。国内外在相关领域已经开展了相关研究,如美国 NASA 与德国 DLR 合作的 Raptor 项目、瑞典 SAAB 公司的远程塔台项目等。目前国内已有大量机场开始尝试采用视频监视技术对机场场面的航空器进行监视管理。7.1 节针对机场监视需求简单介绍几种主要的视频监视算法。7.2 节介绍国内外视频监视技术在机场监视方面的研究方向及应用。7.3 节将介绍基于图像的运动目标检测跟踪算法。7.4 节讨论机场场面视频监视数据与 ADS-B 的数据融合的方法。针对起飞、着陆这两类航空器运行事件,7.5 节、7.6 节建立相应的识别模型并加以实例分析。

7.1　视频监视技术概述

视频监视技术是通过光学成像原理记录拍摄的场景,属于独立式监视设备。通过机器视觉(CV)的算法对采集的视频数据进行分析,可以自动获得大量信息。目前,视频监视技术已经在公路交通监控、人脸识别、三维重建等领域得到了广泛应用,相应的运动目标检测跟踪、机器学习(ML)、图像拼接、立体视觉理论和技术也逐渐发展和成熟。

运动目标检测方法:从视频序列中检测出运动的目标,获得其在图像中的位置及速度信息。常用的运动目标检测算法有光流法[2-4]、帧差法[5-6]及背景建模[7-9],针对这三种经典算法的不足,较多学者提出多种改进算法(7.3 节详细分析)。

目标跟踪方法:对视频序列中已检测出的运动目标进行跟踪。常用的目标跟踪算法有特征跟踪(7.3 节详细阐述)、卡尔曼[10]跟踪(7.5 节详细阐述)、粒子滤波跟踪[11]、Meanshift[12]跟踪算法及其改进 Camshift[13]算法。通过上述跟踪算法的组合使用[14,15],可以在目标被部分遮挡、全部遮挡、目标重叠、光照及形状变化等情况下实现稳定的跟踪。

机器学习方法:通过提取样本特征训练分类器,实现目标的分类和识别。主要应用于人脸检测及识别、车牌识别等方面。用于学习特征有梯度方向直方图[16](HOG)、局部二值模式[17](LBP)等。常用的分类器算法有 Adboost[18]、支持矢量机、神经网络等[19]。

图像拼接融合方法:拼接融合技术[20]是将多组摄像机拍摄的内容综合到一幅图像上,借此可以扩大摄像机的监视视角。经过特征点配准、图像融合,可以实现多幅图像的快速、无缝拼接。

立体视觉方法[21]:通过同一视角的多路摄像机,确定图像中监视目标的世界坐标,常用于目标定位,三维重建。

综上所述,视频监视技术可以满足运动目标检测和跟踪、监视目标的分类、全景的监视及目标定位的监视要求。同时视频数据具有更新速度快(25~35 帧/s)的优点。相对于航管雷达等其他监视设备,摄像机价格便宜,可以在机场监视区域合理的布置。视频监视技术满足机场场面监视的要求,可以作为机场管制人员的辅助监视手段。表 7.1 从工作方式、监视信息、成本等方面对比了视频监视技术与前面介绍的空管监视设备。

表 7.1　监视设备采集信息对比

监视设备	工作方式	应答机	位置	速度	类别	飞机代码	高度	成本
一次雷达	独立式	无	√	√	×	×	×	高
SMR	独立式	无	√	√	×	×	×	高
二次雷达	协作式	有	√	√	√	√	√	高
ADS-B	协作式	有	√	√	√	√	√	低
MDS	协作式	有	√	√	×	×	×	低
视频监视	独立式	无	√	√	√	×	√	低

7.2　场面视频监视技术发展

7.2.1　A-SMGCS 的补充监视

为了能够适应全天候、低能见度下的机场场面的正常运行,ICAO 于 2004 年提出了 A-SMGCS。第 6 章中已经介绍其具有监视、管制、路径选择、引导四大基本功能,A-SMGCS 已经成为大型机场安全高效运行的重要保障。目前 A-SMGCS 的监视功能主要采用 SMR、二次雷达等设备,但是由于建筑物及机场场面其他物体对信号遮蔽的影响,单纯依靠雷达很难覆盖整个机场场面监视区域。为了补充雷达监视的盲区,欧盟委员会资助了 INTERVUSE 计划,基于网络视频数码相机开发了一套成本较低的智能监视系统,历时两年(2002—2004 年)。此项目通过视频监视技术检测道面运动目标,融合多种数据监视场面运行,架构如图 7.1 所示。基于 INTERVUSE 计划国内外的学者展开如下研究:

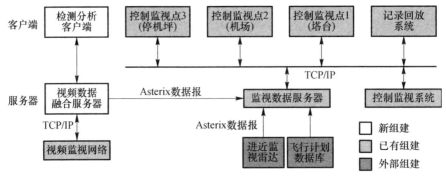

图 7.1　INTERVUSE 计划[22]

2004 年,J. A. Besada 等[22]提出一种基于认知机尾号的航空器识别方法,并作为大型机场监视的一部分。该算法对场景中飞机尾号的位置进行检测,并采用识别号牌信息,最后将识别的结果与机场航空器呼号的数据库完成匹配。

2005 年,N. Pavlidou 等人[23]提出一种新的成本较低的视频系统,用于补充现有 A – SMGCS 监视盲点。该系统由一个网络的智能数字相机,根据先验知识建立图像中像素点与监视场景的对应关系,通过检测像素灰度值的变化确定目标位置。对机场场面运动的目标进行定位。

2009 年,K. Dimitropoulos 等人[24]采用多个欧洲机场的实际运行数据对比了 INTERVUSE、TRAVIS[25] 及 ISMAEL[26] 三种系统的功能及监视效果,得出了三种监视系统可适用于中小型机场。但 INTERVUSE 和 TRAVIS 系统是利用摄像机作为传感器不适用于能见度低的监视场景。ISMAEL 系统以磁感应线圈作为传感器覆盖不到机场停机坪区域。

2011 年,罗晓等人[2]采用一种多视频监视数据融合的方法监视中小型机场场面运行的航空器。该算法采用模糊聚类的方法对计算得到的光流场进行分析,并融合多组摄像机监视数据增加监视精度。

2012 年,D. Bloisi 等人[27]提出一种采用分类器算法检测机坪的航空器。与之前研究的运动目标检测算法不同,分类器算法实现了对场景中静止航空器的监视。

2013 年,G. Dumont 等人[28]提出将视频监视库 AWARE 应用于空中交通管理的思想。该系统通过检测图像中的运动目标,确定目标区域。在此基础上将目标区域分成航空器、车辆及其他目标三类。并在区域内提取足够的特征点,进行立体运动估计,将轨迹转化为三维运动轨迹,实现类似雷达监视的功能。

2013 年,唐勇等人[29]提出了一种视频监视数据与 ADS – B 监视数据融合的方法,解决摄像机无法关联航空器航班信息的不足。利用单应矩阵计算图像坐标与地图坐标的映射关系,实现航班号信息的自动挂牌。

7.2.2　停机坪监视

AVITRACK 项目由欧盟委员会资助,用于监视识别机场停机坪的航空器及车辆的复杂活动,项目从 2004 年到 2006 年历时两年完成。通过在法国图卢兹机场停机坪布置的 8 台摄像机实现了对 21 个停机坪主要事件的跟踪识别,实现对地面维修车辆的到达离开、加油、装载行李、车辆与人员交互运行等的监视,实际运行图、系统架构、航迹追踪与数据融合效果如图 7.2 ~ 图 7.4 所示[30]。

AVITRACK 系统集成了多角度摄像机,主要摄像机的视野涵盖机身右侧,用以探测行李的装卸。利用每台计算机的平面标定来实现空间配准,摄像机流通过网络实现同步,由 1GB 以太网完成彩色视频流传输,通信模块采用 XML 格式标准,兼容性强且易于检修。

2005 年,M. Borg 等人[30],在欧盟委员会提出的 AVITRACK 项目基础上,对停机坪的运行状态展开研究。其研究分为目标检测跟踪和场景行为理解两个方

图 7.2　AVITRACK 项目研究成果实际运行

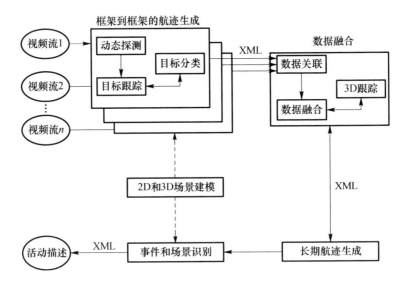

图 7.3　AVITRACK 系统构架

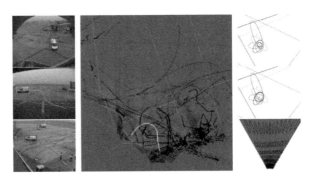

图 7.4　航迹追踪与数据融合效果(见彩图)

面。目标检测跟踪方面,采用 KTL 特征作为 Camshift 算法的输入对目标进行稳定跟踪,并融合了多台摄像机的监视信息,实现了目标三维坐标的定位,扩大了监视视角。场景行为理解方面,事先对环境场景的三维信息建模,将跟踪结果作为输入,实现了对人车互动、航空器到达离开等场景的理解。

2007 年,F. Fusier 等人[31],基于 AVITRACK 项目设计了一套用于停机坪监视的系统。系统分为三个阶段:

(1) 场景跟踪:每一个摄像机检测跟踪运动和静止的目标,对目标的属性划分为航空器、车辆和人,将多个摄像机的信息融合获得三维信息。

(2) 场景一致性:对跟踪的多个目标从运动轨迹上建立相关性。

(3) 场景解释:解释人员行为、车辆活动及相关运动。

7.2.3　远程塔台监视

机场是偏远地区交通运输系统的核心,对于人们日常出行及带动地区经济起着重要的作用。但偏远地区的机场的航班量较低,特别对于日均航班量低于 10 架的小型机场,安排专门的管制人员及雷达监视设备,将增加运营成本。2008 年 D. Eier 等人[32]、2009 年 W. Schmidt[33-34]等人提出采用摄像机作为监视手段采集中小型机场的视频监视数据,并将监视数据远程传输到大型机场或者专门的管制部门为中小型机场提供管制服务。瑞典 LFV 空管设备公司与萨博(Saab)空管设备公司历时 8 年研发的远程塔台管制系统,于 2014 年获得运行许可证。该系统通过高清数字摄像机、气象传感器、麦克风和其他相关设备能够将远程塔台的实时情况投影在远程塔台中心的 360°环绕液晶屏幕上。空中交通管制员通过屏幕操纵远程机场所有的传感器、灯光系统、告警系统和其他塔台设备,使用综合飞行数据、电子进程单、先进机场场面引导与控制系统和进离场排序系统等空中交通管理与监视设备,实现了在异地对一个和多个中小型机场的运行指挥,运行场景如图 7.5 所示。

图 7.5　远程塔台控制系统

2013 年,中国民航局第二研究所"基于增强现实技术的远程塔台系统关键技术研究"科研成果[35]，通过了中国民航局的项目验收。该项目实现了多路高清监视视频数据实时拼接融合；增强了低能见度条件下的监视效果；准确地检测识别机场场面运行的目标。目前已在桂林机场塔台示范应用。

◤7.3 场面目标检测跟踪相关技术

对于采集视频数据中监视目标的行为分析和理解，首先要确定被监视的目标有哪些，以及这些被监视目标的运动轨迹。这就需要从场景中将运动目标检测出来。考虑到摄像机固定安装在机场监视区域，因此在整个视频序列中，监视场景可以划分为以下两类：

（1）运动区域：相对摄像机运动的区域。机场监视场景中运动的目标一般为航空器、车辆、工作人员等。本章主要研究航空器的起飞、着陆、滑行等多种运动状态。

（2）背景区域：相对摄像机保持静止的物体。在机场监视场景中一般为地面、天空、建筑物及静止不动的物体。在机场场景中这类区域状态比较固定，不是本书监视研究的重点。

将运动目标从场景中检测出来，是后续目标跟踪的基础。因此运动目标检测算法不仅要准确地分割运动目标和背景区域，保证目标在后续目标跟踪的准确和稳定，而且要保证算法的实时性好。针对机场场面视频监视数据具有监视目标小、场景复杂、图像分辨率大的特点，实现机场监视场景中目标检测应用，本章将详细地分析目前常用的光流法、帧差法、背景减法及其各自的改进算法。采用自适应背景更新法检测场景中运动的目标，并且每隔固定周期重构背景，更新监视场景。

目标跟踪方法是对监视目标在图像序列中匹配、建立运动序列的过程。刚性目标（如航空器）的运动轨迹是后续理解和识别目标行为事件的基础。本章的思想是根据运动目标检测的结果，提取目标的位置、大小、形状信息来建立各自的评价指标，完成目标在相邻帧之间的匹配，最后建立目标各自的运动序列。

7.3.1 运动目标检测

7.3.1.1 光流及改进算法

对于运动的物体，从微观上看物体表面上的每一个点都有一个运动的方向，光流用来描述物体表面每一个点的运动矢量。二维图像是三维空间在图像平面的投影[25]，因此图像内的像素点也存在速度矢量。根据每个像素点的运动特征，能够实现对运动目标的检测。当场景中出现运动目标，由于运动目标与背景存在相对运动,可以通过在光流场形成的不同光流矢量来检测运动目标。

光流法认为,每一个像素沿着各自的运动轨迹,该点像素的灰度值保持不变,即运动目标在运动过程中灰度值保持一致。设 t 时刻,图像上一点 (x,y) 的灰度值为 $f(x,y,t)$;Δt 时间后,该像素点运动到 $(x+\Delta x,y+\Delta y)$,记灰度值为 $f(x+\Delta x,y+\Delta y,t+\Delta t)$,下式表示了上述关系:

$$f(x,y,t) = f(x+\Delta x,y+\Delta y,t+\Delta t) \tag{7.1}$$

对式(7.1)的右侧用泰勒公式展开,可得

$$f(x,y,t) = f(x,y,t) + \frac{\partial f}{\partial x}\Delta x + \frac{\partial f}{\partial y}\Delta y + \frac{\partial f}{\partial t}\Delta t + \varepsilon \tag{7.2}$$

不考虑高次项 ε ,整理可得

$$\frac{\partial f}{\partial x}\Delta x + \frac{\partial f}{\partial y}\Delta y + \frac{\partial f}{\partial t}\Delta t = 0 \tag{7.3}$$

由于一般视频的帧率可以达到 $25\sim30$ 帧/s,这里近似的将 $\Delta t \to 0$,则有

$$\nabla I \cdot U + I_t = 0 \tag{7.4}$$

设光流在 x、y 方向上的矢量为 $\boldsymbol{u}$、$\boldsymbol{v}$,则 $\boldsymbol{u} = \dfrac{\mathrm{d}x}{\mathrm{d}t}$、$\boldsymbol{v} = \dfrac{\mathrm{d}y}{\mathrm{d}t}$,由此得到光流法的基本约束,即

$$I_x \times \boldsymbol{u} + I_y \times \boldsymbol{v} + I_t = 0 \tag{7.5}$$

式中:$I_x = \dfrac{\partial I}{\partial x}$,$I_y = \dfrac{\partial I}{\partial y}$,$I_t = \dfrac{\partial I}{\partial t}$ 分别表示图像沿 x、y、t 方向的偏微分。

式(7.5)的矢量表达式为

$$\nabla I \cdot U + I_t = 0 \tag{7.6}$$

式中:$\nabla I = (I_x, I_y)$ 为图像 I 的梯度方向;$U = (u,v)^{\mathrm{T}}$ 表示像素光流的速度方向,是光流方程求解的未知量。

光流问题求解中存在两个未知量,而式(7.6)只提供了一个约束条件。为了求解光流方程,Horn – Schunck 算法[3]和 Lucas – Kanade[4]算法提出了两种相应的约束条件。

1) Horn – Schunck 算法

Horn – Schunck 算法的原理是基于运动物体表面相邻点的运动矢量变化应尽可能的平滑,因此光流法计算得到的每一像素运动矢量的给定邻域像素内其 $\nabla^2 \boldsymbol{u} + \nabla^2 \boldsymbol{v}$ 应尽可能的小。由此得到光流方程的另一个约束条件,即

$$\min\left\{\left[\frac{\partial \boldsymbol{u}}{\partial x}\right]^2 + \left[\frac{\partial \boldsymbol{u}}{\partial y}\right]^2 + \left[\frac{\partial \boldsymbol{v}}{\partial x}\right]^2 + \left[\frac{\partial \boldsymbol{v}}{\partial y}\right]^2\right\} \tag{7.7}$$

Horn – Schunck 算法得到欧拉 – 拉格朗日方程的光流计算公式为

$$\min\left\{\iint (I_x \times \boldsymbol{u} + I_y \times \boldsymbol{v} + I_t)^2 + \alpha^2 \times \left[\frac{\partial \boldsymbol{u}}{\partial x}\right]^2 + \left[\frac{\partial \boldsymbol{u}}{\partial y}\right]^2 + \left[\frac{\partial \boldsymbol{v}}{\partial x}\right]^2 + \left[\frac{\partial \boldsymbol{v}}{\partial y}\right]^2\right\}$$

(7.8)

采用高斯 – 赛德尔算法对式(7.8)求解,得到像素运动矢量的迭代估计为

$$u^{n+1} = \overline{u^n} - \overline{I_x} \times \frac{\overline{I_x} \times \overline{u^n} + \overline{I_y} \times \overline{v^n} + I_t}{a^2 + \overline{I_x}^2 + \overline{I_y}^2}$$

(7.9)

$$v^{n+1} = \overline{v^n} - \overline{I_y} \times \frac{\overline{I_x} \times \overline{u^n} + \overline{I_y} \times \overline{v^n} + I_t}{a^2 + \overline{I_x}^2 + \overline{I_y}^2}$$

(7.10)

由式(7.9)和式(7.10)可知,位于目标边缘的像素(梯度较大的点),其速度矢量由第一项和第二项共同决定。位于目标内部的像素点(梯度较小的点),其速度矢量由第一项决定,该点的速度矢量受边缘速度矢量的影响。Horn – Schunck 算法的求解过程需要上百次的迭代,图像的分辨率越大,迭代次数越多,一般采用金字塔结构减少图像尺寸加快扩散。

2)Lucas – Kanade 算法

Lucas – Kanade 算法基于局部约束,认为相对区域内光流的速度矢量相同,即 p 点的速度矢量在以其为中心的小区域内都满足式(7.6),得到计算光流的方程为

$$\sum_{(x,y) \in \Omega} W^2(x) \times [\nabla I(x,y,t) \times U_p + I_t(x,y,t)]^2 = 0$$

(7.11)

式中:Ω 是以 p 点为中心的区域;$W(x)$ 为权重,离 p 点越远,权重越小。

式(7.11)的解可由如下方程求得:

$$A^2 W^2 Av = A^T W^2 b$$

(7.12)

设区域 Ω 内存在 n 个点,其中:

$$A = (\nabla I(x_1, y_1), \nabla I(x_2, y_2), \cdots, \nabla I(x_n, y_n))^T$$

(7.13)

$$W = \text{diag}(W(x_1, y_1), W(x_2, y_2), \cdots, W(x_n, y_n))^T$$

(7.14)

$$b = -(I_t(x_1, y_1), I_t(x_2, y_2), \cdots, I_t(x_n, y_n))^T$$

(7.15)

光流方程的解为

$$U = (\boldsymbol{u}, \boldsymbol{v})^T = (A^T W^2 A)^{-1} A^T W^2 b$$

(7.16)

光流法原理是基于运动目标与背景相对运动,因此三维运动的物体上的点经过投影得到的图像像素具有与背景不同的光流矢量。光流法有如下优点:

(1)不需要事先对背景进行重构便能够检测出运动物体;

（2）适用于背景运动的场景；

（3）光流场中存在着运动目标丰富的三维结构信息。

光流法缺点，如场景中的噪声、光照产生的阴影、运动过程中的遮挡等对光流场的计算结构存在很大影响。

7.3.1.2 帧差及改进算法

通过固定摄像机采集同一个场景的监视数据，比较不同时刻的两幅图像，可以知道场景中静止的物体和运动的物体。帧差法基于该原理，对视频中相邻两帧或多帧的图像相减，提取场景中的运动目标。以灰度图像为例，静止的物体由于在相邻两帧的灰度值相同，相邻两帧图像做减法后得到的差分图像静止的物体就被裁掉。而运动的物体由于位置发生变化，在差分图像中保留下来。由此得到帧差法的基本公式：

$$d(i,j,t) = \begin{cases} 1(\ |f(i,j,t) - f(i,j,t-1)\ | < T) \\ 0(\ |f(i,j,t) - f(i,j,t-1)\ | \geqslant T) \end{cases} \quad (7.17)$$

式中：$f(i,j,t)$ 为 t 帧图像在 (i,j) 位置的灰度值；$f(i,j,t-1)$ 为 $t-1$ 帧图像在 (i,j) 位置的灰度值；T 为设定分割的阈值；d 为得到的差分图像。

帧差法原理是基于相邻两帧的图像信息对比，因此帧差法具有计算简单的优点。同时相邻帧之间光线场景变化较小，帧差法也具有很好的抗噪性。但是帧差法对于运动目标的检测与目标本身的运动速度相关性很大。当运动目标的速度过小时，分割的目标内部很容易产生空洞。当运动目标的速度很大时，分割的目标被拉伸，目标的面积将被错误地提取。如图 7.6 所示，飞机目标比较大，在滑行阶段运动速度比较慢，得到的差分图像内部产生了明显的空洞。而起飞之后飞机飞行速度变快，得到的差分图像目标被明显地拉伸。针对帧差法的不足，大量的学者提出了多种改进算法[5,6]，其中在保留帧差法运算简单、计算时间短的基础上，应用最为广泛的是三帧差法[5]和梯度信息帧差法[6]。

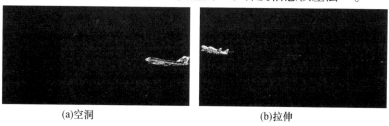

(a)空洞   (b)拉伸

图 7.6 差分法效果

1）三帧差法

针对经典帧差法对于飞行速度快的目标分割后被拉伸的问题，三帧差法引

入了 $t+1$ 帧图像 $f(t+1)$ 与 t 帧图像 $f(t)$ 做帧差运算得到的差分图像 $d(t+1)$，并与之前得到的差分图像 $d(t)$ 做逻辑"与"运算。三帧差法的思想是目标差分图像 $d(t)$ 中被拉伸的部分在差分图像 $d(t+1)$ 的数值为 0，同样目标在差分图像 $d(t+1)$ 中被拉伸的部分在差分图像 $d(t)$ 的数值也为 0。因此差分图像 $d(t+1)$ 和差分图像 $d(t)$ 做逻辑"与"运算得到的差分图像 $D(t)$ 中的目标区域可以真实的描述目标。具体算法如下：

$$D(x,y,t) = d(x,y,t+1) \cap d(x,y,t) = \begin{cases} 1(d(x,y,t+1) \cap d(x,y,t) = 1) \\ 0(d(x,y,t+1) \cap d(x,y,t) = 0) \end{cases}$$

$$(7.18)$$

三帧差法能够有效地解决快度运动目标的拉伸问题，但是对于运动速度慢的目标采用三帧差法提取运动目标仍会在目标内部产生空洞，因此三帧差法仅适用于运动目标速度较快的场景。同时三帧差法在计算 t 帧差分图像还需要引入 $t+1$ 帧的图像，存在时间滞后的不足。

2）梯度信息帧差法

梯度定义为描述函数中变化速度的量[36]。梯度方向是指函数变化率最大的方向，梯度幅值是指该方向变化率的大小。在图像中边缘处的灰度值存在明显的突变。因此梯度是指图像中的边缘。梯度方向是与边缘的切线方向垂直，梯度幅值 $\nabla f(i,j)$ 有如下计算方法[37]：

Robert 交叉梯度如下：

$$\nabla f(i,j) = |f(i+1,j) - f(i,j)| + |f(i,j+1) - f(i,j)| \qquad (7.19)$$

Sobel 梯度如下：

$$\nabla f(i,j) = G_x(i,j) + G_y(i,j) \qquad (7.20)$$

式中

$$\begin{aligned} G_x(i,j) = |\ (f(i-1,j+1) - f(i-1,j-1)) + 2 \times (f(i,j+1) \\ - f(i,j-1)) + (f(i+1,j+1) - f(i+1,j-1))\ | \end{aligned}$$

$$\begin{aligned} G_y(i,j) = |\ (f(i+1,j-1) - f(i-1,j-1)) + 2 \times (f(i+1,j) \\ - f(i-1,j)) + (f(i+1,j+1) - f(i-1,j+1))\ | \end{aligned}$$

拉普拉斯算子：

$$\nabla^2 f(i,j) = [f(i+1,j) + f(i-1,j) + f(i,j+1) + f(i,j-1)] - 4f(i,j)$$

$$(7.21)$$

图 7.7 为计算 Sobel 梯度算子得到的灰度图和梯度信息。

(a)灰度图   (b)梯度信息

图 7.7 灰度图和梯度信息

经典帧差法是基于运动目标在两帧位置变化的原理,根据式(7.17) $|f(t) - f(t-1)|$,得到的差分图像也保留了 $t-1$ 帧的目标的信息。与经典帧差法不同,梯度信息帧差法则利用边缘梯度信息代替灰度值进行差分。如图 7.7 所示,由于背景区域的灰度变化相对连续,因此目标边缘的梯度信息往往大于背景区域的梯度。对于差分运算的结果不需要再取绝对值,这样进行阈值分割后可以过滤掉 $t-1$ 帧的目标信息。梯度帧差法的公式如下:

$$d(i,j,t) = g(i,j,t) - g(i,j,t-1) \tag{7.22}$$

式中:$g(i,j,t)$ 为 $f(i,j,t)$ 的梯度信息图像。

再对梯度差分图像 $d(i,j,t)$ 计算图中的子块功率[6]分割,得到运动目标。

梯度信息帧差法在保留了经典帧差法计算简单、运算速度快、无需对背景建模等优点。同时,解决了经典帧差法容易拉伸目标、产生空洞的不足。

7.3.1.3 背景减法及改进算法

在监视场景中静止的物体称为背景。运动的目标称为前景。背景减法的思想是通过当前帧 $f(t)$ 与背景图像 B 做减法,过滤掉当前帧静止的物体,保留下来的就是前景,即运动目标。背景减法的基本公式如下:

$$d(i,j,t) = \begin{cases} 1 \,(\, |f(i,j,t) - B(i,j)| < T) \\ 0 \,(\, |f(i,j,t) - B(i,j)| \geq T) \end{cases} \tag{7.23}$$

背景减法具有运算快的优点,一般能满足实时处理的要求,目前大部分系统采用背景减法。但是背景减法需要事先提供一张描述场景静态信息的背景,而且帧差法对场面内的光照和场景变化敏感,对于室外的复杂场景存在抗噪性差的缺点。针对经典背景减法存在的不足,有自适应背景减法[7]和高斯背景建模[8]两种常用的改进算法。

1)自适应背景减法

为了能够让背景随着场景的变化而更新,自适应背景减法采用实时更新背

景的策略,具体步骤如下:

(1)将当前帧 $f(t)$ 与背景 $B(t-1)$ 相减,得到差分图像 d。

(2)对差分图像 d,阈值分割得到运动目标区域。

(3)背景更新:差分图像 d 中,运动区域保留背景 $B(t-1)$ 的信息,背景区域为背景 $B(t-1)$ 加上当前帧 $f(t)$ 的信息,背景更新模型如下[7]:

$$B_t(i,j) = \begin{cases} B_{t-1}(i,j)(d(i,j) > T) \\ a \times B_{t-1}(i,j) + (1-a) \times f_t(i,j)(d(i,j) < T) \end{cases} \tag{7.24}$$

式中: $a \in (0,1)$ 为更新率。调节 a 将影响背景更新的快慢,一般 $a = 0.2$, T 为固定阈值。

通过实时更新背景,自适应背景更新算法能够适应光照和场景的变化。同时,具有经典背景减法计算简单的优点。

2)高斯背景建模

高斯背景建模法的基本思想是认为图像序列每一个像素灰度的变化都服从高斯分布[8]。图像中某一像素的概率密度函数为

$$P(f(i,j,t)) = \frac{1}{\sqrt{2\pi}\sigma_{(i,j,t)}} \times \mathrm{e}^{-\frac{(x-\mu(i,j,t))^2}{2\sigma(i,j,t)^2}} \tag{7.25}$$

式中: $\mu_{(i,j,t)}$ 、 $\sigma_{(i,j,t)}$ 为 t 时刻像素 (i,j) 的期望和标准差。

高斯背景建模输出的差分图像为

$$d(i,j,t) = \begin{cases} 0(\,|f(i,j,t) - \mu(i,j,t-1)\,| < \lambda \times \sigma(i,j,t-1)) \\ 1(\,|f(i,j,t) - \mu(i,j,t-1)\,| > \lambda \times \sigma(i,j,t-1)) \end{cases} \tag{7.26}$$

更新差分图像中背景像素 $(d(i,j,t) = 0)$ 高斯模型为

$$\mu_{(i,j,t)} = (1-\alpha) \times \mu_{(i,j,t-1)} + \alpha \times f(i,j,t) \tag{7.27}$$

$$\sigma_{(i,j,t)} = \sqrt{(1-\alpha) \times \sigma_{(i,j,t-1)}^2 + \alpha \times (f(i,j,t) - \mu_{(i,j,t)})^2} \tag{7.28}$$

式中: $\alpha \in (0,1)$ 为更新率。调节 α 将影响背景更新的快慢,一般 $\alpha = 0.2$。

在室外场景中有一些物体是周期变化的,虽然这些物体在场景中是运动的,但是这类物体属于背景,不希望当作监视目标被检测出来。鉴于此,提出了上述单高斯模型的一种改进方法,即混合高斯背景模型。混合高斯模型认为,图像中的每一个像素是由多个服从高斯分布的概率密度函数加权平均得到的,则图像中某一像素的概率密度函数为

$$P(f(i,j,t)) = \sum_{k=1}^{K} w_k^t \eta_k(x, \mu_k^t, \sigma_k^t) \tag{7.29}$$

式中: K 为高斯分量的个数, w_k^t 为第 k 个高斯分量的权重; η_k 为第 k 个高斯分量

的概率密度函数。

混合高斯背景建模得到的差分图像为

$$d(i,j,t) = \begin{cases} 0(\mu_k^t - \lambda \times \sigma_k^t \leqslant f(i,j,t) \leqslant \mu_k^t + \lambda \times \sigma_k^t) \\ 1 \qquad (其他) \end{cases} \qquad (7.30)$$

更新差分图像中为背景像素($d(i,j,t) = 0$)混合高斯模型,对高斯分量的权重调整,即

$$w_k^t = (1 - \alpha) \times w_k^{t-1} + \alpha \times D_k^t \qquad (7.31)$$

式中:$\alpha \in (0,1)$为更新率,调节 α 将影响背景更新的快慢。$D_k^t = 0$ 只有 0、1 两个取值,当像素(i,j)与第 k 个高斯分量匹配 $D_k^t = 1$,否则 $D_k^t = 0$。

混合高斯背景建模只更新与像素(i,j)匹配的第 k 个高斯分量的期望和方差,即

$$\mu_k^t = (1 - \alpha) \times \mu_k^{t-1} + \alpha \times f(i,j,t) \qquad (7.32)$$

$$\sigma_k^t = \sqrt{(1 - \alpha) \times (\sigma_k^{t-1})^2 + \alpha \times (f(i,j,t) - \mu_k^t)^2} \qquad (7.33)$$

通过多个服从高斯分布的分量来描述背景区域的像素的概率分布,能够概括背景区域的多种状态。同时高斯背景建模能够实时根据场景及光照的变化更新背景,具有很好的抗噪性。但高斯背景建模的方法需要对图像中的每个像素建立概率分布,因此计算的时间与图像的分辨率密切相关。

7.3.2　背景图像重构

背景是记录场景中所有静态物体信息的图像。对于简单的监视场景,可以从视频序列中截取一帧不含运动目标的图像当作背景[38]。但机场场面监视场景中运动目标多、每个目标运动轨迹复杂,很难从视频中选取出不含运动目标的图片。同时为了适应室外场景环境复杂光线的变化,每隔固定的时间周期都要更新背景图像。鉴于此,就需要从过去的一组图像序列中滤除运动目标,重构出背景。

在一帧图像中,运动目标只占图像中很小的部分区域。同时在图像序列中,每个像素大部分时间属于背景区域。背景重构基于这个原理,只对过去的一组图像序列的背景像素求均值,得到背景图像。具体步骤如下:

(1)滤除图像序列中运动目标区域。获取图像序列中 $0 \sim t$ 时间段(选取 $t = 200$ 帧)的图像($f_0 \sim f_t$),实际图像序列如图 7.8 所示。由于帧差法不需要提前知道背景就能检测运动的目标,因此可以采用帧差法对获取的图像的 RGB(R、G、B 分别代表红、绿、蓝)分割背景和前景,表示为

$$b_t(i,j,k) = \begin{cases} 1(|f_t(i,j,k) - f_{t-1}(i,j,k)| < th) \\ 0(|f_t(i,j,k) - f_{t-1}(i,j,k)| \geqslant th) \end{cases} \qquad (7.34)$$

式中:$f_t(i,j)$为第 t 帧(i,j)处的像素值;k 为 R、G 或 B;th 为阈值。

为了避免帧差法产生空洞,将运动像素误检测为背景像素,对较大的面积连通域计算最小外接矩形(在7.3.3节中介绍),将外接矩形内像素的灰度值都置为1。

(2)重构背景。式(7.34)中,$b_t(i,j,k)=1$ 对应的为背景的像素,对图像序列中 $b_t(i,j,k)=1$ 的像素取均值作为完成重构的背景,即

$$B(i,j,k) = \frac{\sum_{1}^{t} f_t(i,j,k)}{n(i,j)}, b_t(i,j,k) = 1 \qquad (7.35)$$

式中:$n(i,j)$ 为 $1\sim t$ 时间段内 $b_t(i,j,k)=1$ 的次数;$B(i,j,k)$ 为重构后的背景像素的颜色值。

如图 7.8 所示,重构完成的背景图像中不含运动目标,其中彩色背景用于后续的跑道分割。将背景图转化为灰度图像用于运动目标检测。

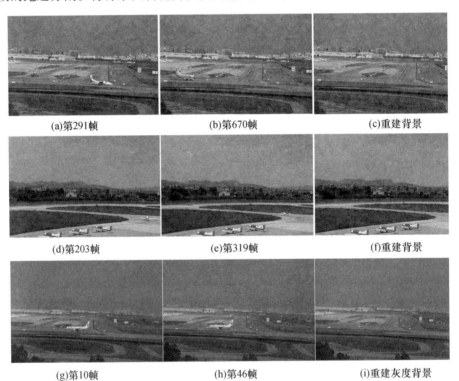

(a)第291帧	(b)第670帧	(c)重建背景
(d)第203帧	(e)第319帧	(f)重建背景
(g)第10帧	(h)第46帧	(i)重建灰度背景

图 7.8　背景重构示意图

7.3.3　机场场面多目标跟踪

7.3.3.1　运动目标特征

经过对运动目标检测之后得到了需要监视的区域,利用一些区域特征来描

述这些运动区域,并将这些区域特征组合成特征矢量与场景中其他目标进行区分。

描述目标区域的特征如下:

质心坐标:连通域的质心在图像中的坐标。如图,红色" * "表示质心。单帧图像中质心坐标描述了目标的位置,将同一目标的质心坐标在视频序列中关联起来得到目标的运动轨迹。下面以 $crd_i = (x_i, y_i)$ 表示目标 i 的质心坐标。

面积:连通域(图中白色区域)内灰度值 = 1 的像素总数。面积用来描述目标的大小。下面以 $size_i$ 表示目标 i 的面积。

外接矩形:包围目标区域的最小矩形。如图 7.9 提取的图像序列中,红色的矩形表示目标的外接矩形。外界的矩形的宽度和长度可以简单地描述目标的形状。下面以 $wh_i = (h, w)$ 表示目标 i 外接矩形的宽度和长度。

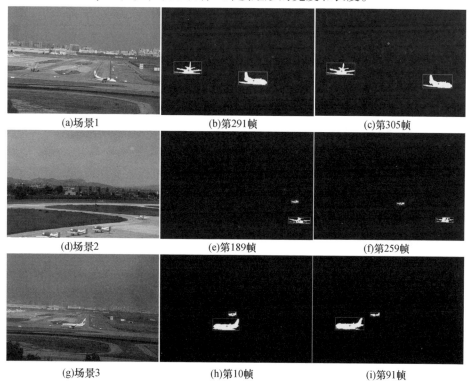

(a)场景1	(b)第291帧	(c)第305帧
(d)场景2	(e)第189帧	(f)第259帧
(g)场景3	(h)第10帧	(i)第91帧

图 7.9　目标信息提取

7.3.3.2　特征匹配

监视视频的帧率一般可达 20 ~ 30 帧/s,因此同一个运动目标在相邻帧的位置、大小、形状这些特征变化较小。对于刚性目标(如飞机),可以利用上面提到的质心坐标、面积和外接矩形进行描述;然后建立三个特征评价指标,即质心距离、目标面积、形状相似度;最后对每一个评价指标加上权重建立评价函数完成目标在帧间的匹配。

质心距离:计算相邻帧间各个目标之间的距离作为评价指标。欧氏距离计算公式如下:

$$\text{Dis}(\text{crd}_i(t), \text{crd}_j(t+1)) = \sqrt{(x_i(t) - x_j(t+1))^2 + (y_i(t) - y_j(t+1))^2}$$

(7.36)

式中:$\text{crd}_i(t) = (x_i, y_i)$ 为第 t 帧的目标 i 的质心坐标;$\text{crd}_j(t+1) = (x_j, y_j)$ 为第 $t+1$ 帧目标 j 的质心坐标。

目标面积:计算相邻帧间目标之间的面积大小作为评价指标。其计算公式如下:

$$\text{Dif}(\text{size}_i(t), \text{size}_j(t+1)) = |\text{size}_i(t) - \text{size}_j(t+1)| \qquad (7.37)$$

式中:$\text{size}_i(t)$ 为第 t 帧的目标 i 的面积;$\text{size}_j(t+1)$ 为第 $t+1$ 帧的目标 j 的面积。

形状的相似度:计算相邻帧间目标之间的形状的相似度作为评价指标。其计算公式如下:

$$\text{Iang}(\text{wh}_i(t), \text{wh}_j(t+1)) = arccos \cdot$$

$$\frac{w_i(t) \times w_j(t+1) + h_i(t) \times h_j(t+1)}{\sqrt{w_i(t)^2 + h_i(t)^2} \times \sqrt{w_j(t+1)^2 + h_j(t+1)^2}} \quad (7.38)$$

式中:$\text{wh}_i(t) = (w_i, h_i)$ 为第 t 帧的目标 i 外接矩形宽和高的长度;$\text{wh}_j(t+1) = (w_j, h_j)$ 为第 $t+1$ 帧的目标 j 外接矩形宽和高的长度。

评价函数:特征匹配的评价函数是对质心矩阵、目标面积、形状相似度三个评价指标加权求和,即

$$\text{Adp}(\text{object}_i(t), \text{object}_j(t+1)) = a_1 \times \text{Dis} + a_2 \times \text{Dif} + a_3 \times \text{Iang}$$

(7.39)

式中:$\text{object}_i(t)$ 为第 t 帧的目标 i;$\text{object}_j(t+1)$ 为第 $t+1$ 帧的目标 j;a_1、a_2、a_3 为加权系数,一般 $a_1 = 0.6, a_2 = 0.2, a_3 = 0.2$。

7.3.3.4 运动目标轨迹提取

运动轨迹提取是指目标完成帧间匹配后,提取目标质心坐标建立运动序列。具体步骤如下:

(1) 构建目标矩阵 bdes:依此提取第一帧检测出的运动目标的特征,建立目标矩阵 bdes(大小为 $5 \times n$,n 为目标数量),每个目标特征包括目标标号、质心坐标、面积、外接矩形的长和宽。

（2）构建目标矩阵 pdes：依此提取下一帧的运动目标的特征，建立目标矩阵 pdes（大小为 $5 \times m$，m 为目标数量）。每个目标特征包括目标标号、质心坐标、面积、外接矩形的长和宽。

（3）计算匹配评价函数：根据公式，依此对 bdes 中的 n 个目标特征与 pdes 中的 m 个目标计算匹配评价函数。

（4）完成目标匹配：如果 $\min(\text{Adp})$ 小于阈值 th，一般 th = 100，认为匹配成功，否则认为目标离开监视场景取 0。建立矩阵 match：

$$\text{match}(:,i) = \begin{cases} \text{pdes}(:,j_{\text{minAdp}})\,(\min(\text{Adp}) < \text{th}) \\ 0\,(\min(\text{Adp}) > \text{th}) \end{cases} \tag{7.40}$$

若 $m > n$，将没匹配的 pdes$(:,j)$ 依次排列到矩阵 match $(:,i)$。

（5）更新 bdes：将 match 更新为 bdes 用作下一帧的匹配。

（6）轨迹提取：将每一帧的 bdes 中标号相同的质心坐标提取出来建立各自的运动序列。

7.3.3.5　多目标跟踪实例

表 7.2 ~ 表 7.4 是从三个场景的监视视频中任取两帧的匹配结果实例，根据式（7.36）~式（7.40）计算评价函数。如表 7.2 所列，相邻两帧同一目标的评价结果较小，而不同目标的评价结果数值较大，存在着明显的差异。可以选择该方法进行目标帧间匹配，实现场面多目标的跟踪。图 7.10 是提取三个场景中场面运行多架航空器的质心组成的轨迹。

表 7.2　场景 1 目标匹配

场景 1	目标	坐标		面积	矩形		评价结果		匹配结果
		x	y		h	w			
第 291 帧	目标 1	159	340	3060	66	153	$t-1$ 帧目标 1	$t-1$ 帧目标 2	$t-1$ 帧
	目标 2	540	392	4651	70	163			
第 292 帧	目标 1	158	340	3072	67	153	3.06	557.1	目标 1
	目标 2	549	393	4665	71	164	547.1	8.2	目标 2

表 7.3　场景 2 目标匹配

场景 2	目标	坐标		面积	矩形		评价结果		匹配结果
		x	y		h	w			
第 189 帧	目标 1	482	789	1450	33	124	$t-1$ 帧目标 1	$t-1$ 帧目标 2	$t-1$ 帧
	目标 2	375	820	301	14	44			
第 190 帧	目标 1	482	789	1417	35	124	6.6	296.6	目标 1
	目标 2	375	815	297	13	45	290	3.8	目标 2

表 7.4　场景 3 目标匹配

场景 3	目标	坐标		面积	矩形		评价结果		匹配结果
		x	y		h	w			
第 10 帧	目标 1	644	642	9293	101	239	$t-1$ 帧目标 1	$t-1$ 帧目标 2	$t-1$ 帧
	目标 2	536	690	544	17	59			
第 11 帧	目标 1	644	641	9325	101	242	7	1820.4	目标 1
	目标 2	535	689	547	14	59	1827.4	1.44	目标 2

(a)场景1目标航迹

(b)场2目标航迹

(c)场景3目标航迹

图 7.10　多目标跟踪航迹提取

■ 7.4　视频监视数据与 ADS – B 数据融合

　　根据运动检测跟踪算法,可以通过视频流数据提取监视航空器的航迹信息。但视频监视设备是一种主动式的监视手段,无法提供航空器的呼号和内部运行数据。协作式监视设备如二次雷达、ADS – B,采用机载应答设备与地面接收设备信息传递的方式,能获取监视航空器的航空器代码、位置、高度等信息。通过多源数据融合的方式可以弥补视频监视无法提供机载相关数据的不足,丰富监视系统的监视信息。

视频数据与协作式监视设备的数据融合,即同一架飞机在不同监视数据中建立对应关系。为不失一般性,视频监视图像可以看成三维空间的投影,飞机在机场场面运动可以近似看成平面运动,因此图像坐标系与世界坐标系的转换可以采用单应矩阵描述。视频与 ADS – B 监视数据融合方案如图 7.11 所示,运动目标进行检测,选择运动目标的外接矩阵下边界的中点作为飞机图像位置坐标。利用计算得到单应矩阵,把 ADS – B 监视数据中的飞机地图坐标映射为视频中的图像坐标。最后把数据中的目标位置数据与视频跟踪数据进行数据融合,采用最近领域法等算法实现数据关联,从而把 ADS – B 数据链中的航班标识信息与视频上的运动目标融合,实现自动挂标牌。

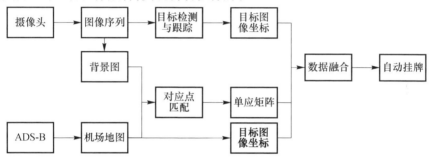

图 7.11　视频与 ADS – B 监视数据融合整体方案

7.4.1　摄像机光学成像模型

真实世界的外部环境通常需要水平(X 轴)、纵深(Y 轴)和垂直(Z 轴)三个方向以物理单位(如 m)的坐标系来表示。摄像机采集的监视视频,每一帧图像都以 $M \times N$ 的矩阵形式储存在计算机内,M 行 N 列的图像矩阵每一个元素称为像素,所以图像坐标系是以像素为基本单位构成的。摄像机的成像过程可看作三维世界坐标系到二维图像坐标系转化的过程。摄像机完成对外部环境信息的记录,需要经过世界坐标系到摄像机坐标系的转化及摄像机的投影变换两个过程。

(1)世界坐标系投影到摄像机坐标系

世界坐标系到摄像机坐标系的转化[21]:

$$
\begin{bmatrix} X_c \\ Y_c \\ Z_c \\ 1 \end{bmatrix} = \begin{bmatrix} \boldsymbol{R} & \boldsymbol{t} \\ \boldsymbol{0}^{\mathrm{T}} & 1 \end{bmatrix} \times \begin{bmatrix} X_w \\ Y_w \\ Z_w \\ 1 \end{bmatrix}
\tag{7.41}
$$

式中:$[X_c \quad Y_c \quad Z_c \quad 1]^{\mathrm{T}}$ 为以摄像机光心为原心;X_c、Y_c、Z_c 轴组成的摄像机

坐标系。

为了描述摄像机的位置,在真实环境中还需要选择一个基准坐标系定义摄像机的位置,这个坐标系称为世界坐标系,由 X_w、Y_w、Z_w 轴组成。世界坐标系与摄像机坐标系之间的关系用旋转矩阵 **R** 与平移矢量 **t** 来表示。

(2) 摄像机的投影变换

摄像机投影成像类似于针孔模型,如图 7.12 所示,可看作空间上任意一点 p 与光心 O 连线 Op 与图像平面的交点。

$$x = \frac{f \times X_c}{Z_c} \tag{7.42}$$

$$y = \frac{f \times Y_c}{Z_c} \tag{7.43}$$

投影比例关系式如下:

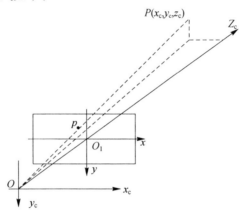

图 7.12　摄像机投影模型

式中:f 为焦距,即摄像机光心 O 到图像坐标原点 O_1 的距离。如图 7.12 所示,图像的像素点 p 记录了 Op 射线的透视信息。用齐次坐标和矩阵表示上述透视投影关系[21]:

$$Z_c \times \begin{bmatrix} x \\ y \\ 1 \end{bmatrix} = \begin{bmatrix} f & 0 & 0 & 0 \\ 0 & f & 0 & 0 \\ 0 & 0 & f & 0 \end{bmatrix} \times \begin{bmatrix} X_c \\ Y_c \\ Z_c \\ 1 \end{bmatrix} \tag{7.44}$$

三维空间的点经过透视投影之后,映射到二维的物理图像平面。如图 7.12 和图 7.13 所示,物理图像平面以光轴与图像平面的交点 O_1 为原点,以物理单位

（如 m）建立的平面坐标系。还需要将平面物理坐标系转化为以图像左上角 O 为原点，像素为单位的图像坐标系。两个坐标系的坐标转化[21]：

$$u = \frac{x}{\mathrm{d}x} + u_0 \tag{7.45}$$

$$v = \frac{y}{\mathrm{d}y} + v_0 \tag{7.46}$$

式中：(u_0, v_0) 为图像平面原点 O_1 在像素坐标系中的坐标；$\mathrm{d}x$、$\mathrm{d}y$ 为单位像素在物理坐标系下的尺寸。

齐次坐标的矩阵形式为

$$\begin{bmatrix} u \\ v \\ 1 \end{bmatrix} = \begin{bmatrix} \dfrac{1}{\mathrm{d}x} & 0 & u_0 \\ 0 & \dfrac{1}{\mathrm{d}y} & v_0 \\ 0 & 0 & 1 \end{bmatrix} \times \begin{bmatrix} x \\ y \\ 1 \end{bmatrix} \tag{7.47}$$

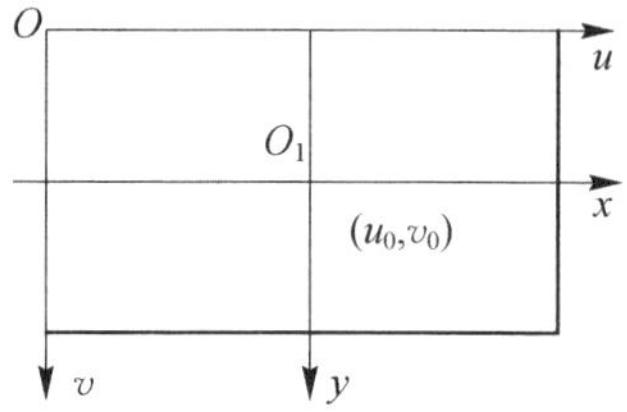

图 7.13　图像坐标系

将式（7.44）与式（7.47）相乘，得到摄像机的投影变换公式：

$$Z_c \times \begin{bmatrix} u \\ v \\ 1 \end{bmatrix} = \begin{bmatrix} \dfrac{1}{\mathrm{d}x} & 0 & u_0 \\ 0 & \dfrac{1}{\mathrm{d}y} & v_0 \\ 0 & 0 & 1 \end{bmatrix} \times \begin{bmatrix} 1 & 0 & 0 & 0 \\ 0 & 1 & 0 & 0 \\ 0 & 0 & 1 & 0 \end{bmatrix} \times \begin{bmatrix} X_c \\ Y_c \\ Z_c \\ 1 \end{bmatrix} \tag{7.48}$$

7.4.2　射影几何和坐标变换

摄像机与世界坐标系的关系满足针孔模型，近似地将飞机在机场场面运动看作世界坐标系中 $z=0$ 的平面上运动，因此摄像机平面的像素坐标 (μ, v) 与触控平面坐标 $(X, Y, 0)$ 的关系可以表示为

$$\lambda \times \begin{bmatrix} u \\ v \\ 1 \end{bmatrix} = \boldsymbol{K} \times [\, r_1, r_2, r_3, t \,] \times \begin{bmatrix} X \\ Y \\ 0 \\ 1 \end{bmatrix}$$

$$= \boldsymbol{K} \times [\, r_1, r_2, t \,] \times \begin{bmatrix} X \\ Y \\ 1 \end{bmatrix}$$

$$= \begin{bmatrix} h_1 & h_2 & h_3 \\ h_4 & h_5 & h_6 \\ h_7 & h_8 & 1 \end{bmatrix} \times \begin{bmatrix} X \\ Y \\ 1 \end{bmatrix}$$

$$= \boldsymbol{H} \times \begin{bmatrix} X \\ Y \\ 1 \end{bmatrix} \tag{7.49}$$

式中:$R = [\, r_1, r_2, r_3 \,]$

$$\boldsymbol{K} = \begin{bmatrix} \alpha & \gamma & \mu_0 \\ 0 & \beta & \nu_0 \\ 0 & 0 & 1 \end{bmatrix} \tag{7.50}$$

$$\lambda \times \boldsymbol{H}^{-1} \times \begin{bmatrix} u \\ v \\ 1 \end{bmatrix} = \begin{bmatrix} X \\ Y \\ 1 \end{bmatrix} \tag{7.51}$$

根据式(7.49)可以将图像的像素坐标映射到世界坐标系平面。

对于单应矩阵 $\boldsymbol{H}^{-1}$ 有意义的仅仅是矩阵元素的比率,存在的 9 个元素中有 8 个独立比率,因此单应矩阵 $\boldsymbol{H}^{-1}$ 有 8 个自由度,此方程中的单应矩阵 $\boldsymbol{H}^{-1}$ 乘以一个非零尺度因子不会改变投影变换关系,即单应矩阵仅能确定到相差一个非零尺度因子 λ 。

在方程(7.49)中消去 λ 得到关于 $\boldsymbol{H}^{-1}$ 元素的两个线性方程:

$$- h_1 x - h_2 y - h_3 + (h_7 x + h_8 y + 1) u = 0 \tag{7.52}$$

$$- h_4 x - h_5 y - h_6 + (h_7 x + h_8 y + 1) v = 0 \tag{7.53}$$

式(7.52)和式(7.53)写成矩阵形式:

$$\boldsymbol{A}_i \boldsymbol{h} = 0 \tag{7.54}$$

式中

$$\boldsymbol{A}_i = \begin{pmatrix} - x, & - y, & - 1, 0, 0, 0, u_x, u_y, u \\ 0, 0, 0, & - x, & - y, & - 1, v_x, v_y, v \end{pmatrix} \tag{7.55}$$

$$\boldsymbol{h} = (h_1, h_2, h_3, h_4, h_5, h_6, h_7, h_8, 1)^{\mathrm{T}}$$

即每对点对应可以提供两个独立线性方程，那么 4 对点对应能提供 8 个独立线性方程，把 4 个 2×9 矩阵 $\boldsymbol{A}_i$ 叠在一起构成一个 8×9 矩阵 $\boldsymbol{A}$，唯一的限制是 4 个点对应中任意 3 点不共线。$\boldsymbol{A}$ 的秩为 8，方程组 $\boldsymbol{A}\boldsymbol{h} = 0$，从而能解出只相差一个尺度因子 λ 的确定解 $\boldsymbol{h}$。一旦得到了单应矩阵 $\boldsymbol{H}^{-1}$，通过式(7.49)便能实现任意点的图像坐标与世界坐标之间的相互转换。

当有超过 4 组以上的点对应，那么 $\boldsymbol{A}\boldsymbol{h} = 0$ 是一个超定方程组 I。如果所有点对应的测量值都是精确的，那么 $\boldsymbol{A}$ 的秩依然为 8，$\boldsymbol{A}$ 有一维零空间可以得到 $\boldsymbol{h}$ 的精确解，但实际上点对应的坐标测量受噪声影响值存在误差，导致超定矩阵 $\boldsymbol{A}\boldsymbol{h} = 0$ 没有精确解，此时只能定义一个代价函数，求一个使代价函数取最小值的近似解。通常选择代数距离 $\|\boldsymbol{A}\boldsymbol{h}\|$ 作为代价函数，为确保 $\boldsymbol{h}$ 不为零矢量附加范数条件 $\|\boldsymbol{h}\| = 1$，由此得到的算法称为直接线性变换(DLT)算法。

由于航空器进入跑道后，非等待状态一直在运动，但 ADS - B 的刷新频率为 1Hz，即意味着 ADS - B 数据每秒才刷新一次，界面中的飞机及其附带的标牌的位置每秒变动一次。而监视视频帧数为 20 ~ 30(帧)，即意味着每秒钟视频画面变换 20 ~ 30 次，航空器的状态也同步更新 20 ~ 30 次。为了使飞机坐标与图像坐标更好的拟合，实现完美的挂牌效果，我们采取数据点融合，5 帧数据融合为一帧。这样 ADS - B 数据更新速度与视频刷新速度比由 1:20 降到 1:4，大大增加了飞机坐标跟图像坐标拟合度。

7.4.3　融合试验分析

使用摄像机在某机场进行了现场录像试验，与视频同步的 ADS - B 监视数据来自安装在该机场附近的 ADS - B 地面站。

图 7.14 是截取的一帧视频图像，分别选取了图像和机场地图上四个较明显的标志点。图 7.14(a)中点 A、B、C、D 为视频中选取的特征点，其对应的机场地图中的点为图 7.14(b)中的 A′、B′、C′、D′。图像与地图上的点对应采用手工选取，并假设地图上的点对应坐标是精确的。利用坐标转换模型，求得两个平面之间的单应矩阵，即求得该区域坐标转换关系，当有飞机进入该区域时，利用此转换关系，把图像坐标映射成地图坐标。最后把图像跟踪数据和 ADS - B 监视数据融合，实现视频中飞机的自动挂标牌。

图 7.15 是视频数据与 ADS - B 数据融合实现的自动挂标牌效果。图 7.15 中表示飞机 ADS - B 监视数据；红色矩形框表示检测与跟踪到的图像目标，矩形框中的红点表示图像目标中心，矩形框上标出了飞机的航班号。从图中可以看出，视频中的航班实现了自动挂标牌。

(a)图像坐标系

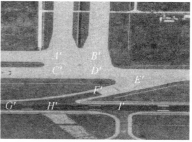
(b)世界坐标系

图 7.14　某机场场面

(a)视频监视数据

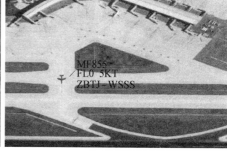
(b)ADS-B监视数据

图 7.15　视频中挂标牌飞机(见彩图)

7.5　飞机起飞图像跟踪方法

　　飞机起飞阶段是事故的高发区,通过对起飞过程的实时监视,能够有效提高航空用户的情景意识和飞机运行的安全水平。此外,飞机的离场时刻是空中交通管理的重要数据。准确的知道飞机的离场时刻能够有效提高跑道利用率[39]、改善航空器的推出率[40]、提高机场容量[41]。随着计算机图像处理技术的发展,可以借助图像识别技术,以直观、廉价的方法实现飞机起飞状态的实时监视。

　　目前,现有的监视手段(如目视管制、二次雷达、ADS - B)都是以监视航空器的垂直方向上达到高度标准判断飞机起飞。经过透视投影变化,摄像机采集到的视频数据是将三维物理空间转化为二维空间,因此视频数据没有一个独立的维度描述场景的垂直高度信息。鉴于此,本节介绍一种适合于图像坐标系识别飞机起飞时刻的方法,在定义飞机的跑道监视区域的基础上,设计两种相对于摄像机不同离场方向的飞机离场时刻识别模型。最后采用某机场的多组离场阶段飞机的监视视频进行验证。

7.5.1　跑道监视区域模型

民用航空规定飞机离开地面 35 英尺,达到起飞安全速度,表示飞机已经脱离地面[42]。目前现有的监视手段(如目视观察、二次雷达和 ADS－B)判断飞机起飞的方法大致都是判断飞机在垂直方向上的高度到达一定阈值。如图 7.16 所示,起飞过程主要分为:地面加速段,从 0 加速到 v_R;抬前轮,从 v_R 到 v_{LOF};加速爬升段,从 v_{LOF} 加速爬升到 35 英尺高,速度至少达到 v_2。其中,v_1 为起飞决断速度;v_R 为抬前轮速度;v_{LOF} 为离地速度;v_2 为起飞安全速度。

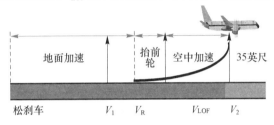

图 7.16　飞机起飞过程

摄像机采集到的视频经过投影变化后,从三维空间投影到图像的二维坐标丢失了一个维度信息。图像信息中没有特定的一个坐标轴来描述垂直高度信息,因此监视摄像机不能采用像其他监视手段一样,通过垂直高度上设定阈值判断航空器起飞。

为了能够通过采集到的二维图像信息中识别飞机的起飞时刻,本章定义了跑道监视区域。跑道监视区域是指航空器在整个滑行过程中包围目标的最小区域,如图 7.17 所示。

根据摄像机的投影模型,图像上的像素点记录的是光心 O 过该像素点射线的信息,因此相对于摄像机距离远近的点都以像素的形式投影在视频中。如图 7.18 所示,受到摄像机摆放位置、拍摄角度的影响,成像平面很难与跑道保持平行,将会造成跑道一端距离成像平面比较近,另一端距离成像平面比较远。因此,航空器在跑道滑行时,距离摄像机较近在图像中面积较大,距离摄像机较远时面积较小,如图 7.17(c)所示。在划分跑道监视区时,透视变化率是必须要考虑的因素。

如图 7.19 所示,跑道监视区域由直线 l_{down}、l_{up} 包围。其中 l_{up} 由透视变化率 per_rate 和航空器进入跑道时外接矩形右上角顶点 object_up 确定,l_{up} 的表达式为

$$y_{up} = \text{object\_up\_y} + \text{per\_rate} \times (x_{up} - \text{object\_up\_x}) \qquad (7.56)$$

透视变化率 per_rate 表示航空器从跑道一端到另一端面积变化的趋势,本

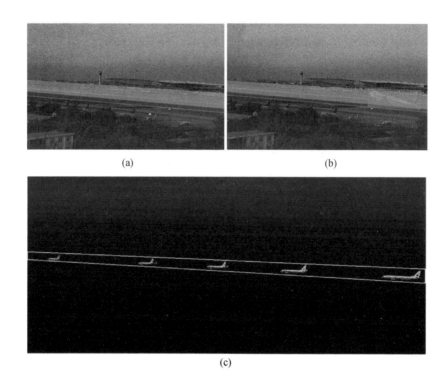

(a)

(b)

(c)

图 7.17 跑道监视区域

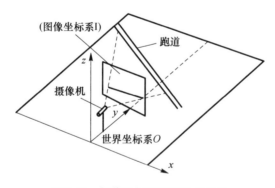

图 7.18 摄像机与跑道的位置关系

节通过监视多组滑行阶段的航空器面积变化确定。

l_{down} 由跑道在图像中的两个端点 far_down 和 near_down 确定，l_{down} 的表达式为

$$y_{\text{down}} = \text{far\_down\_}y + \frac{(\text{near\_down\_}y - \text{far\_down\_}y)}{(\text{near\_down\_}x - \text{far\_down\_}x)} \times (x_{\text{down}} - \text{far\_down\_}x)$$

$$(7.57)$$

图 7.19　跑道监视区划分

7.5.2　离场时刻识别模型

根据 7.3 节场面运动目标跟踪知道,经过分割后得到的运动区域像素用 1 表示,背景区域用 0 表示。本节提出的离场时刻识别模型是在划分跑道监视区域的基础上,观察跑道监视区域内连通域面积的变化。飞机处于滑行阶段时,跑道监视区域内连通域面积变化比较平稳。当飞机在脱离跑道的过程中,飞机逐渐飞离跑道监视区域,此时跑道监视区域内连通域的面积将发生突变。

考虑到飞机逆风起降的原则[42],飞机受风的影响分为两个方向起飞。由于起飞方向的不同,飞机在跑道监视区域连通域面积变化趋势也不同。本章根据飞机的起飞方向,分别建立各自的起飞时刻识别模型。

7.5.2.1　飞机由远及近离场模型

飞机从距离摄像机较远的一端向较近一端滑行离场时,跑道监视区域内,飞机连通域的面积呈现先变大后变小的趋势。如图 7.20 所示,滑行阶段,飞机连通域面积平稳增加。当飞机抬前轮逐渐离开跑道时,飞机连通域的面积迅速减小。

图 7.21 统计了在跑道监视区内飞机由远到近离场面积变化的趋势。飞机连通域面积逐渐增加直到面积取得最大值之前,飞机处于滑行阶段。当飞机连通域面积逐渐减少,飞机脱离跑道逐渐飞离跑道监视区域。飞机的起飞时刻认为是跑道监视区目标面积最大的时刻:

$$\text{flight\_time} = t, (\ \text{size}(t)\ =\ \min(\text{size}(t))) \tag{7.58}$$

式中:flight_time 为航空器起飞时刻;size(t) 为航空器第 t 帧连通域的面积。

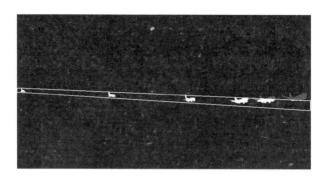

图 7.20　飞机由远到近离场

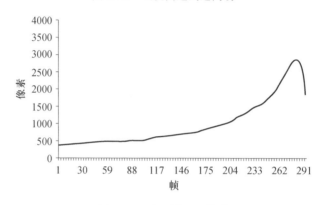

图 7.21　连通域面积统计

7.5.2.2　飞机由近及远离场模型

飞机从距离摄像机较近的一端向较远一端滑行离场时,跑道监视区域内,飞机连通域的面积整体呈现变小的趋势。如图 7.22 所示,滑行阶段,飞机连通域面积平稳减小。当飞机抬起前轮逐渐离开跑道时,飞机连通域的面积迅速减小。

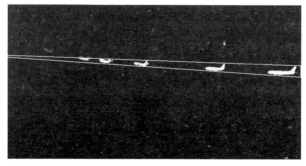

图 7.22　飞机由近到远离场

图 7.23"实线"统计了在跑道监视区内飞机由近到远离场面积变化的趋势。飞机连通域面积逐渐减少直到面积迅速减少之前,飞机处于滑行阶段。当飞机连通域面积开始突变迅速减少,飞机开始脱离跑道,逐渐飞离跑道监视区域。飞机的起飞时刻认为是跑道监视区目标面积突变迅速减少的时刻。

为了防止统计过程中,将噪声误认为是面积突变时刻。计算当前帧面积与起始帧面积的割率,割率取得最大值时对应是连通域的面积突变点,并认为该点是航空器的起飞时刻,如图 7.23 中"虚线"所示。

$$\text{flight\_time} = t, \left(\max \left(\frac{\text{size}(t) - \text{size}(\text{begin\_}t)}{t - \text{begin\_}t} \right) \right) \tag{7.59}$$

式中:$\text{begin\_}t$ 是航空器进入跑道监视区的起始帧。

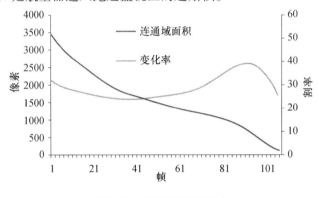

图 7.23　连通域面积统计

7.5.3　某机场实例验证

7.5.3.1　视频监视区

采用某国际机场采集到的多组飞机起飞阶段监视视频来验证。飞机的起飞方向受机场风向的影响,从该机场离场的飞机分别沿着 34 号和 16 号跑道滑行起飞。如图 7.24 所示,相对于监视飞机起飞的摄像机位置,沿 16 号跑道起飞的飞机是由远及近离场,沿 34 号跑道起飞的飞机是由近及远离场。拍摄的监视视频分辨率为 1080×1920 ,帧率为 15 帧/s。

7.5.3.2　算法验证

图 7.25 是 7 组飞机离场航迹跟踪效果。蓝色星号"∗"表示飞机在空中的位置,黄色星号"∗"表示飞机在跑道滑行的位置。图中:1、2 组中的飞机使用 16 号跑道离场,相对于摄像机由远及近离场,采用式(7.58)识别航空器的离场时刻;3~7 组中的飞机使用 34 号跑道离场,相对于摄像机由近及远离场,采用

图 7.24　某国际机场跑道监视区

式(7.59)识别飞机离场时刻。

多组试验表明,本方法识别飞机离场时刻的误差基本在 3s 以内, 平均误差

(a)第1组

(b)第2组

(c)第3组

(d)第4组

(e)第5组

(f)第6组

(g)第7组

图 7.25　飞机离场航迹(见彩图)

为 2.3s,如表 7.5。其中 1、2 组相对于后面 5 组的误差较小。这是由于式 (7.59)计算得到的最大割率相对于面积突变时刻存在一定的滞后性。总体来说,该算法基本满足飞机离场时间检测的要求。

表 7.5　离场时刻误差分析

组数	1	2	3	4	5	6	7
实际离场帧	104	292	91	90	75	71	80
检测离场帧	120	310	120	116	101	85	109
误差时间/s	1.6	1.8	2.9	2.6	2.6	1.4	2.9

7.6　飞机着陆及风险识别方法

根据近年来公布的国内外不安全事件的统计报告[43],航空器在飞行过程中进近着陆最易发生危险。在起降频繁的通用航空飞行训练中,飞行学员由于技术不熟练,容易造成飞机接地角度、接地速度控制不当,导致飞机着陆弹跳等不安全事件。因此对于进近着陆飞机的监视是视频场面监视研究的重点,准确的识别落地时刻及降落后的危险航迹,对保障飞行安全具有重要的现实意义。

落地点是落地航迹上的关键点,着陆中常见的着陆弹跳、接地过早、接地过晚等不安全事件都与落地点密切相关。按照民航空管中的惯例,通常将飞机机轮接触跑道定义为飞机落地。与飞机离场航迹在垂直方向上变化率较大不同,飞机着陆航迹在垂直方向上变化平稳。采用 7.5 节介绍的跑道监视区域模型判断飞机落地,虽然计算方法简单,但是落地点判断的准确性不高,因此不适用于识别着陆时刻。鉴于此,本节介绍一种更为准确识别飞机落地点的方法,利用 HSV 色彩空间对跑道进行分割,并以分割后的图像建立跑道索引矩阵,结合飞机的图像航迹,识别飞机落地点。

飞机的危险着陆航迹表现为落地后再次弹向空中。根据飞机正常滑行航迹在垂直方向上不变的特征,建立飞机的滑行运动模型。提出采用卡尔曼滤波的方法计算得到正常滑行航迹,并与观测航迹进行对比,进而识别出突变的危险滑行航迹。最后,对某通航机场的多组不同角度的视频监视数据进行验证,该算法可以实现航空器落地时刻及着陆危险航迹的准确识别。

7.6.1 飞机着陆判断模型

7.6.1.1 彩色空间模型

颜色是描述客观事物的一种属性,类似于形状、纹理、重量。观察到物体的颜色由物体反射的光决定,可见光在电磁波谱中占较窄的波段。如果物体反射光的波长均匀的在全部可见光范围内,观察到物体的颜色就是白色;如果物体仅对特定波长范围的可见光反射,物体呈现的就是这种颜色;如果物体吸收了所有的入射光,物体表现的颜色就是黑色。例如物体反射光的波长为 $647 \sim 700\text{nm}$,这种物体呈现为红色。

眼睛负责感知色彩的细胞中对红光敏感的占 65% ,对绿光敏感的占 33% ,对蓝光敏感的占 2% 。眼睛对于颜色感知的特性决定了看到的色彩一般是由红(R)、绿(G)、蓝(B)组成的。因此国际照明委员会(CIE)规定波长为 700nm 的红色、546.1nm 的绿色、435.8nm 的蓝色为主原色,红(R)、绿(G)、蓝(B)称为三原色。图 7.26 是 CIE 色度图,轮廓边缘标出了对应的波长(单位为 nm),轮廓区域内包含了所有的可见颜色;内部的三角形是由三色点连接而成,三角形内部的颜色可以有这三原色混合产生。可以看出,虽然三原色围成的三角形不能涵盖整个可见光,但事实上三角区域对应 RGB 监视器所产生的颜色范围,称为彩色全域。

在计算机数字系统中,任何显示和储存的颜色都可以由红、绿、蓝三种颜色组成,这三种颜色也称为三基色。三基色的原理可以理解为:①任何颜色都是由三基色按照不同比例混合而成,每种颜色也都可以分解为这三基色;②这三种基本颜色之间相互独立,三种颜色之间不能相互表示;③任何颜色的饱和度由三基色的比例决定,颜色的亮度是三基色亮度之和。

彩色空间模型是用来精确标定和生成颜色的规则,不同的三彩空间通常采用不同的坐标系统表示,其各自坐标系统中的单个点表示每一种颜色。目前常用的彩色模型有 RGB 模型(Red(红)、Green(绿)、Blue(蓝))、CMY 模型(Cyan(青)、Magenta(品红)、Yellow(黄))、HSV 模型(Hue(色调)、Saturation(饱和度)、Value(数值))等。针对不同的硬件和应用,不同的彩色模型有各自的优势,下面将阐述这些彩色模型。

1) RGB 模型

RGB 模型是由红、绿、蓝三个独立的颜色坐标系通过亮度变化叠加得到任

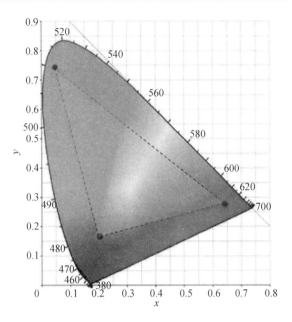

图 7.26　CIE 色度图(见彩图)

意颜色[37]。该模型几乎涵盖了人们视觉上能感知的全部颜色,是目前数字图像处理储存彩色图像中最常用的颜色模型,通常一张彩色图片以一个三维矩阵的形式储存在计算机中。

图 7.27 的立方体是 RGB 空间的坐标系。红、绿、蓝三个坐标轴相互独立,亮度随着坐标轴方向增加,取值范围是(0~255);黑色位于原点(0,0,0),红色 x 轴顶点位于(255,0,0),蓝色 y 轴顶点位于(0,255,0),绿色位于 z 轴顶点(0,0,255)。立方体内任意颜色可由 R、G、B 三个分量混合产生,以坐标的形式表示,如灰色可表示为(128,128,128)。

2)CMY 模型

CMY 模型是青、黄色、品红为三基色混合表示任意颜色的模型。CMY 模型是一种适合于彩色打印机等依靠颜料显示颜色设备的模型。与显示器设备自身发光不同,依靠颜料显示的是吸收自然光中被物体吸收部分颜色后反射的颜色光线。如图 7.28 所示,黄色颜料是吸收白光中的蓝色反射,由反射回来的绿色和红色组成的。

3)HSV 模型

HSV 模型由色调、饱和度及数值描述色彩[37]。图 7.29 是用来描述 HSV 色彩模型的倒六棱锥,顶面的六边形用来表示色调,0°~360°展现了全部可见光色谱,中心到六边形的边界代表饱和度的变化,靠近边界饱和度越高。锥形的中心轴代表亮度。HSV 模型通常是用于调色板的系统,因此相比于 RGB 模型更符合人们对于以颜色为特征描述物体的习惯。

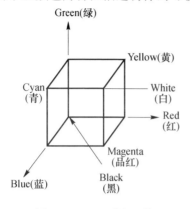

图 7.27　RGB 彩色立体　　　　图 7.28　CMY 模型(见彩图)

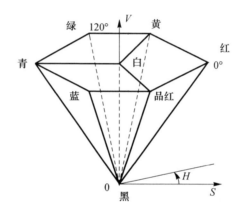

图 7.29　HSV 模型示意图

7.6.1.2　基于 HSV 彩色模型的跑道分割

　　机场跑道在图像中的特征通常形状上呈现为两条平行的直线、颜色大致为单一纯色、饱和度比较均匀、在图像中占用空间较大。目前遥感图像对跑道提取识别的方法是以两条平行的直线作为区别其他物体图像的特征,利用 Hough 变换检测图像内的直线从而对跑道定位[44]。但是对于非遥感图像,受到存在物体景深、透视角度、镜头广角等因素的影响,拍摄的图像往往存在不同程度的畸变。如图 7.30 所示,存在桶形畸变和枕形畸变的图像将造成空间内原本的直线经过透视变换为曲线。

　　对于机场场面的监视希望能够获得较大的监视区域,调节视角和焦距后采集得到的视频数据容易存在着一定程度的畸变,造成跑道在图像中出现形变,畸变后的跑道不适合以两条平行的直线当作提取跑道的特征,如图 7.31 所示的机

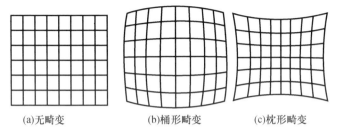

(a)无畸变   (b)桶形畸变   (c)枕形畸变

图 7.30 畸变示意

图 7.31 机场监视场景(见彩图)

场监视场景。

考虑到跑道在颜色上与周围的其他物体有很大区别,适合用颜色信息对跑道进行描述,因此采用彩色模型的跑道分割的方法。跑道提取步骤如下:

(1) RGB 空间转换为 HSV 空间。根据上一节所述,与 RGB 空间相比,HSV空间更适用于分割彩色图像。因此需要将以 RGB 空间存储的背景图转换到HSV 空间,转换公式为[45]

$$H = \begin{cases} \dfrac{G-B}{max-min} \times 60°\ (R = max) \\ \left(2 + \dfrac{B-R}{max-min}\right) \times 60°\ (G = max) \\ \left(4 + \dfrac{G-B}{max-min}\right) \times 60^{o}\ (B = max) \end{cases} \qquad (7.60)$$

$$S = \frac{max - min}{max} \qquad (7.61)$$

$$V = max \qquad (7.62)$$

式中:R、G、B 三个分量最大值为 max,最小值为 min。转换后 H、S 和 V 的取值范围为 0~1。当 max = min 时,H 为纯灰;max = 0,S 无色彩。如果 V = 0 是纯黑色。

（2）色彩空间阈值分割。如图 7.31 所示，整条跑道在监视图像中呈现为亮黄色。色调基本一致呈现，饱和度均匀，亮度随光照变化，同一时刻整体亮度比较一致。根据表 7.6，分别对 HSV 空间的色调、饱和度、亮度进行阈值分割，取值：H 维 0.07 ~ 0.15、S 维小于 0.65、V 维大于 0.7 的像素置 1，其余的像素置为 0。

表 7.6　H、S、V 范围

分量	蓝	黄	红	白	黑
H	[0.56 − 0.72]	[0.08 − 0.22]	[0.88 − 1,0 − 0.08]	—	—
S	—	[0.3 − 0.6]	—	—	—
V	—	[0.7 − 1]	—	—	—

（3）跑道分割。将分割后的 H、S、V 三个维度的二值图像进行逻辑"与"运算，得到跑道二值图。检测二值图，滤除跑道区域内连通域面积小的噪声块。最后得出跑道索引矩阵 index(i,j)。对采集的视频进行处理，结果为一个 1080 × 1920 的 $\{0,1\}$ 矩阵，其中白色像素为 1，黑色像素为 0。跑道分割如图 7.32 所示。

图 7.32　跑道分割

7.6.2　飞机着陆风险识别

7.6.2.1　飞机落地判别方法

飞机着陆过程分为在空中下降高度和地面滑行两个阶段。飞机在空中下降高度的航迹图像表现为垂直轴和水平轴的位置都在变化，而滑行航迹只有水平轴的位置在变化。判断落地点的目的是准确地将着陆航迹分为两个部分。

根据 7.3 节运动目标特征的介绍，外接矩形包含了跟踪的目标。在着陆飞机航迹跟踪的过程中，根据运动目标（飞机）外接矩形下边界位置坐标(i,j)，提取跑道索引矩阵 index(i,j) 中的像素值。当航空器位于空中时，则 $\sum_{(i,j)\in L} \text{index}(i,j) = 0$；当飞机进入跑道区域，$\sum_{(i,j)\in L} \text{index}(i,j)$ 逐渐变大，本节定义当 $\sum_{(i,j)\in L} \text{index}(i,j)$ 大于航空器外接矩形下边界长度的 $1/\alpha_3$ 时（$\alpha_3 \in (1,2)$），判断飞机落地。

落地判据算法表示为[47]

$$
\begin{cases}
着陆\left(\sum_{(i,j)\in L} \mathrm{index}(i,j) > l/\alpha_3 \right) \\
空中\left(\sum_{(i,j)\in L} \mathrm{index}(i,j) < l/\alpha_3 \right)
\end{cases}
\tag{7.63}
$$

式中：L 为目标外界矩形下边界元素集合；l 为下边界的元素个数；设 $\alpha_3 = 1.5$。

图 7.33 是识别飞机落地的航迹图，其中星号"*"为飞机在空中，圆圈"。"为飞机落地。完成对落地点的判断后，着陆航迹分为两个部分，下面将对飞机滑行阶段的航迹进行分析。

图 7.33　飞机着陆航迹

7.6.2.2　基于卡尔曼滤波的飞机滑行模型

卡尔曼于 1960 年结合前人研究成果在信号处理研究的基础上提出卡尔曼滤波理论。常规的滤波模型是对于干扰的滤除，卡尔曼滤波是一种基于线性最小均方差预测的最优线性递归方法。原理上卡尔曼滤波模型是结合计算机实现的一套递推算法，单独一个递推周期有估计和校正两个步骤。其中估计是由上一步的校正结果结合跟踪信号的先验知识建立的运动模型计算得到，校正的过程则是根据跟踪信号的观测量确定估计量。卡尔曼滤波可以看成以观测量值作为输入，将经过校正的估计量作为输出的过程，整个过程与信号处理的思想一致。卡尔曼滤波有如下几个性质：

（1）处理跟踪的信号为随机信号。

（2）观察到的信号没有正确及误差之分，滤波的过程是估计出所要跟踪的信号。

（3）观测值与模型的噪声是统计过程中需要利用的信息，不是处理过程中要过滤掉的干扰。

运动模型一般用动态模型和观测模型表示，目标的动态模型和观测模型表示如下[10]：

$$
\boldsymbol{x}_k = \boldsymbol{A}_{k,k-1} \times x_{k-1} + \delta_{k-1}
\tag{7.64}
$$

$$z_k = H_k \times x_k + \varepsilon_{k-1} \qquad (7.65)$$

式中：$x_{k=}[x,v_x,y,v_y]^{\mathrm{T}}$ 为状态矢量；$A_{k,k-1}$ 为系统状态转移矩阵；$z_{k=}[x,v_x,y,v_y]^{\mathrm{T}}$；$H_k$ 为系统测量矩阵；δ_{k-1} 和 ε_{k-1} 分别为系统过程噪声和观察噪声。

飞机在落地后滑行阶段的正常运动特点：x 方向上为变速运动，y 方向上基本不变。对滑行阶段的运动模型建立如下：

$$A_{k,k-1} = \begin{pmatrix} 1 & 0 & 1 & 0 \\ 0 & 1 & 0 & 0.2 \\ 0 & 0 & 1 & 0 \\ 0 & 0 & 0 & 1 \end{pmatrix} \qquad (7.66)$$

考虑到拍摄过程中航空器运动通常不与摄像机平行，将 v_y 的变化量设为 0.2 作为调整。

卡尔曼滤波有两个步骤：

（1）预测。求得状态预测矢量 $\hat{x}_{k,k-1}$ 和误差协方差预测矢量 $P_{k,k-1}$，即

$$\hat{x}_{k,k-1} = A_{k,k-1} \times \hat{x}_{k-1} \qquad (7.67)$$

$$P_{k,k-1} = A_{k,k-1} \times P_{k-1} \times A_{k,k-1}^{\mathrm{T}} + Q_{k-1} \qquad (7.68)$$

式中：Q_{k-1} 为 $\sqrt{k-1}$ 的方差。

（2）修正。根据式（7.68）修正状态预测矢量 $\hat{x}_{k,k-1}$ 求得矢量 $\hat{x}_k$，即

$$K_k = P_{k,k-1} \times H_k^T \times (H_k \times P_{k,k-1} \times H_k^T + R_k)^{-1} \qquad (7.69)$$

$$\hat{x}_k = \hat{x}_{k,k-1} + K_k \times (z_k - H_k \times \hat{x}_{k,k-1}) \qquad (7.70)$$

并对误差协方差预测矢量 $P_{k,k-1}$ 进行修正，即

$$P_k = P_{k,k-1} - K_k \times H_k \times P_{k,k-1} \qquad (7.71)$$

式中：K_k 为卡尔曼滤波增益；R_k 为 ε_{k-1} 的方差；$z_k = [x_z(k),y_z(k)]$ 为图像中目标质心坐标。

7.6.2.3　着陆风险航迹识别方法

着陆弹跳是指在着陆的过程中，由于飞机接地角度、接地速度控制不当，飞机落地再次弹向空中的不安全事件[46]。本节采用卡尔曼滤波，将经过校正的正常航迹与观测航迹进行对比，进而识别出危险滑行航迹的方法识别着陆弹跳。算法流程如下：

（1）采集正常落地航迹，对卡尔曼滤波器的参数训练。

（2）将训练完成的卡尔曼滤波器对观测航迹进行跟踪，实时计算 y 方向上估计值 $\hat{y}_{k,k-1}$ 与观测航迹 $y_z(k)$ 的差值。为了保证 y 方向上估计值 $\hat{y}_{k,k-1}$ 为正常滑行航迹，定义阈值 T_1，当 $\hat{y}_{k,k-1} - y_z(k) > T_1$ 时，下一帧估计值保持不变 $\hat{y}_{k+1,k} = y_z(k)$ 继续跟踪；当 $\hat{y}_{k,k-1} - y_z(k) < T_1$ 时，更新表示为[47]

$$\hat{y}_{k+1,k} = \begin{cases} y_z(k) + \alpha_4 \times v_y(k)(\hat{y}_{k,k-1} - y_z(k) < T_1) \\ y_z(k)(\hat{y}_{k,k-1} - y_z(k) > T_1) \end{cases} \qquad (7.72)$$

式中:$\alpha_4 \in (0,1)$ 为更新率,调节 α_4 改变 y 方向变化的快慢。考虑到摄像机拍摄角度,设 $\alpha_4 = 0.2$ 作为调节。

（3）当高度差大于阈值 $T_2(T_2 > T_1)$ 时,判断为危险轨迹,进行告警。

实际着陆航迹处理中,取当前帧目标外接矩形高的 1/3 为 T_1,当前帧目标外接矩形高的 3/4 为 T_2。着陆弹跳的识别效果如图 7.34 所示。

(a)滑行轨迹　　　　　　　　　　　　　(b)起跳轨迹

图 7.34　危险轨迹提取

注:"亮◇"表示实际航迹,"暗 ○"表示正常航迹,"亮 ○"表示发生着陆弹跳的航迹。

7.6.3　某通航机场实例验证

7.6.3.1　摄像监视区域

所选取的通航机场,除正常航班的运营,主要进行飞行训练的任务,该机场平面布局及摄像机安装的位置如图 7.35 所示。

图 7.35　某通航机场视频监视区

视频拍摄于 2014 年 6 月 15 日,视频分辨率为 1080×1920,帧率 15 帧/s,受监视航空器机型为 DA-42 四座轻型飞机。

7.6.3.2　算法验证

图 7.36 是 10 架飞机着陆航迹跟踪效果。"亮 *"表示空中位置,"亮◇"表

示实际滑行位置,"暗。"表示正常滑行位置,"亮。"表示为滑行阶段不正常轨迹的位置。1~7 组着陆阶段航迹正常,8~10 组因飞行员操作不当,着陆后发生不同程度的弹跳。

(a)第1组　　　　　　　　　　　　(b)第2组

(c)第3组　　　　　　　　　　　　(d)第4组

(e)第5组　　　　　　　　　　　　(f)第6组

(g)第7组　　　　　　　　　　　　(h)第8组

(i)第9组　　　　　　　　　　　　(j)第10组

图 7.36　着陆航迹跟踪效果

多组试验表明,本方法识别飞机落地时刻误差基本在 1s 以内,平均误差为0.5s;并能有效地检测出落地后存在的危险,危险航迹段漏检帧数在 5 帧以内,平均漏检率为 13.2%,算法落地时刻误差和算法危险航迹漏检率分别如表 7.7、表 7.8 所列。基本满足飞行训练监视的要求。

表 7.7　算法落地时刻误差

指标	1	2	3	4	5	6	7	8	9	10
实际落地帧	135	131	119	118	131	138	104	11	58	152
检测落地帧	129	120	115	101	127	118	95	11	48	145
误差时间/s	0.4	0.67	0.26	1.1	0.26	1.3	0.45	0	0.67	0.46

表 7.8　算法危险航迹漏检率

指标	8	9	10
实际危险帧	30	47	15
检测危险帧	26	44	12
漏检率/%	13.3	6.3	20

7.6.3.3　误差分析

图 7.37 是对第 7 组弹跳阶段拟合的轨迹曲线。从图 7.37 中可以确定飞机最大弹跳高度为 2m。通过与相关通航训练飞行标准的对比,确定弹跳属于正常范围内。

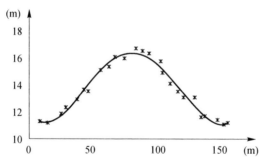

图 7.37　弹跳航迹拟合曲线

参考文献

[1] 张召悦,魏孝强,杨晗. 基于 SIFT 和仿射变换的航空器起飞图像跟踪方法[J]. 航空计算技术,2016,46(1):82 - 84.

[2] 罗晓,卢宇,吴宏刚. 采用多视频融合的机场场面监视方法[J]. 电讯技术,2011,51(7):128 - 132.

[3] Berthold K P,Schunck B G. Determining optical flow[J], Artificial Intelligence(AI 1981), 1981,17:185 - 203.

[4] Lucas D,Kanade T. An iterative image registration technique with an application to stereo vision [J]. Proceedings of Imaging Understanding Workshop,1981:121 – 130.

[5] 赵建. 基于三帧差法的运动目标检测方法研究[D]. 西安:西安电子科技大学,2013.

[6] 孙瑾,顾宏斌,郑吉平. 一种基于梯度方向信息的运动目标检测算法[J]. 中国图像图形学报,2008,13(3):571 – 579.

[7] Spagnolo P,Orazio T D,Leo M,et al. Moving object segmentation by background subtraction and temporal analysis[J]. Image & Vision Computing,2006,24(5):411 – 423.

[8] Gupt S,Masound O,Martin R F K,et al. Detection and classification for vechicles[J]. IEEE Transcations on Intelligent Transportation Systems,2002,3(1):37 – 47.

[9] Kaewtrakulpong P,Bowden R. An Improved Adaptive Background Mixture Model for Real – time Tracking with Shadow Detection[M]. Video – Based Surveillance Systems. Springer US, 2002:135 – 144.

[10] Selin I. The Kalman filter and nonlinear estimates of multivariate normalprocesses[J]. Automatic Control IEEE Transactions on,1965,9(3):319 – 319.

[11] 胡士强,敬忠良. 粒子滤波算法综述[J]. 控制与决策,2005,20(4):361 – 365.

[12] Bradski G R. Computer Vision Face Tracking For Use in a Perceptual User Interface[C]// IEEE Workshop on Applications of Computer Vision. IEEE,1998:214 – 219.

[13] Shi J. Good features to track[C]//Computer Vision and Pattern Recognition,1994. Proceedings CVPR 94. 1994 IEEE Computer Society Conference on. IEEE,2002:593 – 600.

[14] 朱胜利,朱善安,李旭超. 快速运动目标的 Mean shift 跟踪算法[J]. 光电工程,2006,33(5):66 – 70.

[15] 朱胜利,朱善安. 基于卡尔曼滤波器组的 Mean Shift 模板更新算法[J]. 中国图像图形学报,2007,12(3):460 – 465.

[16] Posas F,WurglerMurphy S M,Maeda T,et al. Yeast HOG1 MAP kinase cascade is regulated by a multistep phosphorelay mechanism in the SLN1 – YPD1 – SSK1 "two – component" osmosensor. [J]. Cell,1996,86(6):865 – 875.

[17] Wright S D,Ramos R A,Tobias P S,et al. CD14,a receptor for complexes of lipopolysaccharide (LPS) and LPS binding protein[J]. Science,1990,249(4975):1431 – 3.

[18] Chan C W,Paelinckx D. Evaluation of Random Forest and Adaboost tree – based ensemble classification and spectral band selection for ecotope mapping using airborne hyperspectral imagery[J]. Remote Sensing of Environment,2008,112(6):2999 – 3011.

[19] 张学工. 关于统计学习理论与支持向量机[J]. 自动化学报,2000,26(1):32 – 42.

[20] 李晓娟. 图像拼接技术研究[D]. 西安:西安电子科技大学,2007.

[21] 马颂德,等. 计算机视觉——计算理论与算法基础[M]. 北京:科学出版社,1998.

[22] Besada J A,Molina J M,García J,et al. Aircraft identification integrated into an airport surface surveillance video system[C]//Machine Vision & Applications,2004:164 – 171.

[23] Pavlidou N,Grammalidis N,Dimitropoulos K,et al. Using intelligent digital cameras to monitor aerodrome surface traffic[J]. IEEE Intelligent Systems,2005,20(3):76 – 81.

空管监视技术

［24］ Dimitropoulos K,Semertzidis T,Grammalidis N. Video and Signal Based Surveillance for Airport Applications［C］//Sixth IEEE International Conference on Advanced Video and Signal Based Surveillance. IEEE Computer Society,2009:170－175.

［25］ Koutsia A,Semertzidis T,Dimitropoulos K,et al. Intelligent traffic monitoring and surveillance with multiple cameras［C］//Content－Based Multimedia Indexing,2008. CBMI 2008. International Workshop on. IEEE,2008:125－132.

［26］ Stockhammer C,Gao H,Heuer T,et al. ISMAEL－Reliable Eyes for Air Traffic Controllers at Airports ［C］//IEEE Intelligent Transportation Systems Conference. IEEE, 2006: 510－515.

［27］ Bloisi D,Iocchi L,Fiorini M,et al. Automatic Maritime Surveillance With Visual Target Detection ［C］//International Defense and Homeland Security Simulation Workshop (DHSS),2011.

［28］ Dumont G,Berthiaume F,St－Laurent L,et al. AWARE:A video monitoring library applied to the Air Traffic Control context［C］//2013 10th IEEE International Conference on Advanced Video and Signal Based Surveillance. IEEE Computer Society,2013:153－158.

［29］ 唐勇,胡明华,吴洪刚,等. 一种在机场视频中实现飞机自动挂标牌的新方法［J］. 江苏大学学报(自然科学版),2013,34(6):681－686.

［30］ Borg M,Thirde D,Ferryman J,et al. Video surveillance for aircraft activity monitoring［J］. The University of Reading Whiteknights,Reading,RG6 6AY,UK2005.

［31］ Fusier F,Valentin V,Brémond F,et al. Video Understanding for Complex Activity Recognition［J］. Machine Vision & Applications,2007,18(3,4):167－188.

［32］ Eier D,Huber H. Advanced ground surveillance for remote tower［C］//Integrated Communications,Navigation and Surveillance Conference. IEEE,2008:1－9.

［33］ MSchmidt,M Rudolph,A Papenfuß,et al. Remote airport traffic control center with augmented vision video panorama ［C］. IEEE/AIAA, Digital Avionics Systems Conference. IEEE,2009.

［34］ Schmidt M,Rudolph M,Werther B,et al. Remote Airport Tower Operation with Augmented Vision Video Panorama HMI［C］// Icrat. DLR,2006:221－230.

［35］ 佚名. 民航二所两项科研成果通过民航局鉴定［J］. 西南航空,2013(10):26－26.

［36］ 同济大学数学系,高等数学:第6版［M］. 北京:高等教育出版社,2007.

［37］ Gonzalez R C,等. 数字图像处理:第3版［M］. 阮秋琦,等译. 北京:电子工业出版社,2011.

［38］ 杨敏,裴明涛,王永杰,等. 一种基于运动目标检测的视觉车辆跟踪方法［J］. 北京理工大学学报,2014,34(4).

［39］ 尹嘉男,胡明华,张洪海,等. 多跑道协同运行模式优化方法［J］. 航空学报,2014(3): 795－806.

［40］ 赵嶷飞,侯文涛,岳仁田. 基于推出率控制的机场拥挤管理策略研究［J］. 科学技术与工程,2014,14(5):309－313.

[41] 王飞,徐肖豪. 随机 GHP 模型中机场容量混合聚类算法[J]. 交通运输工程学报,2011(1):64-68.

[42] 刘得一. 民航概论(修订版)[M]. 北京:中国民航出版社,2005.

[43] 霍志勤,罗帆. 近十年中国民航事故及事故征候的统计分析[J]. 中国安全科学学报,2006(12):65-71.

[44] 王敏,张艳宁,孙瑾秋. 一种遥感图像机场跑道的多尺度提取方法[J]. 中国体视学与图像分析,2009(3):256-260.

[45] 谢永祥,董兰芳. 复杂背景下基于 HSV 空间和模板匹配的车牌识别方法研究[J]. 图学学报,2014(4):585-589.

[46] 岳仁田,焦阳,赵嶷飞. 着陆阶段航空器航迹检测与风险识别方法[J]. 交通运输系统工程与信息,2015,15(6):133-139.

空管监视技术

第 **8** 章
空管多源协同监视技术

  空管多源协同监视是在地基雷达监视、星基广播式自动相关监视(ADS – B)、星基合同式自动相关监视(ADS – C)、场面视频监视、ACARS 监视、多点定位监视等多种监视技术手段并存的背景下出现的一种对飞机飞行信息进行监视的新技术。它通过融合多种监视传感器的感知信息,实现对飞机飞行状态的实时监视,达到有效保障飞行安全、提高运行效率的目的。

  随着民航设备与技术水平的提升,各种单一监视传感器及相应信息处理可基于已有的国际标准实现,当前技术的难点在于如何高效准确地融合飞机的多源航迹信息并保证其可信性。多源协同监视技术就是为解决这一挑战性问题而提出的,它在空管监视技术整体体系中占据核心地位[1]。

  针对多源协同监视技术在空管应用中日臻重要的现状,本章重点围绕数据融合理论和多种多源协同监视系统的航迹融合等方面内容展开论述。8.1 节对多源协同监视技术进行概述;8.2 节讲述数据融合理论;8.3 节详述 ADS – B 与雷达协同监视技术;8.4 节阐述 MLAT 与 ADS – B 协同监视技术;8.5 节介绍 ADS – B 与 ACARS 协同监视技术。

8.1　多源协同监视技术概述

  空管多源监视技术是保障飞行安全、提高空管运行效率的关键技术之一。传统空域监视以地基雷达为主,包括一次雷达和二次雷达,它们通过无线电测距获取目标的位置,精度有限;同时,雷达的机械旋转限制了监视信息更新率的提高。总的来说,地基监视难以满足未来空中交通管理系统的发展要求[2]。

  随着 1973 年美国全球定位系统(GPS)的部署,国际民航组织于 1988 年在新航行系统中提出了基于卫星导航和空 – 地通信数据链的星基空域监视系统——自动相关监视(ADS)的概念。ADS 主要包括 ADS – C 和 ADS – B 技术。ADS – C 为点对点监视,多用于远洋和荒漠地区的远程监视;ADS – B 为广播式监视,飞机主动广播自身运行状态信息,相对于 ADS – C 具有更加广阔的应用前景。对于星基监视而言,由于飞机定位数据源自卫星导航系统,其精度和更新率相对地基监视系统均有很大提高,从而可以提升位置信息的可信度。

2004 年,欧洲空中航行安全组织发布了欧洲实施新航行技术的政策,制定了一个名为"欧洲民航委员会通过新通信和监视技术应用推进空管一体化"(CASCADE)的实施计划,标志着欧洲空管开始向新一代星基监视系统演进。2005 年,为确保美国下一代航空运输系统能够满足航空运输对安全、可靠、灵活、高效和容量的需求,美国成立了由交通部、国土安全部、商务部、国防部、白宫科学与技术政策办公室、国家航空航天局和联邦航空局七大政府机构人员组成的联合计划发展办公室(JPDO),推出了面向 2025 年的美国"下一代航空运输系统"(Next Gen)蓝图,星基 ADS – B 监视技术在其中占据了极其重要的地位。除了星基监视手段外,近年来民航也引入了 ACARS、MLAT、视频、星载 ADS – B 等监视技术及系统,空管监视手段日益丰富。

目前,空管监视技术中 ADS – B、ADS – C、雷达、多点定位、视频监视等技术共存,由于各种监视手段基于自身的技术特点都具有各自的适用范围和监视性能,为了最优地利用各种空域监视技术,实现飞机状态的实时可信监视,基于多种监视手段的航迹融合技术开始出现。国内外对空管多源航迹融合算法进行了深入研究,下面列举部分典型的算法:

1960 年,R. E. Kalman 在 *A new approach to linear filtering and prediction problem*[3]一文中首次提出使用线性卡尔曼滤波进行航迹滤波和航迹预测的方法,为航迹融合奠定了基础。

1971 年,R. A. Singer 等人在论文 *Computer Control of Multiple Site Track Correlation*[4]中对人工关联、粗关联等航迹关联方法进行了对比,并提出使用多次蒙特卡罗仿真验证关联精确度的方法。

1987 年,M. Kosaka 等人在论文 *A Track Correlation Algorithm for Multisensor integration*[5]中提出了一种优于最邻近算法的航迹关联算法用于多传感器航迹关联,并利用简单融合算法实现了多传感器航迹的加权融合。

1989 年,T. Jeffery[6]针对多目标雷达航迹的预测融合提出了"航迹质量"的概念。

2004 年,吴江分析和对比了多传感器数据融合中的多项技术,提出异类传感器数据融合的方法,实现了雷达数据和 ADS 数据的融合实验[7]。

2005 年,S. Wu 和 S. McClean[8]根据传感器的相关参数建立了数据融合的关联权重,为建立基于航迹质量的加权融合算法奠定了基础。

2009 年,阳宇[9]采用基于最近领域的双门限关联算法,使得航迹关联的执行时间在仿真中大大减少。

2012 年,A. Ienkaran 针对非线性多传感器融合问题改进了平方根容积卡尔曼滤波理论[10],并将其发展为平方根容积信息滤波。

2013 年,王泽阳[11]基于机载平台,探讨了多传感器多目标融合跟踪领域的数据预处理、航迹跟踪、航迹关联和融合多项关键技术,并从系统高度研究了数据融合系统仿真平台。同年,罗启铭[12]针对雷达与 ADS 数据采样周期差别较大的特点采用异步重置融合算法作为系统核心算法,将雷达与 ADS 数据融合形成综合航迹,并对飞行计划和综合航迹进行融合处理形成最终的系统航迹。

2014 年,Wolfgang Koch[13]基于贝叶斯决策算法,将多假设跟踪算法与交互多模卡尔曼滤波相结合,提出了一种离散的累积状态密度融合算法。

随着航迹融合算法的不断改进,多源协同监视系统也得到了发展,世界上许多公司和研究机构也推出了新的多源协同监视系统。下面列举了部分已有系统成果:

2005 年,M. Leonardi,等人[14]在欧洲雷达会议上提出融合广域多点定位数据与雷达数据,从而提高雷达在测量到达时间(TOA)和到达方位(DOA)两个方面的精确度。

2008 年,S. D. Campbell 等人[15]为 ADS – B 的推广应用创造了一种多源的监视环境,设计了一套融合雷达与 ADS – B 位置报告信息的多传感器数据处理系统。

2010 年,伴随 NextGen 及 SESAR 的发展,美国的 Telephonics 公司推出了新一代空中交通管理系统 Aerotrac[16],接收并处理 SSR、ADS – B、WAM 等多种数据链路,可为航空器提供更加精确的定位服务。

2015 年,Rockwell Collins 推出了全新的多源监视系统 Arinc MultiLink[17],可同时引接 ADS – B、ADS – C 及 ACARS 等 6 种数据链,对飞机的位置报告进行协同监视,将定位精度提升到了全新的高度。

2016 年,Allweatherinc 公司开发的场面管理系统[18]在引接传统场监雷达、一次雷达、二次雷达、ADS – B 的基础上,还能够直接获取 ASDE – X、A – SMGCS、MLAT 系统中的相关信息,并能持续绘制平滑的三维航迹,系统使用界面如图 8.1 所示。

图 8.1　场面交通管理系统使用界面[18]

从国内外对多源监视技术的研究现状可以看出,空管多源协同监视是空管监视的发展方向。由于地基雷达监视系统已经正式应用了多年,与其他监视手段在未来很长一段时期内将共存。随着科学技术的不断发展,根据监视等级的不同需要,将逐渐形成多种多源协同的空管监视系统。

▧ 8.2   数据融合理论

数据融合技术最初应用在军事领域,现在已经广泛地应用于军事以及民用领域,如目标跟踪、空中交通管理、战场监视和防御、医学诊断、遥感、工业生产过程监控等领域,通过融合多个传感器的数据,达到提高数据可信度和有效性的目的。

多传感器融合必须不断融合有用数据和不良数据。然而,由于坏数据"污染"了好的数据,好的数据和坏的数据的简单组合经常会产生不准确的结果。因此,需要不断地使用所有可用的信息,无论是外衍的还是历史存储的。多传感器数据融合技术正在飞速发展,目前正在进行的研究包括开发新的算法、改进已有算法、将现有技术加以集成以形成一种能够处理多种数据融合应用的通用体系结构。

数据融合是空管多源协同监视的理论基础,本节对数据融合理论进行介绍,包括数据融合定义、数据融合的主要技术、数据融合的通用模型和数据融合的主要内容。在数据融合的主要内容部分,详细介绍多传感器数据融合的系统结构和数据融合的实现算法。[19]

8.2.1   数据融合定义

数据融合在许多科技文献中的定义不尽相同。联合实验室(JDL)定义数据融合是一个"多层次、多方面处理自动检测、关联、相关、估计以及多来源的信息和数据的组合过程"。Klein 推广了该定义,指出数据能够由一个或者多个来源提供。从军事应用的角度来看,数据融合就是人们通过多个传感器对空间分布的多源信息进行检测、相关、估计和组合的过程,以较高的概率和精度得到人们所需要目标的状态估计和身份信息,从而进行准确的态势感知和威胁评估,并且提供有效的决策信息[20]。从最一般的意义上讲,数据融合就是一个数据或者信息的综合过程,用来估计或者预测实体的状态[21]。

人类以及其他生物系统中都普遍存在数据融合的功能,数据融合可以看成是模拟人脑综合处理问题的一个过程。多传感器数据融合就是要充分利用多个传感器提供的丰富的资源和可能具有不同特征的信息,通过对各个传感器观测信息的提取和综合利用,产生对观测信息的完整和准确地描述。数据融合是最佳协同作用的结果,其目的是通过联合多个传感器的观测值来提高整个传感器系统的有效性,得到更多、更精确的目标信息[22]。

空管监视中的多源数据融合其本质是将多个星载、星基、天基、地基监视数据源的信息进行时空匹配,形成数据融合、特征融合、决策融合、关系信息融合,最终为空管运行提供可信的数据。

8.2.2 数据融合典型算法

数据融合现有的算法主要有[20]经典推理和统计法、贝叶斯推理法、模糊集理论、估值理论、人工神经网络法、专家系统或人工智能、聚类分析和支持矢量机(SVM)。

经典推理和统计法数学基础牢固,它是在先验概率已知的情况下求观测目标的概率,但存在一些不足,如先验概率一般不确定、没有先验似然估计的优点、在对多目标情况下复杂性大幅度增加等。贝叶斯推理法克服了经典推理和统计法的一些缺点,但是它定义先验似然函数较困难,并且有些假设要求是互斥的。模糊集理论采用广义集合理论,在指定集合中确定目标的数目,在数据关联和目标跟踪等领域应用前景很好。估值理论所采用的技术比较成熟,包括卡尔曼滤波、$\alpha - \beta$ 滤波、最大似然估计等,它在已知噪声的情况下,可以获得最优的估计,其应用领域非常广泛。人工神经网络技术主要用于目标的分类和识别。专家系统的应用主要是黑板系统。聚类分析主要用于数据关联和身份融合等方面。支持矢量机是从线性可分的情况下寻找最优分类面发展而来的,其理论基础是统计学习理论的 VC 维和结构风险最小原则,具有坚实的理论基础和良好的泛化性能。

8.2.3 数据融合通用模型

由于多传感器数据融合本身仍面临着数据缺陷、异常和虚假数据、数据冲突等问题,没有一种数据融合算法能够解决所有数据融合问题,因此数据融合应用在不同的领域,所用的模型可能也不一样。JDL 数据融合工作小组为了加强军事研究人员与系统开发人员的沟通,给出了一种数据融合处理的通用模型[21]。该模型分为传感器输入、人机交互、数据库管理、预处理四级。JDL 融合模型确定了适用于数据融合的过程、功能、技术种类和特定技术,它是一个有效的、跨多个应用领域的模型。数据融合通用模型如图8.2 所示[21]。

第一级:目标优化,包括数据的数据配准、数据关联、目标跟踪和身份识别。目标优化的目的是结合各传感器接收到的数据对目标进行状态和身份的最优估计。

第二级:态势评估,包括态势的提取、分析和预测。态势评估的目的是动态的描述环境中目标和事件间的关系。

第三级:威胁估计,是基于当前的态势,对未来一段时间内关于敌方威胁、我方薄弱点和作战行动发生的可能性等做出的推断。

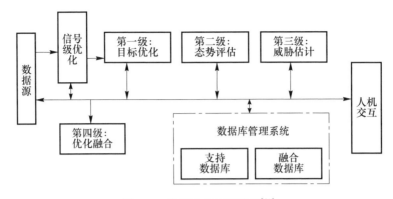

图 8.2　数据融合通用模型[21]

第四级:优化融合,主要指优化利用资源和优化传感器的管理,对数据融合全过程进行监控,来提高融合效果。

8.2.4　数据融合主要内容

8.2.4.1　典型数据融合系统结构

从目标跟踪与状态估计方面来看,多传感器数据融合系统的结构通常有集中式、分布式和混合式三种。

1) 集中式数据融合系统

集中式数据融合系统是将各传感器的观测数据都送入中心处理器进行状态估计和预测,其典型结构如图 8.3 所示。集中式数据融合也称为点迹级别的数据融合。它可以利用所有传感器观测的全部信息,给出一个比单一传感器测量更好的全局估计。集中式数据融合系统信息损失小,估计的结果是最好的,而且可以实现实时融合。但是融合中心要处理所有传感器观测的原始信息,由于数据量大、数据关联较难,对中心处理器的要求很高,所以集中式数据融合系统比较难以实现[23,24]。

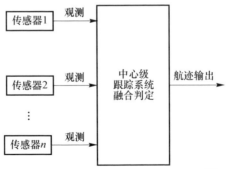

图 8.3　集中式数据融合系统典型结构[23]

2）分布式数据融合系统

分布式数据融合系统是利用各个传感器的量测数据单独跟踪目标,并单独滤波形成本地航迹,分布式数据融合系统结构如图8.4所示。分布式数据融合也称为航迹级别的数据融合。每个传感器都能使用其本身的测量值执行预处理,以获得第一次状态估计,并产生局部航迹,然后各个传感器将估计结果送到融合中心进行融合,得到全局估计。这种方法,每一个传感器必须有自己的算法以执行数据处理和记忆,然后将各航迹传送到中央处理器,得到更精确的状态估计。分布式融合对通信带宽需求小,对中心处理器的要求低,计算速度快,可靠性好,但是它的跟踪精度不如集中式高。目前许多雷达系统都采用分布式融合系统[23,24]。

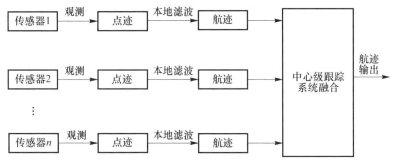

图 8.4 分布式数据融合系统结构[23]

3）混合式数据融合系统

混合式数据融合系统是集中式和分布式的组合,其结构如图8.5所示。混合式数据融合也称为点迹和航迹混合级别的数据融合。它同时传输自己单独量测的信息和经过本地局部处理过的航迹信息,每个处理器将接收到的所有的航迹与自己的局部航迹融合,生成一个全局航迹。它有集中式和分布式系统的优点,但是这种融合系统比较复杂、通信开销大、对计算的要求高,实际应用中不易实现,然而它仍然是一种非常有潜力的融合系统[20]。

8.2.4.2 数据融合的实现算法

在实际应用中,数据融合主要解决数据关联(DA)、目标估计和航迹融合(SF)三类问题。对目标正确跟踪的关键除传感器提供有效的测量外,使用好的估计算法是非常重要的。

1）数据关联

数据关联是多传感器数据融合的关键技术之一。数据关联就是把来自各个传感器对同一目标的观测与已知航迹归并到一起[25],即确定正确的点迹与各自的航迹配对的过程。数据关联的具体步骤如图8.6所示[20]。

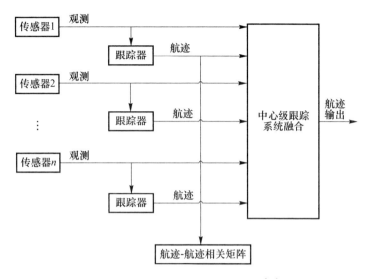

图 8.5　混合式数据融合系统结构[20]

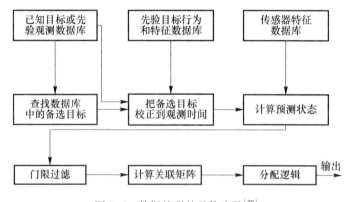

图 8.6　数据关联的具体步骤[20]

数据关联是通过相关波门来实现的。按照关联对象的不同,数据关联可分为三类:

(1) 测量与测量的关联,或点迹与点迹的关联(航迹起始)。

(2) 测量与航迹的关联,或点迹与航迹的关联(航迹维持或更新)。

(3) 航迹与航迹关联(航迹融合)。

到目前为止,已经有很多成熟有效的数据关联算法,但各种算法在应用上都还有一些缺陷。其中主要运用的有最邻近数据关联(NNDA)算法、概率数据关联(PDA)算法、联合概率数据关联(JPDA)算法、多假设跟踪(MHT)算法和模糊数学和神经网络法。最邻近数据关联算法是最早提出的数据关联算法,主要是针对单目标或稀疏目标环境的情况,该算法相对简单,也是最有效的数据关联方法之一。概率数据关联算法也是针对单目标或稀疏目标环境的,计算量较小,在单目标和稀疏目标情况下关联效果较好。联合概率数据关联算法是针对目标密度较高的环境,它将概率数据关联算法扩展到多目标,但是计算量较大。多假设跟踪算法是最一般的方法,它要计算每一种可能的更新假设,跟踪效果好,但是它过多地依赖于目标的先验知识,计算量大,工程上难以实现。

2) 目标估计

目标估计包括状态估计和身份估计[20]。状态估计通常是指对目标位置估计和速度估计。位置估计包括估计目标的距离和方位,速度估计包括对目标的速度和加速度进行估计。状态估计的目的是对目标过去的状态进行平滑,对现在的状态进行滤波和对未来的状态进行预测。对目标状态进行估计,首先进行跟踪滤波,跟踪要确定正确的跟踪模型和算法。针对线性系统常用的状态估计算法有卡尔曼滤波、$\alpha - \beta$ 滤波和 $\alpha - \beta - \gamma$ 滤波,当目标的实际运动和所采用的模型不一致时,滤波器会产生发散现象。对于机动目标的跟踪,主要有自适应卡尔曼滤波、自适应 $\alpha - \beta$ 滤波和多模型滤波等。

身份估计是对目标进行分类和识别,判断出目标的类型。常用的身份估计方法有神经网络方法、聚类法以及基于物理模型的方法等。

3) 航迹融合

航迹融合是通过计算机技术对按时序获取的若干传感器的监视数据在一定准则下加以自动分析、综合以完成需要的估测任务而进行的数据处理过程。

(1) 航迹融合结构。

航迹融合主要有两种结构:一种是局部航迹与局部航迹融合;另一种是局部航迹与系统航迹融合[26]。

图 8.7 为局部航迹与局部航迹的融合结构。该融合结构在融合过程中不考虑前一时刻的系统航迹的融合估计,基本上是一个无存储运算,不涉及相关估计误差问题。在公共融合时刻,各个传感器的局部航迹在融合节点进行相关和融合,形成系统航迹。该融合方法简单,不考虑信息去相关的问题,计算量小,是常用的航迹融合方法,但是该方法没有利用系统航迹的先验信息。

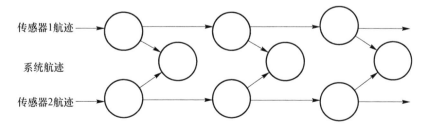

图 8.7　局部航迹与局部航迹融合结构[26]

局部航迹与系统航迹融合结构在航迹融合时利用了前一时刻系统航迹的估计,该结构性能比较好,但必须考虑相关估计误差,可以采用去相关算法消除相关误差。融合结构如图 8.8 所示,当收到一组局部航迹时,系统航迹就外推到接收局部航迹的时刻与其关联和融合形成系统航迹。

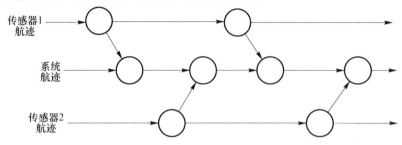

图 8.8　局部航迹与系统航迹融合结构[26]

局部航迹与局部航迹融合结构运算简单,但是性能较局部航迹与系统航迹融合低。

局部航迹与系统航迹融合性能较好,但是必须去除相关估计误差,计算较复杂。

（2）航迹融合算法[20]。

① 简单航迹融合。

当两条航迹状态估计协方差 $\boldsymbol{P}_{ij} = \boldsymbol{P}_{ji} \approx 0$ 时,系统状态估计为

$$\hat{\boldsymbol{X}} = \boldsymbol{P}_j \left(\boldsymbol{P}_i + \boldsymbol{P}_j \right)^{-1} \hat{\boldsymbol{X}}_i + \boldsymbol{P}_i \left(\boldsymbol{P}_i + \boldsymbol{P}_j \right)^{-1} \hat{\boldsymbol{X}}_j = \boldsymbol{P} \left(\boldsymbol{P}_i^{-1} \hat{\boldsymbol{X}}_i + \boldsymbol{P}_j^{-1} \hat{\boldsymbol{X}}_j \right) \quad (8.1)$$

系统误差的协方差为

$$\boldsymbol{P} = \boldsymbol{P}_i \left(\boldsymbol{P}_i + \boldsymbol{P}_j \right)^{-1} \boldsymbol{P}_j = \left(\boldsymbol{P}_i^{-1} + \boldsymbol{P}_j^{-1} \right)^{-1} \quad (8.2)$$

这种方法实现简单,因而被广泛采用。当两个航迹不存在过程噪声时,融合算法是最佳的。当估计误差相关时,它是准最佳的。

② 协方差加权航迹融合（WCF）。

两个传感器 i 和 j 的两个估计之差为

$$\boldsymbol{d}_{ij} = \hat{\boldsymbol{X}}_i - \hat{\boldsymbol{X}}_j \quad (8.3)$$

则 $\boldsymbol{d}_{ij}$ 的协方差矩阵为

$$E\left\{ \boldsymbol{d}_{ij} \boldsymbol{d}_{ij}^{\mathrm{T}} \right\} = E\left\{ \left(\hat{\boldsymbol{X}}_i - \hat{\boldsymbol{X}}_j \right) \left(\hat{\boldsymbol{X}}_i - \hat{\boldsymbol{X}}_j \right)^{\mathrm{T}} \right\} = \boldsymbol{P}_i + \boldsymbol{P}_j - \boldsymbol{P}_{ij} - \boldsymbol{P}_{ji} \quad (8.4)$$

$\boldsymbol{P}_{ij} = \boldsymbol{P}_{ji}^{\mathrm{T}}$ 为两个估计的互协方差。

系统状态估计为

$$\hat{\boldsymbol{X}} = \hat{\boldsymbol{X}}_i + \left(\boldsymbol{P}_i - \boldsymbol{P}_{ij} \right) \left(\boldsymbol{P}_i + \boldsymbol{P}_j - \boldsymbol{P}_{ij} - \boldsymbol{P}_{ji} \right)^{-1} \left(\hat{\boldsymbol{X}}_j - \hat{\boldsymbol{X}}_i \right) \quad (8.5)$$

系统误差协方差为

$$P = P_j - (P_i - P_{ij})(P_i + P_j - P_{ij} - P_{ji})^{-1}(P_i - P_{ji}) \qquad (8.6)$$

当协方差可以忽略时,该算法就变成了简单融合算法,该算法能够控制公共过程噪声,但是需要计算互协方差,从一定程度上增加了计算量。

如果在对传感器航迹进行融合时,系统航迹的状态估计不参与融合,就不存在相关问题,这种全局估计是最佳的。在每一个融合时刻所得到的全局航迹都是由传感器航迹间的相互融合实现的。

8.3 ADS-B 与雷达协同监视

雷达监视系统在当前民航监视中已经广泛应用。Thales 公司为空中交通管制部门开发的多雷达监视系统(MRTS)已经成功在多个空管单位应用。该系统借鉴了 Thales 公司对空中交通管制的多年研究成果,符合国际标准,同时创新地应用了目前最先进的技术,并将安全作为首要的设计标准。国内外,其他空管自动化系统生产厂家也开发了类似的多雷达监视系统并投入到空管一线中应用。

随着航行技术和通信数据的飞速发展,航班和飞机之间已经搭建了 ADS-B 数据链(ADS-B)。ADS-B 基站不仅能覆盖所有雷达覆盖的区域,还能覆盖许多雷达无法覆盖的区域。虽然空管自动化系统会向管制高效、设备简单的方向发展,ADS-B 技术会逐步地替代雷达成为主用监视设备[27],但未来较长的一段时间内雷达和 ADS-B 共存,因此有必要将 ADS-B 数据和雷达数据融合,以便增强空管的监视能力。为融入该条数据链,研发人员已将多雷达监视系统升级为多传感器监视系统(MSTS)。多传感器监视系统通过融合多种雷达数据和 ADS-B 基站数据,搭建了一套统一、精确的监视体系。

本节结合国内外研究现状,对多雷达与 ADS-B 数据融合架构、航迹特征分析、单雷达与 ADS-B 数据融合、多雷达与 ADS-B 数据融合进行介绍。

8.3.1 数据融合架构

8.3.1.1 多雷达融合架构

图 8.9 为 Thales 公司的多雷达监视系统架构[27]。

对于接收 N 个扇区点迹的多雷达监视系统,数据融合的步骤如下:

(1)处理第 N 个点迹组成的固定航迹时使用第 N-1 和 N-2 个点迹通过相关、关联、航迹管理、航迹更新等方法激活。

(2)处理第 N-1 个点迹组成的临时航迹时使用第 N-1 和 N-2 个点迹通

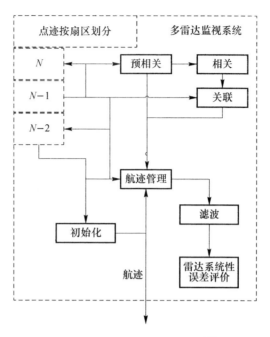

图 8.9　多雷达监视系统架构[27]

过类似的方法激活。

① 相关、关联、航迹管理、航迹更新;

② 使用 $N-2$ 个点迹创建新航迹;

③ 输出第 $N-2$ 个点迹来更新确定的航迹;

④ 输出更新后的确定航迹。

(1) 预相关步骤。通过粗筛与相关波门计算选择可能的点迹 – 航迹对,可计算更新航迹的大致范围,该范围是三种极性窗体的结合:①运动学窗,观察可能的机动目标;②推断失误窗,来源于滤波的不确定性;③测量失误窗,来源于雷达的噪声误差。

(2) 相关。基于一定的近似值,可以在预相关中选出最好的点迹 – 航迹配对。处理过程的三个等级:

① 按照每一预相关点迹时间进行航迹预测;

② 点迹 – 航迹近似配对计算取决于正常距离(基于卡尔曼滤波)和额外信息(基于 3A 模式或航空器地址配对等);

③ 通过点迹 – 航迹对相似性等级对点迹进行分类。

(3) 关联。关联的功能基于全局近邻方法,解决相关性冲突,并且为飞机探测选择相关性最好的测量方法,关联过程结束后,一条航迹至少由一个点迹连接。

（4）航迹管理过程：

① 基于自适应扩展卡尔曼滤波和交互多模型（IMM）滤波的航迹更新；

② 对未关联的航迹进行航迹外推；

③ 针对可能的机动目标进行逻辑判断（多假设跟踪）；

④ 航迹识别；

⑤ 输入航迹的位置、速度、时限；

⑥ 航迹通用信息更新；

⑦ 航迹输出。

（5）滤波。一方面，航迹滤波更新基于三维卡尔曼滤波对水平航迹的追踪：

① 定义两种滤波，即在笛卡儿坐标系中表示出航迹位置状态矢量和速度状态矢量；

② 认为目标行为模型是等速运动的；

③ 自适应动态噪声协方差矩阵取决于目标的机动特性；

④ 用球面坐标中的距离、方位、高度来表示测量矢量。

另一方面，用一维卡尔曼滤波来追踪飞行高度。通过软件配置参数设置建立在匀速运动、加速运动、协调转弯模型上的交互式混合模型。使用一种类似于多假设追踪功能的机动目标组件管理函数来处理线性的航迹。航迹由两部分构成：一是不考虑点迹的要素；二是用点迹更新卡尔曼滤波的要素（机动假设）。尽管这两种假设共存，但只有一种要素能显示出来。

（6）初始化。当航空器出现在系统的监视区域时，自动初始化功能可产生新的航迹。单个二次雷达、单个一次雷达、多雷达均可进行初始化。为避免产生错误的航迹，可用贝叶斯方法来确定临时航迹。

（7）雷达系统误差评估（SREA）。通过为多雷达配置定义空间参考系和在所有的雷达上应用精确的航迹状态矢量，可以计算出系统测量误差。SREA 原则可持续测量每个雷达的系统测量误差，并在更新航迹前消除这些误差。卡尔曼滤波可沿距离轴和方向轴评价系统误差。

8.3.1.2　多传感器融合架构

多传感器监视系统构架与多雷达监视系统相似，如图 8.10 所示。

多传感器监视系统升级了初始化、航迹管理和滤波系统，以便接收 ADS – B 数据并管理多传感器航迹。该监视方法可降低多雷达监视能力降级的风险。

（1）ADS 数据处理。ADS 数据处理部分通过预关联和相关对 ADS – B 数据进行处理并生成多传感器监视航迹，预相关以运动状态和航空器航迹配对为基础，关联过程为航迹管理过程找出最好的航迹配对。测量模块给出航空器的位置，所有处理过程都建立在由 WGS – 84 坐标系转换的笛卡儿坐标系中。

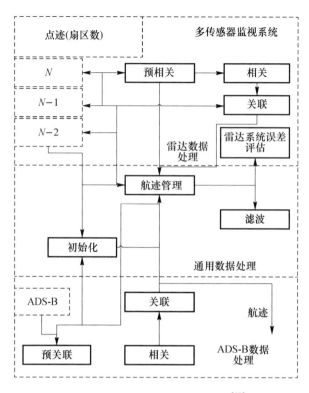

图 8.10　多传感器监视系统架构[27]

（2）通用数据处理。通用数据处理部分与多雷达监视系统相似，初始化过程允许用 ADS – B 数据模拟航迹，此时的航迹管理过程可管理多传感器数据。

状态矢量为

$$\boldsymbol{X}_k = \begin{bmatrix} x & y & z & \dot{x} & \dot{y} & \dot{z} \end{bmatrix}^{\mathrm{T}} \tag{8.7}$$

过渡矩阵为

$$\boldsymbol{\Phi}_k = \begin{bmatrix} 1 & 0 & 0 & \Delta t_k & 0 & 0 \\ 0 & 1 & 0 & 0 & \Delta t_k & 0 \\ 0 & 0 & 1 & 0 & 0 & \Delta t_k \\ 0 & 0 & 0 & 1 & 0 & 0 \\ 0 & 0 & 0 & 0 & 1 & 0 \\ 0 & 0 & 0 & 0 & 0 & 1 \end{bmatrix} \tag{8.8}$$

式中：Δt_k 为时刻 k 和时刻 $k-1$ 之间的时间。

在计算预计协方差矩阵、增益矩阵、预计状态矢量之前，利用状态噪声协

差矩阵 $\boldsymbol{Q}_k$ 可完成自适应卡尔曼滤波。噪声协方差为

$$\boldsymbol{Q}_k = \begin{bmatrix} \dfrac{\Delta t_k^4}{4} \cdot \boldsymbol{q} & \dfrac{\Delta t_k^3}{2} \cdot \boldsymbol{q} \\[2mm] \dfrac{\Delta t_k^3}{2} \cdot \boldsymbol{q} & \Delta t_k^2 \cdot \boldsymbol{q} \end{bmatrix} \tag{8.9}$$

式中

$$\boldsymbol{q} = \begin{bmatrix} \sigma_{qk_{xy}}^2 & 0 & 0 \\ 0 & \sigma_{qk_{xy}}^2 & 0 \\ 0 & 0 & \sigma_{qk_z}^2 \end{bmatrix} \tag{8.10}$$

式中：$\sigma_{qk_{xy}}^2$ 为地面加速度（XY 平面）的方差；$\sigma_{qk_z}^2$ 为垂直加速度（Z 平面）的方差。

卡尔曼滤波可根据目标行为自适应：沿 XY 平面的变化量 $\sigma_{qk_{xy}}$，沿 Z 平面的变化量 σ_{qk_z}。

卡尔曼滤波能够确保归一化新息加权平方和遵循 χ^2 分布，因此卡尔曼滤波适用于观测过程。测量矢量和观测矩阵的运用应当充分考虑雷达和 ADS – B 数据源。

雷达数据中的观测矢量 $\boldsymbol{Z}_k = \begin{bmatrix} R & A_z & E_l \end{bmatrix}^{\mathrm{T}}$，ADS – B 数据中的观测矢量 $\boldsymbol{Z}_k = \begin{bmatrix} x & y & z \end{bmatrix}^{\mathrm{T}}$。因此，雷达的非线性观测方程为

$$\boldsymbol{H}_k = \begin{bmatrix} \dfrac{\partial R}{\partial x} & \dfrac{\partial R}{\partial y} & \dfrac{\partial R}{\partial z} & 0 & 0 & 0 \\[2mm] \dfrac{\partial A_z}{\partial x} & \dfrac{\partial A_z}{\partial y} & \dfrac{\partial A_z}{\partial z} & 0 & 0 & 0 \\[2mm] \dfrac{\partial E_l}{\partial x} & \dfrac{\partial E_l}{\partial y} & \dfrac{\partial E_l}{\partial z} & 0 & 0 & 0 \end{bmatrix} \tag{8.11}$$

ADS – B 数据的线性观测方程为

$$\boldsymbol{H}_k = \begin{bmatrix} 1 & 0 & 0 & 0 & 0 & 0 \\ 0 & 1 & 0 & 0 & 0 & 0 \\ 0 & 0 & 1 & 0 & 0 & 0 \end{bmatrix} \tag{8.12}$$

（3）雷达数据处理部分。基于所选的系统参考航迹来评价航迹误差，不需要更新多传感器监视系统的范围，在与 ADS – B 更新信息关联时具有更好的精确度。

8.3.2　航迹特征分析

由于雷达点迹是按照方向在扇区中缓冲,因此引入了与雷达扫描周期成比例的延迟时间。与雷达不同,ADS – B 数据可直接处理,没有任何获得性误差。限制跟踪滤波更新可有效避免航迹精确度的降低。

航迹跟踪处理,即点迹更新,可以显著增强多雷达架构的航迹可视化,但无法更新 ADS – B 系统航迹误差。相对于雷达点迹,ADS – B 系统航迹数据定位精度更高,且数据更新速率更快。在多传感器监视系统中,点迹不直接生成航迹,而与系统航迹关联,加强了对 ADS – B 系统航迹的整合。

通过上述航迹融合架构处理雷达点迹,航迹特征可在 ADS – B 失效的情况下保证航迹的连续性。雷达点迹关联也可用来处理 ADS – B 定位精度降低的情况。由于雷达点迹的可靠度更高,为防止雷达点迹与 ADS – B 系统航迹间的冲突,系统航迹正常情况下可仅使用雷达点迹更新。

8.3.3　单雷达与 ADS – B 数据融合

单雷达和 ADS – B 航迹的融合主要包括数据预处理、数据关联、航迹初始化、跟踪等过程。经过融合处理,单雷达得到以自身为参考点的本地航迹,ADS – B 的四维信息转换为伪雷达数据,经过处理后得到 ADS – B 航迹。单雷达和 ADS – B 航迹形成过程如图 8.11 所示。

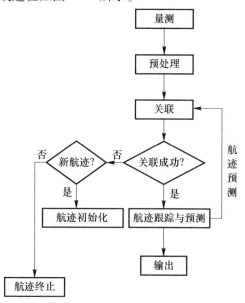

图 8.11　单雷达和 ADS – B 航迹形成[28]

8.3.3.1　数据预处理

由于传输到管制中心的各雷达数据格式（如 CAT062 数据）和 ADS－B 数据格式（CAT021）各不相同，并可能由于传输等原因出现错误，不能直接供融合系统使用，因此需要事先在管制中心分析数据格式，根据一定的规则进行数据校验，剔除明显错误的数据，最后再对正确无误的数据进行处理。

数据预处理包括野值剔除、格式转换、坐标变化、时间对准。野值剔除是将雷达数据和 ADS－B 数据中出现的明显错误数据剔除。格式转换是将各种雷达数据信息转换为统一的标准格式，同时，ADS－B 数据被解码为标准格式数据。坐标变换是将数据都变换到统一的坐标系下。时间对准是通过内插或外推等方法将雷达数据对准到设定的标准时刻。

8.3.3.2　数据关联

数据关联判断检测到的多个点迹是否来自同一目标，然后与正确的航迹配对。对于一次雷达，由于无法获得航空器的标识信息，数据关联只能利用位置信息进行波门相关。对于二次雷达，可以获得目标的应答机代码，数据关联可以利用应答机代码进行配对计算，再利用波门相关进一步确认。对于 ADS－B 数据，则可以利用 ADS－B 数据中包含的 24 位 ICAO 地址码进行数据关联，关联概率较高[28]。

8.3.3.3　航迹跟踪

常用的跟踪方法有卡尔曼滤波跟踪算法和 $\alpha-\beta$ 滤波跟踪算法。卡尔曼滤波由卡尔曼在 1960 年提出，是一种线性最小方差估计，计算量稍大，但对于计算机来说计算简便。卡尔曼滤波能在线性高斯白噪声条件下获得最优的状态估计，收敛速度快，存储量小，因此该技术广泛应用于各个领域。相比于卡尔曼滤波，$\alpha-\beta$ 滤波器是一种简单易于工程实现的常增益滤波器，增益可离线计算，是卡尔曼滤波的简化方案，计算量较小，目前也还在很多系统中使用，如 20 世纪 90 年代在首都机场安装的美国 Raython 公司 Autotrac－2000 系统[29]。

目前，由于卡尔曼滤波器和 $\alpha-\beta$ 滤波器在飞机机动情况下的缺陷，很多新开发的空管自动化系统已经不再单纯地只采用卡尔曼滤波器或 $\alpha-\beta$ 滤波器，而是采用交互模式滤波器。交互模式滤波器的核心思想是多个滤波模型并行滤波，滤波的状态输出是各个单模滤波器滤波状态的融合。交互模式滤波算法[30]由 Blom 于 20 世纪 80 年代提出，具有很强的机动目标跟踪能力。下面简要介绍航迹跟踪常用到的 $\alpha-\beta$ 航迹跟踪算法和多模式 $\alpha-\beta$ 航迹跟踪算法。

1) $\alpha - \beta$ 航迹跟踪算法[7]

$\alpha - \beta$ 航迹跟踪算法是一种简化的卡尔曼滤波算法,它包括预测和滤波,滤波增益需要根据实际情况人为调整。

利用目标运动模型预测下一时刻的目标状态变量,即目标的坐标和速度,可表示为

$$X_p(k \mid k-1) = X_s(k-1) + T \cdot v_s(k-1) \tag{8.13}$$

$$v_p(k \mid k-1) = v_s(k-1) \tag{8.14}$$

式中:$X_s(k-1)$、$v_s(k-1)$ 为前一时刻已跟踪到的目标坐标和速度;T 为天线的扫描周期;$X_p(k \mid k-1)$、$v_p(k \mid k-1)$ 为此次预测目标的坐标和速度。

滤波又称估计,将当前时刻的点迹报告 $Z(k)$ 和预测值 $X_p(k \mid k-1)$ 用滤波系数 α、β 按下列公式计算状态变量的滤波(估计)值:

$$X_s(k) = X_p(k \mid k-1) + \alpha \cdot [Z(k) - X_p(k \mid k-1)] \tag{8.15}$$

$$v_s(k) = v_p(k \mid k-1) + (\beta/T) \cdot [Z(k) - X_p(k \mid k-1)] \tag{8.16}$$

即用报告值和预测值之差(称为新生项),按 α、β 的比例去修正坐标和速度的预测值,α、β 相当于卡尔曼增益。α、β 越大,越偏向于报告值,α、β 越小,越偏向于预测值;滤波值始终介于预测值和报告值之间,兼用了有关目标的先验知识和雷达实际探测数据所能够得到的最好结果。

滤波系数 α、β 值的调整:在目标运动与设定的模型偏差较大或雷达探测的随机误差增大时,都会导致新生项 $|Z(k) - X_p(k \mid k-1)|$ 增大,此时,估计应更加依赖于实测报告值,算法将 α、β 值调大;反之,如新生项数值减小,估计可更多地依赖于由跟踪过程历史所形成的预测值,算法将 α、β 值调小。

2) 多模式 $\alpha - \beta$ 航迹跟踪算法[7]

常规的 $\alpha - \beta$ 航迹跟踪算法中,α、β 的值是固定的,不能适应飞机的各种飞行情况,一般来说,当飞机发生机动时,α、β 应该增大,使航迹的估计值偏向于报告值;当飞机平稳飞行时,α、β 应该减小,使航迹的估计值偏向于预测值。应对飞机的多种飞行情况,可以采用多模式的 $\alpha - \beta$ 航迹跟踪算法,文献[7]预先设计了8种 $\alpha - \beta$ 滤波模式(8组不同的 α、β 值),算法思想是通过机动检测识别目标的运动状态,然后选择适合的 $\alpha - \beta$ 滤波模式[7]。

(1) 机动检测方法。

通过检查噪声和延迟引起的误差来检测机动的程度。用"大的机动门限值"和"小的机动门限值"两个门限值(用 K 表示)确定航迹的机动状态,其中 E_k^2 为预测机动值,可以通过下述方法进行检测判定:

① $E_k^2 \leqslant$ 小的机动门限值,认为航迹是平稳的,是一条直线。

② 小的机动门限值 $< E_k^2 <$ 大的机动门限值,认为发生了小的机动。

③ $E_k^2 \geqslant$ 大的机动门限值,认为发生了大的机动。

上述的两个机动门限值按如下规则确定:

① 当雷达的扫描周期 < 8s 时:小的机动门限值 = 0.2;大的机动门限值 = 4.5。

② 当雷达的扫描周期 > 8s 时:小的机动门限值 = 0.2;大的机动门限值 = 5.0。

预测机动值 E_k^2 的计算方法如下:

$$E_k^2 = E_{x,k}^2 + E_{y,k}^2$$

$$E_{x,k} = (1-w)E_{x,k-1}^2 + we_{x,k}/\text{SIGMA}$$

$$E_{y,k} = (1-w)E_{y,k-1}^2 + we_{y,k}/\text{SIGMA}$$

$$E_{x,o} = E_{y,o} = 0$$

$$e_{x,k} = X_e - X_p = 报告位置的\ x\ 坐标值 - 预测值$$

$$e_{y,k} = Y_e - Y_p = 报告位置的\ y\ 坐标值 - 预测值$$

$$w = 0.05$$

其中:SIGMA 为雷达测量的标准差,在这里简单认为 x、y 方向上标准相同。

(2) $\alpha - \beta$ 多模式滤波的切换。

算法预先设计 8 种 $\alpha - \beta$ 滤波模式,表 8.1 列出各个滤波模式的转换关系,表 8.2 列出各个相应滤波模式下的 α,β 的取值,算法初始化的滤波模式为模式 0。

表 8.1　滤波模式转换关系

上次的滤波模式	本次的滤波模式		
	A	B	C
0	1	1	NA
1	2	2	NA
2	3	3	NA
3	4	4	0
4	5	4	0
5	6	5	0
6	7	6	0
7	7	6	0
注:NA 为航迹初始化;E_x、E_y 将重新设置为 0,并且保持为 0,直到当前的滤波模式为 3			

滤波模式的转换是根据上次的滤波模式和本次的机动检测进行转换。转换算法如下:

① 算法初始化的滤波模式为模式 0。

② 当本次的 E_k^2 满足 $E_k^2 <$ 小的机动门限值时,属于表 8.1 中的情况 A,根据

上次的滤波模式,转换到相应的滤波模式。

③ 当本次的 E_k^2 满足小的机动门限值 $< E_k^2 <$ 大的机动门限值时,属于表 8.1 中的情况 B,根据上次的滤波模式,转换到相应的滤波模式。

④ 当本次的 E_k^2 满足 $E_k^2 > K$ 大的机动门限值时,属于表 8.1 中的情况 C,根据上次的滤波模式,转换到相应的滤波模式。

该算法中预先设置了 8 组 $\alpha - \beta$ 滤波模式,为了提高 $\alpha - \beta$ 滤波的精度,可以增加 $\alpha - \beta$ 滤波的模式的个数。表 8.2 中的值是根据 100 次模拟试验得出的最优值,实际应用时 $\alpha - \beta$ 值可以做一定的调整,以达到优化。

表 8.2　多模式滤波下的 $\alpha - \beta$ 值

本次的滤波模式	滤波参数	
	α	β
0	0.833	0.500
1	0.833	0.500
2	0.833	0.500
3	0.833	0.500
4	0.700	0.300
5	0.600	0.200
6	0.524	0.143
7	0.464	0.107

8.3.3.4　初始化与终止

在雷达系统第一次扫描完成后,将会产生许多点迹,在雷达系统进行第二次扫描以后,根据第一阶段数据关联的结果,如果关联成功,就产生尝试航迹,完成航迹初始化。在连续 N 次扫描周期均未发现相关点迹,终止该航迹,N 为预置的系统参数。ADS – B 航迹的初始化和终止与雷达系统类似[28]。

8.3.4　多雷达与 ADS – B 数据融合

当前空管所用的雷达监视系统多为多雷达系统,ADS – B 与多雷达系统融合技术能够有效提高空管监视的质量。多雷达与 ADS – B 数据融合与单雷达系统相比融合较为复杂,通常包括 ADS – B 信息转化、时间对准、正北校正、空间对准、航迹误差配准、航迹关联、航迹融合。

8.3.4.1　ADS – B 信息转化

要完成 ADS – B 与多雷达监视信息的融合,实现管制自动化系统对自动监视目标的监视,首先要经过信息的转化,使融合信息统一。下面介绍一种 ADS – B 信息转化为雷达信息的方法,该方法包含以下四个步骤[28]:

(1)接收并筛选 ADS – B 发布的各类报告,通过将自动相关监视信息与飞行器的飞行计划进行相关处理,以设定的雷达站位置为参考点进行目标投影并创建自动相关监视的目标航迹。

(2)利用最新收到的自动相关监视信息中位置报告修正推算的飞行剖面值,按照设定的系统更新周期对目标的飞行剖面(四维位置)进行推算。

(3)根据设定的雷达特征参数(天线扫描周期、探测距离等)和雷达站位置,确定雷达的探测范围,按照雷达扫描扇区的时序,获取扇区内对应目标飞行剖面的当前位置。

(4)按雷达信息的格式要求对目标信息要素进行重组,生成标准的雷达信息并输出至雷达信息接口。信息转换之后,就可以与雷达进行融合,其过程与多雷达数据融合相类似。

8.3.4.2 时间对准

1)探测时序[31]

航管雷达及 ADS – B 系统均按一定的时间次序进行对空监视。多雷达与 ADS – B 监视数据融合处理时间对准是十分重要的。航管雷达天线转动周期一般为 4s、8s、10s、12s 等,且按有关规范将雷达扫描全空域划分为 32 个扇区。多数情况下可以依据接收的雷达正北报来确定目标的探测时序,在没有或较少正北报的情况下,建立以下模型:

$$T_r = NCS + D \tag{8.17}$$

式中 $T_r = \begin{bmatrix} t_1 & t_2 & \cdots & t_n \end{bmatrix}^{\mathrm{T}}$ 为雷达逐扇区扫描推进到某一时刻的时序, t_i 为第 i 部(共 n 部)雷达累计转动 k 个扇区并将探测数据传输完毕所用的时间; N、C、S、D 分别为

$$
\begin{cases}
N = \begin{bmatrix} k_1 & 0 & \cdots & 0 \\ 0 & k_2 & \cdots & 0 \\ \vdots & \vdots & & \vdots \\ 0 & 0 & \cdots & k_n \end{bmatrix},\
C = \begin{bmatrix} c_1 & 0 & \cdots & 0 \\ 0 & c_2 & \cdots & 0 \\ \vdots & \vdots & & \vdots \\ 0 & 0 & \cdots & c_n \end{bmatrix} \\
S = \begin{bmatrix} \dfrac{1}{s_1} & \dfrac{1}{s_2} & \cdots & \dfrac{1}{s_n} \end{bmatrix}^{\mathrm{T}},\
D = \begin{bmatrix} \dfrac{1}{d_1} & \dfrac{1}{d_2} & \cdots & \dfrac{1}{d_n} \end{bmatrix}^{\mathrm{T}}
\end{cases}
\tag{8.18}
$$

式中: k_i 为第 i 部雷达累计连续转动的扇区数, k_i 根据各雷达转速不同,以异步方式逐次加 1; c_i 为第 i 部雷达的扫描周期; s_i 为第 i 部雷达扫描空域的扇区划

分个数；d_i 为第 i 部雷达目标报告的通信传输时延。

式(8.17)可改写为

$$T_r = \begin{bmatrix} k_1 - 1 & 0 & \cdots & 0 \\ 0 & k_2 - 1 & \cdots & 0 \\ \vdots & \vdots & & \vdots \\ 0 & 0 & \cdots & k_n - 1 \end{bmatrix} CS + ECS + D \qquad (8.19)$$

式中：E 为单位阵。

式(8.19)给出了雷达目标可信的探测时序。在已知雷达前次报文发送时间和时间间隔的情况下，下次的报文时序可方便得出。

2）处理周期

目前使用的多数航管雷达，扫描周期一般为 4~12s，而 ADS – B 地面站的目标位置报告周期依赖于目标所处的飞行阶段、任务性质等因素，一般位置信息和速度信息每 0.4~0.6s 更新一次，标示信息和类型信息每 4.8~5.2s 更新一次，趋势改变信息每 1.6~1.8s 更新一次。为保证融合后的航迹既保持 ADS – B 航迹精度高的优点，又能够在跨区域、跨阶段飞行时保持航迹的稳定与连续性，综合考虑航管雷达的扫描周期和航迹处理的判定准则，可以将 ADS – B 报告周期分为三种情况（也可以根据需要再细分），如表 8.3 所列，根据各种情况的特点参与数据处理。

表 8.3　ADS – B 报告周期处理方式[31]

ADS – B 周期/s	处理方式
<4	采信 ADS – B 数据
4~36	ADS – B、多雷达综合航迹数据融合
>36	ADS – B 数据不参与目标状态的融合

8.3.4.3　正北校正

多雷达信号融合是多雷达与 ADS – B 数据融合的基础，正北校正是多雷达信号融合的关键技术之一。航管雷达的标称正北一般不同于地理正北，其实际指向不仅存在系统偏差，而且有随机漂移，即由常数、快速颤动、漂移三部分组成。变换到管制自动化系统中统一的坐标系时，必须进行正北偏差校正。各雷达标称正北与地理正北之差的常数部分为各雷达的系统常数，只需要进行一次性校正，不需要进行实时补偿。正北误差的快速颤动可视为雷达测角误差的一个组成成分，不需要在时空对准过程中专门进行补偿处理。在进行了航迹坐标连续化处理和时间轴对准之后，正北误差漂移的补偿，相当于以各台雷达探测到的同一目标为标识点的实时配准问题[7]。

8.3.4.4　空间对准

ADS – B 报告目标的位置采用的是大地坐标系统位置 $L_a = [\,L_a\,,B_a\,,H_a\,]$，航管雷达给出的目标位置是雷达站极坐标系位置 $L_r = [\,r_r\,,\theta_r\,,h_r\,]$，在进行外推、滤波等数据处理计算前需要转换到北天东笛卡儿中央坐标系位置 $X_c = [\,x_c\,,y_c\,,z_c\,]$，即

$$
\begin{cases}
x_c = (N + H_a)\cos B_a \cos L_a \\
y_c = (N + H_a)\cos B_a \sin L_a \\
z_c = [\,N(1 - e^2) + H_a\,]\sin B_c
\end{cases}
\tag{8.20}
$$

式中：N 为椭圆面卯酉的曲率半径；e 为椭圆的第一偏心率。

$$
\begin{cases}
x_{cr} = r_r \sin\theta_r \cos\eta_r \\
y_{cr} = r_r \cos\theta_r \cos\eta_r \\
z_{cr} = r_r \sin\eta_r
\end{cases}
\tag{8.21}
$$

式中：η_r 为雷达俯仰角，可由 h_r 根据几何关系得到。设 $u_{rad} = [\,x_{rad}\,,y_{rad}\,,z_{rad}\,]$ 为雷达站在中央坐标系中的位置 $v_{rad} = [\,L_{rad}\,,B_{rad}\,,H_{rad}\,]$ 为雷达站在 WGS84 中的大地坐标，有 $X_c = u_{rad} + PX_{cr}$。

坐标旋转矩阵为

$$
\boldsymbol{P} = \begin{bmatrix}
-\sin L_{rad} & -\sin B_{rad}\cos L_{rad} & \cos B_{rad}\cos L_{rad} \\
\cos L_{rad} & -\sin B_{rad}\sin L_{rad} & \cos B_{rad}\sin L_{rad} \\
0 & \cos B_{rad} & \sin B_{rad}
\end{bmatrix}
\tag{8.22}
$$

由于涉及地球投影方式和椭圆参数的确定，目标的坐标转换不可避免地带来了误差。

8.3.4.5　航迹误差配准

系统误差来源于雷达和 ADS – B 设备本身的测角、测距、定位精度、进行坐标变换所采用的一些近似以及坐标变换算法本身的偏差等，使观测数据相对真实值产生固定的偏移。利用各雷达和 ADS – B 对同一组目标进行测量，根据矢量差构造方程组解出系统误差，然后对测量数据进行一次性配准。具体方法如下：

由于 ADS – B 和雷达给出的是同一目标，所以在不考虑随机误差的情况下，

若没有系统误差,则应有 $X_{cads} = X_{crad}$,但由于系统误差存在,实际 $X_{cads} \neq X_{crad}$ 。令 $\zeta_a = [\Delta L_a, \Delta B_a, \Delta H_a]$, $\zeta_r = [\Delta \gamma_r, \Delta \theta_r, \Delta \eta_r]$ 分别表示 ADS – B 和雷达测量数据中的系统误差,于是

$$X_{cads} - E(\zeta_a) = X_{crad} - E(\zeta_r)$$

式中: $E(\zeta_a)$ 、 $E(\zeta_r)$ 分别为 ζ_a 、 ζ_r 经坐标变换后转换到中心坐标系的系统误差,利用观测出的 X_c 对 L_a 和 L_c 的雅可比矩阵 J_a 和 J_r 求出:

$$E(\zeta_a) = J_a \zeta_a , E(\zeta_a) = PJ_r \zeta_r$$

令 $\Delta X = X_{cads} - X_{crad}$, $\zeta = [\zeta_a, \zeta_r]^T$, $Q = [J_a - PJ_r]$,于是有[32]

$$\Delta X = Q\zeta$$

对 $N(N \geqslant 2)$ 个目标进行测量,可构造方程组;

$$\Delta X_i = Q_i \zeta (i = 1, 2, \cdots, N)$$

得 $\zeta_{LSE} = (Q^T Q)^{-1} Q^T \Delta X$,从而实现误差修正。

8.3.4.6 航迹关联

航迹关联是把监视数据源探测到的监视数据和已有航迹进行比较、相关、关联和组合,同时获得精确的位置估计和身份估计。航迹关联包括局部航迹的关联和系统航迹与局部航迹的关联两个部分。局部航迹的关联主要作用是在系统开机启动之后,以及系统航迹更新之前,将局部航迹关联融合,生成系统航迹。系统航迹与局部航迹关联主要是作用于系统航迹的更新[9]。

航迹关联算法从数学的角度来说可以分为基于统计数学的航迹关联方法和基于模糊数学的关联方法两类。基于统计数学的航迹关联算法主要有加权航迹关联算法和修正的加权航迹关联算法、序贯航迹关联算法、双门限航迹关联算法(统计)、最近邻域法(NN)、K 最近邻域法(K – NN)、改进的 K 近邻域法等。基于模糊数学的方法主要是鉴于航迹关联时往往存在着一定的模糊性,采用隶属度函数来表示这种模糊性,主要有模糊双门限关联算法、多因子模糊综合决策关联法等。下面对航迹统计关联算法和模糊关联算法进行简要介绍。

1)基于统计的航迹关联算法

加权算法的出发点是,不同传感器对相同目标的观测是独立的,即它们对相同目标的观测是独立的。即有 $\tilde{x}_i^1(k) = \hat{x}_i^1(k) - x_i^1(k)$ 与 $\tilde{x}_j^2(k) = \hat{x}_j^2(k) - x_j^2(k)$ 是统计独立的。其中 $\hat{x}_i^1(k)$ 表示 k 时刻传感器 1 对第 i 个目标的观测值。 x_i^1 表示的是 k 时刻传感器 1 中的目标 i 的真实状态。加权法使用一个检验统计量来评估两条航迹的相关性。检验统计量为

$$\eta_{ij}(k) = [\hat{x}_i^1(k \mid k) - \hat{x}_j^2(k \mid k)]^T [P_i^1(k \mid k) + P_j^2(k \mid k)]$$

$$\cdot \left[\hat{x}_i^1(k\mid k) - \hat{x}_j^2(k\mid k) \right] \tag{8.23}$$

该检验量服从 χ^2 分布,其中对 $P_i^1(k\mid k)$ 表示 k 时刻传感器 1 目标 i 的误差协方差。当 η_{ij} 小于某一门限值时,则认为节点 1 的目标航迹 i 和节点 2 的目标航迹 j 相关联。当 η_{ij} 大于或等于这个门限值时,认为这两条航迹不相关联,即不是对同一条航迹的描述。

修正航迹关联算法则不认为 $\tilde{x}_i^1(k)$ 和 $\tilde{x}_j^1(k)$ 是统计独立的,于是将检验统计量修正为

$$\eta_{ij}'(k) = \left[\hat{x}_i^1(k\mid k) - \hat{x}_j^2(k\mid k) \right]^{\mathrm{T}} \left[P_i^1(k\mid k) + P_j^2(k\mid k) - P_{ij}^{12}(k\mid k) \right.$$
$$\left. - P_{ij}^{21}(k\mid k) \right] \left[\hat{x}_i^1(k\mid k) - \hat{x}_j^2(k\mid k) \right] \tag{8.24}$$

同样,该统计量也服从 χ^2 分布。当该统计量小于某一门限值则认为传感器 1 的航迹 i 和传感器 2 的航迹 j 是关于同一目标的描述;反之亦然。

相对于加权关联算法只对 k 时刻进行检验,序贯关联算法的主要特点是考虑了 k 时刻以前的时刻。假设不同传感器的观测之差为

$$\Delta_{ij}(k) = \hat{x}_i^1(k\mid k) - \hat{x}_j^2(k\mid k) \tag{8.25}$$

设 n 时刻及以前,所有的状态估计差集合为 Γ_{ij}^n,即

$$\Gamma_{ij}^n = \{\Delta_{ij}(k)\} (k = 1,2,\cdots,n)$$

设事件 H_0 和 H_1:

H_0 —— $\hat{x}_i^1(k\mid k)$ 和 $\hat{x}_j^2(k\mid k)$ 是关联航迹,即 i,j 是同一目标的航迹。

H_1 —— $\hat{x}_i^1(k\mid k)$ 和 $\hat{x}_j^2(k\mid k)$ 不是关联航迹,即 i,j 不是同一目标的航迹。

其联合密度概率密度函数在 H_0(i,j 是同一目标的航迹)的条件下为

$$\begin{aligned} f\left[\Gamma_{ij}^n \mid H_0 \right] &= f\left[\Delta_{ij}(n), \Gamma_{ij}^{n-1} \mid H_0 \right] \\ &= f\left[\Delta_{ij}(n) \mid \Gamma_{ij}^{n-1}, H_0 \right] f\left[\Gamma_{ij}^{n-1} \mid H_0 \right] \\ &= \prod_{k=1}^n f\left(\Delta_{ij}(k) \mid \Gamma_{ij}^{k-1}, H_0 \right) \end{aligned} \tag{8.26}$$

$\Gamma_{ij}^0 = \hat{x}_i^1(0\mid 0) - x_i^2(0\mid 0)$,是已知信息。通常情况下,观测差值 $\Delta_{ij}(k)$ 服从 $N[0, C_{ij}(k\mid k)]$。

$$C_{ij}(k\mid k) = P_i^1(k\mid k) + P_j^2(k\mid k) \tag{8.27}$$

将其代入式(8.26)可得

$$\begin{aligned} f\left[\Gamma_{ij}^n \mid H_0 \right] &= \prod_{k=1}^n \frac{1}{\sqrt{2\pi C_{ij}(k\mid k)}} \exp\left[-\frac{\Delta_{ij}(k)^{\mathrm{T}} \Delta_{ij}(k)}{2 C_{ij}(k\mid k)} \right] \\ &= \frac{1}{\prod_{k=1}^n \sqrt{2\pi C_{ij}(k\mid k)}} \exp\left[-\frac{1}{2} \sum_{k=1}^n \Delta_{ij}(k)^{\mathrm{T}} C_{ij}^{-1}(k\mid k) \Delta_{ij}(k) \right] \end{aligned}$$

$$\tag{8.28}$$

定义

$$\lambda_{ij}(n) = \sum_{k=1}^{n} \Delta_{ij}(k)^{\mathrm{T}} C_{ij}^{-1}(k \mid k) \Delta_{ij}(k) \tag{8.29}$$

$$= \lambda_{ij}(n-1) + \Delta_{ij}(n)^{\mathrm{T}} C_{ij}^{-1}(n \mid n) \Delta_{ij}(n)$$

如果

$$\begin{cases} \lambda_{ij}(n) \leqslant \delta(n) \\ P\{\lambda_{ij}(n) > \delta(n) \mid H_0\} = \alpha, \alpha = 0.05, 0.01, 1 \end{cases} \tag{8.30}$$

则认为接受假设 H_0，即航迹 i 与航迹 j 相关；否则接受假设 H_1，即航迹 i 与航迹 j 不相关。统计双门限主要是基于加权法，但是加权法仅仅是对最近一个时刻的样本进行评估，在目标密集的情况下，加权法效果不佳。但是如果对传感器每条航迹都截取最近 N 个时刻的状态估计分别进行加权关联检验，在 N 个时刻中，如果有 $m(m \leqslant N)$ 个时刻的估计满足关联条件，就认为这两条航迹关联。如果状态估计时采用的检验统计量为 $\eta_{ij}(k)$，则称为独立双门限关联法。如果检验统计量采用 $\eta_{ij}'(k)$，则称为相关双门限关联法。

最近邻域法和 K 近邻域法的关系与加权法和双门限法的关系类似。最近邻域法是最基本的方法之一，通过比较两个待关联航迹的状态估计，来直观的得到两者之间的相似度。传感器 1（雷达）航迹 i 和传感器 2（ADS - B）的航迹 j 的状态估计差值为

$$\Delta_{ij}(k) = \hat{x}_i^1(k \mid k) - \hat{x}_j^2(k \mid k) \tag{8.31}$$

如果关于目标状态的估计是 n_x 维的，那么观测差值为

$$\Delta_{ij}(k) = [\sigma_{ij}(1,k), \sigma_{ij}(2,k), \cdots, \sigma_{ij}(n_x,k)] \tag{8.32}$$

式中：$\sigma_{ij}(n_x,k)$ 为 k 时刻目标 i 和目标 j 状态估计第 n_x 维的差值。

对于最近邻域法，如果目标状态估计可接受的门限 $w = [w_1, w_2, \cdots, w_{n_x}]$，则最近邻域关联的判断条件为

$$\{\mid \sigma_{ij}(1,k) \mid < w_1, \mid \sigma_{ij}(2,k) \mid < w_2, \cdots, \mid \sigma_{ij}(n_x,k) \mid < w_{n_x}\} \tag{8.33}$$

如果上式成立，则认为传感器 1 的目标航迹 i 和和传感器 2 的目标航迹 j 是关联的；反之，则认为不关联。

对于目标距离比较近，目标密集的情况下，最近邻域法关联效果直线下降。因此，提出了 K 近邻域法。K 近邻域法的实现思想和双门限类似，双门限基于加权法，而 K - NN 则是基于 NN 法，即在 N 次最近邻域关联检验（NN）中满足式（8.33）的次数大于或等于 m。

$$\Psi_{ij}(t) = \{\mid \sigma_{ij}(1,t) \mid < w_1, \mid \sigma_{ij}(2,t) \mid < w_2, \cdots, \mid \sigma_{ij}(n_x,t) \mid < w_{n_x}\}$$

$$\tag{8.34}$$

式中：$t = 1, 2, \cdots, N$。

则认为航迹 i 和航迹 j 相关联,其中 m 满足

$$\frac{N}{2} \leqslant m \leqslant N \tag{8.35}$$

如果在 N 次关联检验中,两条航迹关联的次数小于 m,则认为它们是不相关的。

对于改进的 K 近邻域法,其关联判决条件和 K 近邻域法相同,但是在算法执行中采用的一些处理方式不相同。对于改进的 K 近邻域法,其关联过程分为关联期、检查期和保持期。并且,在航迹质量设计,多义性处理等方面有所不同。对于航迹关联质量,定义两个质量系数 R_{ij}、W_{ij}。如果 k 时刻的关联判决条件满足,则

$$R_{ij}(k) = R_{ij}(k-1) + 1, R_{ij}(0) = 0 \tag{8.36}$$

如果 k 时刻的关联判决条件没有得到满足,则

$$W_{ij}(k) = W_{ij}(k-1) + 1, W_{ij}(0) = 0 \tag{8.37}$$

在目标密集环境中,如果在传感器 2 中有 $\zeta(\zeta \geqslant 2)$ 条以上的航迹与传感器 1 的航迹 i 相关联,则在 ζ 条航迹中选择 $R_{ij}(k)$ 最大的两条航迹相关联。如果还是不唯一,那么选择航迹之间误差矢量平均范数最小的相关联。在 N 次检验之后,再进行 3 次加权检验,如果 3 次加权检验中只有 1 次或 0 次满足关联的判决条件,则该航迹对重新进行关联,如果有 2 次满足关联判决条件,则再增加两次加权检验,根据检验结果来判断两条航迹是否相关联。如果有 3 次全部满足加权检验的关联判决条件,就认为该航迹对的关联是正确的航迹关联。航迹进入固定关联期,并不再使用关联算法同其他航迹进行关联检验。

2)基于模糊数学的航迹关联算法

模糊双门限航迹关联算法和统计双门限算法基本思路相同,首先确定隶属度函数,然后建立模糊因素集和模糊因素权集。在分别计算出各因素的隶属度后,采用加权法对两条航迹的相似度进行评估,k 时刻航迹 i 和航迹 j 的相似度为 $f_{ij}(k)$,传感器 1 和传感器 2 航迹条数分别为 m、n,则由 $f_{ij}(k)(i=1,2,\cdots,m; j=1,2,\cdots,n)$ 组成 k 时刻的模糊关联矩阵 $\boldsymbol{F}_{m\times n}(k)$。然后在这个矩阵中找出最大的元素 f_{ij},如果 $f_{ij} > \varepsilon$,则认为航迹 i 和航迹 j 是可以关联的。然后删除第 i 行、第 j 列得到 $\boldsymbol{F}'_{m\times n}(k)$,再重新进行上一步的计算,直到剩下的所有的元素都不满足大于 ε 这个条件。与双门限的检测类似,在 N 次关联计算中,航迹 i、j 有 $a(N/2 \leqslant a \leqslant N)$ 次满足关联判决条件,则认为航迹 i(传感器 1)和航迹 j(传感器 2)相关联。

3)基于最近邻域的双门限航迹关联算法

该算法首先对每条航迹的最后时刻进行两两 NN 关联检验,然后对同一邻

域内的航迹进行双门限关联检验。对于进行双门限关联检验的两条航迹,首先分别进行滤波,得到 k 时刻的雷达航迹 i 和 ADS – B 航迹 j,其状态估计分别为 $\hat{X}_i^{\mathrm{T}}(k\mid k)$,$\hat{X}_j^a(k\mid k)$。

对于 k 时刻最近邻域的判决条件包括水平方向的位置差、高度差和目标运动方向。如果上述条件满足两个及以上,则进入下一步的关联检验。取最邻近的 N 个时刻分别进行加权航迹关联检验。如果在 N 次航迹关联中有 $m(m > N/2)$ 次满足航迹关联的条件,则认为航迹关联成功。

如果在传感器 1 中有多个航迹和传感器 2 中的某条航迹疑似关联,则进入航迹的多义性处理阶段,多义性处理流程(图 8.12)如下:

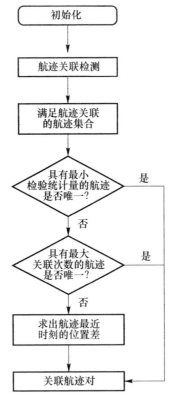

图 8.12　多义性处理流程[9]

(1) 选择在加权关联判决中得到的统计量平均值最小的航迹集合,设集合

$$\Theta_1 = \left\{ \min_{\Omega_i} \left(\frac{1}{N} \sum_{k=1}^{N} \eta_{ij}(k) \right) \right\} \tag{8.38}$$

式中:Ω_i 为传感器 1 中航迹的子集,该集合中的任何一条航迹都能疑似与 j 航迹关联。如果集合 Θ 中航迹不唯一,则进入(2)。

（2）选择在 N 次加权关联判决中,满足关联条件次数最多的航迹与航迹 j 关联,设集合

$$\Theta_2 = \left\{ \max_{\Omega_i} (m) \right\} \tag{8.39}$$

如果集合 Θ_2 中的航迹仍然不唯一,则进入（3）。

（3）选择最后一次 NN 关联中,观测值之差（$\Delta_{ij}(k)$）最小的航迹对作为关联航迹。如果仍然不行,则放弃航迹 j 与航迹 i 的关联,等待下一次关联检验。

连续跟踪一段时间后（如 100s）后,根据关联结果来判定两条航迹是否为固定航迹关联对。基于最近领域的双门限航迹关联算法流程如图 8.13 所示。

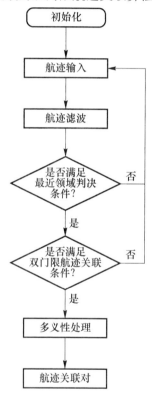

图 8.13　基于最近领域的双门限航迹关联算法流程[9]

8.3.4.7　航迹融合

航迹数据融合是将各个已经相关并且经过时空对准的本地局部 ADS – B 和雷达航迹进行融合,生成更为精确的系统航迹。ADS – B 和雷达航迹融合的目的是将 ADS – B 和不同雷达对同一飞机的监视数据组合起来,建立每一个飞机的系统航迹,扩大监视空域范围,增加结果数据的可靠性,而且可以进一步抑制

误差、提高观测精确度。

多雷达与 ADS – B 航迹融合的过程:完成单雷达航迹与系统航迹关联后,首先将关联上的单雷达航迹根据一定的算法融合形成多雷达航迹,最后多雷达航迹与 ADS – B 航迹融合形成系统航迹。

空管自动化系统中多雷达航迹融合的算法主要有集中式马赛克算法、加权平均算法和结合马赛克的加权平均法。ADS – B 航迹与系统航迹的融合则多采用优选法、滤波协方差加权法、线性组合算法、分层融合算法、平方根信息滤波算法等。

1)集中式马赛克算法

集中式马赛克融合方法[7]作为一种较为简单融合手段,被早期的一些空管自动化系统采用。其特点是先将管制空域划分成若干个三维马赛克窗,然后在每个马赛克窗中根据辖区内多部监视器设备相对于每个马赛克窗所处的地理位置、方位角测量精度、ADS – B 报文位置数据可信度等参数定义优先次序,当航空器飞行位于某马赛克窗中时,系统将根据设定好的监视数据优先顺序选择优先级最高的监视数据产生系统航迹并更新系统航迹,当优先级最高的监视数据出现数据质量下降或本地航迹丢失时,系统按照预定次序选择下一个监视数据作为系统航迹更新的数据来源。

集中式马赛克融合方法实质上是逻辑判断与选择算法,优点是系统数据计算量小、运算速度快,但其缺点是丧失了多部监视器的数据信息,并非真正意义上的数据融合。

2)集中式加权平均算法[7]

给予每个参与融合的雷达航迹(或 ADS – B 航迹)一个权重系数,各雷达航迹根据权重系数与多雷达航迹更新处理。权重系数表示参加融合的各雷达航迹的数据质量,质量越高权重系数越大,质量越低权重系数越小甚至取 0。各部雷达利用卡尔曼滤波或 $\alpha - \beta$ 滤波进行航迹状态估计,权重系数一般通过雷达航迹的估计协方差得到。加权平均法充分利用了多部雷达提供的信息,融合精度高,但需要根据当前情况实时确定加权系数,算法较为复杂,计算量大。然而,实际应用中有的管制中心无法得到估计协方差矩阵数据,针对这种情况,可将航迹的权重系数看成由静态因子和动态因子两部分构成。静态因子取决于雷达站与马赛克的距离、地理及地形等环境因素,动态因子由雷达航迹报告中的航迹质量指数实时提供。

3)结合马赛克的加权平均法[7]

结合马赛克的加权平均法克服了马赛克法和加权平均法的缺点,充分利用两者的优势,部分空管自动化系统已经将该融合方法投入应用。结合马赛克的加权平均法是将管制中心的整个监视空域划分为适当大小的三维马赛克块。在每个马赛克内,根据其与各台雷达的相对位置、方位角测量精度及雷达波束地形遮挡因子,设置各台雷达数据融合的权重系数,用以减小实时处理过程中的计算开销。在每个马赛克块内实际融入的雷达数量,可根据加权系数因子的大小决定,其数值低于一定门限的雷达不再计入,门限值及最大允许数量为系统参数,不能覆盖此马赛克块的雷达权重系数为 0。

4)优选法[7]

优选法就是选择多雷达航迹或 ADS – B 航迹中精度高的作为系统航迹。该方法简单、计算量小,不存在 ADS – B 数据影响雷达数据的风险。

5)滤波协方差加权法

滤波协方差加权法是根据最小方差的原则,以各单雷达和 ADS – B 对目标状态估计的不同精度为依据构造融合加权系数,最优融合所有估计值,进一步减小了对目标状态估计的随机误差。航迹融合各单传感器提供目标的状态估计矢量和目标航迹矢量协方差数据,考虑各雷达和 ADS – B 的随机估计误差是相互独立的,状态估计的协方差表征了状态估计的精度。下面对该融合算法进行讨论[19]:

在经过各部单雷达和 ADS – B 的本地局部并行运算和自适应卡尔曼滤波器的处理后,得到 $N(N=1,2,\cdots,i)$ 个本地局部最优状态估计 $\hat{X}_k$,将其在系统全局滤波器中进行融合,最优融合估计为

$$\hat{X} = W_1\hat{X}_1 + W_2\hat{X}_2 + \cdots + W_i\hat{X}_i \qquad (8.40)$$

式中:$\hat{X}$ 为融合后的估计;$\hat{X}_i$ 为第 i 部传感器在公共融合时刻的状态估计矢量;W_i 为待定系数矩阵,且 $W_1 + W_2 + \cdots + W_i = I$($I$ 为单位矩阵)。选择 W_i 使 $\hat{X}$ 为无偏最小方差估计,即 $\hat{X}_i$ 满足:

(1)无偏,$E[(X - \hat{X})] = 0$;

(2)$\hat{X}$ 的估计误差方差 $\hat{P} = E[(X - \hat{X})(X - \hat{X})^T]$ 最小,即最优融合估计方差小于任何一个单独测量估计方差。先考虑 $i=2$ 的情况,即

$$\hat{X} = W_1\hat{X}_1 + W_2\hat{X}_2 \qquad (8.41)$$

由条件(1)和条件(2)可以推出

$$P = (I - W_2)(I - W_2)^T P_{11} + (I - W_2)W_2^T P_{12}$$
$$+ W_2(I - W_2)^T P_{21} + W_2 W_2^T P_{22} \qquad (8.42)$$

设 $\hat{X}_1$ 与 $\hat{X}_2$ 不相关,则 $P_{12} = P_{21} = 0$,$W_i = W_i^T$,所以可得

$$P = (1 - W_2)^2 P_{11} + W_2^2 P_{22} \qquad (8.43)$$

$$\frac{\partial P}{\partial W_2} = -2P_{11} + 2W_2(P_{11} + P_{22}) \tag{8.44}$$

令式(8.44)为0,可得

$$W_1 = \frac{P_{22}}{P_{11} + P_{22}}, W_2 = \frac{P_{11}}{P_{11} + P_{22}} \tag{8.45}$$

得

$$P = \frac{P_{11}{}^2 P_{22} + P_{11} P_{22}{}^2}{(P_{11} + P_{22})^2} \tag{8.46}$$

所以,可得

$$P - P_{11} = -\frac{P_{11}{}^2 (P_{11} + P_{22})}{(P_{11} + P_{22})^2} \tag{8.47}$$

因为 $P_{11} > 0, P_{22} > 0$,所以 $P_{11} + P_{22} > 0$,所以可得 $P - P_{11} \leqslant 0$,即可得 $P \leqslant P_{11}$,同样可得 $P \leqslant P_{22}$,由此可以证明在该加权矩阵下,融合估计方差比任何一个单独估计的方差都小。由此可知,系统最优估计的误差要小于局部估计的误差,即系统最优估计要优于每一个局部估计。

由式(8.40)和式(8.45)可得

$$\begin{cases} \hat{X} = (P_{11}^{-1} + P_{22}^{-1})^{-1} (P_{11}^{-1} \hat{X}_1 + P_{22}^{-1} \hat{X}_2) \\ \hat{P} = (P_{11}^{-1} + P_{22}^{-1})^{-1} \end{cases} \tag{8.48}$$

可以推广到 N 个传感器的最优融合估计公式:

$$\hat{X}(K) = \sum_{i=1}^{N} \left(\frac{P_i^{-1}(k/k) \hat{X}(K/K)}{\sum\limits_{i=1}^{N} P_i^{-1}(k/k)} \right) \tag{8.49}$$

式中: P_i 为 $\hat{X}$ 的协方差矩阵。

融合后 $\hat{X}$ 的协方差矩阵为

$$P(k) = 1 / \sum_{i=1}^{N} P_i^{-1}(k/k) \tag{8.50}$$

6)平方根信息滤波算法

(1)信息状态更新。

信息滤波是卡尔曼滤波的一种代数等价形式[33],卡尔曼滤波通过更新状态矢量与误差估计的协方差实现状态滤波,而信息滤波通过传递信息矢量与信息矩阵估计目标状态。信息矢量 $\hat{y}_{k|k}$ 和信息矩阵 $\hat{Y}_{k|k}$ 定义为

$$\hat{Y}_{k|k} = P_{k|k}^{-1} \tag{8.51}$$

$$\hat{\boldsymbol{y}}_{k|k} = \boldsymbol{P}_{k|k}^{-1}\hat{\boldsymbol{x}}_{k|k} \tag{8.52}$$

式中：$\boldsymbol{P}_{k|k}$ 为 k 时刻误差估计的协方差；$\hat{\boldsymbol{x}}_{k|k}$ 为 k 时刻的状态矢量。

下面将从时间更新与参量更新两方面介绍信息滤波器的状态更新。

时间更新主要包括三个步骤(图 8.14)：

① 利用式(8.51)两端求逆，并代入式(8.52)适当变换将信息空间映射到状态空间。

② 预测状态矢量与误差估计的协方差。可采用容积卡尔曼滤波进行预测，首先计算当前容积点：

$$\boldsymbol{X}_{i,k|k} = \boldsymbol{S}_{k|k}\boldsymbol{\xi}_i + \hat{\boldsymbol{x}}_{k|k}(i = 1,2,\cdots,2_n) \tag{8.53}$$

式中：$\boldsymbol{\xi}_i = \sqrt{n}\,[1]_i$，$[1]_i$ 表示集合 $[1]$ 的第 i 列[33]，若 $n = 2$，则

$$[1] = \left\{\begin{pmatrix}1\\0\end{pmatrix},\begin{pmatrix}0\\1\end{pmatrix},\begin{pmatrix}-1\\0\end{pmatrix},\begin{pmatrix}0\\-1\end{pmatrix}\right\} \tag{8.54}$$

再计算当前容积点的预测值，即

$$\boldsymbol{X}_{i,k+1|k} = \boldsymbol{F}\cdot\boldsymbol{X}_{i,k|k} \tag{8.55}$$

式中：$\boldsymbol{F}$ 为状态转移矩阵，由前后的运动状态确定。

利用容积点的预测值加权运算，可得到状态矢量的预测值，即

$$\hat{\boldsymbol{x}}_{k+1|k} = \frac{1}{m}\sum_{i=1}^{m}\boldsymbol{X}_{i,k+1|k} \tag{8.56}$$

③ 将状态空间转换回信息空间，该步骤与步骤①相反，因此不再赘述。

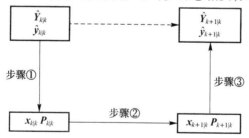

图 8.14　信息滤波器时间更新

参量更新可使用时间更新获取的预测值来融合新的测量值，从而更新信息矢量与信息矩阵。参量更新分为三步(图 8.15)：

① 通过预测的协方差及状态矢量计算预测容积点的测量值、误差估计的互协方差。更新的测量值通过下式求得：

$$\boldsymbol{Z}_{i,k+1|k} = \boldsymbol{H}\cdot\boldsymbol{X}_{i,k+1|k} \tag{8.57}$$

式中：$\boldsymbol{H}$ 为观测矩阵，由具体的运动模型确定。

② 利用预测的测量值与误差估计的互协方差更新信息贡献矢量与信息贡献矩阵。

③ 将信息贡献矢量与信息贡献矩阵代入基于平方根容积信息滤波的航迹融合算法,完成对信息矢量与信息矩阵的更新。

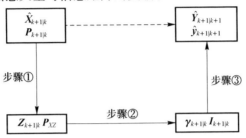

图 8.15　信息滤波器参量更新

（2）航迹融合算法。

雷达与 ADS – B 数据融合的实质为多传感器数据融合,该算法提取前一时刻的融合数据(包含误差)推测后一时刻的预测数据,通过更新观测值计算后一时刻的融合数据,从而做到对航迹的追踪和预测,相比基于交互卡尔曼滤波的多传感器加权融合算法,该算法保证了传递因子的正定性。数据传递过程如图 8.16 所示。

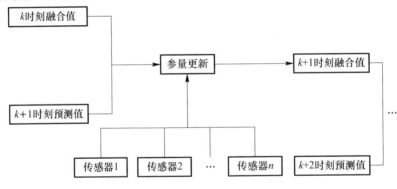

图 8.16　数据传递过程

在经过多部二次雷达与 ADS – B 的本地滤波处理后,得到 $n_s(s = 1,2,3,\cdots,i)$ 个信息贡献矢量 i_{k+1} 与信息贡献矩阵 γ_{k+1},并在系统中进行航迹融合,融合公式为

$$\hat{\boldsymbol{y}}_{k+1|k+1} = \hat{\boldsymbol{y}}_{k+1|k} + \sum_{S=1}^{n_s} \boldsymbol{i}_{k+1,S}$$

$$\boldsymbol{Y}_{k+1|k+1} = \boldsymbol{Y}_{k+1|k} + \sum_{S=1}^{n_s} \boldsymbol{\gamma}_{k+1,S}$$

(8.58)

式中：$\hat{\boldsymbol{y}}_{k+1|k+1}$、$\boldsymbol{Y}_{k+1|k+1}$ 分别为 $k+1$ 时刻融合后的信息矢量和信息矩阵；$\hat{\boldsymbol{y}}_{k+1|k}$、$\boldsymbol{Y}_{k+1|k}$ 分别为在 k 时刻对 $k+1$ 时刻的预测信息矢量和矩阵；$\sum_{S=1}^{n_s} \boldsymbol{i}_{k+1,S}$、$\sum_{S=1}^{n_s} \boldsymbol{\gamma}_{k+1,S}$ 分别为 $k+1$ 时刻传感器信息贡献矢量和、信息贡献矩阵和，是进行目标航迹融合的关键因子。

i 和 γ 定义为

$$\boldsymbol{i}_{k+1} = (\boldsymbol{Y}_{k+1|k}\boldsymbol{P}_{XZ,k|k})\boldsymbol{R}_{k+1}^{-1}(\boldsymbol{z}_{k+1} - \hat{\boldsymbol{z}}_{k+1|k} + \boldsymbol{P}_{XZ,k+1|k}^{\mathrm{T}}\hat{\boldsymbol{y}}_{k+1|k}) \tag{8.59}$$

$$\boldsymbol{\gamma}_{k+1} = (\boldsymbol{Y}_{k+1|k}\boldsymbol{P}_{XZ,k+1|k})\boldsymbol{R}_{k+1}^{-1}(\boldsymbol{Y}_{k+1|k}\boldsymbol{P}_{k+1|k})^{\mathrm{T}}$$

式中：$\boldsymbol{P}_{XZ,k|k}$ 为 k 时刻下融合后得到的滤波误差交叉协方差矩阵；$\boldsymbol{P}_{XZ,k+1|k}$ 为 k 时刻对 $k+1$ 时刻交叉协方差矩阵的预测矩阵，且有

$$\boldsymbol{P}_{XZ,k+1|k} = \boldsymbol{\eta}(k+1|k)\boldsymbol{\zeta}^{\mathrm{T}}(k+1|k) \tag{8.60}$$

问题转化为求状态矢量误差均值 η 以及观测值误差均值 ζ。状态矢量误差均值 η 中的误差是指该时刻每一个状态矢量容积点与对应矢量的差，而该时刻的状态矢量已经通过参量更新求得。因此，η 可表示为

$$\boldsymbol{\eta}(k+1|k) = \frac{1}{2n}[X_i(k+1|k) - \hat{x}(k+1|k) + \cdots$$
$$+ X_{2n}(k+1|k) - \hat{x}(k+1|k)] \tag{8.61}$$

同理，观测值误差均值 ζ 即为该时刻每一个观测值的偏离程度，即

$$\boldsymbol{\zeta}(k+1|k) = \frac{1}{2n}[Z_i(k+1|k) - \hat{z}(k+1|k) + \cdots$$
$$+ Z_{2n}(k+1|k) - \hat{z}(k+1|k)] \tag{8.62}$$

至此，式（8.59）的信息矢量 $\boldsymbol{i}_{k+1}$ 已求出，求解信息贡献矢量 $\boldsymbol{\gamma}_{k+1}$ 还需计算 k 时刻误差估计的协方差在 $k+1$ 时刻的预测值 $P(k+1|k)$。应用楚列斯基分解法计算，先求得 $P(k+1|k)$ 的平方根 $S(k+1|k)$，进而得出 $P(k+1|k)$，即

$$S(k+1|k) = \mathrm{Tria}([\zeta(k+1|k)S_Q(k+1|k)]) \tag{8.63}$$

式中：$S_Q(k+1|k)$ 为 k 时刻对 $k+1$ 时刻预测过程噪声协方差矩阵 $Q(k+1|k)$ 的平方根，而 $Q(k+1|k)$ 与式（8.59）中的测量噪声协方差矩阵 $\boldsymbol{R}_{k+1}$ 均为按雷达和 ADS – B 性能参数要求的人为设定值。

（3）算例分析。

为检验上述航迹融合算法的可靠度，试验截取了某空域内一架飞机的 ADS – B 数据与二次雷达数据。航空器在 $t = 0 \sim 400\mathrm{s}$ 内沿 y 轴作匀速直线运动，运动速度为 $-150\mathrm{m/s}$ 目标的起始点为 $(2000\mathrm{m}, 10000\mathrm{m})$；在 $t = 400 \sim 600\mathrm{s}$

向 x 轴作 $90°$ 的慢转弯，加速度为 $a_x = a_y = 0.075\mathrm{m/s^2}$，完成慢转弯后加速度将降为 0；在 $t = 610 \sim 660\mathrm{s}$ 作 $90°$ 的快转弯，加速度为 $0.3\mathrm{m/s^2}$，在 660s 后结束转弯，加速度将至 0，采样间隔 $T = 4\mathrm{s}$，仅考虑二维状态。模拟空管二次监视雷达位置的标准差设为 100m，ADS-B 位置的标准差设为 60m。融合航迹分别采用了交互卡尔曼滤波和平方根容积信息滤波进行了验证，图 8.17 为 ADS-B 与空管二次雷达融合航迹在 XY 平面的位置估计曲线。

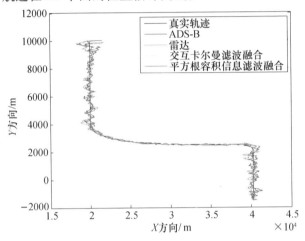

图 8.17　XY 平面位置估计曲线（见彩图）

由图 8.17 可知，应用交互卡尔曼滤波融合航迹与平方根容积信息滤波航迹的位置估计精度均优于 ADS-B 与空管二次监视雷达的单独应用时的精度，无论航空器在匀速直线运动阶段还是快转弯、慢转弯阶段，融合后的航迹都在真实轨迹附近摆动，滤波跟踪效果较好。

通过 50 次蒙特卡罗仿真试验，图 8.18、图 8.19 为 X 方向和 Y 方向的 ADS-B 与空管二次监视雷达单独使用时误差均值曲线与用两种方法分别融合后的误差均值曲线。

图 8.20、图 8.21 为 X 方向和 Y 方向的 ADS-B 与空管二次监视雷达单独使用时估计误差标准差曲线与用两种方法分别融合后的估计误差标准差曲线。

由图 8.18 ~ 图 8.21 可知，融合后的系统误差明显低于单个监视设备的系统误差，尤其从图 8.18、图 8.20 可以看出，相比于交互卡尔曼滤波，平方根信息滤波在 X 方向的系统误差更低，且融合后的误差曲线更加平稳。

通过仿真试验可知，利用平方根信息滤波融合 ADS-B 数据与空管二次雷达数据，不仅优于使用单个空管监视设备的方案，更优于当前普遍使用的交互卡尔曼滤波融合技术。

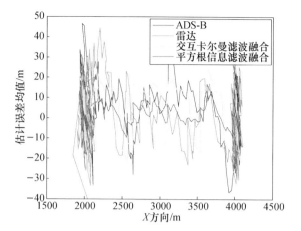

图 8.18　X 方向估计误差均值（见彩图）

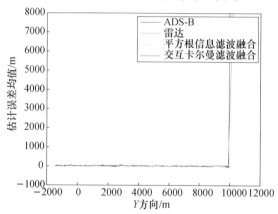

图 8.19　Y 方向误差估计均值（见彩图）

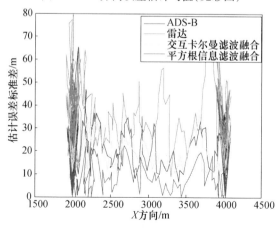

图 8.20　X 方向估计误差标准差（见彩图）

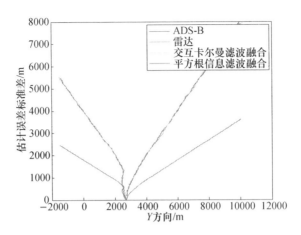

图 8.21　Y 方向估计误差标准差(见彩图)

8.4　MLAT 与 ADS – B 协同监视

以往的航路和场面监视主要依赖于一次雷达和二次雷达,但随着卫星系统和空 – 地数据链的广泛应用,ADS – B 和 MLAT 已经成为目前的关键技术。它们的优势在于 ADS – B 可以增加容量、提高安全性以及改变空中交通的方式;MLAT 可以精确计算信号发射到三个或多个接收机的到达时间差,并且 ADS – B 和 MLAT 均可以实现较高的更新率。

由于二次雷达的各项维护费用高,大部分空中导航服务提供商(ANSP)认为多点定位监视系统在未来监视领域是一种更经济的后备系统。主要原因:①由于多点定位系统能追踪到配备ADS – B 发射机的飞机,多点定位监视有可能取代二次雷达将成为向 ADS – B 监视环境过渡的第一步;②多点定位传感器也可为全系列 ADS – B 地面基站提供服务,能够节约了大量成本;③多点定位还可在无附加成本的情况下,提供非 ADS – B 监视信息。

MLAT 与 ADS – B 协同监视系统对空中交通导航服务商来说有四点优势:①多点定位能够兼容接收 ADS – B 信号,便于系统集成;②能够有效提供更准确的间隔服务;③多点定位系统可作为 ADS – B 监视网络的实时备份系统,尤其是在航路阶段;④可大大提升空管总体监视效率[34]。

8.4.1　ADS – B/MLAT 数据融合

现有的几种空管监视融合系统例如泰雷兹公司的 MSTS 等主要应用于航路跟踪,在终端区的研究相对薄弱,所以在终端区的多传感器数据融合十分重要。针对终端区的多传感器数据融合,介绍了一种可实现终端区高精度跟踪监视的混合式融合框架,该框架基于监视数据特征和多级传感器融合来实现 ADS – B 和 MLAT 数据的关联[35],融合框架如图 8.22 所示。

多源监视系统中的 ADS – B 和 MLAT,即图 8.22 中的传感器都能探测到飞机的位置。另外,大部分 ADS – B 机载设备都可以获取皮托管、航向传感器、高度传感器、速度传感器等信息,并发射到地面 ADS – B 接收站。

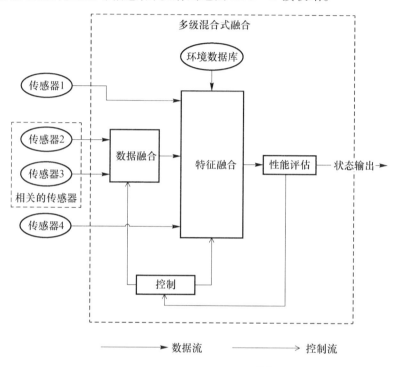

图 8.22　多模式混合框架[35]

融合构架中,航空器的运动可利用平行集中式滤波算法进行融合(首先融合 GPS 数据和皮托管传感器数据),模型为

$$x_{k+1} = \boldsymbol{\Phi}_k x_k + \boldsymbol{\Gamma}_k w_k \tag{8.64}$$

式中:$x_k \in \mathbf{R}^n$ 为目标运动的状态矢量;$\boldsymbol{\Phi}_k \in \mathbf{R}^{n \times n}$ 为系统的过渡矩阵;$\boldsymbol{\Gamma}_k \in \mathbf{R}^{n \times r}$ 为过程噪声的分布矩阵。

针对多传感器的情况,测量值可用下式表示:

$$z_{k+1}^i = \boldsymbol{H}_{k+1}^i x_{k+1} + v_{k+1}^i \tag{8.65}$$

式中:$z_{k+1}^i \in \mathbf{R}^m$ 为 $k+1$ 时刻传感器 i 的测量值矢量;$\boldsymbol{H}_{k+1}^i$ 为它的测量矩阵;v_{k+1}^i 为它的测量噪声。

在集中式平行滤波器中,假定

$$z_{k+1} = \left[\,(z_{k+1}^1)^{\mathrm{T}},(z_{k+1}^2)^{\mathrm{T}},\cdots,(z_{k+1}^N)^{\mathrm{T}}\,\right]^{\mathrm{T}}$$

$$H_{k+1} = \left[\,(H_{k+1}^1)^{\mathrm{T}},(H_{k+1}^2)^{\mathrm{T}},\cdots,(H_{k+1}^N)^{\mathrm{T}}\,\right]^{\mathrm{T}} \qquad (8.66)$$

$$v_{k+1} = \left[\,(v_{k+1}^1)^{\mathrm{T}},(v_{k+1}^2)^{\mathrm{T}},\cdots,(v_{k+1}^N)^{\mathrm{T}}\,\right]^{\mathrm{T}}$$

多传感器的伪距测量方程为

$$z_{k+1} = H_{k+1}x_{k+1} + v_{k+1}$$

集中式平行滤波器架构下的递归算法：

$$\begin{cases} \hat{x}_{k+1|k} = \boldsymbol{\Phi}_k \hat{x}_{k|k} \\ P_{k+1|k} = \boldsymbol{\Phi}_k P_{k|k} \boldsymbol{\Phi}_k^{\mathrm{T}} + \boldsymbol{\Gamma}_k Q_k \boldsymbol{\Gamma}_k^{\mathrm{T}} \end{cases} \qquad (8.67)$$

$$\hat{x}_{k+1|k+1} = \hat{x}_{k+1|k} + P_{k+1|k+1} \sum_{i=1}^{N} (H_{k+1}^i)^{\mathrm{T}} (R_{k+1}^i)^{-1} (z_{k+1}^i - H_{k+1}^i \hat{x}_{k+1|k})$$

$$(8.68)$$

ADS – B 的状态矢量用 $[x,\dot{x},\ddot{x},y,\dot{y},\ddot{y},z,\dot{z},\ddot{z}]^{\mathrm{T}}$ 表示，x、y、z 代表经度、纬度、高度。GPS 传感器的测量矢量用 $z^1 = [x,y,z]^{\mathrm{T}}$ 表示，速度传感器的测量矢量用 $z^2 = [\dot{x},\dot{y},\dot{z}]^{\mathrm{T}}$ 表示。

$$P_{k+1|k+1}^{-1} = P_{k+1|k}^{-1} + \sum_{i=1}^{N} (H_{k+1}^i)^{\mathrm{T}} (R_{k+1}^i)^{-1} H_{k+1}^i \qquad (8.69)$$

式中：R_{k+1}^i 为测量误差，GPS 的测量误差为 10m 左右，皮托管的测量误差为几米每秒左右，P 为融合数据的协方差。x 和 P 都将传输到下一个融合阶段，ADS – B 和 MLAT 数据基于下式进行融合：

$$\begin{cases} \hat{x}_{k+1|k}^i = \boldsymbol{\Phi}_k \hat{x}_{k|k}^i \\ P_{k+1|k}^i = \boldsymbol{\Phi}_k P_{k|k}^i \boldsymbol{\Phi}_k^{\mathrm{T}} + Q_k^i \end{cases} \qquad (8.70)$$

$$\begin{cases} K_{k+1}^i = P_{k+1|k}^i (H_{k+1}^i)^{\mathrm{T}} \left[H_{k+1}^i P_{k+1|k}^i (H_{k+1}^i)^{\mathrm{T}} + R_k^i \right]^{-1} \\ \hat{x}_{k+1|k+1}^i = \hat{x}_{k+1|k+1}^i + K_{k+1}^i \left[z_{k+1}^i - H_{k+1}^i \hat{x}_{k+1|k}^i \right] \\ P_{k+1|k+1}^i = \left[I - K_{k+1}^i H_{k+1}^i \right] P_{k+1|k}^i \end{cases} \qquad (8.71)$$

式中：x^i、z^i 分别为每个传感器的状态矢量和测量值。

根据协方差 $P_{k+1|k+1}^i$ 计算每个传感器的权重：

$$\beta_i = \frac{{P_{k+1|k+1}^i}^{-1}}{\left[\sum_{j=1}^{N} {P_{k+1|k+1}^j}^{-1}\right]^{-1}} \qquad (8.72)$$

融合系统中的状态矢量和协方差分别为

$$\hat{\boldsymbol{x}}_{k+1|k+1}^{g} = \sum_{j=1}^{N} \boldsymbol{\beta}_i \hat{\boldsymbol{x}}_{k+1|k+1}^{i}$$

$$\boldsymbol{P}^{g} = \Big[\sum_{j=1}^{N} \boldsymbol{P}_{k+1|k+1}^{i}{}^{-1} \Big]^{-1}$$

(8.73)

参数均应依据设备的具体规格进行设置,ADS – B 的测量值可设置为 $z^1 = [x,\dot{x},y,\dot{y},z,\dot{z}]^{T}$,测量误差为 R^1。由于 ADS – B 定位数据的数据源来自 GPS,R^1 为常数。设置 MLAT 的测量值 $z^2 = [x,y,z]^{T}$,误差为 R^2,R^2 基于几何精度衰减因子(GDOP)。

8.4.2　高高度平台 ADS – B/MLAT 监视系统

广播式自动相关监视系统或广域多点定位独立监视在现代空中交通管理系统中得到了广泛使用。与传统雷达系统相比,这些系统有诸多优势,但也存在一些不足。比如,接收机定位的准确性和每个基站的覆盖可能受到各种地面障碍物的影响。另外,使用无向天线也可能导致接收信号二次雷达信号的重叠。2010 年,德国宇航中心提议在 ADS – B 监视技术领域应用高高度平台系统(HAPS,图 8.23)代替星载 ADS – B 进行监视数据采集(星载 ADS – B 的内容在本书第 4 章进行了介绍)[36],相关参考文献进行了深入研究[36-40]。通常认为不推荐使用星载 ADS – B 监视系统有以下原因:

(1)由于 ADS – B 接收机与航空器距离过大,导致链路效能降低。

(2)接收目标过多造成较多的应答信号重叠。

图 8.23　HAPS 结构[36]

与部署在地面的传统监视系统比较,基于 S 模式的 HAP 系统有以下四点显

著的优势:

(1) 可监视洋区、沙漠等无法安装地面基站的区域。

(2) 可监视地面基站无法覆盖的山区。

(3) 对自然灾害的可抗力较强。

(4) 应对干扰的鲁棒性更强。

相对于星载 ADS - B 监视系统而言,基于 S 模式的 HAP 系统有以下三点显著的优势:

(1) 可保证小区域内的监视能力。

(2) 可在短期内快速部署。

(3) 低成本。

8.4.2.1　星载 ADS - B 的几何覆盖

现有的星载 ADS - B 卫星群由铱星公司组建(当前,我国也在研究星载 ADS - B的卫星组网技术),由 11 个轨道平面内的 66 颗卫星组成,卫星高度为 780km。为了保证卫星的全球覆盖,每个卫星天线的波束宽度 $2\beta_m = 124°$,相关计算参数如图 8.24 所示。

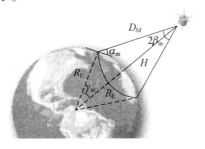

图 8.24　卫星接收机的系统几何参数[36]

设覆盖范围为 S,最小仰角为 α_m,最大距离为 D_m,地球半径为 R_E,卫星高度为 H,定义 $L = R_E + H$,则可得到如下关系式:

$$\begin{cases} L = D_M\cos\beta_m + R_E\cos\gamma_m \\ D_M^2 = L^2 + R_E^2 - 2R_ELcos\gamma_m \end{cases} \tag{8.74}$$

同时能进一步计算 γ_m 和 α_m,即

$$\gamma_m = \arccos\left(\frac{L - D_M\cos\beta_m}{R_E}\right)$$

$$\tag{8.75}$$

$$\alpha_m = \frac{\pi}{2} - \beta_m - \gamma_m$$

覆盖面积和每个卫星的覆盖半径分别为

$$S = 2\pi R_E^2 (1 - \cos\gamma_m) \tag{8.76}$$

$$D = 2R_E\gamma_m$$

由此得到的覆盖参数如表 8.4 所列。

表 8.4 铱星在 124°波束宽度下的覆盖参数

H/km	D_M/km	$\alpha_m/(°)$	$\gamma_m/(°)$	S/km^2	D/km
780	2503.31	7.72	20.27	15838703.965	4514.2283

星载 ADS – B 的天线辐射方向特性可用弗里斯(Friis)传输方程式表示:

$$P_{rx} = P_{tx} + G_{tx} - L_{tx} - L_{at} - A_{fs}(\beta_m) + G_{rx}(\beta_m) - L_{rx} \tag{8.77}$$

式中:P_{rx} 为接收机的灵敏度;P_{tx} 为应答机的发射功率;L_{tx} 为发射过程中的损失因子;L_{rx} 为接收过程中的损失因子;L_{at} 为传输过程中的损失因子;A_{fs} 为自由空间的衰减率。链路预算参数如表 8.5 所列。

表 8.5 链路预算参数

P_{tx}/dBW	P_{rx}/dBW	L_{tx}/dB	G_{tx}/dBi	L_{at}/dB	L_{rx}/dB
21	−120	3	0	3	3

由表 8.6 的数据可计算出当目标处于最大距离时的自由空间衰减率和 ADS – B 天线的增益,即

$$A_{fs} = 10\log \left(\frac{4\pi D_M(\beta_m)}{\lambda} \right)^2 (dB) \tag{8.78}$$

星载 ADS – B 天线垂直剖面辐射方向图如图 8.25 所示。

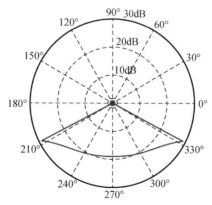

图 8.25 星载 ADS – B 天线垂直剖面辐射方向[36]

该辐射方向图无法通过简易的天线发射,因此用星载 ADS – B 覆盖全球需要庞大复杂的系统,且成本较高。基于上述情况,可以选用成本更低、更易部署的 HAP 系统作为空管监视平台。

8.4.2.2 HAP ADS – B/MLAT 监视载荷描述

HAP 上 ADS – B/MLAT 监视载荷的数据链为 1090ES,可接收 S 模式雷达和 ADS – B 数据进行解码,并将解码数据发送至处理控制单元,如图 8.26 所示。S 模式雷达发送的信息中,到达时间和位置信息是必须记录的数据。HAP 系统中装载的 GPS/GNSS 接收机,可检测载荷是否满足 HAP 系统的要求。在表 8.6 中分析了 HAP ADS – B/MLAT 监视系统中的硬件参数。

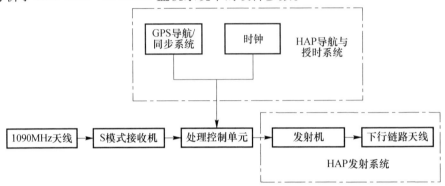

图 8.26　HAP ADS – B/MLAT 框图[36]

表 8.6　HAP ADS – B/MLAT 监视系统硬件参数

组分	质量/kg	体积/cm³	功率/W
1090MHz 天线	0.1086	246	0
S 模式接收机	0.7	841.46	2.8
处理控制单元	0.13	172.8	6
GPS 天线	0.111	156.16	1
GPS 接收机	0.54	670.32	1.7
预估值	1.59	2087	11.5

由于无人机或同温层的飞机的业载在 50kg,且能提供千瓦级的功率,因此质量低于 5kg、功率小于 3W 的 ADS – B/MLAT 接收机可作为 HAP 系统的二级业载。

8.4.2.3 HAP 覆盖范围

HAP 系统覆盖范围的限制因素有系统几何外形、信道容量和发射功率。通过上述“星载 ADS – B 的几何覆盖”内容的公式来计算出卫星的几何覆盖范围。表 8.7 列出高度是 20km 时 HAP 系统最大覆盖范围参数。

表 8.7 HAP 系统达到最大覆盖范围时参数

H/km	D_m/km	$\alpha_m (°)$	$\gamma_m (°)$	$\beta_m (°)$	S/km^2	D/km
20	505.48	0	4.53	85.8203	798038	1008.02
20	195.54	5	1.74	83.3	118494	388.43

考虑到飞机的最大飞行高度为 10km 且在距离 HAP 系统 862.25km 以内，因此一套 HAP 系统便可覆盖整个欧洲。信道的容量取决于交通场景和接收机的解码能力。因此，EUROCONTROL 提出了 CASCADE 项目研究系统容量问题。CASCADE 项目研究了下面一个场景：当 S 模式接收机在 3300 英尺，覆盖半径在 300n mile 时，有四种回波密度分布：

高回波干扰情况下，$\lambda_{max,1} = 105000$ 个回波 /s；雷达设施减少的情况下，$\lambda_{max,2} = 55000$ 个回波 /s；中度干扰情况下，$\lambda_{max,3} = 50000$ 个回波 /s；低度干扰情况下，$\lambda_{max,4} = 27500$ 个回波 /s。

对于覆盖区域内均匀分布的交通流，回波可以用泊松分布表示：

$$p(n) = \frac{(\lambda T)^n}{n!}e^{-\lambda T} \tag{8.79}$$

式中：$p(n)$ 为时间间隔 T(S 模式应答的时间) 内接收 n 个回波的概率。只有回波有足够的功率生成的信号干扰比小于给定值时，应答机才收到回波干扰。因此，飞机和接收机的距离必须在 $0 \sim R + \Delta r$ 之间，其中，R 为遭受信号干扰时飞机和接收机之间的距离，Δr 为回波干扰不小于 3dB 时的飞机和接收机间的距离。当信号干扰比大于 3dB 时，才能对干扰信号进行处理。图 8.27 表示使用标准接收机在给定的距离 R 下，接收发射机发送的非干扰信号的概率。

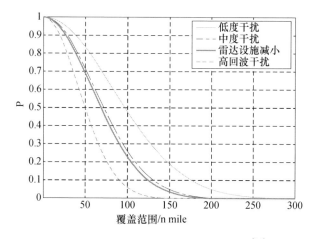

图 8.27 接收应答机非干扰信号概率图[36]

回波的数量可以用受干扰区域的有效半径表示:

$$\lambda_i = \frac{\pi(R+\Delta r)^2}{\pi(R_{\max})^2} \cdot \lambda_{\max,i} \tag{8.80}$$

针对增强型的接收机能够在受干扰下进行解码的情况,用 t_p 表示 S 模式的报头时间,t_{ES} 表示 S 模式的应答时间,接收机受干扰的事件分为事件 A(在 $0 \sim t_{ES}$ 内干扰信号为 0)、事件 B(在 $t_p \sim t_{ES}$ 内干扰信号为 0)、事件 C(在 $t_p \sim t_{ES}$ 内干扰信号为 1)和事件 F(在 $0 \sim t_p$ 内干扰信号为 0)四类。

当满足下述条件时,接收机无干扰:

$$
\begin{aligned}
P_{\text{free}} &= P(B \cup C \mid F) \\
&= \frac{P((B \cup C)F)}{P(F)} \\
&= \frac{P(BF) + P(CF)}{P(F)} \\
&= \frac{P(A) + P(C)P(F)}{P(F)} \\
&= \frac{P(A)}{P(F)} + P(C)
\end{aligned}
\tag{8.81}
$$

由上式可知,只要报头不存在干扰,数据块有 0 或 1 的叠加信号,由于干扰处于可控状态,信息传输可认为无干扰。可以用相同的方法处理 2 个或 3 个干扰应答的情况,表 8.8 列出接收机能力不同时的覆盖范围。

表 8.8　接收机能力不同时的覆盖范围

回波等级/(个回波/s)				105000	55000	50000	27500
接收无干扰回波的概率/%	长应答信号	≥90	覆盖范围/n mile	≈19①	≈27①	≈28①	≈37①
				≈45②	≈62②	≈65②	≈88②
				≈64③	≈89③	≈94③	≈126③
				≈82④	≈112④	≈118④	≈159④
		≥95		≈13①	≈18①	≈19①	≈25①
				≈36②	≈50②	≈53②	≈72②
				≈55③	≈77③	≈81③	≈109③
				≈72④	≈99④	≈104④	≈141④
	4s 内至少一个应答信号	≥90	覆盖范围/n mile	≈47①	≈65①	≈68①	≈92①
				≈77②	≈106②	≈142②	≈150②
				≈98③	≈135③	≈112③	≈192③
				≈115④	≈159④	≈167④	≈226④

（续）

回波等级/（个回波/s）				105000	55000	50000	27500
接收无干扰回波的概率/%	4s 内至少一个应答信号	≥95	覆盖范围/nmile	≈40[①] ≈70[②] ≈91[③] ≈108[④]	≈55[①] ≈96[②] ≈125[③] ≈149[④]	≈58[①] ≈101[②] ≈131[③] ≈157[④]	≈79[①] ≈137[②] ≈177[③] ≈211[④]
	10s 内至少一个应答信号	≥90	覆盖范围/nmile	≈73[①] ≈104[②] ≈125[③] ≈142[④]	≈100[①] ≈144[②] ≈172[③] ≈196[④]	≈105[①] ≈151[②] ≈181[③] ≈206[④]	≈142[①] ≈203[②] ≈244[③] ≈278[④]
		≥95		≈67[①] ≈98[②] ≈119[③] ≈136[④]	≈92[①] ≈135[②] ≈164[③] ≈197[④]	≈97[①] ≈142[②] ≈172[③] ≈197[④]	≈131[①] ≈191[②] ≈232[③] ≈266[④]

① 标准能力的接收机；
② 能够处理一个干扰信号的增强接收机；
③ 能够处理两个干扰信号的增强接收机；
④ 能够处理三个干扰信号的增强接收机

由表8.8可知,信道容量(也就是传感器覆盖的飞机数量)是限制系统性能的主要因素,用增强型接收机可以改善覆盖范围。通过使用与星载 ADS – B 中相同的公式,在图 8.28 中绘制出了 HAP 上 ADS – B/MLAT 天线垂直剖面辐射方向图。当前已经在 HAP 上进行了多种天线的验证性试验:偶极天线;可覆盖60n mile 的 4 偶极、8dBi 增益垂直天线阵列;可覆盖120n mile 的 6 偶极、9dBi 增益垂直天线阵列。

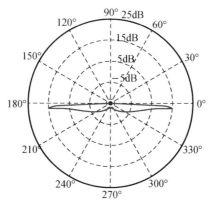

图 8.28   HAP 上 ADS – B/MLAT 天线垂直剖面辐射方向图[36]

▨ 8.5 ADS – B 与 ACARS 协同监视

ADS – B 是依靠 GNSS 来确定空中飞行目标的精确位置及航行参数,是未来空域监视系统的发展方向。ADS – B 信息具有更新速度快的特点,但不包含飞行计划信息、气象信息、发动机状态等关键运行信息。飞机通信寻址报告系统(ACARS)同样作为空域监视的手段,具有信息丰富的特点,但存在报文更新比较慢的问题。将 ACARS 融合到空域监视中,对有效、全面的掌握航空器运行信息有重要意义。前述章节研究了两种数据链的特性,表 8.9 和表 8.10 分别列出了两种数据链的监视性能比较和监视信息。从表 8.9 和表 8.10 可以得出,ADS – B信息更新速度快,ACARS 信息丰富的特点[41]。

表 8.9 ADS – B 与 ACARS 监视性能比较

监视性能	ADS – B	ACARS
通信频率/MHz	1090	131.45
数据传输速率	1Mb/s(最大)	2.4kb/s
监视范围/n mile	200	200
数据更新时间	1s 或者更快	几分钟或更慢

表 8.10 ADS – B 与 ACARS 监视信息比较

ADS – B	ACARS
状态矢量报告,主要包括飞机当前运动状态和状态矢量的测量精度(位置、速度、航向、高度)。该报告在所有 ADS – B 报告中更新最快的一种报告,所以广播的频率最高,是必须广播的一种基本报告。 **模式状态报告**,主要包括当前的运行信息,如当前的飞行呼号、ICAO 地址等。该报告更新频率较低,所以广播的频率较低,是必须广播的一种基本报告。 **目标状态报告**,是条件触发报告,只有当报告内容可用时才广播,如水平意向信息、垂直意向信息等。 **对空参考速度报告**,对空参考速度与对地参考速度,该报告不是 ADS – B 必须报告,同样只有当有可用报告内容时才会广播	**OOOI 时间报告**,报告飞机的离场、起飞、落地、进入登机门的时间。 **气象报告**,报告发报时所在机场的天气实况、限定时间内的机场天气变化趋势等气象信息。 **发动机性能监控报告**,包括振动、油温、发动机异常等。 **飞行计划报告**,包括注册号、航班号、装载配平、燃油监控、起飞飞机构型、离场、进场、返航、延误等信息报告。 **位置报告**,报告飞机当前位置、UTC 时间、风速、风向、高度、校正空速等信息

8.5.1 总体框架

基于数据融合的思想,采用 ADS – B 与 ACARS 进行组合空域监视。在 ADS – B短时间丢点严重,信息不足时,融合 ACARS 数据,确保监视的连续性、丰富性。ADS - B/ACARS 组合空域监视系统有利于提高监视的时空覆盖能力,有利于用户掌握当前空域内飞机更全面的信息。

ADS - B/ACARS 协同监视系统主要从量测融合与航迹融合的角度进行设计。对数据预处理,从飞行目标的具体数据出发,研究数据之间的相关性从而进行数据的融合。具体方法包括 ADS - B/ACARS 数据链路研究、数据接收、数据预处理、数据匹配算法。系统框图如图 8.29 所示,ADS - B/ACARS 监视系统硬件架构如图 8.30 所示。

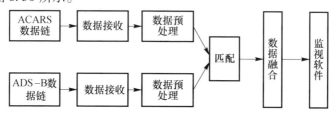

图 8.29 系统框图[41]

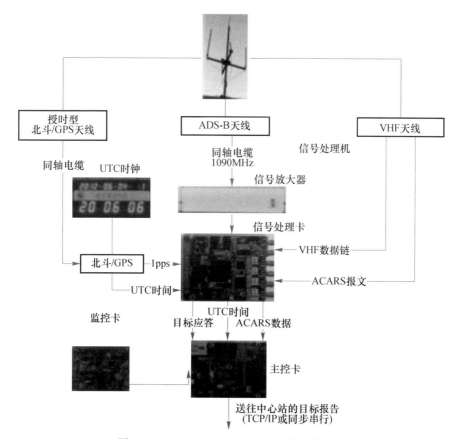

图 8.30 ADS - B/ACARS 监视系统硬件架构

8.5.2　数据融合方法

　　针对两种数据链路的特点,本节从数据的预处理、时间校准、数据的关联匹配统一三方面对 ADS – B 和 ACARS 进行监视数据融合。数据融合整体流程如图 8.31 所示。

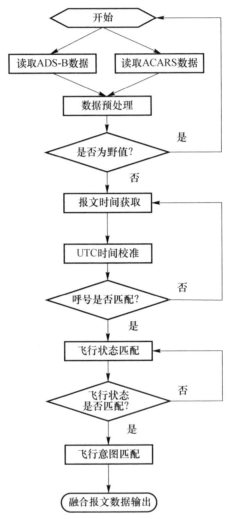

图 8.31　数据融合整体流程[41]

8.5.2.1　数据预处理

　　通过数据滤波将采集的数据预处理,可以增加数据的可信度,提高目标的识别率,最终提高数据融合的效率。在融合前首先滤波剔除错误点,消除其对后续计算的影响。预处理采取 FX 相关处理常用的野值剔除算法,以测量数据的均值代替真值,求取标准差 σ ,然后按照正态分布理论可得

$$P\{\,|x_i - a| \leqslant 3\sigma\} \approx 99.7\% \tag{8.82}$$

当误差大于 3σ 的概率约为 0.3% 时,称为小概率事件。当该小概率事件发生时,认为是野值,并将其剔除。

8.5.2.2 时间校准

时间校准是实现 ADS – B/ACARS 数据融合的关键技术之一。因为 ADS – B 报文中没有 UTC 时间,只能靠卫星给 ADS – B 设备单独授时,而 ACARS 设备中的报文信息含有 UTC 时间的。将两个数据链路的数据融合,必须建立在同一时间上,否则融合后数据可用性不高。基于此时间提取和校准按以下步骤进行:接收一定数量的数据,将两种数据的 UTC 时间进行对比,检测跟踪目标的时间一致性。具体校准方法采取:

(1) 读取 ADS – B 设备的 UTC 时间,当获取成功后,记录该时间。

(2) 记录下来的 UTC 时间为搜索标识,搜索 ACARS 设备报文中的 UTC 时间。当时间落入一定时间域 Δt ($\Delta t \leqslant 5 \min$)时,认为时间匹配。

8.5.2.3 数据关联匹配

数据关联是 ADS – B/ACARS 信息融合的关键。在将 ADS – B 航迹和 ACARS 相关联时,把相关信息(用来判断是否关联的信息)划分为三类:标识信息,即飞机的呼号信息;飞机状态信息,包括飞机的位置、高度、航向和时间信息;飞机意向信息,包含飞行计划信息、飞行意图信息。这三类中标识信息是数据融合的关键。

根据 ADS – B/ACARS 监视信息的特点,总结发现 ADS – B 信息是通过 24 位的 ICAO 地址来区分每条报文的,而 ACARS 是通过飞机注册号来区分报文的。进行数据匹配,必须进行标识信息的关联。系统从以下三个方面进行关联:

(1) 对 ADS – B 航迹中某个航迹点的呼号和 ACARS 的呼号进行比较,如果两个呼号相同,则判断呼号关联;否则,判断呼号不相关。由于相关信息还包含状态部分和意图信息,此时还无法确定最终的相关性结论。

(2) 呼号关联成功后,分别获取 ADS – B 和 ACARS 的状态信息,主要从经/纬度、高度、航向、时间进行比较,状态相关的判断由状态相关系数 p 决定,其值由位置相关系数 f_{ph} 、时间相关系数 f_{sc} 、航向相关系数 f_{fx} 共同设定[1]。

设相关判断次数为 $m(m \geqslant n)$,则 f_{ph} 、 f_{sc} 、 f_{fx} 分别如下

设 d_n 为航迹点到飞行计划航路段的垂直距离,则

$$f_{\text{ph}} = \sum_{n=0}^{m} (k_{\text{ph}} d_{\text{n}}) \tag{8.83}$$

式中：k_{ph} 为常数项。

设 t_{n} 为航迹点与飞行计划航迹上最近航路点的时间差，则

$$f_{\text{sc}} = \sum_{n=0}^{m} (k_{\text{sc}} t_{\text{n}}) \tag{8.84}$$

式中：k_{sc} 为常数项。

设 θ_{f} 为飞行计划航迹当前航向，θ_{n} 为航迹点当前航向，则

$$f_{\text{fx}} = \sum_{n=0}^{m} \sin|\theta_{\text{f}} - \theta_{\text{n}}| \tag{8.85}$$

在计算出上述任何一个相关系数后，如果结果大于预定门限，则可直接判断状态关联失败；否则按

$$p = \sum_{n=0}^{m} \frac{\sin|\theta_{\text{f}} - \theta_{\text{n}}| + k_{\text{sc}} t_{\text{n}} + k_{\text{ph}} d_{\text{n}}}{3} \tag{8.86}$$

计算状态相关系数 p，若 p 大于预设门限，则仍然判断状态关联失败，否则判断状态关联成功。

最终，如果呼号相同并且通过上述判断方法确定状态相关联，则确定该条 ADS – B 航迹与 ACARS 报文相关；如果呼号不同并且通过上述判断方法确定状态也不相关联，则确定该条 ADS – B 航迹与 ACARS 不相关。

（3）当状态相关成功后，认为两数据链已经关联，将 ADS – B 的意图变更的信息、ACARS 的飞行计划信息、气象信息、OOOI 时间信息关联到信息报文中，输出给用户界面。

参考文献

[1] 张军. 空地协同的空域监视新技术[M]. 北京:航空工业出版社,2011.

[2] 程擎,朱代武. 新一代空中交通管理系统[M]. 成都:西南交通大学出版社,2013.

[3] Kalman R E. A New Approach to Linear Filtering and Prediction Problems[J]. Journal of Basic Engineering Transactions,1960（82）:35 – 45.

[4] Singer R A,Kanyuck A J. Computer control of multiple site track correlation[M]. Pergamon Press,Inc. 1971.

[5] Kosaka M,Miyamoto S,Ihara H. A track correlation algorithm for multi – sensor integration [J]. Journal of Guidance Control & Dynamics,2015,10（2）:10 – 171.

[6] Jeffrey T W. Track quality estimation for multiple – target tracking radars[C]//Radar Conference,1989. Proceedings of the 1989 IEEE National. IEEE,2002:76 – 79.

[7] 吴江. 多雷达和 ADS 数据融合研究和应用[D]. 四川:四川大学,2004.

[8] Wu S,Mcclean S. Data Fusion with Correlation Weights[C]. European Conference on Advances in Information Retrieval Research. Springer – Verlag,2005:275 – 286.

[9] 阳宇. 多源相关监视雷达数据融合研究[D]. 成都:电子科技大学,2012.

[10] Arasaratnam I. Sensor Fusion with Square – Root Cubature Information Filtering[J]. Intelligent Control & Automation,2013,4（1）:11 – 17.

[11] 王泽阳. 机载多传感器多目标航迹关联与融合技术研究[D]. 成都:电子科技大学,2013.

[12] 罗启铭. 雷达、飞行计划与 ADS – B 数据融合系统设计与实现[D]. 成都:电子科技大学,2013.

[13] Koch W. Tracking and Sensor Data Fusion. Methodological Framework and Selected Applications[M]. Springer Mathematical Engineering Series. New York: Springer,2014.

[14] Galati G,Leonardi M,Magaro P,et al. Wide area surveillance using SSR mode S multilateration: advantages and limitations[C]. Radar Conference,2005. EURAD 2005. European. IEEE,2005:225 – 229.

[15] Campbell S D,Grappel R D,Flavin J M. Multi – sensor processing for aircraft surveillance in mixed radar/ADS – B environments[C]. Tyrrhenian International Workshop on Digital Communications – Enhanced Surveillance of Aircraft and Vehicles,2008. Tiwdc/esav. IEEE,2008:1 – 6.

[16] AeroTrac NextGen[Z/OL]. Telephonics, 2016. https://www. telephonics. com/product/aerotrac – nextgen.

[17] Bill Carey. Rockell Collins Touts Multisource Aircraft Tracking System[Z/OL]. [2015 – 03 – 09]. http://www. ainonline. com/aviation – news/air – transport/2015 – 03 – 09/rockwell – collins – touts – multi – source – aircraft – tracking – system.

[18] Surface Traffic Management[Z/OL]. [2014 – 09 – 18]. http://www. allweatherinc. com/air – traffic – control – systems/surface – traffic – management.

[19] 何桂萍. ADS – B 与雷达组合监视数据融合方法研究[D]. 中国民用航空飞行学院,2011.

[20] 杨万海. 多传感器数据融合及应用[M]. 西安:西安电子科技大学出版社,2004.

[21] Hall D Lj,et al. 多传感器数据融合手册[M]. 杨露菁,等译. 北京:电子工业出版社,2008.

[22] 何友. 多传感器融合及应用:第 2 版[M]. 北京:电子工业出版社,2007.

[23] 张军. 现代空中交通管理[M]. 北京:北京航空航天大学出版社,2005.

[24] Silva J L R D,Brancalion J F B,Fernandes D. Data fusion techniques applied to scenarios including ADS – B and radar sensors for air traffic control[C]. International Conference on Information Fusion. IEEE,2009:1481 – 1488.

[25] 李旭军. 多传感器数据融合及其在潜艇目标识别中的应用[D]. 武汉:武汉理工大学 2006.

[26] 白东炜. 多传感器数据融合系统中的目标跟踪技术研究[D]. 西安:西安电子科技大

学,2006.

[27] Baud O,Honore N,Taupin O. Radar/ADS – B data fusion architecture for experimentation purpose[C]. International Conference on Information Fusion. IEEE,2006:1 – 6.

[28] 孙沂,吴仁彪. 空管自动化系统的多雷达与 ADS – B 数据融合技术综述[C]. 第二十五届中国(天津)IT、网络、信息技术、电子、仪器仪表创新学术会议,2011.

[29] 杨万海. 多传感器数据融合及应用[M]. 西安:西安电子科技大学出版社,2004.

[30] Blom H A P,Bloem E A. Combining IMM and JPDA for tracking multiple maneuvering targets in clutter [C]. International Conference on Information Fusion. IEEE, 2002, l: 705 – 712.

[31] 周雷,辛晓娜,陈川波. 结合 ADS. B 的航管监视数据融合关键技术[J]. 计算机工程与应用,2013,49(14):231 – 235.

[32] 周东民. ADS 与多雷达数据融合中的系统误差配准法探讨[J]. 电子技术与软件工程, 2014(24):188 – 188.

[33] 刘俊,刘瑜,熊伟,等. 基于平方根容积信息滤波的弹道目标跟踪算法[J]. 中国电子科学研究院学报,2015,10 (5):527 – 532.

[34] MLAT – ADS – B – Reference – Guide [R/OL]. Era Corporation, 2008. http:// www. multilateration. com/downloads/MLAT – ADS – B – Reference – Guide. pdf

[35] Lu Y,Huang R S,Xu Z L. Multi – Sensor Data Fusion Based on ADS – B and MLAT in Approach[J]. Applied Mechanics & Materials,2014,602 – 605:2491 – 2494.

[36] Leonardi M,Spinelli S,Galati G. ADS – B/MLAT surveillance system from high altitude platform systems[C]. Tyrrhenian International Workshop on Digital Communications – Enhanced Surveillance of Aircraft and Vehicles. IEEE,2011:153 – 158.

[37] Tozer T C,Grace D. High – altitude platforms for wireless communications[J]. Electronics & Communication Engineering Journal,2001,13 (3):127 – 137.

[38] Miura R,Suzuki M. Preliminary Flight Test Program on Telecom and Broadcasting Using High Altitude Platform Stations[J]. Wireless Personal Communications,2003,24 (2):341 – 361.

[39] Grace D,Katzis K,Pearce D A J,et al. Low – latency mac – layer handoff for a high – altitude platform delivering broadband communications[J]. Ursi Radio Science Bulletin,2017,83 (1):39 – 49.

[40] Delovski T,Hauer L C,Behrens J, ADS – B high altitude measurements in non radar airspace [C]. Berlin:ESAVS 2010 proceedings, 2010: 16 – 17.

[41] 张召悦,韩邦村,高春燕. 基于数据融合的 ADS – B/ACARS 空域监视系统设计[J]. 航空计算技术,2013 (4):91 – 94.

第 **9** 章
低空空域监视技术

通用航空(简称通航)是指使用民用航空器从事公共航空运输以外的民用航空活动,包括从事工业、农业、林业、渔业和建筑业的作业飞行,以及医疗卫生、抢险救灾、气象探测、海洋监测、科学实验、教育训练、文化体育等方面的飞行活动,通常使用1000m以下的空域[1]。伴随着我国通航事业的逐步发展,目前全社会对低空空域的使用意愿越来越强烈。预计到2020年,中国通航飞机的数量将超过1万架,通航飞行总时将达200万飞行小时,年均增长19%。然而,对当前低空空域飞行器的飞行管理手段缺乏有效的通信、导航、监视等服务保障,尤其是"低、小、慢"的低空飞行器目标存在"看不见、联不上、管不住"的问题,严重影响着低空通用航空的飞行安全,更严重影响国土防空安全。

通用航空的发展与低空空域的开放和监视服务水平的发展是相辅相成、互相促进的,因此加强低空空域监视技术的研究越加重要。本章对低空空域监视概述、低空空域的概念和分类、低空空域监视设备、低空空域飞行服务站等内容进行阐述。

▣ 9.1　低空空域监视概述

低空空域监视包含对通航飞机和无人飞行器的监视。下面对低空空域监视技术的发展及现状进行简要概述。

早期的通用航空监视服务使用低空监视雷达作为监视手段,其中De-Tect研制的HARRIER系统和Sicom研制的ACCIPITER系统是其典型代表[2,3],如图9.1所示。

然而,面对低空飞行密度和覆盖区域的增大,低空雷达的作用显得捉襟见肘。因此,1990年国际民航组织提出了"自动相关监视"概念,至今为止,广播式自动相关监视已经得到了大力发展并在各国得到了广泛应用,特别是在低空监视方面。FAA在2005年开始应用ADS-B技术进行低空空域监视,主要采用UAT模式数据链。到2014年,在全美地区已经完成了ADS-B安装,预计到

(a)HARRIER   (b)ACCIPITER

图9.1　雷达监视系统

2019年可实现ADS－B的全面使用[4];澳大利亚在2002年开始使用ADS－B技术对小型飞机进行监视管理;2005年俄罗斯完成了ADS－B监视服务系统的安装和调试,选择VDL－4模式的ADS－B数据链作为主要的监视方式,在2007年完成了9000m以下空域的ADS－B覆盖,实现了对低空空域航空器的监视[5]。随着ADS－B技术的发展,Thales的ADS－B AS680地面站已经成功地应用于法国、意大利、德国、西班牙等欧洲国家[6]。

近年来,除了在低空空域监视中应用ADS－B外,国内外对低空监视技术进行了深入的探索,部分典型的技术(按照年份进行了汇总)进展如下:

在美国的墨西哥湾地区,R. E. Boisvert等人在2002年设计了一种利用GPS－squitter进行低空空域监视的方法。其原理为飞机利用GPS获得自身位置,GPS－squitter使用S模式转发器自动广播飞机的位置(经/纬度、气压高度、速度等),由地面站接收飞机广播的信息,从而实现对飞机的监视。监视过程如图9.2所示[7]。

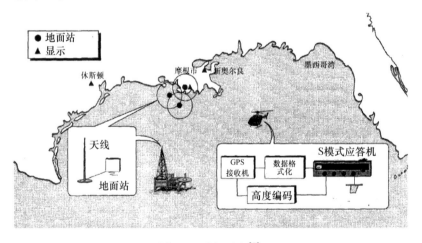

图9.2　监视过程[7]

S. Hanna等人在2003年设计了一个符合无线电通信要求的新空中交通管

制系统,该系统可利用 VDL 模式 4、UAT 等数据链进行通信,实现对通用航空器的监视,同时可实现通用航空器的"自由飞行",在一定程度上减轻了管制员的工作负担,提高了管制效率[8]。

针对小型飞机,C. E. Lin 等人在 2004 年构建了一种利用移动通信的低空监视系统,主要目的是将机载数据发送到地面监控中心,以便实现对飞机位置、高度等信息的监视,数据通过 GPRS 移动网络传输,其数据传输延迟在 0.6s 以内,数据发送周期为 5s[9]。

Weber 等人在 2007 年提出了下一代多相位相控阵雷达(MPAR)概念,设计了一种包括多个接收信道和一个高数字化的有源相控阵,它可以产生用于气象服务和飞机跟踪服务的独立波束集群,提供气象和飞机监控服务。相比多个单功能雷达网络,提高了使用周期、降低了成本,MPAR 可以减少约 1/3 的雷达总数[10]。

在 C. E. Lin 等人提出针对小型飞机的移动通信监视系统之后,C. E. Lin 等人在 2010 年提出了一种针对小型飞机的告警和避撞算法。利用该算法可检测到飞机冲突,并可及时报警。同时定义了交通咨询(TA)和决断咨询(RA),并为小型飞机设计了简单的避撞措施[11]。

W. C. William 等人在 2011 年提出了一种利用无源雷达地面站系统监视航空器的方法。该系统的关键是利用现有的卫星平台作为雷达系统的发射器,其可以探测到离地面站几十到几百海里范围内飞机或小型无人机的精确位置和速度。图 9.3 为该系统的运行情景[12]。同年,D. Pepyne 等人提出了一种基于小型雷达网络的低空监视方法[13]。大气协同自适应感测(CASA)中心提出了一种使用短波长、短距离、低功耗、低成本的相控阵雷达排成的密集网络进行低空空域监视的方法[14]。该方法解决了地球曲率限制问题,在一定程度上解决了雷达"看不见"的问题。

图 9.3　无源雷达运行情景

针对国外星基导航系统的发展现状,刘纪红等人从 GPS 和"北斗"两套卫星导航系统入手,在 2012 年建立了低空空域监管系统[15]。该系统分为 GPS 定位功能模块、"北斗"一代卫星通信功能模块、低空空域飞行器机载设备模块、地面控制中心四大模块,系统架构如图 9.4 所示。

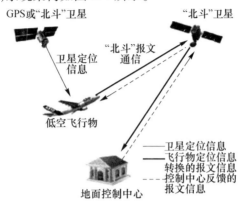

图 9.4　低空空域监管系统架构[15]

陈唯实等人为实现基于非相参雷达的低空空域监视,在 2014 年提出了一种基于空域特性的杂波抑制算法,通过构造"最优分类面"来区分复杂低空空域雷达图像中的小弱目标和杂波,极大改善了非相参雷达的低空探测能力[16]。

2015 年,杨明等人,分析了我国低空空管的现状,结合我国自主研发的"北斗"导航系统,设计了一套基于"北斗"无线电测定业务(RDSS)和 ADS – B 的通用航空飞行动态监视系统,为低空空域通用航空的安全飞行提供了一种技术保障手段[17]。同年,美国航天公司 Exelis 设计了一套针对无人机的低空监视系统,其原理如图 9.5 所示[18]。

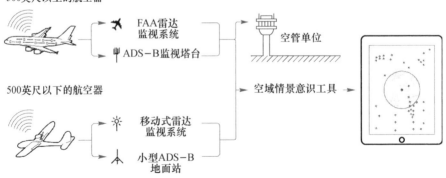

图 9.5　低空监视系统原理

2014 年 4 月,NASA Ames Research Center 的 P. H. Kopardekar 博士对低空无

人机监视系统提出了初始的构想,并对低空空域的运行方式进行了探讨[19]。无人机空中交通管理(UTM)系统运行设计如图9.6所示。

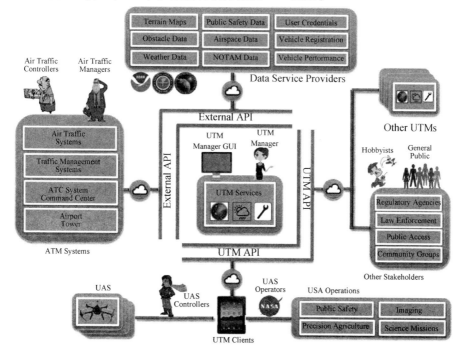

图9.6 无人机空中交通管理系统运行设计

T. Bierhoff 等人在2016年提出了一种低空空域监视控制(LASC)系统。此系统的主要功能为检测、识别无人机,并对其运行进行了风险评估以及提出适当的监视控制对策建议,工作流程如图9.7所示[20]。

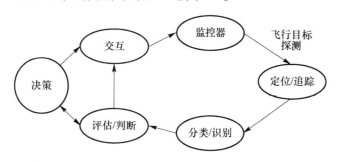

图9.7 LASC系统的工作流程

2016年1月,中国航空无线电电子研究所的仲照华等人利用已有的城市无线通信网络作为低空运行的航空器运行信息报告的数据链路,实现对城市无线通信网络覆盖区域的低空空域监视,降低了通信链路的使用成本[21],基于城市无线通信网络的低空空域监控系统架构如图9.8所示。

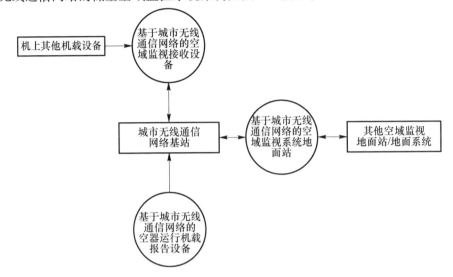

图9.8　基于城市无线通信网络的低空空域监控系统

　　针对无人机交通流量不断增加，且无人机与商业运输航空器在机场附近的管制空域冲突日渐频繁的状况，Fredrik Forsberg 在 2016 年 10 月利用 LTE 蜂窝网络向小型无人机提供空中交通管制服务，并提出一种根据蜂窝网络覆盖范围及信号强度评价 LTE 机载服务的模型，推进了无人机空中交通管制系统的搭建[22]，设计的无人机空中交通管制系统软件(Flight Monster)界面如图9.9所示。

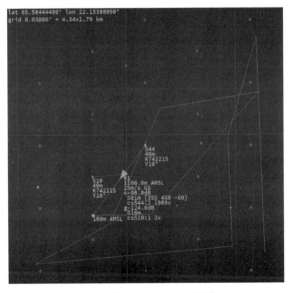

图9.9　Flight Monster 显示界面

2017 年 1 月,R. M. Guterres 等人提出应用 UAT ADS – B 数据链监视低空高密度空域的无人机运行,该方案平衡了 ADS – B 发射功率与无人机空中交通流量对数据链的要求,并服务于指定空域内的所有航空器[23]。图 9.10 为低空高密度无人机运行的仿真。

图 9.10　低空高密度无人机运行仿真

综上所述,为更好地满足低空空域飞行用户的需求,低空空域的监视技术的发展已经从单一化朝多元化的方向发展。监视技术逐渐从地基向星基过渡,监视网络也逐渐扩展到了移动网络、卫星网络等多元信息网络。随着低空飞行需求的日益旺盛,低空空域的监视系统必将得到优化,最终实现低空空域的自动化监视。

9.2　低空空域的概念和分类

9.2.1　低空空域的概念

空域是国家经济社会发展的重要战略资源。空域属性包含自然属性、社会属性和技术属性。技术属性包括:VHF、HF、SATCOM 等形成的通信场;VOR、NDB、DME、GNSS 等形成的导航场;PSR、SSR、ADS 等形成的监视场。可见,通信、导航、监视技术支撑着空域的正常化运行。

低空空域是国家空域体系中十分重要的组成部分。在国际民航组织的空域分类标准中,低空空域是指除了 A 类(绝对管制空域)、B 类、C 类(进近管制空域)、D 类(机场管制地带)等公共运输航空主要使用的空域,以及特殊用途空域(如军航训练空域、空中禁区、限制区和危险区)之外的所有空域。我国低空空域划设标准为各类低空空域垂直范围原则在 1000m 以下,可根据不同地区特点和实际需要,具体划设低空空域高度范围,报批后严格执行[5]。

9.2.2　低空空域的分类

2010 年,国务院中央军委印发《关于深化我国低空空域管理改革的意见》的要求,将我国的低空空域划分为管制空域、监视空域、报告空域三类[24]。

9.2.2.1 管制空域

航空器在低空管制空域飞行时,空管部门应监控其飞行动态,实施管制指挥。监控飞行的动态参数主要有航空器的实时位置、飞行进程和飞行意图等。掌握飞行动态主要有下列三种方式:

(1)根据飞行计划推算航空器的位置;

(2)飞行员报告航空器的位置;

(3)主要通过低空雷达、MLAT 和 ADS 等监视手段,获取航空器的位置信息。

9.2.2.2 监视空域

航空器在低空监视空域飞行时,空管部门应监视其飞行动态,提供飞行情报和告警服务。在雷达、MLAT 和 ADS 等监视系统覆盖区域,空管部门通过监视系统获取航空器的位置信息;在非雷达、MLAT 和 ADS 等监视系统覆盖区域,空管部门需要配备与飞行员直接联系的地空通信手段,通过飞行员位置报告获取航空器位置信息[5]。

9.2.2.3 报告空域

航空器在报告空域内飞行时,航空用户报告其飞行动态,空管部门根据用户需要提供航行情报服务。在该类空域采用目视飞行,由飞行员自主控制与其他航空器的间隔,空管部门通过地面服务终端报告了解报告空域的飞行动态。地面基站的服务终端报告飞行动态的方式主要有以下两种:

(1)通过电话向空管部门报告飞行动态。

(2)通过低空飞行情报服务站中的信息管理服务系统报告飞行动态。

在航空器起飞前的准备阶段,航空用户向空管部门报告航空器飞行计划内容,报告内容包括飞行日期、开始时刻、预计结束时刻、机型、颜色、机号、任务属性、使用空域、起飞机场、降落机场、飞行员、联系人等信息。在航空器降落后结束飞行任务时,航空用户向空管部门报告航空器降落情况,报告内容包括结束时刻、机型、机号、降落机场等信息。

9.3 低空空域监视设备

针对低空飞行监视遮蔽严重、成本敏感、种类繁多等特点,低空空域监视的主要手段包括新型低空一次监视雷达、通航 ADS - B 收发机、"北斗"卫星移动组网系统和无人机云监视系统、视频图像识别等监视设备。新型低空一次监视雷达是一种依靠自身发射无线电脉冲,通过检测目标对脉冲的反射信号确定目标方位和距离的无线电探测设备,属于主动式监视设备[25]。通航 ADS – B 设备属于被动式监视设备,它是通过 ADS – B 机载发射机按一定时隙广播飞机信息,由 ADS – B 地面接收站接收飞行状态信息(第 4 章中对 ADS – B 相关内容做了详细介绍)。"北斗"卫星移动组网监视系统是利用"北斗"/GPS 双模导航接收机获取航空器位置等信息,通过移动公共网络通信系统和"北斗"卫星导航系统相互补充的通信机制可靠地将机载信息发送至地面指挥中心,并能够接收地面指挥中心的指令。无人机云监视系统主要针对小型民用无人机进行监视,其类似于 SIM 卡追踪管理,通过在无人机上装一个 SIM 卡,无人机在飞行时的航迹、高度、速度、位置、航向等信息就会实时纳入云数据库,从而实现了对无人机的监视。

9.3.1   低空一次监视雷达

低空一次监视雷达是对在低空空域飞行的各类飞行器进行探测的设备。低空一次监视雷达的使用相对比较方便,且工作独立性强。通常主要通过抑制地面杂波以及提高采集飞行目标信号强度的方法来加强一次雷达对低空空域的安全监视。在我国现有的预警探测网未能覆盖的重点区域,可选择性地布防低空一次雷达监视系统,弥补监视盲区。

9.3.1.1   低空一次雷达的发展现状

低空一次监视雷达最初应用于军事,后来逐渐发展为民用。

1)国外发展现状

面对低空突防武器所带来的威胁,常规雷达已达不到监视要求。为了有效地应对低空、超低空突防武器的突然入侵,各国多年来投入大量人力和物力成功研制了各种先进的地面低空监视雷达系统,也称为低空补盲雷达系统。西方各国近年来在原有的基础上又派生、发展了多种新型低空监视雷达[26]。目前,美国 Raytheon 公司、法国 Thales 公司、瑞典 SAAB 公司处于行业的领先水平,代表了行业的技术水平和发展方向。

美国 Raytheon 公司是世界上著名的雷达研制单位,相控阵雷达的研制水平和生产能力在全世界都是首屈一指。作为雷达行业的标杆,美国国家导弹防御系统使用的 GBR 雷达和 AN/TPY – 2 雷达、F – 22 隐身战斗机使用的 AN/APG – 77 雷达、"爱国者"武器系统使用的 AN/MPQ – 65 雷达、"宙斯盾"武器系统的 AN/SPY – 1雷达都是其旗下产品。目前,该公司雷达产品已完整覆盖星载、机载、舰载、车载、固定站等各式平台,其中绝大部分是有源相控阵雷达,包括在研的 RACR 机载雷达、AN/SPY – 3 舰载雷达、MPAR 地基雷达也都是有源相控阵体制雷达。

法国 Thales 公司是欧洲第一大军事系统(包括侦察系统、火控系统和操纵系统)生产集团,是一家超大型跨国企业,在全球五大洲 9 个国家设有 13 个分公司,长期从事军用、民用监视设备的研制生产。其下属的空中系统分公司在高可靠性空管雷达监视设备研制生产方面的技术水平与美国雷声公司同处于世界领先地位,其产品中有近 70% 出口,空管雷达产品出口达 400 余部。其代表产品包括 GM400 远程监视雷达、IM400 舰载雷达、CW 系列低空/海岸监视雷达等,它们绝大部分是有源相控阵雷达。在空管雷达方面,代表型号有 STAR 2000 和 Thales 雷达,此外,Thales 雷达实现了气象探测功能。

瑞典 SAAB 公司是欧洲一家大型的航空及武器制造商,其研制的"长颈鹿"系列雷达极具特色。该雷达系列已经衍生出 Giraffe 40 型、Giraffe 50AT 型、Giraffe 75 型以及 Giraffe 10 型、Giraffe 3D 型和 Giraffe 舰载型。该类雷达天线均被架高,主要用于对付空中威胁,尤其是对付严重的杂波干扰环境和严重的电磁干扰情况下的低空和超低空目标。

国外的低空监视雷达产品型号众多,表 9.1 列出国外低空监视雷达主要性能指标[27]。

表 9.1 国外低空监视雷达主要性能指标

雷达型号		Sentinel	CW 100	Giraffe
研制单位		美国雷声公司	法国 Thales 公司	瑞典 SAAB 公司
工作频段		X 波段	X 波段	X 波段
极化方式			线极化/圆极化	
雷达体制		方位机扫,仰角相描的三坐标体制	基于机械扫面的两坐标体制	方位机扫,俯仰 DBF 多波束的三坐标体制
探测范围 (RCS = 2m²)/km		74	93	120
距离	分辨力/m		20	
	精度/m	40	50	
方位	分辨力/(°)	2	0.6	≈ 0.6
	精度/(°)	0.2	0.3	
俯仰	分辨力/(°)	1.9	无	
	精度/(°)	0.2		0.2
气象通道		可增加独立气象处理通道	基于图像处理的气象探测	
MTBCF/h			9760	
价格/美元			230 万	1000 万
备注			目标高度限于 1km 以下;年销量 20 部以上	

2）国内发展现状

我国已有许多机场和航路配备了空管监视雷达,主要以二次监视雷达为主。使用的空管监视设备主要依赖进口,包括美国、法国、意大利和日本等国家的雷达设备。在国内,中国电子科技下属的研究所如 14 所、39 所是从事雷达研究的主要单位,其产品在星载、机载、地基远程预警方面具有较明显的优势,在低空监视方面也各具特色。表 9.2 列出国内低空监视雷达主要性能指标[27]。

表 9.2　国内低空监视雷达主要性能指标

型号名称		3912	JY－11B	低空监视三坐标雷达
研制单位		39 所	14 所	904 所
工作频段		S 波段	S 波段	C 波段
极化方式		线极化/圆极化		线
雷达体制		基于机械是扫面的两坐标体制	方位机扫,仰角相描的无源相控阵体制	方位机扫,仰角相描的有源相控阵体制
探测范围（RCS＝2m²）/km		110	150	35
距离	分辨力/m	200		150
	精度/m	120	50	30
方位	分辨力/(°)	1.45		2.9
	精度/(°)	0.25	0.3	0.4
俯仰	分辨力/(°)	无		5
	精度/(°)			0.5/0.9
气象通道		6 等级气象	无	6 等级气象
MTBCF/h		20000		5000
价格/美元		约 1000 万		600 万

总的来说,我国低空监视雷达的研制与生产仍处于较低水平,与国外先进的低空监视雷达技术相比仍存在较大差距。

9.3.1.2　低空监视雷达的发展趋势

雷达对低空进行监视的措施归纳起来有两大类:一类为技术措施,主要是指采用各种先进的反杂波技术提高雷达自身的性能;第二类为战术措施,主要是指物理上的反遮挡手段。因此,要实现雷达低空空域监视的目的,主要采取如下方法[26]:

（1）设计反杂波性能优良的低空监视雷达。

（2）研制天波超视距雷达和地波超视距雷达。天波超视距雷达克服了地球曲率的影响,比普通微波雷达的探测距离要大 5 ~ 10 倍。例如,美国东海岸的天波超视距雷达的探测距离达到 3000km。这种雷达是通过电离层折射将电磁波辐射到目标上,进行的是俯视探测。这样,低空目标就难以利用地形遮挡逃脱它的探测。地波超视距雷达发射的电磁波以绕射方式沿地面或海面传播,它不但能探测地面和海面上的目标,而且能监视低空和掠海飞行的目标。英国马可尼公司研制的实验型地波超视距雷达工作频率为 4 ~ 9GHz,能探测跟踪远距离低空快速飞行的目标。该公司研制的新一代天波超视距雷达的对空探测性能又有所突破:对大飞机的探测距离为 300km,对巡航导弹的探测距离为 150km。

(3)研制双(多)基地雷达。双(多)基地雷达本身的工作方式就使其具备了良好的反地杂波和海浪波性能,加上其探测视距外低空目标的能力,使它成为反低空突防的重要手段之一。

(4)通过提高雷达平台高度来增加雷达水平视距,延长预警时间。目前提高雷达平台高度有三种方法:

一是采用机载预警雷达。在近几次的局部战争中,都使用了 E - 2C、E - 3A、E - 9C 等预警机进行空中预警监视,由于不受地球曲率限制和机动灵活的特点,因而具备了很好的超低空探测性能。据计算,一架预警机的工作效率相当于 2 ~ 3 个地面雷达团。不过,预警机的技术难度大,价格昂贵,因而许多国家都很难负担得起。

二是采用系留气球载雷达。这种雷达探测距离远,技术较简单,价格经济,不失为一种较好的低空探测手段。美国研制生产的气球载低空监视系统(LASS)由高空系留气球 MARK7 - S 和 AN/TPS - 63(V)雷达两部分组成,主要用于低空/超低空监视和海岸警戒。

三是架高低空雷达的天线。典型例子如瑞典的"长颈鹿"雷达系列。提高天线高度可增大雷达视距,减小盲区;但提高天线高度也受到许多的技术条件限制,如高度不能无限地升高,一般最高可升至十几米。

(5)雷达组网,发挥雷达群体优势来应对低空突防飞行目标。单部雷达的视野是有限的,难以完全解决地形遮挡所带来的影响,在监视应用中往往是多种手段同时施展。因此,解决低空目标探测问题的有效方案是部署既有地面低空探测雷达,又有各种空中监视平台系统的多层次、多体制雷达。由其组成立体复合探测网,通过数据融合将各传感器的数据充分利用以实现全面的低空/超低空覆盖。

雷达反低空/超低空突防的措施有多种。低空雷达作为反低空突防的主要设备也在飞速发展,从低空雷达的研制过程中可以看出低空雷达正在朝着以下方向发展:

(1)发展采用新技术的新体制雷达。随着作战环境的日益恶化,低空雷达已由原来采用两坐标体制朝三坐标体制发展。并将平面阵列天线、相控阵、先进的信号处理技术、频率分集、脉冲压缩、频率捷变、边搜索边跟踪和脉冲多普勒等复杂技术用于低空雷达,从而使低空雷达自身具备了较好的探测性能和反杂波性能。

（2）架高雷达天线。架高低空雷达的天线是提高其作用距离的一种经济实用且有效的方法。采用各种架高天线技术以使雷达可在公路上、树林中或建筑物群内工作,而且雷达的架设时间也越来越短,由原来的 0.5h 缩短到了几分钟,可通过边伸缩边工作的方式提高工作效率。

（3）提高低空雷达的机动性和便携性。在战场形势瞬息万变的现代战争中雷达的机动性是其生存的关键要素之一。低空雷达大多是战场监视雷达,主要为地面部队部署和转移提供防空警戒。

目前,机动式战场雷达已普遍使用,为了提高机动性,通常是把雷达安装在能适应各种地形的车上。随着先进技术的不断引入,有可能获得更完善的雷达性能以及小而轻的元器件,使未来新系统的设计或老系统的升级更便于考虑机动性。此外,对于通航来说,可以采用机动性能好、易便携的低空监视雷达对地形比较复杂的低空空域进行监视。

（4）加强低空雷达自身的 C^3I 功能。雷达组网技术是反低空突防的重要手段之一,用诱饵、导弹或火炮来保护主要雷达网的多层防御是地面防空系统的发展趋势。但是,随着系统的深度与复杂性不断增长,也增加了系统的易受攻击性。因此,一种解决办法是在系统内建立广泛的交叉网络,根据这种概念,大量的反飞机系统与各部雷达相连接,各雷达又与大量的反飞机系统相连接,每一部雷达都具备足够完整的 C^3I 功能。在与更高层次梯队恢复接触之前,它能指导其自身拥有的局部集中的综合防空系统作战。例如瑞典的"长颈鹿"雷达系列在陆用时具备完整的 C^3I 功能。这也是低空雷达的一个发展方向,不过高费用问题还需克服。

近年来,军用低空监视雷达发展迅速,新技术层出不穷,在一定程度上势必会带动民用低空监视雷达的发展。

9.3.2　"北斗"卫星移动组网监视设备

"北斗"卫星移动组网监视设备是指针对低空雷达监视存在盲区及广播自动相关监视设备成本较高的问题,结合"北斗"卫星导航系统和移动网络通信技术对低空空域进行监视的设备。该系统利用"北斗"/GPS 双模导航接收机获取目标位置等信息,采用移动网络通信系统和"北斗"卫星导航系统相互补充的通信机制,可靠地将机载信息发送至地面指挥中心,并能够接收地面指挥中心的指令。

9.3.2.1 "北斗"卫星移动组网概述

"北斗"卫星导航系统(简称"北斗"系统)是中国着眼于国家安全和社会经济发展需要,自主建设、独立运行的卫星导航系统,是为全球用户提供全天候、全天时、高精度的定位、导航和授时服务的国家重要空间基础设施。它与美国的GPS、欧洲的伽利略、俄罗斯的 GLONASS 并称为四大全球卫星导航系统(GNSS)。

20 世纪后期,中国开始探索适合国情的卫星导航系统发展道路,逐步形成了三步走发展战略:

第一步:建设"北斗"一号系统(也称为"北斗"卫星导航试验系统)。1994年,启动"北斗"一号系统工程建设;2000 年,发射 2 颗地球静止轨道卫星,建成系统并投入使用;2003 年,发射第三颗地球静止轨道卫星,进一步增强了系统性能。"北斗"一号系统采用有源定位体制,具有卫星数量少、投资小、用户设备简单价廉等优点,特别的,还可以为中国用户提供定位、授时、广域差分和短报文通信服务。但存在一定的局限性,如定位时间长、存在用户容量限制、北方地区信号差等。

第二步:建设"北斗"二号系统。2004 年,启动"北斗"二号系统工程建设;2012 年底,完成 14 颗卫星(5 颗地球静止轨道卫星、5 颗倾斜地球同步轨道卫星和 4 颗中圆地球轨道卫星)发射组网。"北斗"二号系统在兼容"北斗"一号技术体制基础上,增加无源定位体制,在用户容量、服务区域、动态性能、定位精度和使用方式上均有重大改进和提高。

第三步:建设"北斗"全球系统。2009 年,启动"北斗"全球系统建设,继承"北斗"有源服务和无源服务两种技术体制;计划 2018 年,面向"一带一路"沿线及周边国家提供基本服务;2020 年前后,完成 35 颗卫星发射组网,为全球用户提供服务[28]。

"北斗"卫星导航系统作为一个基础建设系统,可以为包括交通运输在内的众多领域提供定位测速和授时服务,在民用航空领域也有着广阔的应用前景。由于通用航空具有独特的运行特征,因此"北斗"在通用航空领域的应用,将涵盖航空器导航、空中交通管理、飞行运行管理、航空通信,以及搜索和救援等方面。"北斗"一代与现有 GPS 系统相比较还拥有短报文功能,因此"北斗"对民航而言,比 GPS 具有更大的应用空间。"北斗"在通用航空领域的潜在应用,归纳起来可以分为以下几个领域:

1)航空器导航

通用航空器的典型特征是机体小、载荷少、飞行速度和高度低、价格相对便宜,因此通用航空器上通常不会加装复杂的、价格昂贵的高集成高性能航空电子系统,一般选装价格便宜、满足飞行及运行要求的集成航电系统。目前基于 GPS

导航的多功能集成航电系统是通用航空器首选设备。

依赖"北斗"卫星信号,"北斗"可以单独为通用航空器提供导航定位服务,尤其是在西部偏远地区或缺乏陆基导航设施的区域。同时利用"北斗"导航性能增强系统,或者与其他卫星导航系统相组合,可以提供更优的导航定位服务。"北斗"导航定位服务,不仅可以满足航路和机场终端区飞行运行的需要,还可以满足基于性能的导航、卫星导航精密进近等航行新技术的需要。

2)飞行运行监视

飞行运行监视涵盖所有飞行阶段,包括航空器地面滑行、起飞、爬升、航路巡航、下降进场、进近、着陆等,主要由空中交通管理部门和航空公司两个部门对航空器进行监视。

空中交通管制部门可通过"北斗"卫星移动组网监视设备来获得航空器飞行的实时位置,管制员根据各航空器的实时位置向航空器下达指令,进行安全间隔保持和流量控制等。航空公司利用航空器自动发送的位置信息掌握航空器的运行动态。将"北斗"卫星导航接收机提供的高精度实时航空器位置,实时向管制员报告,管制员便可以有效地对航空器进行管制。

3)通信和救援

为了保障飞行安全和运行管理,民用航空通信分为飞机与地面(空-地)、地面与地面(地-地)、飞机与飞机(空-空)等通信方式。由于通用航空作业内容和作业区域灵活多变,高频、甚高频通信可能存在盲区,卫星通信价格昂贵,因此采用"北斗"短报文通信,将大大增加通信覆盖范围、降低通信成本。

"北斗"的短报文通信功能,在通用航空器搜索和救援等特殊情况下同样也发挥重要的作用。依赖"北斗"导航定位和通信而无需其他系统,就可以实现对通用航空器位置的快速锁定,锁定时间可能仅需要几分钟,因此将大大提高搜索救援效率和效果[29]。

移动公共网络方面,在经历了第一代、第二代、第三代通信系统的发展后,现已进入4G通信时代。相比前三代通信系统,4G通信网络具有传输速率高、智能化、兼容性好、覆盖性好以及可以实现高质量的多媒体通信等优点[30]。移动通信网络仍在不断发展,如现在正研制5G通信网络,低轨道移动通信卫星项目也已经展开研究等。

综上所述,鉴于新技术的不断发展和现有监视技术的弊端,"北斗"系统和移动通信网络相结合的"北斗"卫星移动组网监视系统在未来低空空域监视领域将崭露头角。

9.3.2.2　"北斗"卫星移动组网通航监视系统

"北斗"卫星移动组网监视系统原理(图9.11):采集飞机的飞行位置、速度以及其他状态参数,并将获得的参数通过移动公共网络通信或"北斗"一代卫星导航系统等通信手段传送给地面指挥中心,在地面指挥中心对信息处理后,发送飞行服务相关信息给机载设备用于辅助飞行员操控飞机。其组成主要包括空中机载部分和地面指挥中心部分。机载系统部分[31]包括电源系统、移动网络通信系统、GPS/"北斗"模块和无线电测定业务(RDSS)功能集成于一体的卫星导航定位接收机。地面指挥中心包括"北斗"指挥型用户机和地面控制站。系统各个组成部分通过有线或无线通信协议进行数据通信,机载系统与地面系统通过无线链路或静止轨道卫星进行通信[32]。

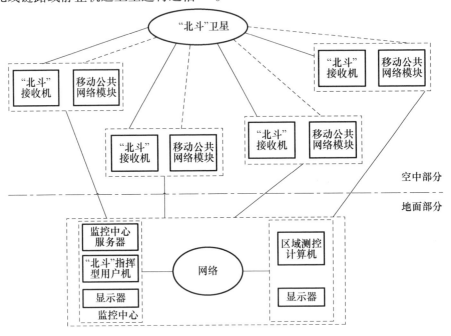

图9.11 "北斗"卫星移动组网监视系统原理

9.3.2.3 无人机空管监视系统

当前,我国空管单位对无人机的监视采取的主要方法:依靠航班机组发现;高度时雷达识别;民众举报等。在当前的监管模式下,无人机飞行不可避免地会给空中交通运输带来极大的安全隐患,对民航安全飞行和个人安全带来极大威胁。针对目前无人机监视程度低、监管难,"黑飞"现象严重的现状,为了让无人机飞行达到规范化和可监视化,国内外学者先后提出了研发无人机空中交通监视系统的意愿[33],即通过借鉴民航运行经验,建立由航空器、运控、空管三者相互协调运行的管理体制。基于SIM7100C模块的4G网络技术,结合"北斗"/GPS定位技术、CPDLC技术,设计了一套基于4G网络的综合空管监视系统。其总体框图如图 9.12 所示。

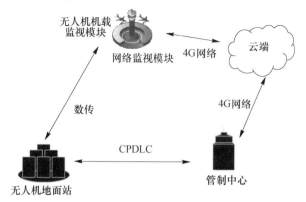

图 9.12　基于 4G 网络的综合空管监视总体框图

基于 4G 网络的综合空管监视系统具体流程如下：

（1）无人机操作员在操控无人机飞行过程中，一方面无人机通过数据链向地面站自动发送相关信息（如高度、速度、位置、航向等），另一方面装载在无人机上的网络监视模块利用 4G 网络实时向云端服务器发送运行状态信息。

（2）管制中心人员通过配置相应服务器的 IP 即可在空管自动化系统上接收到储存在云端服务器里的无人机运行信息，并在管制界面上显示。

（3）管制中心与无人机地面站都装有 CPDLC 无人机空管监视信息收发软件。当无人机将要飞入划定"禁区"空域或与其他飞行目标有冲突时，空管运行人员可以通过 CPDLC 与无人机地面站进行联系，及时通知无人机操作员改变飞行航线。通过无人机、空管、地面站三者之间数据的相互传输及云存储，实现对无人机的实时监控，从而确保无人机安全可靠的飞行。

1）CPDLC 应用于无人机系统（UAS）可行性分析[33]

CPDLC 是新航行系统为适应民航未来发展的需要而设计的新型数据通信模式，其数据链已经得到 ICAO 等相关组织的认可，它可通过报文形式实现管制员与飞行员之间的通信。其数据链特性和指令内容可参考 RTCA DO – 350 和 DO – 351 文件。

CPDLC 通信性能可用如下指标评价：

（1）实际通信性能（ACP）：通信过程所需的总时间，即上行链路消息发送至 UAS 与接收到 WILCO 之间的时间。

（2）实际通信技术性能（ACTP）：消息传递所需的时间，包括 CPDLC 许可上行传输时间和 WILCO 下行传输时间。

（3）所需通信技术性能（RCTP）：对上行/下行链路时间进行评估，必须对 ACTP 进行比较。

（4）飞行员操作回应时间（PORT）：机组响应所需时间，由 ACP – ACTP 估计的时间。

（5）事务处理时间（TRN）：由于人员读写信息所消耗的时间。

（6）所需通信性能（RCP）：所需的事务处理时间总和。

对 CPDLC 上行/下行链路的传输时间进行测量，可以确保 CPDLC 是否正在进行安全通信。对于无人机而言，在非隔离空域进行 CPDLC 空地通信的挑战在于能否确保正确的登录过程、进行正确的数据交换及对相关情况做出及时反应。

为了分析 UAS 数字通信中 CPDLC 应用的健壮性，引入了航空电信网故障模块来完成在数字通信中执行故障注入。ATN 故障模块的主要任务是将 ATSU（空管单位）发送给 UAS 的消息，以隐身的方式进行更改，然后发送到飞机的通信系统。ATN 故障模块由以下三部分构成：

（1）消息捕获部分：在该部分中，ATSU 发送到 UAS 的消息在发送后被捕获。此时，ATSU 已经与通信环境中授权用户的 UAS 连接。

（2）内容更改部分：消息经捕获后，在此部分执行消息内容更改，更改内容主要针对 CPDLC 消息结构。

（3）与通信服务器的链接：ATN 故障模块将修改的消息发送到下游网络节点，使修改的消息到达 UAS。

开始发送消息时，CPDLC 应用程序与服务器建立连接，在 ATSU 和 UAS 之间执行消息发送。该连接过程由具有操作数字通信系统授权的 ATSU 用户执行。在 ATSU 的授权之后，在该通信系统中发送/接收的所有消息是授权消息。ATN 故障模块使用相同的认证过程在通信中执行故障注入。

在模拟航空认证服务器的接口 1 和接口 3（图 9.13[33]）上执行 ATSU 认证，系统通信会连续检查认证的用户。

在接口 1 上建立与 ATSU 的连接后，便可以开始发送消息。此时，ATN 故障模块捕获并读取消息内容（内容分析/二进制消息，参见图 9.9），然后执行消息内容的更改。

为了将损坏的消息发送到 UAS，需要使用另一个接口（接口 3，参见图 9.9）。接口 3 负责 ATN 故障模块与向 UAS 发送消息的网络节点之间的连接，该接口模拟 ATSU 认证服务的 UAS 端。在接收到修改的消息后，网络节点将其转发到 UAS。

故障模拟结果需要考虑的一个重要因素是时间保证。时间指完成实时模拟所需的通信时间，即在接口的执行顺序中消耗的时间。在模拟环境中对数据处理测量的时间值包括：

$\Delta t_r \approx 2.46 \times 10^{-5}$ s（读取时间），接口 1 和接口 3 用于在其各自的输入处读取消息的时间。

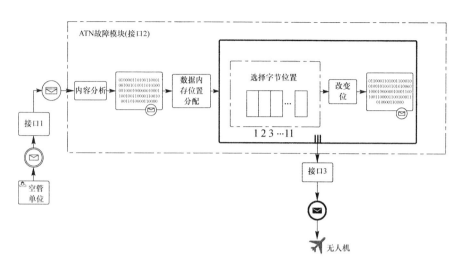

图 9.13　ATSU 与 UAS 之间的数据传输过程中的消息流

$\Delta t_{\mathrm{v}} \approx 7.37 \times 10^{-5}$ s(验证时间),在消息捕获之后,执行 CPDLC 消息正确性的验证时间。

$\Delta t_{\mathrm{r+a}} \approx 3.0 \times 10^{-4}$ s(读取时间和数据分配时间),存储位置分配时间。

$\Delta t_{\mathrm{s+c}} \approx 2.0 \times 10^{-5}$ s(数据位选择和更改时间),更改数据位选择时间。

$\Delta t_{\mathrm{send}} \approx 2.46 \times 10^{-3}$ s(发送数据时间),接口 3 将消息发送到 UAS 所需时间。

$\Delta t_{\mathrm{fm}} =$ ATN 故障模块的总时间。

模拟仿真试验时必须考虑在 ATN 故障模块中处理消息所用的时间,避免 CPDLC 在实际应用中出现时间错误,处理消息所用时间可以用下列计算方法:

接口 1 计算的时间为

$$\Delta t_1 = \Delta t_{\mathrm{r}} + \Delta t_{\mathrm{v}}$$

接口 3 计算的时间为

$$\Delta t_3 = \Delta t_{\mathrm{r}} + \Delta t_{\mathrm{send}}$$

接口 2 计算的时间为

$$\Delta t_2 = \Delta t_{\mathrm{r+a}} + \Delta t_{\mathrm{s+c}}$$

ATN 故障模块的总仿真延迟为

$$
\begin{aligned}
\Delta t_{\mathrm{fm}}(x) &= \Delta t_1 + \Delta t_2 + \Delta t_3 + x \\
&= \Delta t_{\mathrm{r}} + \Delta t_{\mathrm{v}} + \Delta t_{\mathrm{r+a}} + \Delta t_{\mathrm{s+c}} + \Delta t_{\mathrm{r}} + \Delta t_{\mathrm{send}} + x \\
&= 2\Delta t_{\mathrm{r}} + \Delta t_{\mathrm{v}} + \Delta t_{\mathrm{r+a}} + \Delta t_{\mathrm{s+c}} + \Delta t_{\mathrm{send}} + x
\end{aligned}
$$

$$= 2.88 \times 10^{-3}\mathrm{s} + x$$
$$= k + x \tag{9.1}$$

式中：x 为网络传播延迟；k 为常量，$k = 3 \times 10^{-3}$ s。

因此可得总仿真延迟 $\Delta t_{\mathrm{fm}}(x)$。

关于总时间（$\Delta t_{\mathrm{fm}}(x)$），$x$ 可做假设：发送和接收消息的时间为 2s，即总时间阈值低于 2.5s。发送和接收消息的时间为 3s，即总时间阈值低于 1.5s。发送和接收消息的时间为 4.5s，这是国际民航组织目前定义的通信最长时间。

以上介绍了文献[33]在 UAS 操作中使用 CPDLC 的可行性分析，并且介绍了一种使用 CPDLC 应用的故障注入模型的方法，其中的仿真结果表明，在 UAS 通信中使用 CPDLC 是可行的。

2）网络监视模块组成

该模块装载在无人机上采用"北斗"/GPS 模块进行运行信息采集，利用 32 位微处理器对运行信息进行处理，然后发送给空管自动化系统。考虑到一般情况下无人机飞行地点与空管距离较远，普通无线数传的距离已经远远达不到要求，故采用 SIM7100C 4G 模块与空管自动化系统建立稳定的移动网络数据传输通道，将信息发送至云端服务器储存，利用云端服务器作为中转站解决无人机与空管自动化系统之间的远距离传输问题，从而形成以 4G 网络为核心的地 – 空数据链。网络监视模块总体架构如图 9.14 所示。

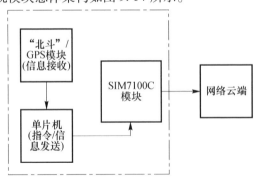

图 9.14　网络监视模块总体架构

3）空管与飞机操作员的信息交互设计

在空管界面和无人机操作员的地面站计算机上均装有 CPDLC 接收与发送软件。管制员与无人机操作者通过配置网络与空管运行人员进行联系，利用 CPDLC 协议进行信息交互。CPDLC 空管监视信息界面如图 9.15 所示。

通过 CPDLC 可以实现无人机、空管、无人机操作员之间的相互通信，同时可以保证与现有空管自动化系统的兼容，从而保证无人机飞行轨迹的合理化、无人机飞行的可监视化。

图 9.15 CPDLC 空管监视信息界面

9.3.3 无人机云监视设备

无人机云是在无人机高速发展的大背景下由我国民航局针对无人机空中管理提出并倡导的系统。简单地说,无人机云类似于无人机的"黑匣子",在人口密集地区和机场净空区要求每秒一次地报告飞行高度、距离等实时信息,且飞行数据需要保留 3 个月以上。通过上述方法对空中无人机的飞行进行实时监测,保障空中安全和地面安全。

目前,由中国 AOPA 发起建设的"优云"(U - Cloud)无人机云系统正式获得民航局相关部门的运行批文。这标志着民用无人机产业将步入健康有序发展的全新时代。此次获民航局飞行标准司批准的无人机云系统获批的运行有效期为两年,从 2016 年 3 月 4 日至 2018 年 3 月 3 日。

"优云"系统目前支持在一般地区覆盖 4 ~ 150kg,北上广等大城市覆盖1.5kg 以上范围作业的主动监视的民用无人机。对于《轻小无人机运行规定(试行)》中规定的需要接入被动反馈系统的无人机监测功能尚未涉及,还有一定差距。因此,在"优云"系统开始试运行后,还会按照相关规定的要求定期对系统进行更新扩容,通过各种技术手段扩展其适用范围。

优云的诞生与试运行,是无人机市场对于无人机云系统需求的必然结果。其优点如下:

(1)"优云"系统的试运行将大幅度提高无人机运行的监管效率。通过"优云"系统可以直接对无人机的位置、高度、速度等数据进行实时监测。同时,利用互联网和云技术等手段,可将海量的文字及数据信息通过系统终端直观呈现。

(2)"优云"系统可以通过多种类型的数据终端实现空军、民航、公安等多部门协同管理。辅以电子围栏的设定,对入侵电子围栏的无人机发出警报甚至阻止其进入特定区域,提高对应急突发事件的反应速度,并减少现场监控人员的需求。

（3）可降低无人机企业及个人的运营成本，推动市场的快速发展[34]。

以 U－Care 无人机云监视系统为例，图 9.16 描述了其面向的用户，图 9.17 描述了系统组成，主要有移动端（iOS 和 Android）APP、PC 端（Web 端和 C/S 端）、云服务器、数据传输模块和情报处理服务器等模块[17]。

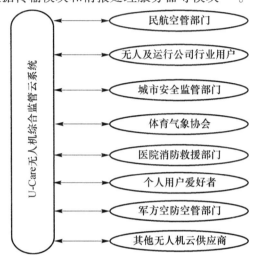

图 9.16　U－Care 无人机监管云系统用户

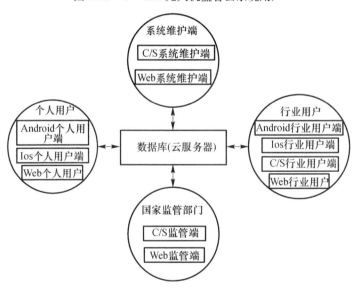

图 9.17　U－Care 系统组成[5]

9.3.4　低空空域监视关键技术

在低空空域运行环境下，监视系统面临着低空飞行器种类多样、目标密集、机载设备参差不齐且目标灵活、机动性较强、探测环境复杂、成本敏感等问题。此外,监视系统本身也包含有较大的传感器校准、转换和延迟误差。相比中高空域监视,低空空域监视的难度相对较大。下面列举几种典型的低空空域监视关键技术。

9.3.4.1　高精度低空慢速小目标检测技术

低空空中监视管理的根本目的是使通用航空飞行器安全、有效和有计划地在低空空域飞行,同时管制员需要对监视空域内的民用航空器的飞行动态进行实时监视。实施低空空域小、慢目标监视有两种主要方法:一是国际民航组织的未来航行系统(FANS)委员会推荐的 ADS – B,二是雷达监视。两种方法将在相当长的时间内共存。如何将 ADS – B 和雷达系统有效地融合在一起,最大限度地发挥它们的综合效力,提高监视精度,是每个监视管理系统对低空慢速小目标检测必须解决的问题。本节从系统设计和雷达系统信号处理技术两个方面介绍高精度低空慢速小目标检测技术[27]。

1) 系统设计

在系统设计上,可以采用 ADS – B 与一次雷达互补探测方式,对合作式和非合作式目标实现全覆盖探测,提高低空空域飞行器的检测概率和检测精度。对合作式监视设备与雷达同时探测到的同一目标,由于合作式监视设备精度较高,可通过合作式监视设备标校雷达数据的方法提高低空目标探测精度,处理流程如图 9.18 所示。

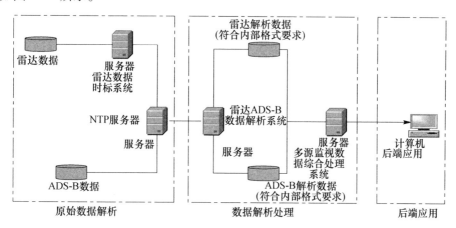

图 9.18　ADS – B 标校雷达数据处理流程

处理流程总体上分为三个部分:

(1) 原始数据采集。原始数据采集包括雷达原始数据采集和 ADS – B 原始数据采集。雷达数据由雷达数据处理系统中采集,并获取符合欧洲 AS-

TERIX Cat001、Cat002、Cat009、Cat062 格式的雷达监视数据 UTC 时标。ADS-B数据采集通过集成 ADS-B 接收机中的时标信息,将 ADS-B 数据打上 UTC 时标标签,使 ADS-B 数据的时标标签和雷达数据时标标签都统一为 UTC 时间。

(2)数据解析处理。原始的雷达数据和 ADS-B 数据均采用二进制格式,根据接口控制文件(ICD)对雷达数据和 ADS-B 数据进行解析处理,并滤除原始数据中的校验信息和乱码信号。同时,由于雷达和 ADS-B 的更新率和位置坐标具有差异,为了对比雷达和 ADS-B 的性能,需要将 ADS-B 数据和雷达数据进行时间和空间上的同步。

(3)后端应用。数据处理中心同时接收到 ADS-B 数据和雷达数据后,需要在后端实现 ADS-B 数据与雷达数据的融合处理。通过坐标系校准和时戳比对,将多雷达数据和多 ADS-B 数据分别进行融合,生成多雷达航迹和多 ADS-B航迹,再将多雷达航迹数据与多 ADS-B 航迹数据进行融合生成系统航迹。这样保证了雷达监视与 ADS-B 监视的独立性,从而提高系统检测的精度。

2)雷达系统信号处理技术

如果将 ADS-B 设备作为唯一的监视手段,一旦导航系统出现问题,将导致目标信息丢失。此外,对于未装载机载 ADS-B 发射机、发送虚假目标位置信息的非合作目标,仍需要采用一次雷达探测手段进行监视管理。通用航空飞行器升限较低,反射截面积较小,速度较低,其雷达回波容易淹没在杂波和噪声中。如何从噪声、杂波和干扰背景中检测出需要的慢速目标信号,是"低、小、慢"监视系统面临的技术难点。

为提高对低空目标的探测能力,可通过采用三通道单脉冲体制,方位、俯仰两个平面单脉冲测角,获得优于波束宽度 1/20 的度量精度;采用全相参系统设计进行动目标处理,大大提高雷达的杂波抑制能力,从而获得更好的低空监视性能。具体体现在时间能量分配、波形选择、低空目标跟踪技术等多个方面进行优选和设计,从系统设计角度提升对低空目标的探测能力。

(1)时间能量动态调节。一般的机-相扫描体制雷达中,每帧仰角扫描除了安排搜索波位外,还预留 1~2 个跟踪波位,这种方法虽然资源调度和时序设计相对简单,但对时间资源利用不够充分。高可靠低空监视三坐标雷达采用时间能量动态调节措施,在没有重点目标时,全部资源用作搜索,低空是重点。当有重点目标时,它们对资源分配有优先权。同时在搜索模式下,对低空分配较多的时间能量资源,提高对低空目标的探测性能。

(2)波形管理。在搜索空域时可按不同的波位(仰角)设计相应的波形。不同的波形主要是考虑作用距离(远界、近界)、海面(地面)杂波、目标速度、波形的特性等因素。低仰角波位的波形设计是重点,考虑对海面(地面)杂波的抑制,悬停目标的检测和海面目标的检测。

（3）偏角和等高跟踪技术。一般情况下,雷达波束仰角指向与地面的夹角小于一个波束宽度时,便不能得到可靠的仰角数据,仰角误差随着仰角的抬高而逐步减小。在低仰角情况下,仰角误差受到地面/海面反射的影响,导致单脉冲测角精度变差。对低仰角目标,除采取频率捷变措施减小多路径的影响外,在俯仰角的测量上不再采用准零值跟踪技术,而采取偏角跟踪策略,在确保发现目标的前提下,锁定跟踪波位的最低仰角。波束中心抬高后,可以减小多径效应的影响,得到更好的测量精度。

另外,对仰角数据跳动较大的超低空目标点迹,雷达还可采用等高跟踪技术,先对目标的仰角进行滤波,再使用航迹跟踪滤波算法。采用该算法后,目标仰角的起伏误差会大大减小。

（4）自适应移动目标检测技术。在雷达系统信号处理方面,可采用自适应移动目标检测处理(AMTD)技术设计多个移动目标检测(MTD)滤波器组。在进行 MTD 处理的同时,进行强杂波区、中杂波区、弱杂波区、微弱杂波区、洁净区的自动识别,根据杂波强弱不同自适应选择最佳的 MTD 滤波器组输出,以保证在对地杂波高度抑制的情况下,尽量提高相参积累得益,减少信噪比损失,提高对弱小目标的检测能力。

另外,为了实现 MTD 的自适应检测,即实现 AMTD,信号处理器同时对低波位的地物杂波进行实时迭代,并判定杂波强度(如强、中、弱、无),根据杂波的强度自动产生或选择滤波器加权因子,以期保证在对地杂波高度抑制的前提下,尽量减少信噪比损失,提高对弱小目标的检测能力。判定杂波强度的门限由人工干预命令中的"自适应 MTD 控制"命令来控制。

MTD 相对于传统 MTI 的优点是它能够检测切向飞行的零多普勒速度目标(严格地说是低径向速度的慢速目标)。由于这种零速或低速目标的频谱近似与地物杂波谱重叠,故必须采用特殊的处理方法。这种处理方法称为零速滤波或零频道处理。

在第一代 MTD 中,零多普勒处理由中心频率为零的低通(零速)滤波器加杂波图平滑滤波器组成。在强地物杂波中为了获得切向飞行目标(特别是小目标)的检测,需要很大的动态处理范围(或较高的 A/D 位数),它一般只能进行大目标的超杂波检测。因为低空监视的目标多为小型飞机类目标,因此上述方式并不适用。

由于任何目标不可能始终是严格切向飞行的,而至多是接近(但不等于)零径向速度的飞行,故可考虑用下面的方法对低径速目标进行检测。在进行杂波图平滑前用一特殊的滤波器先对地物杂波进行抑制。该滤波器应在零多普勒频率处呈现深的止带凹口,而随着频率的增加呈现快速的上升斜率,以保证低速目标的检测能力。具有这一特点的滤波器称为卡尔马斯(Kalmus)滤波器。因此,零多普勒频率处理可由两个部分组成:完成强地物杂波环境下低速目标检测的卡尔马斯滤波;地物杂波剩余平滑处理,即杂波图 CFAR 处理。其组成框如图9.19 所示。

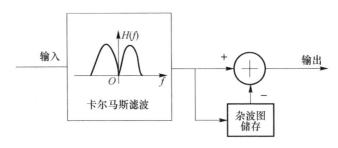

图 9.19 零多普勒频率处理框图

①卡尔马斯滤波。以 DFT 等效横向滤波器输出来分析卡尔马斯滤波器的形成与实现方法。考虑到数字滤波器的梳状周期严拓特性(图 9.20(a)和(b)),如果将两者相减并取绝对值,可形成一新的等效"滤波器"幅频特性(图9.20(c)),它在 $f = -f_r/2N$ 处呈现零响应,而在此频率两侧呈现窄、深的凹口。若再将其频移 $f_r/2N$,便形成了在零频率处有窄、深凹口的卡尔马斯滤波器,如图 9.20(d)所示[35]。

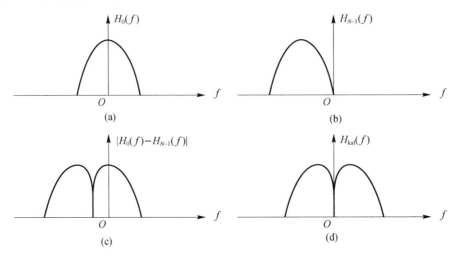

图 9.20 卡尔马斯滤波器的形成过程

由卡尔马斯滤波器的形成过程不难推导出 DFT 多普勒滤波情况下的卡尔马斯滤波器幅频特性表达式,即

$$|H_{\text{kal}}(f)| = \left\| \left| H_0\left(f - \frac{f_{\text{r}}}{2N}\right) \right| - \left| H_{N-1}\left(f - \frac{f_{\text{r}}}{2N}\right) \right| \right\|$$

$$= \left\| \left| \frac{\sin\left[\pi N\left(fT_{\text{r}} - \frac{1}{2N}\right)\right]}{\sin\left[\pi\left(fT_{\text{r}} - \frac{1}{2N}\right)\right]} \right| - \left| \frac{\sin\left[\pi N\left(fT_{\text{r}} + \frac{1}{2N}\right)\right]}{\sin\left[\pi\left(fT_{\text{r}} + \frac{1}{2N}\right)\right]} \right| \right\| \qquad (9.2)$$

在由加权 DFT 或 FIR 构成 MTD 多普勒滤波器时,卡尔马斯滤波器同样可由上述过程形成。具体实现时,$f_{\text{r}}/2N$ 频移运算可预先计入加权因子之中。卡尔马斯滤波的实现可以将考虑了频移的 0 号滤波器输出与 $N-1$ 号滤波器输出分别求模后相减再取绝对值,如图 9.21 所示[27]。

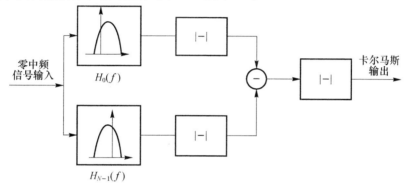

图 9.21　卡尔马斯滤波器实现原理

②杂波图处理。杂波图是一种时域上的自适应处理方法。杂波图最朴素的思想是实时记录雷达阵地周围环境的杂波分布及其强度变化,使动目标显示系统始终处于线性工作状态,进而获得良好的动目标显示性能。低空监视雷达常用的主要杂波图技术有幅度杂波图、超杂波图,以及立体杂波图。

超杂波检测是一种广泛使用的抗杂波检测技术,作为 MTI 或 MTD 视频通道的补充和备份。超杂波检测的成功与否,关键在于如何建立固定或慢速移动物体视频杂波的分布图。由于杂波图数据采用递归运算积累,对视频回波的响应存在一定的滞后效应,因此用杂波图进行超杂波检测时,不影响高速运动物体的信号检测,而对低速运动物体的目标检测存在抑制作用。假设杂波图距离单元为 $\Delta\rho$,方位单元为 $\Delta\theta$,仰角单元为 $\Delta\varphi$,如图 9.22 所示。若飞机目标在距离 ρ 处,以速度 v 作径向飞行,则飞过一个杂波图距离单元所需的时间约为 t_1,则 $t_1 = \Delta\rho/v$。

若雷达天线周期为 T_2,则在 t_1 时间天线转了 N 圈,有

$$N = t_1/T_2 = \Delta\rho/(vT_2)$$

设杂波图数据经递归运算积累,需天线转 N_0 圈后建立起近似稳态值,则

$$v_0 = \Delta\rho/(N_0 T_2)$$

上式表示当物体运动速度小于或等于 v_0 时,目标回波在杂波图中已建立了稳态值,这时目标淹没在杂波图中,用超杂波检测已不能够有效检测出目标[36]。

类似地,若飞机作切向飞行时,可得 $v_0 = \rho\Delta\theta/(N_0 T_2)$。这表示当物体运动速度小于或等于 v_0 时,目标回波在杂波图中已建立了稳态值,这时目标淹没在杂波图中,超杂波检测失效。

利用上述特点,若合理选取参数,可使移动速度较慢的气象云雨杂波被有效抑制,而速度相对较快的飞机等移动目标基本不受影响可被有效检测。综上所述,在超杂波检测中,应根据雷达的具体情况,合理选择杂波图数据递归算法中的系数 K,从而使云雨等低速运动物体的回波被有效抑制,对中、高速运动物体的目标回波能够有效检测。

立体杂波图的基本原理是将雷达探测区域按距离、方位和俯仰三维量化,从而将其分割成许多空间单元,每一单元称为一杂波检测单元,一般达数十万个,杂波单元机构如图9.23所示。杂波单元大小的选取根据杂波图的用途而有所不同。本质上单元划分越小,则杂波图就越精细,分辨率越高,相应存储量就越大,运算时间就越紧张。

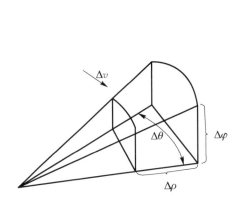

图 9.22　立体杂波的杂波检测单元结构

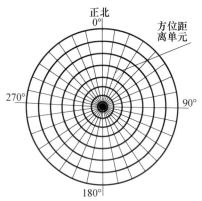

图 9.23　杂波单元结构

即使应用了上述先进技术,当外部环境复杂时,雷达显示画面上仍然会有剩余杂波。当剩余杂波较多时,目标进入杂波区后,航迹跟踪容易受杂波干扰。为了提高目标进入杂波区后的跟踪稳定性和跟踪精度,可以在雷达数据处理中采取一系列措施:

a. 在数据处理中建立三维剩余杂波图,自动实时更新剩余杂波图,对固定杂波进行滤除,不参加自动航迹起始和跟踪。

b. 强杂波剩余凝聚处理为超宽目标。

c. 航迹点迹关联区域中，稳定航迹在连续两次扫描未关联到其他点迹后才允许与剩余杂波点迹相关。

d. 航迹跟踪采用多模算法，目标机动或进入杂波区时在内部进行多模跟踪，形成分支航迹，内部分支航迹则按不同运动状态进行跟踪，经过几次扫描后，可以根据航迹与点迹的关联情况确定合适的航迹变化模型，选择最佳航迹。这样的跟踪算法对杂波中目标的稳定跟踪具有明显的效果。

③ 杂波 CFAR 处理。雷达信号的检测总是在干扰背景下进行的，这些干扰包括接收机的内部热噪声，以及地物、气象（云、雨、气流）、海浪等杂波干扰。此外，雷达的工作环境中还存在着众多港口、孤塔等分离式的强反射体，所以雷达还面临着由这些杂波剩余引起的多目标干扰。综上所述，一般将雷达复杂环境下的杂波环境归纳为高斯杂波环境、多目标环境和非高斯杂波环境三种典型情况。

根据上面列举的三种杂波背景并结合低空监视雷达的系统要求，信号处理可采用恒虚警技术有单元平均恒虚警和有序统计恒虚警，这两种类型的恒虚警处理可以根据人工干预命令进行选择。

根据对杂波特性的统计特征分析，均匀高斯杂波经过窄带滤波后其包络服从瑞利分布（线性检波）或指数分布（平方率检波），对于这种瑞利分布特性的回波环境一般选择单元平均恒虚警（CA – CFAR）或加权单元平均恒虚警。现实中，雷达在实际工作时面临的杂波往往具有严重的非均匀性，雷达波束照射的区域可能包括部分开阔地和部分植被覆盖地，也可能是部分陆地和部分水域。当待检单元位于或靠近具有不同反射率的区域边界处时，CFAR 处理的前后参考窗内的数据统计特性会有区别。这种杂波边缘效应会导致在边缘处的检测发生虚警，也可能会遮蔽掉低反射率区域内靠近边缘的目标。因此，在实际工作中选用改进的单元平均恒虚警检测方法，即单元平均选大恒虚警（GO – CFAR）和单元平均选小恒虚警（SO – CFAR）。

GO – CFAR 在杂波边缘处虽然能成功避免虚警，但是强目标会淹没弱目标。此外，尽管有时候目标能被成功检测到，但弱目标会使强目标的检测也处于临近检测不到的边缘。GO – CFAR 也会因为抬高了杂波的遮蔽效应而在杂波边缘处丢失了目标。因此，解决目标遮蔽效应的一种方法是采用有序统计恒虚警（OS – CFAR），低空监视雷达中可采用两种恒虚警兼容模式，提高对低空目标的探测威力和跟踪稳定度。有序统计恒虚警原理框图如图 9.24 所示[21]。

有序统计恒虚警算法的主要目的是抑制遮蔽效应所引起的性能恶化，其保留了 CA – CFAR 算法使用的一维或二维滑窗结构，如果需要也可使用保护单

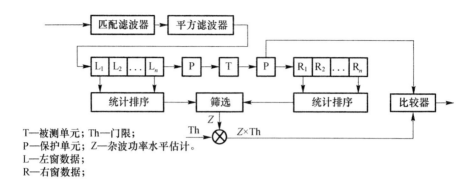

T—被测单元；Th—门限；
P—保护单元；Z—杂波功率水平估计。
L—左窗数据；
R—右窗数据；

图 9.24　有序统计恒虚警原理框图

元,但是彻底摒弃了后者通过对参考单元的数据进行平均来直接估计干扰功率电平的方法。一般情况下,当不存在干扰目标效应时,OS - CFAR 比 CA - CFAR 多出一个附加的损失,但一般为 0.3 ~ 0.5dB。如果存在干扰目标,OS - CFAR 的恒虚警损失增加很缓慢,直到干扰目标数目超过了舍弃的高序单元数。CA - CFAR 的恒虚警损失由于对干扰功率估计过高而迅速增大,因此,存在干扰目标影响时,OS - CFAR 的损失低于 CA - CFAR 的损失。

9.3.4.2　低空多点定位技术

在第 5 章已经对多点定位的组成特点、工作原理进行了详细介绍,在此不再赘述。本节介绍多点定位技术用于低空空域目标监视时台站配置及覆盖范围特性。

决定多点定位系统监视高度最小值的关键因素之一是各个基站之间的结构配置和距离,要取得最大的监视范围就应该合理配置地面基站,为了得到全面的三维监视状态,一般需要四个或者更多的接收基站才能够“看到”目标航空器,如果只有三个接收基站能够探测到目标航空器的二维信息,还需要该航空器配备 C 模式机载设备系统,才可以测算出航空器的具体位置。

如图 9.25 所示,地球存在一定的曲率,影响基站对航空器监视视线,特别是远距离和低空空域飞行的航空器,其影响程度更为严重。在上述基站配置情况下,Rx0 和 Rx2“可见”目标航空器,而 Rx1 则受到视距影响监视不到目标。因此,要保证监视精度和显示效果,最基本的多点定位系统应该具有四个接收基站。如图 9.26 所示,为保证低空空域监视精度,地面基站之间的距离应为 10 ~ 20n mile,在具体的应用中还需要考虑地形因素和天线高度以及天线的造型等因素[36]。

为提高低空监视覆盖范围和监视效果,可以对 MLAT 系统基本配置进行扩展,将其扩展成为五个或者六个基站。图 9.27 展示了随着基本距离的增加,系

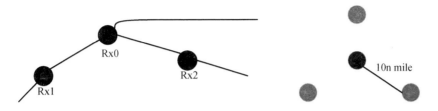

图 9.25　三个地面基站时的 MLAT[5]　　图 9.26　四个基站的 MLAT 基本配置[5]

统覆盖的区域逐渐下降,航空器飞行高度为 1000 英尺时,监视的最大距离为 39.9n mile,监视系统为 1000 英尺将会减少,当基本距离增大至 39.9n mile 时,系统将监视不到 1000 英尺及以下的任何航空器,其原因是没有有效的地面接收基站可以监视到航空器。

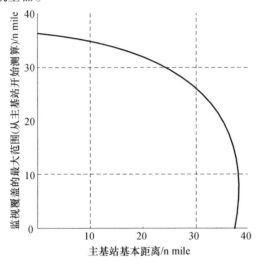

图 9.27　MLAT 基站之间基本距离与最大覆盖空域关系[5]

MLAT 监视范围与航空器高度之间的关系如表 9.3 所列[5];

表 9.3　MLAT 监视范围与航空器高度之间的关系

高度/英尺	监视范围/n mile
500	27.5
1000	38.9
2000	55.0
3000	67.3

9.3.4.3　低空目标检测与跟踪算法

本小节介绍一种基于一次雷达对低空进行监视的算法[25]。基于雷达 PPI

图像的低空目标检测与跟踪算法流程如图9.28所示,算法主要包括动目标检测和目标跟踪两大部分,将低空目标轨迹和速度信息从复杂的雷达图像中提取出来并与卫星地图或坐标系叠加,生成便于观测的融合图像。

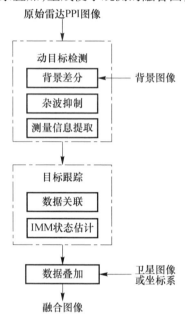

图 9.28　低空目标检测与跟踪算法流程[25]

　　经过背景差分的雷达图像,去除了主要的背景信息,但仍含有大量边缘杂波,该算法结合目标和杂波的空域特性,使边缘杂波得到了有效抑制。低空空域安全监视要求获得机动目标的运动轨迹,并对其运动趋势做出预测,目标跟踪算法可基于量测值,采用交互式多模型(IMM)对低空目标的匀速、加速、减速转弯等机动特性进行精确预估和校准。

　　1) 基于空域特性的杂波抑制

　　由于背景中的大部分物体(草地、树林、建筑物等)是非刚性的,因此其边缘回波具有一定的随机特性,经过背景差分的雷达图像,除运动目标外,在原有的背景边缘仍残留了大量杂波,且其强度一般较高,给小弱动目标的检测带来一定困难。通常,为提高系统的检测率,传统的飞鸟目标检测算法会设定较低的阈值,同时也引入了大量杂波,通过采用优良的跟踪算法剔除杂波,最终实现对小弱目标的跟踪。但是,这会给跟踪算法带来过重的负担,严重影响算法的效率,实时性难以保证。

　　在空域中,低空空域目标一般出现在相对独立的空间内,其邻域没有背景信息;杂波则分布在背景边缘,空域分布特征明显,即使其灰度值强于目标,仍然可与目标相区别。因此,有别于传统的全局或局部阈值分割方法,采用一种基于空域分布特性的低空目标检测方法,所选的目标检测窗口如图 9.29 所示,计算 $N_{out} \times N_{out}$ 和 $N_{in} \times N_{in}$ 之间的阴影区域的像素平均灰度值 $D(i,j,k)$ 表示第 k 帧图像中待检测像素的坐标值,即

$$D(i,j,k) = \frac{M_{out} - M_{in}}{N_{out}^2 - N_{in}^2} \tag{9.3}$$

式中:M_{out} 为外侧矩形框内的像素灰度值之和;M_{in} 为内侧矩形框内的像素灰度值之和。它们分别由下式计算:

$$M_{out} = \sum_{m=-N_{out}/2}^{N_{out}/2} \sum_{n=-N_{out}/2}^{N_{out}/2} G(i+m,j+n,k) \tag{9.4}$$

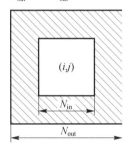

图 9.29　目标检测窗口

$$M_{in} = \sum_{m=-N_{in}/2}^{N_{in}/2} \sum_{n=-N_{in}/2}^{N_{in}/2} G(i+m,j+n,k) \tag{9.5}$$

式中:$G(\cdot)$ 为原始雷达图像中像素的灰度值。

值得注意的是,并不需要对原始雷达图像中的所有目标进行检测,只需关注那些差分图像中残留的高亮像素(包括 A 个杂波像素和 B 个目标像素),其坐标值 (i,j) 由差分图像提供,但目标检测在原始图像中进行,并设定相应阈值 S,由下式对该像素点是否属于目标进行判断:

$$I(i,j,k) = \begin{cases} 1 & (D(i,j,k)) \\ 0 & (其他) \end{cases} \tag{9.6}$$

目标像素标定为 1,杂波像素标定为 0,在 A 个杂波像素中,有 F 个被标定为目标,称为虚警;在 B 个目标像素中,有 T 个被标定为杂波,称为漏警;将虚警率(PFA)和漏警率(PMD)定义如下:

$$\begin{aligned} P_{fa} &= F/A \\ P_{md} &= T/B \end{aligned} \tag{9.7}$$

优良的杂波抑制方法应当使 P_{fa} 和 p_{md} 同时保持在较低的水平。

2）基于 IMM 的目标跟踪

目标跟踪包括数据关联和目标状态估计,数据关联将运动目标量测与目标航迹关联,排除杂波量测的干扰。采用基于空域特性的杂波抑制方法,在运动目标检测阶段就将杂波全部剔除,弱化数据关联的作用,着眼于低空目标的机动状态估计。从某种程度上说,目标状态估计是跟踪算法的关键。因为量测与航迹的关联也需要知道量测到达时刻每条航迹的状态预估值,否则量测与航迹的正确关联几乎是不可能的,精确的状态预估值是得到正确关联的前提。

IMM 方法是一种具有马尔可夫切换系数的多模型目标状态估计算法,多种模型并行工作,目标状态估计是多个滤波器交互作用的结果。IMM 滤波器主要包括交互作用、滤波和组合三个部分。每一时刻,通过混合上一时刻所有滤波器生成的状态估计,获得某种模型配置滤波器的初始条件,并假设该特定模型就是当前时刻的正确模型。然后针对每个模型采取标准的卡尔曼滤波,最后将所有滤波器生成的更新状态估计进行加权组合,生成该时刻高斯密度状态和协方差的最终估计。权重根据每个模型的概率确定,在算法的滤波部分计算完成。

下面分述 IMM 的三个组成部分[25]：

（1）交互作用。每个模型 M^i 和 M^j 的混合概率 $\mu_k^{i|j}$ 计算如下：

$$\overline{c_j} = \sum_{i=1}^{n} p_{ij}\mu_{k-1}^i \tag{9.8}$$

$$\mu_k^{i|j} = \frac{1}{\overline{c_j}}p_{ij}\mu_{k-1}^i \tag{9.9}$$

式中：μ_{k-1}^i 为 $k-1$ 时刻模型的概率；$\overline{c_j}$ 为归一化参数；p_{ij} 为在下一时刻由模型 i 转换到模型 j 的概率,且有

$$P_{ij} = \{M_k^i \mid M_{k-1}^i\} \tag{9.10}$$

然后,计算每个滤波器的混合输入：

$$m_{k-1}^{0j} = \sum_{i=1}^{n} \mu_k^{i|j}m_{k-1}^i \tag{9.11}$$

$$P_{k-1}^{0j} = \sum_{i=1}^{n} \mu_k^{i|j} \times \{P_{k-1}^i + [m_{k-1}^j - m_{k-1}^{0j}][m_{k-1}^i - m_{k-1}^{0j}]^T\} \tag{9.12}$$

式中：m_{k-1}^i、p_{k-1}^i 分别为 $k-1$ 时刻模型的更新均值和协方差。

（2）滤波。对每个模型 m^i 滤波如下：

$$[m_k^{-,i}, p_k^{-,i}] = F_p(m_{k-1}^{0j}, p_{k-1}^{0j}, A_{K-1}^i, Q_{k-1}^i) \tag{9.13}$$

$$[m_k^i, p_k^i] = F_\mu(m_k^{-,i}, p_k^{-,i}, y_k, H_k^i, R_k^i) \tag{9.14}$$

式中：$F_p(\cdot)$、$F_\mu(\cdot)$ 分别表示标准卡尔曼滤波器的预估和更新。除均值和协方差外，还计算了每个滤波器的测量相似性：

$$\Lambda_k^i = N(v_k^i;0,S_k^i) \tag{9.15}$$

式中：v_k^i 为测量残差；S_k^i 为模型在滤波更新部分的协方差。

k 时刻每个模型的概率计算：

$$c = \sum_{i=1}^n \Lambda_k^i \overline{c_i} \tag{9.16}$$

$$\mu_k^i = \frac{1}{c}\Lambda_k^i \overline{c_i} \tag{9.17}$$

式中：c 为归一化因子。

（3）组合。状态均值和协方差的组合估计为

$$m_k = \sum_{i=1}^n \mu_k^i m_k^i \tag{9.18}$$

$$p_k = \sum_{i=1}^n \mu_k^i \cdot \{p_k^i + [m_k^i + m_k][m_k^i - m_k]^{\mathrm{T}}\} \tag{9.19}$$

9.3.4.4 基于 RDSS 的综合监视技术

北斗卫星导航系统的 RDSS 业务，利用典型的双星定位原理[37]，通过两颗地球静止轨道卫星，由用户以外的地面控制中心完成卫星至用户的询问式距离测量，计算出用户的三维坐标，再以短报文形式告知用户，从而在完成位置报告的同时也实现了用户位置信息共享[37]。

综合监视技术可将各种低空监视手段进行有机结合，形成严密的低空监视和告警体系，包括低空广播式自动监视分系统、低空雷达监视分系统、低空监视融合与告警分系统、应急通信及救援分系统。低空广播式自动监视设备用来对装有 ADS - B 应答机的低空飞行目标进行自动显示，并对空中各种危险信息及时报警，进行综合态势显示。由于低空雷达成本较高，因此其在区域覆盖上存在不足，无法实现对飞行区域的无缝监视。长期以来，我国空域资源利用率不高，与此对应的是通用航空产业发展缓慢。当前，国内现有的通信、导航、监视、空中交通管理系统无法完全直接应用于通用航空领域，且没有足够数量的飞行服务站，不能满足通用航空快速发展的需求，因此需要对通用航空中的通信、导航、监视、空中交通管理服务地面设备关键技术进行开发与应用推广。

利用"北斗"的 RDSS 业务，建设低空飞行服务站，实现飞行服务站与管制中心的数据通信，为通航飞行提供全时域、全空域、全地域的连续可靠的通信、导航和监视服务，具体运行过程如图 9.30 所示[38]。

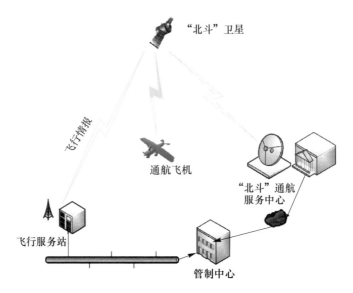

图 9.30　基于 RDSS 的综合监视系统

◤ 9.4　低空空域飞行服务站

　　通用航空飞行服务站是在通用航空活动以及各类民用航空中担负重要作用的飞行服务保障设施,其最早出现在美国通用航空飞行活动中。通用航空飞行服务站系统主要为通用航空提供广泛的飞行服务,包括飞行员简报、航路通信、救援服务、广播天气信息以及处理飞行计划。此外,在选定的地点,还可提供飞行咨询服务、发布机场咨询和向跨境航班的海关和移民提供咨询[39]。

　　通用航空飞行服务站是国家通用航空系统发展标志之一,它将地面服务和空中服务结合起来,主要保证通用航空器在执行飞行任务时安全有序的运行,向通用航空提供便捷、安全的服务。低空空域监视与通用航空飞行服务站配合有利于提高低空飞行的安全和效率水平。

9.4.1　飞行服务站发展

9.4.1.1　美国发展现状

　　作为通航强国,美国一直在不断升级改造通用航空飞行服务系统,已成为各国开展通航飞行服务的典范。2005 年 2 月,FAA 与洛克希德·马丁公司达成合作协议,计划在全美设立 58 个飞行服务站,并将飞行服务设施统一至 6 种。与以往拨打电话询问飞行情报不同,该公司通过先进的网络系统向飞行员提供飞行前气象信息。此外,该公司还设计了一款实时更新气象信息的飞行手表,对

121.5MHz 紧急频率实时监控,进行航路通信,并为搜寻救援提供技术支持[39]。图 9.31 为弗吉尼亚州的飞行服务站。

图 9.31　弗吉尼亚州的飞行服务站[39]

除了飞行手表外,后来推出了一些新的 APP 应用程序(如应用于 Android 和 iPad 等),使飞行员更容易在线获得飞行前天气及飞行计划信息。同时,其他公司研发的先进设备和移动应用程序也加速了应用程序便捷化获取这一趋势。

随着飞行技术发展,老式飞行服务站的服务运营成本不断攀升,2007 年 2 月,美国使用新的 FS‑21 自动化飞行服务系统,将原有的 58 个自动飞行服务站整合缩减为 14 个新式卫星服务站以及 3 个自动飞行服务站[40],升级后的服务站基于全新的工作站台,它可以为飞行用户提供全方位信息服务,1300 名专家操作运营服务系统,为飞行保驾护航。此外,新成立 3 个自动飞行服务枢纽中心,安装洲际自动通信与数据处理系统,实现服务数据共享,提高了服务效率。目前,美国飞行服务站系统包括 14 个新式卫星服务站以及 9 个自动飞行服务站,其中 14 个新式卫星服务站以及位于阿拉斯加州的 3 个自动飞行服务站由 FAA 相关部门运营管理,其他 3 个自动飞行服务枢纽以及 3 个自动飞行服务站统一由洛克希德·马丁公司运营管理,管理框架如图 9.32 所示[41]。

洛克希德·马丁公司还根据通航用户的需要创建了一个免费的用户账户,通航用户可通过飞行服务页面获取 FSS Pilot Portal 的一些在线服务,如设置机场、提交飞行计划以及个性化定制服务,同时该服务页面还可显示天气状况和图像类型等信息,如图 9.33 所示。

然而,除了可提供上述天气服务外,公司还推出了一款新式的 NextGen 简报工具。此工具克服了过去飞行服务简报的陈旧和繁琐等缺点,集成了图像和一些特定的分析工具使通航用户更容易获取情报信息和服务。

NextGen 简报工具的第一阶段已于 2013 年完成,用户可通过该工具查看 METAR、TAF 报文对航路区域进行预测。如果用户想要查看其中某一项功能,可点击页面顶部的飞行计划和简报按钮,填写相应的航班信息。提交后,便可以看到相关的天气简报。比如选择当前 WX,在 METAR 标签下,便会看到 Stand-

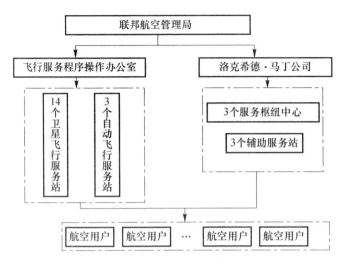

图 9.32　美国飞行服务站运营管理框架

图 9.33　通航用户飞行服务界面

ard 和 NextGen 两个按钮。点击 NextGen 切换到此模式,便可按照飞行阶段对 METAR 进行排序,单击屏幕右侧的"下一步"按钮,便可以看到每个阶段的天气信息,并可将 METAR 解码为纯文本格式,再次按下"Next",便可查看航路上所有的 METAR。天气简报界面如图 9.34 所示。

　　NextGen 简报工具的第二阶段也已经实施,除了延续了第一阶段的趋势,继续采用移动技术外,还增加了不利条件下的告警服务。在 Pilot Adverse 注册后,系统将会监控简报中的信息。如果天气恶劣,NOTAMS 或 TFR 会在用户飞行时间之前变更,同时用户将会收到一份电子邮件或文本警告等有关更改信息。

　　用户可通过网址或者 iPad、Android 设备获取相应的功能和服务。同时,公司也在不断开发新工具或程序,像 ForeFlight 和 Naviator 这些应用程序已经得到应用,图 9.35 为飞行服务 APP 整合界面。

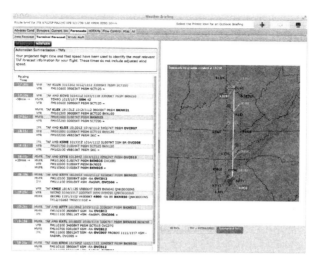

图 9.34　天气简报界面

图 9.35　飞行服务 APP 整合界面

近年来,为了配合飞行情报服务站,提高低空飞行的安全水平,减少由于气象原因造成的事故和飞行中断,为航空用户提供接近实时的天气图像信息,FAA引入了"天气照相机"项目,提供气象服务的网站有 NOAA's National Weather Service 和 Aviation Weather Center 以及 FAA's Aviation Camera Home。服务网址为 http://avcams. faa. gov/,运行实景如图 9.36 所示。

越来越多的飞行员正在通过网站和电子应用程序获取飞行前服务,FAA 逐渐改变了飞行服务站的运营模式。FAA 在 2015 年中期开始更改飞行服务系统。10 月 1 日以后,用户可通过 FSS 频率进行相应咨询。同时,FAA 建议在 19 个机场逐步停用远程机场咨询服务[42]。

飞行服务的变更包括以下内容:

图 9.36　FAA 天气照相机气象服务站运行实景

（1）管制员拥有专门处理紧急情况的呼叫频率。

（2）将标准的 FAA 飞行计划转变为 7233－1，并要求所有的飞行计划都遵循 ICAO 规定的格式。

（3）实现飞行计划的自动开启和关闭。

（4）实现管制员与飞行员的直接通话，以请求 IFR 批准。

综上所述，FSS 正向 AFSS 过渡，AFSS 旨在提高飞行服务站的效率，它允许所有的飞行服务专家在全国使用同一个数据库，精简服务计划，整合通信，并使 FAA 专家能够为该国任何地方的飞行员提供服务，其服务内容如表 9.4 所列。

表 9.4　美国飞行服务站系统详细服务信息

	服务种类	飞行计划服务		飞行气象情报消息
飞行前	服务内容	明确航空器型号、飞行员姓名、飞行代码、起降点、航线以及预计飞行时间等		标准简报:飞行气象情报消息 缩写简报:补充及更新消息 展望简报:预计飞行时间大于 6 小时
	说明	飞行计划表		飞行员手册、服务简报
飞机中	服务种类	无线电通信服务	塔台交通服务	卫星定位服务
	服务内容	飞行信息询问提供请求服务	塔台定位通信服务	卫星定位告警救援服务
	说明	初次连接	后续连接	
飞行后	服务种类	关闭飞行计划		
	服务内容	进行数据分析、坐成飞行报告		

美国飞行服务站承担各种通用航空飞行所需各种信息服务，当飞行员通过无线对讲与地面飞行服务站进行服务寻求时，飞行服务站可以利用数据库以及客户端进行资料检索，为服务区内的飞行员提供飞行相关服务。飞行员将依靠自身力量进行通用航空飞行相关信息收集工作，主要通过自身经验、互联网、宣传手册等渠道进行信息获取。在初步了解的基础上，飞行员可以连接飞行服务站获取进一步的详细服务信息，根据自己的实际情况进行相关咨询，飞行服务站可以向飞行员提供记录性资料；如果与飞行服务站的连接还未能满足飞行需求

时,则飞行员可以向飞行服务站中心提出帮助请求。

9.4.1.2　加拿大发展现状

一直以来,加拿大交通管制中心以及飞行服务站系统由联邦政府运输部统一运营管理。1996 年后,加拿大政府通过签订合同,以特许转让的方式将统一运营管理权转交给加拿大的私人非营利性公司 NAV CANADA。NAV CANADA 公司在改进服务系统现代化程度的同时,改革了加拿大空中交通服务系统的格局[43]。公司重新设置了专业性的飞行服务系统,即集中式飞行中心,并将原有一些非专业性飞行服务站关闭。而未被取代的一些飞行服务站则整合成为新的飞行服务站,新飞行服务站起到承上启下的作用,既受到大型集中式飞行中心的统一管理,又领导多个远程通信站点,可以完成上下级间信息的传递,为通用航空飞行任务提供专业服务[44]。

目前,飞行员自动电话气象系统(PATWAS)、互联飞行计划系统(IFS)、航空气象网站(AWWS)、远程通信站点(RCO)、飞行服务站(FSS)以及飞行情报中心(FIC)共同构成了互相配合、协同工作的加拿大飞行服务站系统,系统架构如图 9.37 所示[45]。

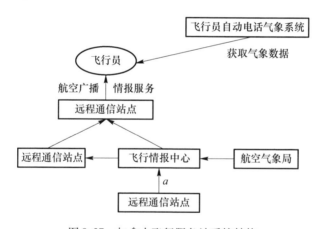

图 9.37　加拿大飞行服务站系统结构

加拿大通用航空飞行服务站系统是由飞行情报中心—飞行服务站—远程通信站点共同构成的三级服务体系,航空气象网以及飞行员自动电话气象系统是提供区域内气象信息以及情报信息的渠道。作为三级服务体系中最基础的远程通信站点,它数量多、分布广,是受理、编辑、上传飞行员的飞行计划的主要窗口。远程通信站点将飞行计划数据上载到飞行服务站与飞行情报中心进行备案,飞行服务站将根据飞行计划中的航路信息提供相应的飞行气象信息与航空情报信息服务。若想取消已提交的飞行计划,则需联系飞行情报中心,再由飞行情报中心通知下行机构,即飞行服务站与远程通信站点。三级服务体系实现了信息的实时上传与下载。

1)飞行服务站系统的运营

由 NAV CANADA 公司运营管理的通航飞行服务站系统覆盖了西到太平洋海岸、东到纽芬兰、北到大西洋中心的加拿大的广阔空域范围,主要负责通航飞行的航空管制、机场咨询信息服务以及航空信息三大类服务[46]。

公司统筹设置 7 个空中交通管制区域中心与 42 空中交通控制塔共同完成航空管制服务,8 个飞行情报中心、56 个飞行服务站以及多个远程通信站点协同合作提供通航飞行机场咨询服务。此外,还有 34 个维修中心、48 个雷达站点、51 个通航无线电通信站点、16 个 ADS - B 接收站点以及 96 个 MLAT 传感站点进行飞行情报、气象等航空信息的搜集与处理[47]。

2)飞行服务站系统的管理

NAV CANADA 公司设立独立董事会宏观协调公司事务,董事会共有 15 名成员,分别由来自加拿大政府的 3 名董事、商业航空的 4 名董事、通用航空的 1 名董事以及总工会的 2 名董事组成,同时设置董事会主席职位,每年董事会将举行 7 次会议来商讨公司事宜[48]。董事会下设 7 个委员会具体负责通航飞行服务工作的管理,分别是公司治理委员会、客户服务费用委员会、审计和财务委员会、人力资源及薪酬委员会、养老金委员会、安全委员会以及咨询委员会。NAV CANADA 公司董事会组成及职责如表 9.5 所列。

表 9.5　NAV CANADA 公司董事会组成及职责

董事会	主要职责
公司治理委员会	制定公司发展政策及时进行调整和修正等
客户服务费用委员会	详尽说明航空服务收费情况等
审计与财务委员会	生成公司年度财务报表
人力资源及薪酬委员会	人员能够合理安排确保航空服务工作有序进行等
养老金委员会	负责监督和管理公司的退休计划和养老金计划等
安全委员会	监测和管理航空服务与产品的安全性及有效性等
咨询委员会	分析运营过程中出现的问题,向董事会提出建议,发布年报等

9.4.1.3　我国发展现状

美国是目前全球通航强国,已经建立了以服务为主的完备的低空运行保障体系。而我国的国情与美国不同,不能一味照搬美国的低空运行保障模式,因此在建立飞行情报服务站时,应充分考虑我国的通航运行现状与需求、国家发展战略等情况。我国通用航空航空飞行服务站系统结构如图 9.38 所示。

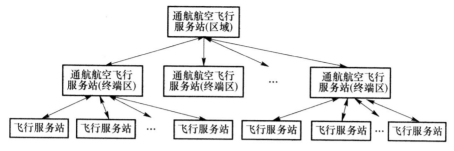

图9.38 通用航空飞行服务站系统结构

我国飞行服务站是依托现有管制中心,按照区域(地区)、分区(终端区)、航空服务站构建的三级服务管理架构,提出了符合我国国情的通用航空飞行服务保障体系如图9.39所示,同时鼓励地方政府和社会力量投资建设飞行服务站。在现有雷达信号覆盖不到的地区,建设远程通信站点,保证通航飞机与飞行服务单位的通信交流。建立通用航空服务网站,及时发布和更新通用航空飞行所需资料信息,提高低空空域运行管理和服务效率[49]。

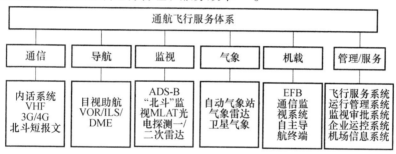

图9.39 通用航空飞行服务保障体系[49]

依托低空试点,2013年我国已经相继建立了5个飞行服务站及相应的通信监视网络,分别位于沈阳法库、深圳南投、珠海三灶、海南东方以及陕西蒲城。截止到目前,我国已建和在建的飞行服务站共10个,其服务范围如图9.40所示。

参考国外成熟服务站体系,同时充分利用我国有利条件,我国提出了分布式通用航空服务站系统(DGFS),组成如图9.41所示。将全国的服务站终端进行区域划分,每个区域设置一个飞行情报中心,负责存储和综合本区域内服务站终端的 ADS-B 监视信息、航空情报、航行通告、气象情报和飞行计划等数据;不同区域的飞行情报中心之间可以互相访问数据库并交换数据;飞行情报中心可通过专用网络访问管制中心、航空情报(AIP)中心、气象中心、飞行计划中心。未来的服务站终端将简化,仅保留基本数据采集和输出功能[22]。

服务站终端将获取的监视管理范围内的各类情报上传给本区域的飞行情报中心,并可访问飞行情报中心(FIC)数据库,获取所需的气象情报、航空情报、飞

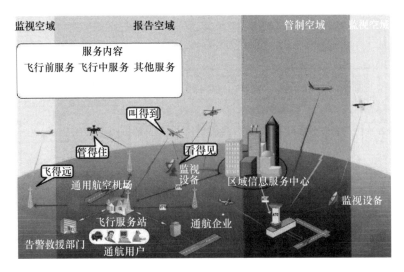

图 9.40　通用航空飞行服务站的服务范围

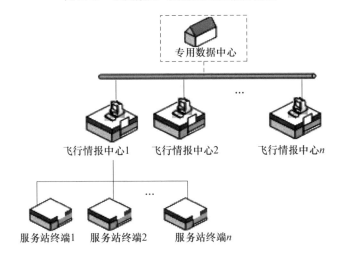

图 9.41　分布式通用航空服务站系统组成

行计划等;飞行情报中心将服务站终端上传的情报进行综合和存储,并可通过网络与其他各区域飞行情报中心进行数据交互,自由访问其他飞行情报中心的数据库,提供接口的条件下可以向专用数据中心上传相应的监视、航空、气象、飞行计划情报;接入专用数据中心需使用相应的专线网络,通过专用数据中心下放权限,可以允许各飞行情报中心访问其数据库,不同的 FIC 可以具备不同的访问权限等级。

　　飞行情报中心作为 DGFS 的核心组成部分,除具备服务站终端的基本功能外,还具备数据综合功能。其通过 ADS - B 专线、航空情报专线和互联网分别接收专用数据中心或辖区内服务终端的情报数据并进行综合,同时向其他飞行情报中心、辖区内服务站终端和通航用户提供所需的情报数据。飞行情报中心主要功能如图 9.42 所示[22]。

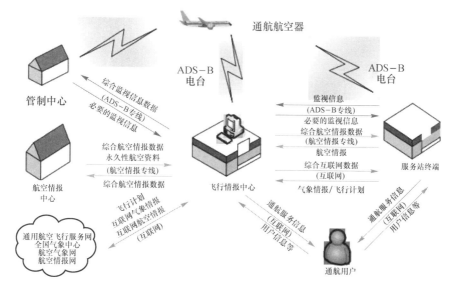

图 9.42　飞行情报中心主要功能

9.4.2　飞行服务站基本功能

9.4.2.1　基本服务流程

飞行服务站的主要任务是向通用航空用户提供阶段性服务,包括飞行前服务、飞行中服务和飞行后服务,如图 9.43 所示。

1）飞行前服务

（1）飞行前讲解:飞行前讲解提供飞行气象情报、航空情报和对飞行计划的建议。飞行服务站可以根据通用航空用户的需求提供适当的讲解类型、内容和方式。

（2）飞行计划审报受理:飞行服务站应当及时受理通用航空用户申报的飞行计划并进行备案。

2）飞行中服务

（1）飞行中计划变更:受理通用航空用户对飞行中飞行计划变更的申请;根据通用航空用户提出更改飞行路线、区域、目的地等飞行计划的需求提供适当类型的飞行中讲解。

（2）飞行情报服务:飞行服务站在收到重要天气、航空情报、重型或者中型无人驾驶自由气球等飞行情报时,应当主动向通航用户提供飞行情报服务。

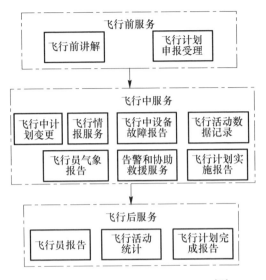

图 9.43　飞行服务站基本服务流程[21]

（3）飞行中设备故障报告：可能对飞行安全产生影响的设备失效报告。当飞行员报告航空器设备故障时，飞行服务站应当提供最大限度的协助，并将故障航空器的相关细节和所需特殊措施转告给相关人员或者机构。

（4）飞行活动数据记录：飞行服务站应当具备记录通用航空飞行活动有关信息的功能，包括航空器起飞、降落、航行时间等信息记录。

（5）飞行员气象报告：飞行服务站应当接收飞行员气象报告请求，在航线、机场或者区域气象状况不明确时，应当主动向飞行员提供气象情报服务。

（6）告警和协助救援服务：飞行服务站应当根据不明、告警和遇险等不同阶段提供告警服务，并协助有关部门实施救援。

（7）飞行计划实施报告：飞行服务站应当接收航空器起飞报告，确认飞行计划的实施情况，并向沿途和目的地机场实时发送飞机的状态信息。

3）飞行后服务

（1）飞行员报告：飞行服务站应当接收飞行员报告，飞行员报告包括飞行后空管设施服务状况报告和飞行后天气报告。飞行后空管设施服务状况报告是通用航空用户飞行后对空管设施工作状态的报告。飞行后天气报告是通用航空用户提供航线、活动区域内相关天气的报告。

（2）飞行活动统计：飞行服务站应当根据飞行计划的执行情况进行飞行活动的统计。

（3）飞行计划完成报告：飞行服务站应当接收航空器落地报告，确定相应飞行计划完成情况[53]。

9.4.2.2　基本服务功能

飞行服务站基本服务功能包括飞行计划服务、情报信息处理功能、气象信息处理功能、空域监视、告警救援服务等,如图9.44所示[19]。

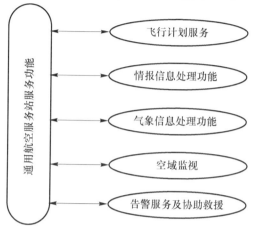

图9.44　通用航空服务站功能

1)飞行计划服务

通用航空服务站提供的飞行计划服务包括飞行计划申报服务、飞行计划实施报告处理、飞行计划完成报告处理、飞行计划的变更服务和飞行计划的存储等。在现行空域运行管理机制下,通用航空使用空域的审批项目多、涉及单位多、审批周期长,直接影响飞行活动。飞行计划服务可以将飞行计划的审批在科学划分低空空域类别的基础上进行简化,对不在管制空域中飞行的飞行计划省略审批过程,从而大大提高工作效率[19]。

2)情报信息处理

航空情报服务端由情报服务数据库和前台情报服务终端组成。情报数据库可以储存飞行服务站服务范围内的各项情报信息,如低空空域、地面机场、飞行用户、飞行器型号与属性、地理概貌、监视通信等。飞行服务站可以对情报数据库中数据进行录入、编辑、保存等操作,而飞行用户则可以通过前台情报服务终端对航空情报信息进行检索、查询、打印等操作,方便用户自助获取信息。

每个飞行服务站的情报数据库均与飞行管制中心的情报数据库相连,飞行服务站将本空域范围内航空情报上传至飞行管制中心,管制中心可以对信息进行整理、分类、传递分享等操作,实现数据共享与管理。航空情报数据主要指飞行环境方面的数据,如通用航空机场或起降点信息、空域范围内通信监视设备信息、航路环境信息、地理地貌信息、服务程序信息、飞行安全信息等。管制中心将整理后的航空情报信息与其管制范围内的各飞行服务站情报数据库共享,数据库再将处理后的情报信息通过前台情报服务终端向飞行用户提供服务,前台情报服务终端具有数据显示与数据筛选功能,可以根据飞行用户需求提供相应空域、机场、航行设施、程序信息服务,以及信息变更提示服务等[21]。其情报信息处理流程如图 9.45 所示[50]。

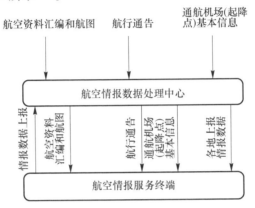

图 9.45　通用航空情报服务处理流程

3) 气象信息处理

飞行气象服务端由气象信息数据库和前台气象服务终端组成。气象信息数据库可以采集及处理各类飞行气象信息,如气象报文、自动观测站气象系统数据、天气预报数据、国际气象站数据以及飞行员上报的气象信息等。根据我国相关规定,在部分管制及全部监视空域内,通用航空飞行服务站应依托现有民用航空气象服务机构提供气象信息,而在报告空域内,由于民航气象服务机构无法覆盖,应依托当地气象台或国际气象站提供气象信息。

通过在飞行服务站的气象信息数据库与飞行管制中心的气象数据库之间建立链接,管制中心根据各飞行服务站需求提供气象信息共享,飞行服务站在对信息进行整理后通过前台气象服务终端向飞行用户提供飞行前、飞行中以及飞行后的气象信息服务。同时,飞行服务站气象信息数据库还具有接收、整理及上传本地气象信息功能,以实现信息共享,为更多飞行用户提供方便。飞行服务站的前台气象服务终端具有报文显示与信息检索功能,可以按照机场、空域、日期等进行自动检索。气象信息一般包括地面风向、地面风速、湿度、能见度、温度等信息,气象雷达资料、卫星云图资料以及天气预告等可以对 24h 的气象数据进行回放。

4) 空域监视

航空活动对安全性要求极高,鉴于我国国土面积广、地形复杂、人口密度大等因素,不能像西方国家对通用航空采取放任管理的方式,对通用航空活动采取必要的监视是通用航空服务站一项不可或缺的功能。飞行服务站通过空域监视功能,能够提高对区域内飞行态势的监视力度,及时发现不明空情。

5) 告警服务

航空器告警分为不明阶段、告警阶段和遇险阶段。通用航空服务站应当在不同告警阶段采取相应有效的措施:在情况不明阶段,通用航空服务站应当继续尝试与进入不明阶段的航空器建立通信;在告警阶段,应当继续尝试与进入告警阶段的航空器建立通信,并通知相关求援、协调部门该航空器已进入告警阶段;在遇险阶段,应当继续尝试与进入遇险阶段的航空器建立通信,通知相关求援、协调部门该航空器已进入遇险阶段,并协助相关部门对航空器实施求援。

6) 协助救援

通用航空服务站应当负有向搜救服务部门提供所需的气象情报、航空情报、飞行计划和失踪航空器所知最后位置及时间等相关信息的责任,在必要时应当与其他部门协调,收集所需情报信息。

参考文献

[1] 杨勇,隋东. 我国低空空域改革和通用航空事业发展有关问题的思考[J]. 南京航空航天大学学报(社科版),2010,12 (2):50 – 53.

[2] Anderson R. Technical data sheet of HARRIER security radars for airspace surveillance[P]. Panama City Florida,2009.

[3] Nohara T J,Weber P,Jones G,et al. Affordable High – Performance Radar Networks for Homeland Security Applications[J]. 2008:1 – 6.

[4] 龚晓鸿. 低空空域开放政策助推通用航空加速起飞[C]. 长三角科技论坛——航空航天科技创新与长三角经济转型发展分论坛,2012.

[5] 杨荣盛. 低空空域监视对策研究[D]. 广汉:中国民用航空飞行学院,2011.

[6] Neufeldt H. Next generation of thales ADS – B ground stations – supporting the US Surveillance Broadcasting Services System Program[C]. 2008 Tyrrhenian International Workshop on Digital Communications – Enhanced Surveillance of Aircraft and VehiclesCapri, 2008.

[7] Boisvert R E,Bussolari S R,Knittel G H,et al. GPS – squitter low – altitude air surveillance in the Gulf of Mexico[C]. Digital Avionics Systems Conference. IEEE,1995:39 – 44.

[8] Hanna S,et al. Flight conflict management system (FCMS): the design of a low altitude general aviation free flight zone,air[C]. IEEE Systems and Information Engineering Design Symposium, 2003.

[9] Lin C E,Tai S R,Lin HT,et al. Prototype of a small aircraft avionics using hybrid data bus technology[C]. Digital Avionics Systems Conference, 2005. Dasc 2005. the. IEEE, 2005:2.

[10] Weber M E,Cho J Y N,Herd J S,et al. The Next – Generation Multimission U. S. Surveillance Radar Network[J]. Bulletin of the American Meteorolo ical Society,1913,88 (11): 1739 – 1751.

[11] Lin C E,Wu Yi Yu. TCAS solution for low altitude flights[C]. 2010 Integrated Communica-

tions,Navigation,and Surveillance Conference Proceedings,Herndon,VA. 2010.

[12] Barott W C,Butka B. A passive bistatic radar for detection of aircraft using spaceborne trans-
mitters[C]. Digital Avionics Systems Conference. IEEE,2011:1A2 – 1 – 1A2 – 11.

[13] Pepyne D,Mclaughlin D,Westbrook D,et al. Dense radar networks for low – flyer surveillance
[C]. IEEE International Conference on Technologies for Homeland Security. IEEE,2011:
413 – 418.

[14] Mclaughlin D J,Chandrasekar V. Short wavelength technology and the potential for distributed
networks of small radar systems[C]. IEEE Radar Conference. IEEE,2008:1 – 3.

[15] 刘纪红,王倩倩,杨丽. 北斗卫星导航系统在低空空域监管系统中的应用[J]. 电讯技
术,2012,52(1):18 – 22.

[16] 陈唯实,李敬. 基于空域特性的低空空域雷达目标检测[J]. 航空学报,2015,36(9):
3060 – 3068.

[17] 杨明,郑金华,胡耀坤. 低空空域现状分析与空管监视系统设计[J]. 科技传播,2015
(10):159 – 160.

[18] Low – Altitude UAS Surveillance System – UAS VISION [EB/OL]. [2015 – 03 – 12]. ht-
tp://www. uasvision. com.

[19] ParimalH. Kopardekar. Safely Enabling Low – Altitude Airspace Operations Unmanned Aerial
System Traffic Management[Z]. https://ntrs. nasa. gov/archive/nasa/casi. ntrs. nasa. gov/
20150018862. pdf.

[20] Tchouchenkov,Segor,Schönbein, et al. Detection and protection against unwanted small UA-
Vs[C]. The Eleventh International Conference on Systems,Icons, 2016.

[21] 朱丹彤. 通用航空飞行服务站系统建设运营的优化与仿真[D]. 北京:北京化工大
学,2015.

[22] 李橙,朱楠,袁远. 分布式通用航空服务站系统功能与组成研究[J]. 航空电子技术,
2015(2):1 – 4.

[23] 中国民用航空局空管行业管理办公室. 通用航空飞行服务站系统建设和管理指导意见
[R/OL]. (2012 – 10 – 18). http://www. caac. gov. cn/XXGK/XXGK/GFXWJ/201607/
t20160719_39010. html.

[24] 张文辉,李春锦. 低空空域飞行计划服务系统的研究[C]. 中国航空学会飞行器控制与
操纵第十二次学术交流会暨陀螺与惯导第三次学术交流会,2007.

[25] 陈唯实,宁焕生. 利用一次雷达实现低空空域的安全监视[J]. 北京航空航天大学学
报,2012,38(2):143 – 148.

[26] 低空监视雷达的现状与发展趋势分析 – 军事科学 – 全球防务[M/OL]. http://
www. defence. org. cn/article – 13 – 31527. html.

[27] 尤祖光,陈大吾,王锦. 低空空域监视与通用航空管理[M]. 上海:上海科学技术出版
社,2014.

[28] 杨健,陈飚.《中国北斗卫星导航系统》白皮书正式发布[J]. 卫星应用,2016(6):4.

[29] 张光明. 通用航空北斗应用展望[C]. 中国通用航空发展论坛,2013.

[30] 张茹芳. 浅析 4G 移动通信技术的要点和发展趋势[J]. 信息通信,2012(4):256 – 256.

[31] 王尔申,佟刚,庞涛. 低空空域通用航空飞机机载导航监视终端设计[J]. 电讯技术,2015,55(5):522 – 526.

[32] 郑金华. 基于北斗 RDSS 的通用航空应急通讯监视及救援系统设计[J]. 现代导航,2016(1):1 – 5.

[33] Rossi M A,Lollini P,Bondavalli A,et al. A safety assessment on the use of CPDLC in UAS communication system[C]. Digital Avionics Systems Conference. IEEE,2014:1 – 11.

[34] 高峰. 技术引领未来无人机云系统全面解析[J]. 计算机与网络,2016,42(5):14.

[35] 胡玲霞. EMD 算法在雷达杂波抑制中的应用[D]. 西安:西安电子科技大学,2013.

[36] 闫修林,阮增苗. 杂波图技术在雷达终端信号处理中的应用[J]. 现代雷达,2004,26(5):34 – 36.

[37] 谭述森. 卫星导航定位工程:第 2 版[M]. 北京:国防工业出版社,2010.

[38] 郑金华. 基于北斗 RDSS 的通用航空应急通讯监视及救援系统设计[J]. 现代导航,2016(1):1 – 5.

[39] Paul L,Shochet E,Talotta J D. Analysis of Flight Service Station Consolidation. Phase Ⅲ:Indianapolis, Fort Wayne, And Terre Haute Flight Service Stations[J]. Operations,1980.

[40] FAA. Flight Services in the National Air space System [EB/OL]. http://www.faa.gov/,2009.

[41] NAV CANADA. About NAV CANADA[EB/OL]. http://www.nav Canada.ca/en/about us/Who we Are/,2010.

[42] Flight Service Station can do more than you think[EB/OL]. http://student ilotnews.com/2014/02/10/flight – service – stations – fss – can – think/.

[43] NAV CANADA. 2011 Annual Report[EB/OL]. http://www.nav Canada.ca/en/media/pages/Publications – corporate.aspx,2011.

[44] NAV CANADA. About NAV CANADA[EB/OL]. http://www.nav Canada.a/en/about us/,2009.

[45] 唐卫贞. 飞行服务站对通用航空发展的保障作用研究[J]. 交通企业管理,2017,32(1):65 – 68.

[46] NAV CANADA. Our Mission&Services[EB/OL]. http://www.nav Canada.ea/en/Our missionAnd services/,2010.

[47] NAV CANADA. 2012AnnualReport[EB/OL]. http:www.navcanada.ca/en/media/pages/Publications – corporate.aspx,2012.

[48] NAV CANADA. 2013 Annual Information Form[EB/OL]. http://www.Nav Canada.ca/en/Media/pages/publication/2013.

[49] 耿增显,赵嶷飞,孟令航. 通用航空飞行服务站系统结构与功能研究[C]. 中国科协年会第 22 分会场——中国通用航空发展研讨会,2011.

[50] 金沙舟. 通用航空飞行服务站系统设计和低空综合监视仿真研究[D]. 广汉:中国民用航空飞行学院,2012.

主要符号表

$\boldsymbol{A}$	系数矩阵
A_{fs}	自由空间的衰减率
$\boldsymbol{A}_{k,k-1}$	状态转移矩阵
A_t	应答机天线截获功率的有效面积(m^2)
$B(i,j,k)$	重构后的背景像素颜色值
C	电磁波传播速度(m/s)
c	归一化因子
c_0	光速(m/s)
c_i	第 i 部雷达的扫描周期(s)
d_i	第 i 部雷达目标报告的通信传输时延(ms)
E_k^2	预测机动值
$E(\zeta)$	中心坐标系的系统误差
e	椭圆的第一偏心率
$\boldsymbol{F}$	状态转移矩阵
F_{fx}	最后得到的经纬度位置(°)
$F_{message}$	经、纬度(°)
f	残留频偏
$f(x,y,t)$	图像上 (x,y) 点的灰度值
f_d	多普勒频移(Hz)
f_{fX}	航向相关系数
f_i	第 i 类数据源的频率(Hz)
f_{ph}	位置相关系数
f_{sc}	时间相关系数
$f_t(i,j)$	第 t 帧 (i,j) 处的像素值
$\boldsymbol{G}$	雷达天线的增益(dB);雅可比矩阵
G_I	雷达天线询问波束增益(dB)
G_{tR}	折合的天线增益(dB)
G_t	应答机天线增益(dB)

$\boldsymbol{H}_k$	系统测量矩阵
K	高斯分量的个数
K_k	卡尔曼滤波增益(dB)
k_i	第 i 部雷达累计连续转动的扇区数
$\boldsymbol{L}$	正则矩阵
L_a	线路损耗(dB)
L_α	大地坐标系统位置
L_p	大气损耗(dB)
L_{at}	传输过程中的损失因子
L_{rx}	接收过程中的损失因子
L_r	极坐标系位置
L_s	损耗因子(dB)
L_{tx}	发射过程中的损失因子
M	阵列天线应答和阵列特征;复数协方差
M_c	杂波中可见度因子
M_n	识别系数
m	阵列天线的 m 次输出
N	曲率半径
N	取样点数量
$\boldsymbol{P}$	系统误差的协方差;坐标旋转矩阵
P_c	杂波信号功率
P_d	发现概率
P_{fa}	虚警概率
P_F	误差协方差
P_{ij}	协方差
P_{Imin}	询问机接收机输入端的最小能发电平
P_I	询问机发射功率
$\boldsymbol{P}_{k,k-1}$	误差协方差预测失量
P_n	等效噪声功率
P_{rx}	接收机的灵敏度(V/°)
P_r	目标反射信号的能量;天线接收到的目标回波信号功率
P_{tx}	应答机发射功率
P_t	机载应答机天线接收功率
P_t	雷达发射信号的峰值功率
P_X	定位误差协方差

Q	测量噪声的协方差矩阵
Q_{k-1}、R_k	方差
R	雷达天线与目标间的斜距(雷达与目标物之间的视线距离,m)
Rd	真实距离差
R_{E}	地球半径(m)
R_{horizon}	无线电视程距离(m)
R_{ij},W_{ij}	质量系数
$R_{\mathrm{theo}}^{\max}$	最大理论距离(m)
$R_x(k)$	自相关函数
$S_{\min}$	雷达接收器的灵敏度(V/°)
s_i	第 i 部雷达的扫描空域的扇区划分个数
T	固定阈值
T_{R}	脉冲重复时间
T_r	某一时刻的时序
t_{message}	接收表面位置信息时间(ms)
U	像素光流的速度方向
u_{rad}	雷达站在中央坐标系中的位置
V_{EW}	东西速度(m/s)
V_{NS}	南北速度(m/s)
V_{rot}	天线角速度(rad/s)
v_{rad}	雷达站在 WGS84 中的大地坐标
v_{r}	雷达与目标之间的径向速度(m/s)
W	权重
w_k^t	第 k 个高斯分量的权重
$\hat{X}$	系统状态估计
X_{c}	笛卡儿中央坐标系位置
X_k	状态矢量
X	矩阵;目标定位误差估计值
x_i、y_i、z_i	基站的位置坐标
x、y、z	待定位目标的坐标
$\hat{Y}_{k\mid k}$	信息矩阵
$\hat{y}_{k\mid k}$	信息矢量
α	更新率

α, β	滤波系数
α_m	最小仰角(°)
$\beta_{0.5}$	方位分辨力(波束半功率点宽度)
Δt	电磁波以射频脉冲形式由雷达天线辐射到达目标再返回到雷达天线处所需的时间(s)
Δt_{fm}	ATN 故障模块的总时间(s)
Δt_{r+a}	读取时间和数据分配时间(s)
Δt_r	读取时间(s)
Δt_{s+c}	数据位选择和更改时间(s)
Δt_{send}	发送数据时间(s)
Δt_v	验证时间(s)
$\Delta \theta$	杂波图方位单元
$\Delta \rho$	杂波图距离单元
$\Delta \varphi$	杂波图仰角单元
δ_{k-1}	系统过程噪声
ε	门限值
ε_{k-1}	系统观察噪声
$\boldsymbol{\Phi}_k$	过渡矩阵
Γ_{ij}^n	状态估计差集合
η_{ij}	ΔR_i 与 ΔR_j 间的相关系数
η_k	第 k 个高斯分量的概率密度函数
η_r	雷达俯仰角(°)
λ	波长(m)
λ	正则参数;尺度因子
$\boldsymbol{\Theta}$	航迹集合
θ	天线水平波束宽度(°)
θ_i	待定位目标发出的应答信号的到达角度(°)
σ	目标物的雷达截面积
$\sigma^2_{qk_{xy}}$	地面加速度(XY 平面)的方差
$\sigma^2_{qk_z}$	垂直加速度(Z 平面)的方差
$\sigma_x^2, \sigma_y^2, \sigma_z^2$	目标位置坐标估计在 x, y, z 轴上误差的均方值
$\sigma_{qk_{xy}}$	沿 XY 平面的变化量
σ_{qk_z}	沿 Z 平面的变化量
σ_r	测量距离的均方误差

σ_x,σ_y	x,y 坐标的方差
$\sigma_{\Delta R_i}$	第 i 站与主站之间距离差测量误差的标准差
τ	全局阈值
Ω_i	航迹子集
ζ	系统误差
∇I	图像 I 的梯度方向
$\nabla^2 f(i,j)$	拉普拉斯算子
$\nabla f(i,j)$	Robert 交叉梯度

缩略语

AAC	Airline Administrative Communications	航空行政管理通信
AAI	Airports Authority of India	印度机场管理局
AC	All Call	全呼
ACARS	Aircraft Communications Addressing and Reporting System	飞机通信寻址与报告系统
ACAS	Airborne Collision Avoidance System	机载防撞系统
ACC	Area Control Center	区域管制中心
ACDM	Airport Collaborative Decision Making	机场协同决策
ACL	ATC Clearance	ATC 放行许可
ACM	ATC Communication Management	ATC 通信管理
ACMS	Aircraft Condition Monitoring System	飞机状态监控系统
ACP	Azimuth Change Pulse	方位增量脉冲
ADCC	Aviation Data Communication Corporation	民航数据通信有限责任公司
ADS	Automatic Dependent Surveillance	自动相关监视
ADS-B	Automatic Dependent Surveillance-Broadcast	广播式自动相关监视
ADS-C	Automatic Dependent Surveillance-Contract	合约式自动相关监视
AES	Airborne Earth Station	机载地球站
AFTN	Aeronautical Fixed Telecommunication Network	航空固定电信网
AIDC	ATS Inter-facility Data Communications	空管单位设备间数据通信
AIM	Aeronautical Information Management	航空情报管理
AIP	Aeronautical Information Publication	航行情报汇编
AIS	Aeronautical Information Service	航空情报服务
AIXM	Aeronautical Information Exchange Model	航空信息交换模型

AL	Alerting Notice	告警
AMACS	Aeronautical Mobile Airport Communications System	航空宽带移动通信网络
AMAN	Arrival Manager	进场管理
AMCP	Aeronautical Mobile Communications Panel	航空移动通信专家小组
AMDAR	Aircraft Meteorological Data Relay	航空器气象数据下传
AMHS	ATS Message Handling System	航空信息处理系统
AMS(R)S	Aeronautical Mobile Satellite Services	航空移动卫星服务
ANSP	Air Navigation Service Provider	空中导航服务提供商
AOC	Airline Operational Control	航空公司运行控制
AP	Application Process	ATN 的应用进程
APC	Aeronautical Public Correspondence	航空公用通信
APM	Approach Path Monitor	进近航道偏离
APP	Approach Unit	进近管制
APW	Area Proximity Warning	区域接近告警
AREOTHAI	Aeronautical Radio of Thailand Ltd	泰国航空无线电有限公司
ARINC	Aeronautical Radio Incorporated	航空无线电公司
ARP	Azimuth Reference Pulse	方位参考脉冲
ARR	Automatic Repeat Request	自动反馈纠错
ARSR	Air Route Surveillance Radar	航路监视雷达
ARTAS	ATC Radar Tracker and Server	ATC 雷达航迹处理器和服务器
ARTCC	Air Route Traffic Control Centers	航路管制中心
AS	Alerting Service	告警服务
ASBU	Aviation System Block Upgrade	航空系统组块升级
ASDE	Airport Surface Detection Equipment	机场场面探测设备
ASE	Application Service Element	应用服务元素
ASM	Airspace Management	空域管理
A-SMGCS	Advanced Surface Movement Guidance and Control System	高级场面引导与控制系统

ASR	Airport Surveillance Radar	机场监视雷达
ASSA	Airport Surface Situational Awareness	机场场面态势
ATC	Air Traffic Control	空中交通管制
ATCCS	Air Traffic Control Communications System	空中交通管制通信系统
ATCRBS	Air Traffic Control Beacon System	空管雷达信标系统
ATCSCC	Air Traffic Control System Command Center	空中交通管制系统指挥中心
ATCT	Airport Traffic Control Tower	机场管制塔台
ATFCM	Air Traffic Flow and Capacity Management	空中交通流量和容量管理
ATFM	Air Traffic Flow Management	空中交通流量管理
ATIS	Automated (Automatic) Terminal Information Service	自动终端信息服务（机场通播）
ATM	Air Traffic Management	空中交通管理
ATN	Aeronautical Telecommunications Network	航空电信网
ATS	Air Traffic Service	空中交通服务
ATSA	Air Traffic Situation Awareness	空中交通情景意识
ATSB	Australian Transport Safety Bureau	澳大利亚航空安全调查局
ATSC	Air Traffic Service Communication	空中交通服务通信
ATSU	ATS Unit	空中交通服务部门
AU	Access Unit	访问单元
AVPAC	Aviation VHF Packet Communications	航空甚高频分组通信
AWS	Aeronautical Weather Service	航空气象服务
A-QPSK	Aeronautical Quadrature Phase Shift Keying	航空四相相移键控
BCS	Block Check Sequence	块校验序列
BIS	Boundary Intermediate System	边界中间系统
BLOS	Beyond Line of Sight	视线范围外
CA	Constant Acceleration	恒加速度
CAA	Civil Aviation Authority	英国民航局

CAAC	Civil Aviation Administration of Chain	中国民用航空局
CAATS	Canada Automatic Air Traffic System	加拿大自动化空中交通系统
CASA	Civil Aviation Safety Authority	民航航空安全局(澳大利亚)
CCO	Continuous Climbing Operationg	连续爬升运行
CD	Conflict Detection	冲突探测
CDA	Current Data Authority	当前管制单位
CDM	Collaborative Decision Making	协同决策
CDMA	Code Division Multiple Access	码分多址
CDO	Continuous Descent Operation	连续下降运行
CDR	Conflict Detection and Resolution	冲突探测与解脱
CDTI	Cockpit Display of Traffic Information	驾驶舱交通信息显示
CDU	Control Display Unit	控制显示单元
CFAR	Constant False Alarm Rate	恒虚警检测
CFDIU	Centralized Fault Display Interface Unit	集中故障显示接口组件
CFL	Cleared Flight Level	许可飞行高度层
CFMU	Central Flow Management Unit	中央流量管理单元
CHMI	CFMU Human Machine Interface	CFMU 的人机界面
CIDIN	Common ICAO Data Interchange Network	国际民航组织公用数据交换网
CLAM	Cleared Level Adherence Monitoring	许可高度偏离告警
CLNP	Connectionless Network Protocol	无连接网络规程
CMC	Central Maintenance Computer	中央维护计算机
CM	Critical Milestone	内容管理
CMU	Communications Management Unit	通信管理单元
CNS/ATM	Communication Navigation Surveillance/Air Traffic Management	航路通信、导航、监视和空中交通管理系统
COTP	Connection Oriented Transport Protocol	传输层协议
CPDLC	Controller Pilot Data Link Communications	管制员-飞行员数据链通信

CPU	Central Processing Unit	中央处理器
CRC	Cyclic Redundancy Check	循环冗余检验
CRM	Collision Risk Model	碰撞风险模型
CSMA	Carrier Sense Multiple Access	载波侦听多址
CT	Coordinate Turn	协调转弯
CTOT	Calculated Take-off Time	计算起飞时间
CV	Constant Velocity	匀速
CWP	Controller Working Position	管制员工作席位
DABS	Discrete Address Beacon System	离散寻址信标系统
DAIW	Dangerous Area Infringement Warning	危险区入侵告警
DAP	Downlink Aircraft Parameter	下行链路航空器参数
D-ATIS	Digital Automated (Automatic) Terminal Information Service	数字式机场通播系统
DBI	Downlink Block Identifier	下行数据块标识
DCL	Digital Clearance System	数字化放行系统
DGNSS	Differential Global Navigation Satellite System	差分全球卫星导航系统
DGPS	Differential Global Position System	差分全球定位系统
DLS IR	Data Link Services Implementation Rule	数据链路服务实施规则
DLS	Data Link Services	数据链路服务
DMAN	Departure Manager	离场管理系统
DME	Distance Measuring Equipment	测距仪
DMU	Display Management Unit	显示管理组件
DPSK	Differential Phase Shiftkeying	差分相移键控
DSA	Directory System Agent	目录系统代理
DSP	Data Link Service Provider	数据链服务提供商
DTRS	Department of Transport and Regional Services	交通与地区服务部
DUA	Directory User Agent	目录用户代理
EASA	European Aviation Safety Agency	欧洲航空安全局
EFB	Electronic Flight Bag	电子飞行包
EHS	Enhanced Surveillance	增强监视

ELM	Extended Length Message	扩展长度信息
ELS	Elementary Surveillance	基础监视
EPP	Extended Project Profile	扩展投影剖面
ES	End System	端系统
ETB	Estimated Time of Boundary	预计边界时间
ETFMS	Enhanced Tactical Flow Management System	增强流量管理系统
EUROCAE	European Organization for Civil Aviation Equipment	欧洲民用航空设备组织
EUROCONTROL	European Organization for the Safety of Air Navigation	欧洲航空安全组织
EVS	Enhanced Vision System	增强视景系统
FAA	Federal Aviation Administration	联邦航空管理局
FANS	Future Air Navigation Systems	未来航行系统
FDAMS	Flight Data Acquisition and Management System	飞行数据采集与管理系统
FDDI	Fiber Distributed Data Interface	光纤分布式数据接口
FDMA	Frequency Division Multiple Access	频分多址
FDPS	Flight Data Processing System	飞行数据处理系统
FDR	Flight Data Recorder	飞行参数记录仪
FIC	Flight Information Center	飞行信息系统中心
FIR	Flight Information Region	飞行情报区
FIS	Flight Information Service	飞行情报服务
FIS-B	Flight Information Services-Broadcast	飞行信息服务广播
FIXM	Flight Information Exchange Model	航行信息交换模型
FL	Flight Level	飞行高度层
FMC	Flight Management Computer	飞行管理计算机
FMGC	Flight Management and Guidance Computer	飞行管理与导航计算机
FMP	Flow Management Position	流量管理席
FMS	Flight Management System	飞行管理系统
FPL	Flight Plan	领航计划报
FPPS	Flight Plan Processing System	飞行计划处理系统

FUA	Flexible Use of Airspace	空域灵活使用
FWC	Flight Warning Computer	飞行警告计算机
GALILEO	Galileo Satellite Navigation System	欧洲伽利略卫星导航系统
GAT	General Air Traffic	通用空中交通
GATMOC	Global Air Traffic Management Operational Concept	全球空中交通管理运行概念
GBAS	Ground-Based Augmentation Systems	地基增强系统
GCA	Ground Controlled Approach	地面进近管制
GDOP	Geometric Dilution of Precision	几何精度因子
GEO	Geosynchronous Earth Orbit	静止轨道
GEOS	Geosynchronous Earth Orbit Satellite	静止轨道卫星
GES	Ground Earth Station	地面地球站
GFSK	Gaussian-filtered Frequency Shift Keying	带高斯滤波的频移键控
GNSS	Global Navigation Satellite System	全球卫星导航系统
GPS	Global Positioning System	全球定位系统
HDOP	Horizontal Dilution of Precision	水平精度因子
HF	High Frequency	高频
HFDL	High Frequency Data Link	高频数据链
HFDU	High Frequency Data Unit	高频数据单元
HGS	High Frequency Ground Station	高频地面站
HMI	Human-Machine Interface	人机界面
IATA	International Air Transport Association	国际航空运输协会
IBM	International Business Machines Corporation	国际商用机器公司
ICAO	International Civil Aviation Organization	国际民航组织
IDRP	Inter Domain Routing Protocol	域间路由协议
IFF	Identification Friend or Foe	敌我识别系统
IFPS	Initial Flight Plan Processing System	初始飞行计划处理系统
IFR	Instrument Flight Rules	仪表飞行规则
ILS	Instrument Landing System	仪表着陆系统

IMM	Interacting Multiple Model	交互多模式
INMARSAT	International Maritime Satellite System	国际海事卫星通信系统
INS/IRS	Inertial Navigation System/Inertial Reference System	惯性导航/惯性基准
IS	Intermediate System	中间系统
ISO	International Organization for Standardization	国际标准化组织
JCAB	Japan Civil Aviation Bureau	日本民用航空局
JPDO	Joint Planning and Development Plan	联合规划与发展办公室
LAAS	Local Area Augmentation System	局域增强系统
LAM	Local Area Multilateration	局域多点定位
LAN	Local Area Network	互联局域网
LBAC	Logical Burst Access Channels	逻辑突发接入信道
LEOS	Low Earth Orbit Satellite	低轨道卫星
LOC	Locator	航向信标台
LOS	Line of Sight	视线范围内
MAAR	Monitoring Agency for Asia Region	亚洲地区监控组织
MCDU	Multifunction Control Display Unit	多功能控制显示组件
MEOS	Medium Earth Orbit Satellites	中地球轨道卫星
METAR	Meteorological Airport Report	机场气象报告
MLAT	Multilateration	多点定位技术
MLS	Microwave Landing System	微波着陆系统
MOPS	Minimum Operations Performance Standards	最低运行性能标准
MPSR	Multi-path Self-routing	多通路自选路由
MPSR	Multi-static Primary Surveillance Radar	多静态一次监视雷达
MSAW	Minimum Safe Altitude Warning	最低安全高度告警
MSSR	Monopulse SSR	单脉冲二次雷达
MTBF	Mean Time Between Failures	平均故障时间
MTCD	Medium-term Conflict Detector	中期冲突检测
MTO	Moving Target Detection	动目标检测
MTSAT	Multifunctional Transport Satellites	多功能传输卫星

MTTR	Mean Time to Repair	平均修复时间
MU	Management Unit	管理单元
NAS	National Airspace System	国家空域系统
NCS	Network Coordination Station	网络协调站
NDA	Next Data Authority	下一管制单位
NDB	Non-directional Beacon	无方向无线电信标
NextGen	Next Generation Air Transportation System	下一代航空运输系统
NIC	Navigation Integrity Category	导航完好性类别
Non-GEO	Non-geosynchronous Earth Orbit	非静止轨道
NOTAM	Notice to Airmen	航行通告
NUC	Navigation Uncertainty Category	导航不确定度类别
NUCP	Navigation Uncertainty Category of Position	位置导航不确定度类别
OAT	Operational Air Traffic	空中交通运行
OBA	Off Bore-sight Angle	偏离角
OCS	Oceanic Control System	洋区管制系统
ODS	Operational Display System	操作显示系统
OEP	Operational Evolution Plan	运行发展计划
OLDI	On-line Data Interchange	在线数据交换
OSI	Open System Interconnect	开放式系统互联
PAM	Pulse Amplitude Modulation	脉幅调制
PAR	Precision Approach Radar	精密进近雷达
PBN	Performance Based Navigation	基于性能导航
PC	Planning Controller	计划管制员
PD	Pulse Doppler	脉冲多普勒
PDC	Pre-departure Clearance	起飞前放行
PPM	Pulse Position Modulation	脉冲位置调制
PPS	Precision Positioning System	精密定位服务
PRF	Pulse Repetition	脉冲重复频率
PRN	Pseudo-random Noise	伪随机噪声
PRT	Pulse Repetition Time	脉冲重复时间
PSR	Primary Surveillance Radar	一次监视雷达

QFE	Query Field Elevation	场面气压
QNE	Query Normal Elevation	标准气压
QNH	Query Normal Height	修正海压
QPSK	Quadrature Phase Shift Keying	四相相移键控
RA	Resolution Advisory	决断告警
RAIM	Receiver Autonomous Integrity Monitoring	接收机自主完好性检测
RAM	Route Adherence Monitoring	偏航告警
RASPP	Radar Sensor Procurement Programme	雷达传感器采集项目
RATMP	Required Air Traffic Management Performance	所需空中交通管理性能
RC	Roll Call	选呼
RCP	Required Communication Performance	所需通信性能
RCS	Radar Cross Section	雷达截面积
RDPS	Radar Data Processing System	雷达数据处理系统
RGS	Remote Ground Station	地面远程控制站
RMP	Radio Management Panel	无线电管理面板
RMP	Required Monitor Performance	所需监视性能
RNP	Required Navigation Performance	所需导航性能
RSLS	Receiver Sidelobe Suppression	接收机旁瓣抑制
RTCA	Radio Technical Commission for Aeronautics	航空无线电技术委员会
RTK	Real Time Kinematic	实时动态
RTSP	Required Total System Performance	所需总系统性能
RVSM	Reduced Vertical Separation Minimum	缩小垂直间隔
SA	Selective Availability	选择可用性
SAR	Search and Rescue	搜索救援
SATCOM	Satellite Communication	卫星通信
SATNAV	Satellite Navigation	卫星导航
SBAS	Satellite Based Augmentation System	星基增强系统
SCPC	Single Channel Per Carrier	单路单载波
SDAC	System Data Acquisition Concentrator	系统数据集获器

SDPS	Surveillance Data Processing System	监视数据处理系统
SES	Single European Sky	欧洲单一天空
SESAR	Single European Sky ATM Research	欧洲单一天空 ATM 研究
SESAR JU	SESAR Joint Undertaking	联合执行体
SID	Standard Instrument Departure	标准仪表离场
SITA	Society International de Telecommunication Aero-nautigues	国际航空电信协会
SMGCS	Surface Movement Guidance and Control System	场面引导和控制系统
SMR	Surface Movement Radar	场面监视雷达
SNDCF	Sub Network Dependent Convergence Function	子网汇聚功能
SOA	Service-oriented Architecture	面向服务的构架
SPI	Special Position Identification	特殊位置识别
SPS	Standard Positioning System	标准定位服务
SSR	Secondary Surveillance Radar	二次监视雷达
STAR	Standard Terminal Arrival Route	标准进场程序
STCA	Short-term Conflict Alert	短期冲突告警
SVS	Synthetic Vision System	综合视景系统
SWIM	System Wide Information Management	广域信息管理系统
TA	Traffic Advisory	交通咨询
TAAATS	The Australian Advanced Air Traffic System	澳大利亚先进空中交通管理系统
TAF	Terminal Aerodrome Forecast	航站天气预报
TCAS	Traffic Alert and Collision Avoidance	空中交通预警和防撞系统
TCC	Terminal Control Center	终端管制中心
TDMA	Time Division Multiple Address	时分多址访问
TDOA	Time Difference of Arrival	到达时差
TIS-B	Traffic Information Services-Broadcast	交通信息广播
TMA	Terminal Control Area	终端管制区
TOA	Time of Arrival	到达时间
TRACON	Terminal Radar Approach Control Facilities	终端雷达进近管制室

TWDL	Two-way Data Link	双向数据链
TWR	Tower（ATC）	塔台管制
UAP	User Application Profile	用户应用规范
UAT	Universal Access Transceiver	通用访问收发机
UTC	Universal Coordinated Time	世界协调时
VDL	Very-high Frequency Digital Link	甚高频数字链
VHF	Very High Frequency	甚高频
VOIP	Voice Over Internet Protocol	网络电话
VOR	Very High Frequency Omnidirectional Radio Range	甚高频全向信标台
VSS	VDL Mdoe 4 Specific Service	VDL 模式 4 特定服务
WAAS	Wide Area Augmentation System	广域增强系统
WAM	Wide Area Multilateration	广域多点定位
WXXM	Weather Information Exchange Model	天气信息交换模型

图 4.1　ADS – B 在美国空域的覆盖情况[7]

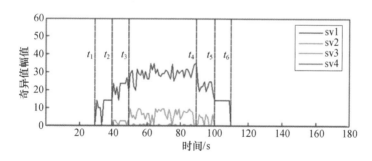

图 4.52　滑动窗格的奇异值

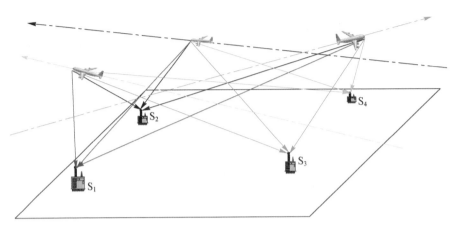

图 5.1 MLAT 系统工作简图

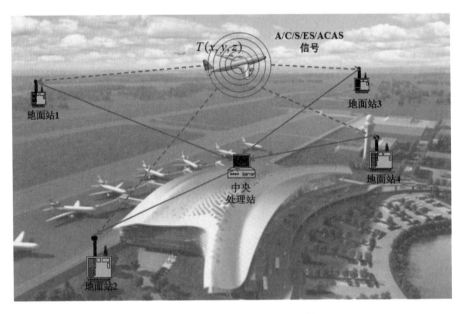

图 5.2 场面 MLAT 地面站监视[1]

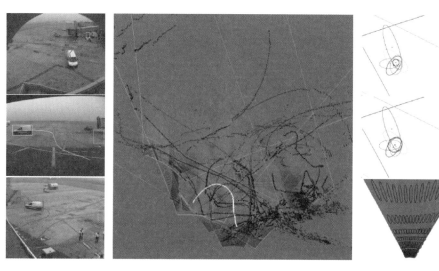

图 7.4　航迹追踪与数据融合效果

(a)视频监视数据　　　　　　　　　　(b)ADS−B监视数据

图 7.15　视频中挂标牌飞机

彩
／
4

(a)第1组 (b)第2组

(c)第3组 (d)第4组

(e)第5组 (f)第6组

(g)第7组

图 7.25 飞机离场航迹

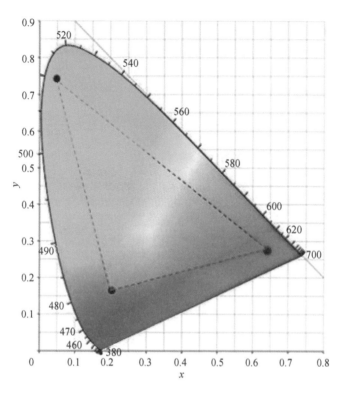

图 7.26　CIE 色度图

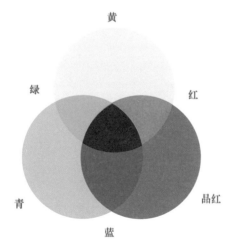

图 7.28　CMY 模型

图 7.31 机场监视场景

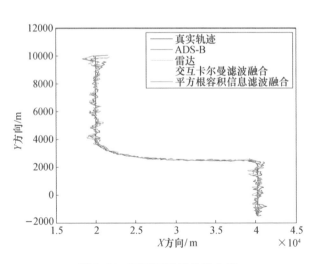

图 8.17 XY 平面位置估计曲线

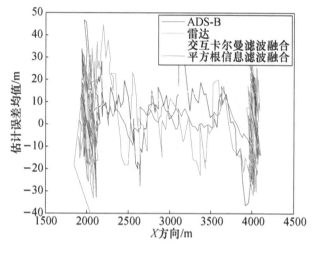

图 8.18　X 方向估计误差均值

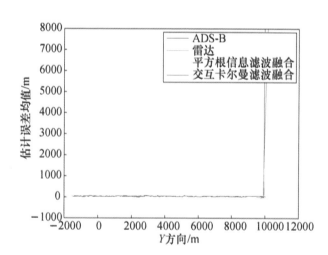

图 8.19　Y 方向误差估计均值

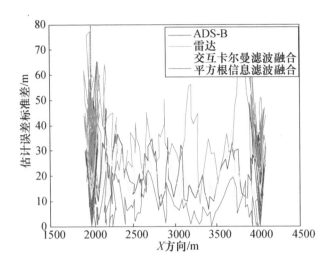

图 8.20 X 方向估计误差标准差

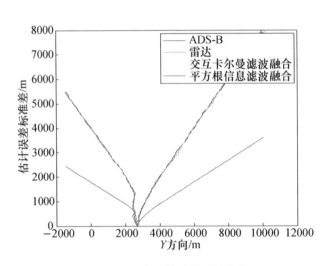

图 8.21 Y 方向估计误差标准差